北江流域综合开发与可持续发展

黑 亮 等编著

黄河水利出版社
·郑州·

内容提要

本书系统地介绍了北江流域综合开发与可持续发展前景，是编写组多年来从事北江流域研究的一些经验和成果。全书共分为9章，主要内容为：北江流域概况介绍、水资源开发利用现状、河道演变与泥沙问题、防洪抗旱体系、环境污染问题、北江典型河道水电开发与生态环境保护、北江航道整治及水运开发，以及流域资源的可持续发展面临的挑战与对策建议。

本书集系统性、理论性、知识性和实用性于一体，重在理论与实践应用结合，可供广大的水利、环保、航运和城建等专业的生产、科研、教学和管理人员学习、借鉴和参考。

图书在版编目(CIP)数据

北江流域综合开发与可持续发展/黑亮等编著. —郑州：黄河水利出版社，2021.2

ISBN 978-7-5509-2922-7

Ⅰ.①北… Ⅱ.①黑… Ⅲ.①流域开发-可持续性发展-研究-广东 Ⅳ.①TV213.2

中国版本图书馆 CIP 数据核字(2021)第 026040 号

出 版 社：黄河水利出版社　　网址：www.yrcp.com

地址：河南省郑州市顺河路黄委会综合楼14层　　邮政编码：450003

发行单位：黄河水利出版社

发行部电话：0371-66026940、66020550、66028024、66022620(传真)

E-mail：hhslcbs@126.com

承印单位：河南新华印刷集团有限公司

开本：787 mm×1 092 mm　1/16

印张：18

字数：420 千字　　印数：1—1 000

版次：2021年2月第1版　　印次：2021年2月第1次印刷

定价：80.00 元

目　录

第1章 绪 论

科学的流域治理、开发与保护，对流域内社会经济的可持续发展具有重要的指导意义。自20世纪80年代，在《珠江流域综合利用规划报告》的指导下，珠江流域在保障流域防洪安全、供水安全、生态安全等方面成效显著。北江流域作为珠江流域的重要组成部分，主要以研究解决北江中下游洪水威胁为目标，结合发展航运、开发水电与发展灌溉、开发水资源、保护水源等问题。自规划实施以来，北江流域充分发挥其在交通、自然和劳动力资源等方面的优势，依托珠江三角洲地区的辐射和带动功能，产业结构不断优化，经济发展能力不断增强。目前，北江流域在工业方面已逐渐形成冶炼、化工、机械、采选等门类的工业体系；在农业生产方面，粮食、蔬菜、水果、烟草等山区特色农业种养业发展势头稳定；再加上流域内水利基础设施的建设实现大发展，也为开发水电、改善航运、发展水产养殖、旅游及水资源保护提供有利条件。

近几十年来，北江流域的水文情势、社会经济状况发生了巨大变化，由此带来的水旱灾害频繁、防洪及水资源保护力度不够、水土流失及水环境质量下降等问题仍然突出，治理、开发与保护任务相当繁重；同时，新时期的水利改革发展面临新形势、新要求，对于北江流域治理开发与保护要求也更高。因此，迫切需要根据北江流域的基本特点及面临的形势，以科学发展观为指导，提出新时期北江流域综合开发与可持续发展的总体思路，全力推动流域水利发展，进一步为流域的经济发展提供坚实的水利支撑和保障。

1.1 北江流域整体发展现状

1.1.1 社会经济发展概况

北江流域总体面积为46 710 km^2，其中位于广东省境内的土地面积为42 930 km^2，总耕地面积为554.31万亩（1亩=1/15 hm^2），其中水田402.23万亩，旱地152.08万亩。北江流域涉及的主要行政区有广东省韶关市、清远市、肇庆市、河源市及广州市的从化区、花都区，佛山市的三水区等6市25县（区）。截至目前，流域总人口超过1 300万人，国民生产总值突破4 000亿元。改革开放以来，北江流域经济得到了较快发展，产业结构不断调整优化，第一产业比例逐年下降，而第二、第三产业所占比例逐年上升。

北江流域地处北纬22°34′~25°17′，受季风影响，流域内常年阳光充足、降雨充沛。大气环流呈现出季节性变化，夏季以东南风和偏南风为主，冬季盛吹北风和偏北风，非常适合各类农作物的生长，自然资源丰富，农林资源潜力大，其中韶关和清远两市是广东省主要的农业地区。流域内交通便利，铁路和公路较为发达，京广铁路、京九铁路、京珠高速、广清公路、武广高铁等贯穿全境，为流域内的经济发展提供保障。

1.1.1.1 GDP 概况

据统计,北江流域 2014~2018 年的 GDP 呈逐年递增的趋势,但增速较缓。从主要城市的 GDP 总量来看,韶关市的 GDP 从 2014 年的 1 111.5 亿元增加到 2018 年的 1 343.9 亿元;清远市的 GDP 从 2014 年的 1 202.1 亿元增加到 2018 年的 1 565.2 亿元;肇庆市的 GDP 从 2014 年的 1 857.2 亿元增加到 2018 年的 2 201.8 亿元;佛山市的 GDP 从 2014 年的 7 561.4 亿元增加到 2018 年的 9 935.9 亿元;广州市的 GDP 从 2014 年的 16 706.9 亿元增加到 2018 年的 22 859.4 亿元。具体见表 1-1。

表 1-1 2014~2018 年北江流域主要城市 GDP 变化统计 (单位:亿元)

城市	2014 年	2015 年	2016 年	2017 年	2018 年
韶关	1 111.5	1 150.0	1 218.4	1 338.0	1 343.9
清远	1 202.1	1 202.2	1 392.0	1 500.9	1 565.2
肇庆	1 857.2	1 984.0	2 100.6	2 110.0	2 201.8
佛山	7 561.4	8 133.7	8 757.7	9 398.5	9 935.9
广州	16 706.9	18 100.4	19 610.9	21 503.2	22 859.4

注:来自各市的国民经济统计公报。

1.1.1.2 产业产值

1. 第一产业产值

据统计,北江流域 2014~2018 年的第一产业产值呈逐年递增的趋势,但增速较缓。从主要城市的第一产业产值来看,韶关市的 GDP 从 2014 年的 143.0 亿元增加到 2018 年的 156.0 亿元;清远市的 GDP 从 2014 年的 177.5 亿元增加到 2018 年的 231.3 亿元;肇庆市的 GDP 从 2014 年的 272.0 亿元增加到 2018 年的 347.9 亿元;佛山市的 GDP 从 2014 年的 142.5 亿元增加到 2018 年的 144.5 亿元;而广州市的 GDP 则从 2014 年的 237.52 亿元下降到 2018 年的 223.4 亿元。具体见表 1-2。

表 1-2 2014~2018 年北江流域主要城市第一产业产值变化统计 (单位:亿元)

城市	2014 年	2015 年	2016 年	2017 年	2018 年
韶关	143.0	149.5	167.6	171.7	156.0
清远	177.5	192.5	216.5	218.9	231.3
肇庆	272.0	288.8	321.9	325.0	347.9
佛山	142.5	136.4	144.6	145.9	144.5
广州	237.52	228.1	240.0	233.5	223.4

2. 第二产业产值

据统计,北江流域 2014~2018 年的第二产业产值呈逐年递增的趋势,但部分地区呈下降趋势。从主要城市的第二产业产值来看,韶关市的 GDP 从 2014 年的 451.4 亿元下降到 2018 年的 450.3 亿元;清远市的 GDP 从 2014 年的 484.0 亿元增加到 2018 年的

542.9亿元;肇庆市的GDP从2014年的922.8亿元下降到2018年的774.7亿元;佛山市的GDP从2014年的4 687.0亿元增加到2018年的5 614.0亿元;广州市的GDP从2014年的5 606.4亿元增加到2018年的6 234.1亿元。具体见表1-3。

表1-3 2014~2018年北江流域主要城市第二产业产值变化统计 (单位:亿元)

城市	2014年	2015年	2016年	2017年	2018年
韶关	451.4	429.3	442.1	491.4	450.3
清远	484.0	484.8	507.3	541.3	542.9
肇庆	922.8	969.1	1 002.0	1 032.7	774.7
佛山	4 687.0	4 838.89	5 110.1	5 570.2	5 614.0
广州	5 606.4	5 786.2	5 925.9	6 015.3	6 234.1

3.第三产业产值

据统计,北江流域2014~2018年的第三产业产值呈逐年递增的趋势,但不同地区的增速不同。从主要城市的第三产业产值来看,韶关市的GDP从2014年的517.2亿元增加到2018年的737.6亿元;清远市的GDP从2014年的526.3亿元增加到2018年的791.0亿元;肇庆市的GDP从2014年的650.2亿元增加到2018年的1 079.3亿元;佛山市的GDP从2014年的2 773.8亿元增加到2018年的4 177.4亿元;广州市的GDP从2014年的10 862.9亿元增加到2018年的16 401.8亿元。具体见表1-4。

表1-4 2014年~2018年北江流域主要城市第三产业产值变化统计表 (单位:亿元)

城市	2014年	2015年	2016年	2017年	2018年
韶关	517.2	571.2	608.7	674.8	737.6
清远	526.3	600.5	664.3	740.7	791.0
肇庆	650.2	712.2	760.1	843.0	1 079.3
佛山	2 773.8	3 028.6	3 375.3	3 833.5	4 177.4
广州	10 862.9	12 086.1	13 445.0	15 254.4	16 401.8

1.1.1.3 农业

北江流域地处北纬22°34′~25°17′,受季风影响,流域内常年阳光充足、降雨充沛。大气环流呈现出季节性变化,夏季以东南风和偏南风为主,冬季盛吹北风和偏北风。非常适合各类农作物的生长,自然资源丰富,农林资源潜力大。其中,韶关和清远两市是广东省主要的农业地区,农产品以水稻为主,其次是小麦、薯豆类,经济作物有甘蔗等。

从两市的农业生产情况来看,韶关地区自然条件优越,农业发展相对稳定,人均耕地面积位列全广东省第一。再加上近几年加强了农业农村基础设施的建设,农业生产持续增长。2018年实现农林牧渔业总产值254.1亿元,增长4.7%。全年粮食作物播种面积172.9万亩,下降1.6%,粮食作物以水稻为主;经济作物主要有甘蔗、花生、烟叶等。其中,甘蔗种植面积4.3万亩,增长11%;油料种植面积57.5万亩,增长2.5%;烟叶种植面积 13.5 万亩,增长 0.3%;其他作物中蔬菜种植面积 74.2 万亩,增长 4.7%。

清远市自然条件优越,气候温和,阳光充足、降雨充沛,物产丰富,是广东省的重点粮食生产基地,重要用材林、水源林和新兴蚕桑、水果、茶叶、甘蔗、烟草、中药材、反季节蔬菜出口基地,担负着为珠三角供应粮食和农副产品的重要职责。2018 年实现农林牧渔业总产值 378.0 亿元,增长 4.4%。全年农作物总播种面积 530.9 万亩,增长 2.5%。其中,谷物播种面积 201.6 万亩,下降 0.2%;经济作物种植面积 79.9 万亩,增长 0.5%;其他作物种植面积 233.3 万亩,增长 5.6%。经济作物主要为甘蔗、茶叶、烟草等。

近几年来,北江流域在经济政策的扶持下,农业生产保持平稳较快增长,夯实了民生经济基础,继续担当着全省重要的粮农基地。

1.1.1.4 工业

北江流域主要包括韶关、清远、肇庆、佛山和广州等五个城市,总人口约 1 300 万人,国民生产总值约 4 000 亿元。北江上游的粤北地区自然资源丰富,是广东省重要的金属矿资源分布区域和金属冶炼基地,且沿岸水泥、煤炭和矿建材料等工业发达。自 20 世纪 70 年代起,北江上游韶关等地的工业迅速发展,逐渐形成冶炼、化工、机械、采选等门类的工业体系,其中矿山采选及金属冶炼更是成为了粤北地区的支柱产业。全国最大的凡口铅锌矿、大宝山矿、韶关冶炼厂及韶钢松山集团均位于该流域。随着"双转移"政策的实施,粤北地区成为了承接珠三角地区相关产业有序梯度转移的载体,协助一大批资源型企业转移到韶关、清远和佛山等地区,如大量水泥、陶瓷、造纸、金属制品等大型资源性企业相继落户北江沿岸,产业布局的调整是粤北地区城市化进程明显加快,产业承接能力和投资吸引力明显增强,形成了大建设、大发展的新格局。

从各主要城市的工业生产情况来看,韶关目前基本形成了以采掘、有色金属冶炼、钢铁工业、建筑材料等资源型行业组成为主,部分轻工业并存的综合类工业城市。2018 年全部工业增加值 384.1 亿元,增长 1.7%,其中规模以上工业企业增加值 310 亿元,增长 1.5%。产业转移园规模以上工业增加值 112.5 亿元,增长 13.8%。在主要工业行业中,制药工业下降 385%,钢铁工业下降 11.3%,机械工业增长 13.1%,玩具工业下降 20%,电力工业增长 11.2%,烟草工业增长 2.1%,有色金属工业下降 1.5%。高技术制造业增加值 20.7 亿元,增长 11.5%。先进制造业增加值 99.1 亿元,增长 3.7%,其中装备制造业增加值 40.7 亿元,增长 9.1%。优势传统工业增加值 86.4 亿元,下降 0.4%。

2014~2018 年来,清远市工业经济结构和工业发展方式不断优化和转变,工业总体实力和规模得到进一步的增强,走出了一条具有清远特色的新型工业化发展之路。2018 年清远市规模以上工业完成增加值 443.8 亿元,增长 7.2%。在五大主要行业中,非金属矿物制品业增加值增长 7.5%,有色金属冶炼增加值增长 6.7%,电力、热力的生产和供应业增加值增长 4.5%,计算机、通信和其他电子设备制造业增加值增长 10.8%,皮革、毛皮、羽毛及其制品和制鞋业增加值增长 5.0%。省级工业园区完成增加值 150.2 亿元,增长 11.8%。

佛山市整体经济基础夯实,以制造业为主导是佛山产业结构的典型特点,制造业是佛山经济、产业发展的根基。2018 年全市工业增加值比上年增长 6.1%,规模以上工业增加值增长 6.3%,高技术制造业增加值比上年增长 1.7%。其中,医药制造业增长 20.1%,医疗设备及仪器仪表制造业增长6.8%,电子及通信设备制造业下降2.2%,计算机及办公设备制造业下降3.0%。先进制造业增加值比上年增长7.4%。其中,先进装备制造业增长10.3%,石油化工产业增长4.5%,先进轻纺制造业增长8.1%,新材料制造业增长3.8%,生物医药及高性能医疗器械增长18.4%,高端电子信息制造业下降1.2%。优势传统工业增加值比上年增长7.1%。其中,纺织服装业增长7.0%,食品饮料业增长8.4%,家具制造业增长10.2%,建筑材料增长6.8%,金属制品业增长5.7%,家用电力器具制造业增长8.5%。

肇庆市是粤港澳大湾区连接内陆地区的枢纽城市,是承接东西的关键节点,具有产业集聚地和承载地的平台优势。在2017年,一批"366"工程项目发展态势整体良好,产业集聚效应逐步凸显。2018年规模以上工业增加值增长7.9%,先进制造业增加值增长8.6%,占规模以上工业增加值的比重为30%,比上年减少0.8个百分点。其中,高端电子信息制造业增长21.4%,先进装备制造业增长2.4%,石油化工产业增长10.4%,先进轻纺制造业增长26.5%,新材料制造业增长2.5%,生物医药及高性能医疗器械增长持平。优势传统产业增加值增长15.9%,其中纺织服装业增长4.1%,食品饮料业增长13.1%,家具制造业增长235.7%,建筑材料增长6.9%,金属制品业增长15.4%,家用电力器具制造业增长3.9%。六大高耗能行业增加值增长7.8%,其中石油加工、炼焦和核燃料加工业下降75%,化学原料和化学制品制造业增长11.2%,非金属矿物制品业增长6.2%,黑色金属冶炼及压延加工业下降4.5%,有色金属冶炼及压延加工业下降2.5%,电力、热力生产和供应业增长17.5%。

1.1.2　交通运输发展状况

1.1.2.1　铁路

京广线沿武江至韶关,再沿北江干流至广州,纵贯本流域。广东省境内的铁路全长约300 km,是广东省对外的主要通道。南广铁路是广西至华南沿海地区铁路通道新的骨干线路,跨越桂、粤两省(区),为国家Ⅰ级双线电气化铁路。贵广铁路是国家"十一五"重点项目,跨黔、桂、粤三省(区),是西北、西南至华南地区铁路运输通道的重要组成部分,是一条高标准的区际客运专线。随着贵广铁路和南广铁路的相继开通,粤、桂、黔高铁经济带建设正式进入新时代,北江流域也开始全面融入国家高铁经济网。

1.1.2.2　公路

北江上游的公路交通以韶关市为中心,106国道自湖南省汝城县、京珠高速公路自湖南省宜章市由北向南穿过流域北部仁化、乳源等县进入本区,323国道自广西贺州市由西向东穿过流域西部连山县进入本区,三条干流于韶关市交汇,向南可直达广州及珠江三角洲地区,向东北可至江西赣州等地。另有107国道自湖南省宜章市进入,穿过流域西部的连州。在清远市境内,广乐高速和二广高速的相继开通使清远市成为了连接珠三角地区和内陆地区的重要经济枢纽。北江下游的肇庆市和佛山市交通便捷,至2014年,肇庆全市公路通车里程13 634.5 km,其中高速公路通车里程288.83 km;公路密度每百平方千米90.1 km,比2013年提高1.7 km/km^2。过境高速公路有二广高速、广昆高速和珠三角环线高速公路;过境国道有G321线和G324线,省道有S118、S260、S349等12条线。而佛山市则基本建成“两环四纵五横”高速公路网,高速公路通车里程486.66 km,密度12.8 km/km^2。再加上广佛地铁于2010年通车,佛山建成了全国第一条跨市城际轨道。

1.1.2.3　**航运**

北江,作为粤北地区的黄金水道,连接着粤、桂、黔、滇四个省(区),是珠江流域的重要组成部分。改革开放以来,北江上游的粤北地区的经济快速发展对水泥、煤炭、矿石建材等大宗散货为代表的货运需求增加迅猛,而粤北的陆路运输能力远远不能满足货运需求,腹地发展对水运需求的呼声高涨。直到2013年,国务院正式批准了珠江—西江经济带规划的方案,标志着珠江—西江经济带建设上升为全国重点项目。这一方案的实施极大地促进了北江经济的发展,为了能让北江并入“珠江—西江经济带”,进而推动韶关和清远等地的发展升级,需要做好北江重要干支流航道和支撑保障系统建设。因此,在2014年8月,广东省正式启动北江千吨级航道扩能升级工程建设,拉开加快内河水运发展、建设黄金水道的序幕。为此,沿江的韶关、清远、肇庆、佛山等地市及交通、水利、海事、渔业、环保等部门通力合作,联手打造区域经济带,挖掘北江经济潜力。如今的北江,通航能力、港口吞吐能力不断提高,水陆运输相互衔接的综合运输体系正在形成。目前,北江干线已建成投入使用码头80座,二类及以上口岸4个,桥梁42座,船闸5座,取水口12个,渡口65道,水上加油站5个。2017年,北江干流船舶进出港14.3万艘次;货物吞吐量7 213万t;集装箱107.2万标箱。随着绿色水运的发展,城市化建设和产业布局优化,粤北区域协调发展步伐加快,北江沿线将形成巨大的发展潜力。

1.1.3　水力资源利用状况

广东省北江流域多年平均降水量为1 785 mm(1956~2000年),多年平均水资源总量为477.59亿m^3,其中地表水资源量477.47亿m^3,地下水资源量0.12亿m^3。水资源可利用总量144.30亿m^3,其中地表水可利用量144.20亿m^3,地下水可开采量114.51亿m^3,地下水与地表水不重复可利用量0.10亿m^3。北江流域水资源可利用率为30.2%。

从各地区水资源总量来看,流域内水多年平均水资源总量最大为清远市的227.47亿m^3,占流域水资源总量的47.6%,其次为韶关市的162.59亿m^3,占流域水资源量的34.1%,最小的是佛山市,仅为0.5%。

从人均水资源量来看,北江流域多年人均水资源量5 616 m^3,为全省各流域中最高,也高于全国水资源量的年人均水平(全省年人均水资源量2 100 m^3,全国年人均水资源量约2 200 m^3)。占流域大部分面积的韶关、清远多年人均水资源量分别达到6 121 m^{3}和6 514 m^3,广州、佛山的人均水资源量多年平均值为764 m^{3}和492 m^3。因此,北江流域水力资源丰富,在水力资源利用方面,需要注重防洪、发电、航运及水资源的综合开发和合理配置。

1.1.3.1　**防洪**

北江流域暴雨频发,洪水峰高量大,是广东省洪灾多发性河流。随着流域内、尤其是珠江三角洲地区经济的快速发展,北江的防洪压力在不断增加,防洪风险也在不断增大,面临的防洪形势仍然严峻。为此,国务院在2007年批准的《珠江流域防洪规划》中明确指出北江中下游防洪工程体系由飞来峡水利枢纽、潖江蓄滞洪区、清远城区堤围、北江大堤和芦苞涌、西南涌分洪水道等联合组成,通过堤库联合调度与潖江蓄滞洪区的运用,使北江大堤保护区的防洪标准由100年一遇提高到300年一遇;把北江下游重点防洪保护区的防洪标准由50年一遇提高到100年一遇。目前,北江上游韶关市已按规划要求兴建乐昌峡、湾头水利枢纽,配合韶关市堤防使韶关市区防洪标准达到100年一遇;北江下游通过飞来峡水库调蓄和北江大堤加固及潖江滞洪区建设,使广州市防洪标准达到300年一遇。

在水利工程建设方面,北江流域至2014年拥有水库967宗,总库容97.831 0亿 m^3,兴利库容33.719 6亿 m^3。已建成飞来峡水利枢纽、乐昌峡水利枢纽、南水、孟洲坝、锦江、潭岭、长湖、锦潭、小坑、白石窑、濛里、清远水利枢纽等共12宗大型水库,总库容55.626 9亿 m^3,兴利库容17.665 9亿 m^3,防洪库容21.863 9亿 m^3,正常库容29.007 9亿 m^3。已建成中型水库50宗,总库容16.079 1亿 m^3,兴利库容10.549 6亿 m^3,正常库容9.390 8亿 m^3。已建成小(一)型水库184宗,小(二)型水库721宗,总库容26.125亿 m^3,兴利库容5.504 1亿 m^3。此外,北江流域现有堤围30条,共长482.09 km。其中,重点堤围(保护范围5万亩以上)7条,一般堤围(保护范围1万~5万亩)23条,捍卫耕地共193.973万亩,捍卫人口共2 111.96万人。未来,北江流域将进一步完善防洪工程体系建设,积极防御超标准洪水,实现防洪与水资源的科学调度。

1.1.3.2 发电

北江流域水力资源理论蕴藏量为2 205.2 MW,其中干流为394.2 MW,支流为1 985.0 MW;流域内支流共66条,其中一级支流15条、二级支流35条、三级支流15条。流域现有大中型水闸36宗;按照流域整体规划,干流自上而下共布置16座梯级水电站,单站装机容量0.5MW及以上的技术可开发水电站共487座,总装机容量2 240.3 MW,年发电量83.99亿kW·h;经济可开发水电站共423座,总装机容量2 046.3 MW,年发电量76.22亿kW·h。

1.1.3.3 灌溉

北江流域降水充沛,但径流年内分配不均匀,耕地较为分散,目前大部分的灌溉工程都是中小型,灌溉效率不高。据统计,流域内现有的灌溉设施的耕地约占总耕地54.5%,仍有150多万亩耕地不能保证有效的灌溉。因此,要大力推行梯级开发与灌溉相结合,适当兴建具备调节功能的水库,进一步扩大灌溉面积。同时推广农业节水灌溉技术,发展高效节水灌溉。

1.2 北江航运发展

随着社会经济的快速发展,水路交通运输的重要性日益凸显,在交通快速发展的今天,内河航运仍具有成本低、环保、节能等优势,是交通运输系统中的重要组成部分。随着珠江三角洲经济的快速发展,建设用地面积不断增加,公路、铁路等运输方式已远不能满足货运需求。针对目前陆地运输的紧张状况,综合开发北江航道,发挥航运优势,能有效地提高土地利用率,缓解陆路运输的压力。因此,综合开发航道、发挥水运优势是交通运输行业发展过程中的重要一环。

1.2.1　北江航运现状

1.2.1.1　航道现状

北江全长 468 km,是珠江水系第二大河流,其流域总面积达 4.67 万 km^2。北江是广东粤北山区沟通珠江三角洲及港澳地区的唯一水运通道,作为清远、韶关、佛山等市的水上生命线,北江航道是支撑沿岸城市发展的主动脉,对其流域的经济社会发展起到了至关重要的作用。但在北江航道整治初期,北江的水路运输环境较差,因枯水期水深不足,可用来通航的时间只有 6 个月,年货运量低。以清远段为例,清远市境内通航水道长达 347 km,其中北江干流 166 km,连江 181 km。由于受到水资源和北江航道整治投入相对滞后的影响,清远市北江航道等级偏低,仅为内河五级航道,维护水深 1.3 m,航道宽 40 m,常年仅可通航 300 t 级船舶。从整体上看,北江航道的水运效能没有得到充分发挥,水运资源无法综合利用。

直到 2011 年 11 月,北江被正式列入"十二五全国水运结构调整示范工程项目之首"之后,北江这条水运大通道才重新焕发出新的活力。到了 2014 年,国务院发布实施《珠江—西江经济带发展规划》,北江也被作为建设 21 世纪海上丝绸之路的延伸而加快了开发的进程。2014 年 8 月,北江航道扩能升级项目全面开工,正式拉开加快内河水运发展、建设黄金水道的序幕。随着工程的开展,多地的水利枢纽船闸陆续建成,渠化后的北江逐步发展成粤北地区与沿海港口相互连接的黄金水道。待项目全线完工,北江流域将实现区域的统一管理、统一调度、统一联网,并有效改善北江流域的运输条件和投资环境,促进沿岸土地利用率,提升资源综合开发利用效率和经济发展水平。

如今的北江,通航能力、沿江港口吞吐能力不断提高,水陆相互衔接的综合交通运输体系正在形成。目前,北江干线已建成投入使用码头 80 座,二类及以上口岸 4 个,桥梁 42 座,船闸 5 座,取水口 12 个,渡口 65 道,水上加油站 5 个。2017 年,北江干流船舶进出港 14.3 万艘次;货物吞吐量 7 213 万 t;集装箱 107.2 万标准箱。随着绿色交通发展,城镇化建设和产业转移提速,粤东西北区域协调发展步伐加快,北江沿线已形成巨大的现实需求和发展潜力。

1.2.1.2　港口运输现状

韶关港和清远港是粤北地区的两大重要港口,也是粤北山区沟通珠江三角洲和港澳地区的水陆交通枢纽,在北江航运发展的关键时期,必须加快港口的转型升级。

1. 韶关港

韶关港位于广东省韶关市,地处北江中上游,是广东省内河地区性重要港口。其中,北江港区是众多港区中区位、交通、通航条件最好的港区,腹地经济较发达,港区周边建有韶关钢铁厂、韶关冶炼厂及大宝山矿等大型企业,水路货物运输需求较大。但在韶关港的发展过程中,受资金投入、航道等级和梯级电站船闸通过能力等因素的影响,韶关港货物吞吐量增长缓慢,服务功能较单一,港口发展规模较小,再加上韶关的陆地运输网络完善,交通便利。目前,大宗散货、水泥、集装箱的运输方式仍然靠公路和铁路,水运在韶关运输量所占比例不足 5%。直到 2016 年,《韶关港总体规划》的正式提出,明确了北江港区在韶关港口发展中的核心地位,韶关港的建设和发展开始进入新的时期。

韶关港北江港区作为韶关市重要的水陆交通枢纽,在“一带一路”的发展大背景下,积极应对新的需求与挑战。为了充分利用北江港区的水路资源,发挥水运优势,推进水路运输结构调整,韶关市政府于 2017 年提出建设韶关港乌石综合交通枢纽,这一决定加快了北江港区航道扩能升级工程的实施。

随着航道扩能工程的陆续开展,韶关港的水路货运量逐年提升。据统计,2018 年全市水路货运周转量 116.5 亿 t·km,同比增长 10.1%。内河航道维护通航里程 698 km,其中等级航道 256 km,泊位 15 个。港口货物吞吐量 46.57 万 t,其中煤炭及制品高达全港货物吞吐总量的 90%以上,其余运输货种有水泥、矿石、竹木、钢材和集装箱等。2014~2018 年韶关港货物吞吐量变化情况见表 1-5。

表 1-5 2014~2018 年韶关港货物吞吐量变化统计 (单位:万 t)

韶关港	2014 年	2015 年	2016 年	2017 年	2018 年
货物吞吐量	58.15	62.3	45.3	54	46.57
同比增长	10.1%	7.1%	-27.3%	19.2%	-13.8%

注:来自韶关市国民经济发展公报。

考虑到港口规划需要结合新的城市规划、产业布局、枢纽布局、航道条件等进行调整。因此,为适应经济社会发展需要,加快港口建设和结构优化调整,有效利用岸线资源,北江港区规划调整是非常必要的。随着临港产业的发展和乌石综合交通枢纽的建成,港区逐步发展成为具有货物装卸和储存、现代物流、临港工业、商贸等多功能的综合性港区,预测 2025 年北江港区货物吞吐量为 1 612 万 t,其中集装箱 12 万标准箱,旅客吞吐量为 250 万人次;2035 年韶关港货物吞吐量为 2 638 万 t,其中集装箱 27 万标准箱,旅客吞吐量为 400 万人次。

2. 清远港

清远港是清远市综合交通运输体系的重要组成,是清远市沟通港澳及珠江三角洲地区的重要水运口岸和集装箱补给港,更是发展外向型经济和现代物流的重要依托和基础。清远市港口共分为四大港区,为清远港区、英德港区、阳山港区、连州港区。其中,清远港是珠三角连接粤北山区的主要物流配送通道,承担本地区对外交流的水上运输任务,位于北江下游西岸的清远市城区,有着得天独厚的地理优势。港区东端衔接 107 国道,增强了与内陆地区的联系。船舶沿水路上行可直达英德、韶关和阳山等内河港口,下航可通广州、深圳、珠海、香港、澳门及珠江三角洲等地。英德港区位于北江中游,地处英德县城、北江西岸,是北江的重要港口,其建设规模位于全市前列,主要有建材码头、明珠码头、台泥码头、龙山水泥厂码头、连江口码头及一些厂矿专用码头。据统计,全区主要码头泊位共 48 个,最大靠泊能力最大为 1 000 t 级,综合通过能力为 827 万 t,其中集装箱 8.5 万标准箱。而阳山港区和连州港区因近些年陆路运输的发展,水运货源不断减少,原有码头已有部分被废弃,全区现无正规装卸作业码头。由于各港区所处的航道条件,产业布局有所差异,因此,港区发展规模及程度不尽相同,现有生产性泊位主要集中在清远大桥下游新港作业区、英德市海螺作业区、台泥作业区、英城作业区等区域。根据交通部门港口统计,目前全市主要港口共有生产性泊位 123 个,年综合通过能力货物 1 419 万 t,其中集装箱 10 万标准箱,客运通过能力达 353 万人次。2018 年港口统计实际完成货物吞吐量 3 894.1 万 t,主要进出港口货物有非金属矿石、水泥、木材、粮食、农药化肥、日用品、沙石建材、集装箱等。2014~2018 年清远港货物吞吐量变化情况见表 1-6。

表 1-6 2014~2018 年清远港货物吞吐量变化统计 (单位:万 t)

清远港	2014 年	2015 年	2016 年	2017 年	2018 年
货物吞吐量	2 512	2 927	3 151.8	3 909.8	3 894.1
同比增长	149%	16.5%	7.7%	24.1%	-0.4%

考虑到目前的清远港货运码头规模小、设施落后、环保手续不完备,局部航道亟须整治,可供开发的集约化、规模化港区岸线日趋紧张,且各类旅游码头建设等级标准参差不齐,存在较多安全隐患。因此,为了适应区域经济社会新的发展形势和北江千吨级航道整治工程的实施,加强清远市港口发展建设的科学管理和宏观控制,使港口建设协调发展,防止建港的盲目性、随意性,使港口建设和发展实现程序化、规范化、科学化,合理分配、开发利用有限的岸线资源,最大限度满足各城市景观、旅游发展及工业发展等对岸线的需求,协调处理好港口发展与经济发展、城市发展之间的关系,清远市开展了《清远港总体规划》工作。随着规划工作的开展,清远港未来将以能源、原材料运输为主,兼顾集装箱的喂给运输,大力发展临港产业、现代物流业,发展成为具有运输组织管理、装卸储存、多式联运、中转换装及物流、信息、商贸、口岸和生活休闲等功能的综合性港口。

1.2.1.3 船舶营运现状

目前,韶关港的船舶以干散货船为主,吨位为 100~200 t,代表船型为 150 t 级吃水货船,丰水期主要为 300 t 级货船。其余船舶包括集装箱船、化学品液化船、旅游船、普通客船、客渡船等。受当前航道条件的影响,船舶吃水浅,大吨位船型较少。为了解决这一问题,提高北江航道的通航条件,加快韶关港的发展,广东省航道局通过疏浚、炸礁、筑坝、改扩建及船闸等一系列工程措施对乌石至三水河口段航道进行整治,使珠三角地区与韶关之间可通航 1 000 t 级船舶。此外,根据北江航道整治前期研究成果,白石窑、飞来峡和清远枢纽将建设 5 座 1 000 t 级船闸,为了提高船闸闸室的利用效率和船闸的通过能力,进出韶关港的船舶应满足《北江运输过闸船舶标准船型主尺度系列》规定的船型要求,并逐步淘汰老旧船舶,实现船型的标准化,提高船型与航道、船闸和桥梁等通航设施的适应性,提升船舶通行效率。

清远港运输船舶主要为运输煤炭、水泥、矿建材料的干货船和运输集装箱的集装箱船及专门从事矿建砂石、建筑用沙和公路建设用砂的出口运输的自卸砂石运输船,运输航线以珠江三角洲地区及港澳航线为主。客运以沿江短途旅游客船为主。其中,清远地区集装箱运输起步晚、规模小,且受航道等级的局限,集装箱船型主要为 500 t 以下小船;干散货运输作为最经济的运输方式,在运输煤炭、水泥和矿建材料等货物方面承担着重要的作用,但由于航道等级的局限性,北江河段的干散货船型主要为 300 t 级至 500 t 级,连江段则以 100 t 级散杂船为主;自卸砂石运输船是一种具有自卸功能的载运散装矿建砂石的专业运输船,兼有自航货船和自航工程船的特点,是清远市水上运输的主要船舶之一,由于受航道制约,船舶主要为 100 t 级至 300 t 级。因此,为了促进清远段船型的升级和发展,交通运输部积极开展水利枢纽的建设,进一步提高航道等级。按照预定的计划,在集装箱运输方面,船舶将以 500 t 级、1 000 t 级的多用途集装箱船为主;散货船在北江下游河段将发展到 1 000 t 级;连江流域仍维持原状,以 100 t 级级散杂船为主。另外,随着港澳台砂石需求量的增加、香港新码头的建成及珠江三角洲航道的改善,自卸砂石运输船将由 100 t 发展到 300 t 级、500 t 级并逐渐向 1 000 t 级发展。

北江下游的清远石角至三水段,该段水深条件较好,尤其是从大旺港区至马房港区的北江段,4.0 m 等深线全程贯通,直至河口以下。目前,该河段到港船舶大型化趋势明显,主要以集装箱船舶营运为主,在马房港区,5 000 t 级船舶可停靠马房港区南江码头。

1.2.2　水运运输需求

北江航道的直接腹地包括韶关市、清远市、佛山市三水区和四会市,间接经济腹地包括江门、广州、东莞等珠三角地区。因此,发展北江水运是发展外向型经济的需要,更是粤北山区经济发展的需要。

韶关市是广东省的重工业城市,工业基础雄厚。在产业结构不断优化和升级的过程中,韶关市逐渐成为了以采掘、有色金属冶炼、钢铁工业、建筑材料等资源型行业组成为主,部分轻工业并存的综合类工业城市。截至 2017 年,韶关产业转移园规模以上工业企业达到 303 个,规模以上工业增加值 110.5 亿元,同比增长 3.1%。装备制造、精细化工等主导产业集聚发展,重点布局东莞(韶关)产业转移工业园、韶关装备基础零部件先进制造业基地和铅锌等有色产业集群。

清远市的工业体系已形成了以建材、陶瓷、能源、生物医药、电子家电、纺织服装、汽车配件、金属制品、农副产品加工、制鞋皮革等十大支柱产业。同时,随着"双转移"和招商引资工作的不断开展,大批的工业园入驻清远。截至 2017 年,清远市引进的产业项目累计 576 个,投资额共 1 831.72 亿元。

随着广东省区域经济协调发展政策的贯彻落实及产业共建的推进,产业园的规模产能不断扩大,腹地厂矿、农林业等得到进一步开发,地区经济将保持较快的发展,适合水路运输的大宗散杂货及集装箱等货物运量也在不断增长。目前,北江航道主要运输货种以水泥、煤炭、铁矿石、矿建材料等大宗散货为主。

根据中山大学、交通运输部规划研究院、中铁建港航局集团勘察设计院有限公司、广东省交通运输规划研究中心等多家单位对北江航道运量的预测,若北江航道从武江、浈江直至三水河口能够提升至千吨级航道,北江水运运输需求粗略预测可达到如下水平:武江桂头至百旺大桥和浈江周田大桥至百旺大桥 2030 年水运运输需求约 2 600 万 t,2040 年水运运输需求约 3 600 万 t;百旺大桥至乌石河段 2030 年水运运输需求约 3 000 万 t,2040 年水运运输需求约 4 000 万 t;乌石—三水河口 2030 年水运运输需求约 7 800 万 t,2040 年水运运输需求约 1 亿 t。

1.2.3　北江航运存在的问题

随着广东省实施产业和劳动力“双转移”政策的深入，粤北地区作为广东省主要的工业原材料生产基地承接了大量的珠三角产业转移。从腹地内各地区的经济发展规划中可以看出，一些涉及大宗能源、原材料运输的建设项目如电厂、水泥厂等也都基本上布局在北江两岸。同时，韶关市10个县(市、区)均已设立产业转移工业园；广清产业园重点围绕新材料产业、生物医药产业、高端装备制造产业、新一代信息技术产业、新能源产业、节能环保产业、新能源汽车产业等七大战略性新兴产业集群进行招商引资，发展势头良好。随着跨区域产业链的打造，与珠三角地区同等水平、优势互补的区域产业分工合作格局的形成，跨区域运输需求会越来越强烈，良好的运输条件将会是“产业共建”顺利实施的重要推手。而目前“双转移”政策实施以来增长的货运量，腹地公路及铁路运输系统已超负荷运行，水运作为一种低成本、大宗运输的运输方式，可以提供优越的运输条件。

因此，腹地内水泥、煤炭、矿建材料等大宗散货亟须通过北江干流进行运输，以节省运输费用，降低生产成本，维持企业自身持续稳定的发展。如以水泥为例，英德市相继引进安徽海螺集团、台湾水泥集团和江门市新会仁科电力集团落户。预计到2030年，英德市水泥年产量可以达到4 500万t的规模，其庞大的货运量迫切需求水路进行运输。根据运量，2020年腹地水运货物对外交流量需求超过10 000万t，但200 t级至300 t级船舶的通航条件不能支撑水运需求，腹地企业采用陆路运输成本较之水路运输每年增加成本数十亿元，而且给公路和铁路运输带来了巨大压力，很多公路被超载破坏严重，不堪重负。若不及时对北江扩能升级，将对腹地“产业共建”等一系列经济发展举措产生极大制约。另外，运输过程中，大吨位船型更有利于发挥水运发展优势，因此船舶大型化已成为趋势。通过对比广东省内河运输船舶2009年和2001年的变化情况可知，运输船舶数量由14 262艘减少到7 623艘，总运力由118.2万载重吨增长至290.7万载重吨；运输船舶平均载重吨位由82.8 t增长到381 t，增长4.6倍。但目前北江流域的船舶基本是100 t级以上，且北江流域船舶平均载重已超前于目前的航道等级。由于北江航道等级不高，已制约了船舶进一步大型化。综合分析，北江干流开发千吨级航道工程是十分必要的。

1.3　北江经济发展

1.3.1　北江经济发展现状

近些年来，广东省实施区域协调发展运用“双转移”等决策推动山区经济发展，略见成效。结合上文中2014~2018年北江流域主要城市GDP和产业产值的变化统计表可以看出，近几年，北江流域经济得到了较快的发展，产业结构不断优化，第一产业比例不断下降，而第二、第三产业所占比例逐年上升。目前，北江流域在工业方面已初步形成钢铁、有色金属、建材、电力等一批特色鲜明颇具规模的资源型支柱产业；在农业方面有发展势头的稳定的山区特色农业种养业如粮食、蔬菜、水果、烟草、南药等。近几年，由于基础设施建设实现大发展，北江流域的旅游业、物流业也发展迅猛，武广高铁的开通，使韶关、清远率先融入珠三角"1小时生活圈"。可以说广东省产业转移步伐的加快,大大促进了韶关、清远、肇庆和佛山等主要城市经济的快速发展。

1.3.1.1　**韶关经济发展现状**

从各产业产值来看,2018年全市生产总值1 343.9亿元,第一产业增加值156.0亿元,第二产业增加值450.3亿元,第三产业增加值737.6亿元,三次产业结构为11.6∶33.5∶54.9。人均生产总值4.5万元。地方一般公共预算收入94.7亿元。

在工业生产方面,韶关市的现代工业起步较早。中华人民共和国成立后,第一个五年计划时期,韶关市先后新建大小厂矿企业63个,迁并、扩建和改造旧企业100多个,韶关市工业史上第一次出现重工业比重大于轻工业比重。第二个五年计划制订时,韶关市被国务院确定为华南重工业基地,建设钢铁、机械、煤炭、化工、电力、有色金属、建材、轻工业八大基地。随即,韶关工业企业迅速集聚起来。至1962年,韶关工业企业(含中央与省属企业)发展到1 156家,工业产值第一次占据工农业总产值的主导地位。1964年开始,国家先后把韶关市作为华南重工业基地和广东战略后方来建设,建立起韶关钢铁厂、韶关冶炼厂、韶关挖掘机厂、凡口铅锌矿、大宝山矿等一大批骨干工业企业,奠定了韶关工业在当地经济中的基础地位,成为广东省重要的工业基地。20世纪80年代以来,韶关的工业得到进一步发展的同时,轻重产业结构也得到调整。进入21世纪,韶关工业紧紧围绕"建设粤北经济强市"的目标,因地制宜,突出特色,依托资源优势,积极发展优势产业。目前,基本形成了资源型产业突出、加工工业雄厚、部分轻工业分量较重的综合类工业城市。2018年规模以上工业增加值384.1亿元,增长1.7%,其中规模以上工业企业增加值310亿元,增长1.5%。产业转移园规模以上工业增加值112.5亿元,增长13.8%。在主要工业行业中,制药工业下降38.5%,钢铁工业下降11.3%,机械工业增长13.1%,玩具工业下降20%,电力工业增长11.2%,烟草工业增长2.1%,有色金属工业下降1.5%。高技术制造业增加值20.7亿元,增长11.5%。先进制造业增加值99.1亿元,增长3.7%,其中装备制造业增加值40.7亿元,增长9.1%。优势传统工业增加值86.4亿元,下降0.4%。

在农业生产方面,韶关农业优势明显,气候资源优越,人均耕地面积在全省排第一。再加上近几年加强了农业农村基础设施的建设,农业生产能力稳步提高,优质水稻、蔬菜、畜禽产品、烟叶、水产品、水果等农业六大主导产业生产基地不断扩大,特色农产品如南雄板鸭、张溪芋头、火山粉葛等特色农业加快发展,主导产业和特色产业逐步向专业化、区域化、规模化、优质化、集约化的生产方式转变。2018年,全市实现农林牧渔业总产值254.1亿元,增长4.7%。全年粮食作物播种面积172.9万亩,下降1.6%,粮食作物以水稻为主;经济作物主要有甘蔗、花生、烟叶等。其中,甘蔗种植面积4.3万亩,增长11%;油料种植面积57.5万亩,增长2.5%;烟叶种植面积13.5万亩,增长0.3%;其他作物中蔬菜种植面积74.2万亩,增长4.7%。

在贸易投资方面,2018年全市进出口总额166.2亿元,其中进口89.9亿元,出口76.3亿元。同时,为推进大珠三角产业共建提供载体,大力培育发展先进装备制造、旅游文化、大数据、商贸物流、医药健康、特色农业等新兴支柱产业,韶关市将机械基础零部件集群纳入国家第三批创新型产业集群试点,并签约了中车株洲智慧轨道生产基地、亿航智能无人机等一批重大项目。这也使民营经济得到持续发展。2018年全市私营企业数量增长 12.8%。现代服务业增加值增长 8.5%，服务业占 GDP 比重达 49.7%。全面提升企业科技创新能力，高技术制造业增加值 20.5 亿元，增长 15.2%。新增高新技术企业 36 家，主营业务收入 5 亿元以上工业企业研发机构实现全覆盖，规模以上工业企业设立研发机构比例提高到 20%。东莞和韶关对口帮扶、广州和韶关战略合作关系全面构建，区域合作深化发展，韶关已成为国内外客商的热点投资地区。

在交通运输方面，韶关继续加大了交通、城市基础设施的投入，已形成以“三铁五高一航”（京广高铁、京广铁路、韶赣铁路；京港澳、南韶、乐广、韶关北环、大广高速；北江航道）为主骨架的综合交通网。实现县县通高速公路，成为粤北首个、全省第四个拥有环城高速公路的城市，国道、省道、水运交通、农村公路硬底化建设都取得新发展。目前，韶关市已成为经济较有基础、交通便利、生态良好、文明、发展潜力巨大的优良之地。

1.3.1.2 清远经济发展现状

从各产业产值来看，2018 年全市完成地区生产总值 1 565.2 亿元，增长 4.0%，其中第一产业增加值 231.3 亿元，增长 4.6%；第二产业增加值 542.9 亿元，增长 6.5%；第三产业增加值 791.0 亿元，增长 1.9%。三次产业结构为 14.8∶34.7∶50.5。

在工业生产方面，随着清远工业经济结构的不断调整，工业发展方式的转变，工业整体规模和实力得到显著增强，走出了一条具有清远特色的新型工业化发展之路。2018 年全市规模以上工业完成增加值 443.8 亿元，增长 7.2%。在五大主要行业中，非金属矿物制品业增加值增长 7.5%，有色金属冶炼和压延加工业增加值增长 6.7%，电力、热力的生产和供应业增加值增长 4.5%，计算机、通信和其他电子设备制造业增加值增长 10.8%，皮革、毛皮、羽毛及其制品和制鞋业增加值增长 5.0%。省级工业园区完成增加值 150.2 亿元，增长 11.8%。规模以上工业实现利润总额 121.3 亿元，增长 22.0%。

在农业生产方面，清远市凭借其气候、土地及资源等优势，成为了广东省的重点粮产区，重要用材林、水源林和新兴蚕桑、水果、茶叶、甘蔗、烟草、中药材、反季节蔬菜出口基地，担负着为珠三角供应粮食和农副产品的重要职责。2018 年实现农林牧渔业总产值 378.0 亿元，增长 4.4%。全年农作物总播种面积 530.9 万亩，增长 2.5%。其中，谷物播种面积 201.6 万亩，下降 0.2%；经济作物种植面积 79.9 万亩，增长 0.5%；其他作物种植面积 233.3 万亩，增长 5.6%。经济作物主要为甘蔗、茶叶、烟草等。

在贸易进出口方面，2018 年外贸进出口总额 413.0 亿元，增长 25.1%，其中出口总额 200.3 亿元，增长 8.3%，增速总体上呈持续回升态势；进口总额 212.7 亿元，增长 46.5%。实际使用外资 8.2 亿元，下降 1.5%，降幅大幅度收窄。

清远区位优越，交通便利，处于粤、湘、桂三省（区）交界处，素有“三省通衢、北江要塞”之称，位于珠三角“一小时生活圈”内，距广州市约 50 km，新白云机场约 30 km，距香港、澳门约 200 km。京广铁路、武广客运快线，京珠及广清、清连高速公路，国道 106 线、107 线、323 线贯穿境内，并与大、小北江航道组成四通八达的水陆交通网络。凭借这一得天独厚的地理优势，清远市在交通建设方面不断取得新成绩。目前，已投入使用的广乐高速、二广高速和建设中的城市轻轨将使清远市成为连接珠三角和内地广大市场的重要经济走廊。

从上文可以看出，自“十二五”时期以来，清远的“调结构、促转型”工作已取得了不错成效。广清产业园扎实推进,引进了一大批重点项目,房地产业、金融业得到较快发展,农村综合改造、美丽乡村建设和燕湖新城等中心城区建设也取得很好成绩,这些都为未来发展奠定了一定基础。同时,先后淘汰了一批小水泥、小钢铁等高耗能、高污染落后产能,为新产业腾出空间。但是,整个工业发展比较缓慢,通过"补短板"加快培育先进制造业、高技术制造业等战略性新兴产业发展的途径调整优化产业结构的成效不大。目前,清远市正处在工业化中期阶段,加快发展工业是这一阶段发展经济的重要任务。从这几年的经济走势来看,受房地产行业和非盈利性服务业(财政八项支出)的影响,清远经济波动性比较大,主要原因就是这几年工业项目投入不多,新增产能太少。2016年全市工业固定资产投资总额比2011年仅增加3.58亿元,五年时间只增长了2.2%。工业投资占比只有26.4%,不仅低于全国38.2%和全省33.5%的比例,也远低于粤东西北各市,由此导致工业生产增长乏力。加上这几年全国宏观经济处在经济周期的收缩阶段,对清远的水泥陶瓷等基础性产品生产影响很大,致使清远工业雪上加霜,难以为整个经济的持续稳定增长提供应有动力。

清远市作为欠发达地区,当前经济实力、产业水平和经济发展水平还比较低,代表经济发展水平的人均GDP只有全国水平的2/3,不到全省平均水平的一半,离全面建成小康社会目标差距还比较远,发展经济的任务还非常繁重,结构调整任重道远,供给侧结构性改革任务艰巨。一方面,要通过"去产能"的办法,减少无效供给为新产业发展腾出空间。但更重要的方面,是要把"补短板"放在更加突出位置,要从生产要素供给角度尽量把土地等资源更多地向工业项目倾斜,确保引进项目的落实建设工作,要千方百计尽快补上工业这一课,通过做大做强产业集群,促进产业逐步向更高水平迈进,为清远市加快发展提供不竭动力。

1.3.1.3　肇庆经济发展现状

从各产业产值来看,2018年全市完成地区生产总值2 201.80亿元,增长6.6%,其中第一产业增加值347.86亿元,增长4.8%;第二产业增加值774.65亿元,增长7.0%;第三产业增加值1 079.29亿元,增长6.9%。

在工业生产方面,肇庆市大力推动"东融西联"战略,加快推进产业建设,大力发展主导产业,坚持全力提升产业竞争力,促进产业规模化、集聚化、高端化发展。紧紧围绕构建新能源汽车、先进装备制造、节能环保等产业集群的目标,坚持全力做大做强龙头骨干企业,形成一批具有引领支撑作用的企业航母;坚持全力扶持中小企业发展,培育一批具有核心竞争力高成长性企业。在这样的政策背景下,2018年全市规模以上工业增加值增长7.9%。先进制造业增加值增长8.6%,占规模以上工业增加值的比重为30%,比上年减少0.8个百分点。其中,高端电子信息制造业增长21.4%,先进装备制造业增长2.4%,石油化工产业增长10.4%,先进轻纺制造业增长26.5%,新材料制造业增长2.5%,生物医药及高性能医疗器械增长持平。

在农业生产方面,肇庆市大力开展现代农业发展"611"工程,以推进农业供给侧结构性改革为主线,加快构建现代农业产业体系、生产体系、经营体系,大力发展特色优质高效绿色现代农业,提升乡村产业富民兴村带动作用,推动肇庆向农业产业强市跨越发展。工程实施的主要目标包括打造粮食、水果、蔬菜、畜禽、水产、南药等6个年产值超100亿元的产业集群,作为推动全市乡村产业振兴的核心支撑;创建 12 个以上省级现代农业产业园,同步创建省级以上农业科技园;新增 100 家市级以上农业龙头企业。据统计,肇庆市 2018 年粮食作物播种面积 293.21 万亩,比上年下降 0.9%;糖蔗种植面积 0.2 万亩,下降 65.1%;油料种植面积 38.31 万亩,增长 6.4%;蔬菜种植面积 123.15 万亩,增长 3.6%。全年粮食产量 113.38 万 t,下降 1.4%;糖蔗产量 1.04 万 t,下降 64.9%;油料产量 7.69 万 t,增长 9.3%;蔬菜产量 261.80 万 t,增长 6.3%;水果产量 168.43 万 t,增长 8.8%;茶叶产量 0.64 万 t,增长 7.9%。

在贸易投资方面,肇庆市加快推进重点项目的建设工作,100 项市重点项目完成投资 496.71 亿元,完成年度投资计划 109%,其中 51 项省重点项目完成投资计划 128%,完成进度居全省第二位。华润水泥第六条生产线、鼎丰公司增资扩产等项目建成投产,德庆大顶山风电场发电运营等项目开工建设,高要鸿图科技园、封开绿色环保骨料等一批产业项目落户。强化融资用地等要素保障,争取各类资金呈现爆发式增长,实际有效融资余额 1 781 亿元,比年初增长 13.8%,新获批的政府性投资项目融资 661 亿元,获得上级扶持资金 324 亿元,企业发行债券 53 亿元,分别增长 6.6 倍、90%和 4.9 倍。

在交通运输方面,肇庆市水陆交通便利,交通运输方式长期以来以公路、水路为主,铁路为辅,初步形成了公路、水路、铁路协调互补,快捷高效的综合交通运输体系。市内现有广茂铁路、贵广铁路、南广铁路、珠三角城际轨道。市到各县(市、区)已通二级以上公路,县到镇基本上通三级以上公路,镇至村委会通水泥公路。此外,二广高速、广昆高速、珠三级环线江肇高速、珠三级环线肇花高速、广佛肇高速(肇庆大旺至封开江口段)、国道 321 线、国道 324 线业贯穿肇庆境内,实现了真正的县县通高速公路。

1.3.1.4　佛山经济发展现状

从各产业产值来看,2018 年全市实现地区生产总值 9 935.88 亿元,按可比价格计算,比上年增长 6.3%。其中第一产业增加值增长 5.8%,第二产业增加值增长 6.1%,第三产业增加值增长 6.6%。

在工业生产方面,佛山市以"加快产业转型升级、提高经济质量与效益"为主攻方向,着力培育战略性新兴产业,大力发展先进制造业和现代服务业,努力构建现代产业体系,不断增强产业核心竞争力,加快建设"先进制造基地、产业服务中心、岭南文化名城、美丽幸福家园"。在产业政策的扶持下,2018 年全市规模以上工业增加值增长 6.3%,先进制造业增加值增长 7.4%,快于规模以上工业增速 1.1 个百分点,占规模以上工业增加值比重达 49.0%,比上年提高 2.4 个百分点。先进装备制造业增加值增长 10.3%,生物医药及高性能医疗器械增加值增长 18.4%,分别高于规模以上工业增加值增速 4.0 个和 12.1 个百分点。服务业增加值比重持续提升。规模以上服务业保持良好发展势头。规模以上服务业营收收入增长 20.6%,其中高技术服务业营业收入增长 39.5%,科技服务业营业收入增长 35.9%。

在农业生产方面,佛山以高值花卉和优质水产两个拳头产品为主,还兼有部分畜产品和蔬菜。目前,佛山建成市级现代农业园区 47 个,市级以上"菜篮子"基地 62 个,拥有市级以上农业龙头企业 112 家,农民专业合作社 190 个,已成为全国最大的蝴蝶兰生产基地和鲮鱼罐头加工基地、全省最大的供港鱼和北运淡水鱼供应基地,"中国鳗鱼之乡、中国淡水鱼苗之乡和中国花木之乡”相继落户佛山，被评为全国首批农业产业化示范基地市。据统计，2018年全市粮食作物播种面积12.42万亩，比上年增长17.4%；蔬菜种植面积48.84万亩，增长5.9%；经济作物播种面积17.62万亩，增长16.2%。全年粮食产量4.28万t，比上年增长15.1%；蔬菜产量83.22万t，增长4.4%；水果产量4.27万t，下降0.8%。未来，佛山市将继续壮大新产业新业态，拓展农业产业链价值链：包括大力发展乡村休闲旅游产业、推进农村电商发展、加快发展现代食品产业、培育宜居宜业特色村镇。

在贸易投资方面，佛山市固定资产投资小幅度回升。固定资产投资增长5.6%，增速比前三季度提高0.8个百分点，总体呈稳步回升态势。持续加大制造业和村级工业园区转型升级改造力度，工业企业技改投资增长8.5%，快于投资2.9个百分点。消费品市场保持平稳。社会消费品零售总额同比增长8.9%。外部需求趋稳。全市外贸进出口总值4 599.3亿元，同比增长5.5%，增幅比全省高0.4个百分点。其中，出口3 527.4亿元，增长11.9%。从贸易类型来看，一般贸易占主导，一般贸易进出口占外贸进出口总值的比重达53.7%。从出口产品来看，科技含量比较高的机电产品出口占比高达54%，同比增长9.4%。

总体来看，2018年佛山市经济以稳求进，以进固稳，决胜全面小康迈出坚实步伐，但经济运行中仍存在不少困难和挑战，提质增效任重道远。下一阶段，佛山将按照省委、省政府决策部署和市委十二届七次全会部署，统筹推进稳增长、促改革、调结构、惠民生、防风险各项工作，扎实做好稳就业、稳金融、稳外贸、稳外资、稳投资、稳预期工作，坚决打好防范化解重大风险、精准脱贫、污染防治三大攻坚战，促进经济社会持续健康发展。

1.3.1.5 广州经济发展现状

从各产业产值来看，广州市实现地区生产总值22 859.35亿元，按可比价格计算，比上年增长6.2%。其中，第一产业增加值223.44亿元，第二产业增加值6 234.07亿元，第三产业增加值16 401.84亿元，同比分别增长2.5%、5.4%和6.6%。

在工业生产方面，广州市实施工业用地控制和节约集约利用政策，科学安排工业用地指标，逐步转移高污染、高耗能产业，优先支持先进制造业项目稳步增长。2018年，全市规模以上工业增加值增长5.5%。三大支柱产业产值增长4.0%，其中汽车制造业增长6.1%；电子产品制造业逐渐回暖，累计增速在三季度后逐月提升，全年增长2.8%；石油化工制造业下降0.2%。先进制造业中，电气机械、医药制造业产值分别增长9.2%和8.1%。现代服务业增加值占服务业的比重为66.5%，同比提升0.4个百分点。“互联网+”相关服务迅猛发展，规模以上服务业中互联网和相关服务企业营业收入增长58.2%，软件和信息技术服务业企业营业收入增长25.9%。工业加快向中高端迈进，先进制造业和高技术制造业增加值占规模以上工业增加值的比重分别为59.7%和13.4%，同比分别提高1.6个和0.7个百分点。其中，高技术制造业活力增强，增加值同比增长10.2%。规模以上高新技术产品产值占全市规模以上工业的比重为48.0%，同比提高1.0个百分点。

在农业生产方面，广州市以建设现代农业为方向，结合全市产业结构调整，加快转变农业发展方式，按照“稳粮增收、提高增效、创新驱动”的总要求，大力发展都市型农业。2018年，全市实现农业总产值407.26亿元，增长1.2%。农产品产量基本保持稳定，粮食产量13.00万t，同比增长1.5%，水果产量增长11.5%。

在贸易投资方面，全市在 2018 年完成固定资产投资 5 938.40 亿元，增长 8.2%，同比加快 2.5 个百分点。其中，建设改造项目投资 3 236.47 亿元，增长 16.2%，同比加快 11.1 个百分点。在富士康、乐金等重点项目支撑下，工业投资高位运行，增长 53.8%，占全市固定资产投资总额的比重为 16.0%，同比提升 3.6 个百分点。其中，制造业投资增长 65.6%，高技术制造业投资增长 1.5 倍。大项目引领作用显著，完成投资超 50 亿元的项目共 11 个，合计完成投资 1 207.70 亿元，增长 1.2 倍。外贸进出口也由负转正，同年商品进出口总值同比增长 1.0%，为年内各月累计增速首次由负转正，比 2018 年 1～4 月的增速最低点提高 13.1 个百分点，进口逐月平稳增长，反映全市内需增长动能逐步增强。全年新设立外商直接投资企业 5 376 家，增长 1.2 倍，合同外资 399.59 亿美元，增长 2.0 倍，实际使用外资 66.11 亿美元，增长 5.1%。

在交通运输方面，整体运行良好，且随着港珠澳大桥的建成通车，全市的交通枢纽功能得到了进一步增强。2018 年，全市旅客周转量、货运量、客运量同比分别增长 9.8%、8.8%、6.1%。国际交通枢纽功能日益完善，2018 年，白云机场安全起降航班近 48 万架次，同比增长 2.6%；旅客吞吐量 6 974.32 万人次，增长 5.9%；货邮行吞吐量 249.33 万 t，增长 6.6%。广州港开拓、布局全球集装箱航线。截至 2018 年年底已开通集装箱航线 209 条，其中外贸班轮航线 103 条；广州港全年完成集装箱吞吐量达 2 191.18 万标准箱，排名上升至世界第五位。

总体来看，2018 年广州经济保持了稳定发展态势，工业、商业、投资、营利性服务业等主要领域运行平稳，经济新动能加快发展，质量效益不断提升，经济稳中向好的基础和动力比较坚实。

1.3.2　北江经济发展存在的问题

目前，广东产业转移步伐的加快促进了北江沿岸经济的发展，但北江中上游的粤北山区经济发展仍然缓慢，存在以下一系列问题：

(1) 自我发展意识缺乏。部分粤北山区自我发展意识缺乏，市场意识薄弱，所在区县，大多数都是发展落后的地区，再加上当地政府的不作为，形成了依赖外商投资和国家或地方项目扶持的思想，积极主动寻找发展机会的意识逐渐弱化。同时，落后地区往往因缺乏中心城市产业的拉动和经济辐射而出现经济发展落后的局面。而目前，通过在全省范围内统筹规划建设一批中心城区、中心城镇等地域范围内各市的产业、市场、劳动就业和基础设施建设等，部分地区的经济有所回暖，但仍有部分地方政府因缺乏科学规划和项目实施经验等各种原因，没有把优势资源集中统筹开发，阻碍地区推进整体协调发展。部分地方政府在对待粤北地区发展的问题上过分依赖国家或省内发达地区的帮扶、支持，缺乏自我发展、敢做敢为的精神，更倾向于坐等政策项目、扶持、产业转移升级等来改善当地的经济水平。这种依赖性思想是北江山区经济发展的最大障碍，由于缺乏统一规划、思想落后，经济发展与珠三角地区比较差距仍然较大。

(2) 基础设施建设滞后。大力开展基础设施建设是企业所在区域市场竞争的基本条件，也是引导和促进区域科学技术创新的重要推力，因此基础设施的滞后不利于地区的经济发展。虽然位于粤北地区的韶关市和清远市由于交通设施的建设和改善，如武广高铁、京港澳高速、京九铁路等交通设施的建设,使其主要城区到珠江三角洲的时间缩短,珠江三角洲对其辐射作用越来越大。仍有部分区（县)地处山区,因地理位置和山区地形的复杂性,交通设施建设不完善,与珠江三角洲的联系不够紧密。同时,由于交通基础设施不完善,使北江沿岸各市之间难以形成一个互通联动的整体,发挥不了粤北地区的整体优势。再加上地理位置的原因,山区的投资环境与发达地区相比投资成本更高,风险更大。尽管目前引进的一些资源型企业促进了地方经济的发展,但这些企业对山区的水土、空气造成的污染是无法用经济来衡量的。生态环境是山区的优势。山区是广东的生态屏障,绝不能让工业化污染环境资源。这种急功近利的思想对山区经济的发展有害无利。山区只有加大投入,不断完善基础设施建设,如交通、能源、供水、电力条件等,才能吸引好的企业来落户。

(3)优秀人才的缺乏。优秀人才对地区的可持续发展起到了至关重要的作用,科学技术和先进的管理水平又是推动经济发展的两大马车,而科学技术的创造依赖人才,同时先进的管理水平也依赖人才。北江上游主要以山区为主,加上经济发展水平相对珠江三角洲地区来说较落后,难以吸引优秀的人才建设粤北山区。而人才的培养与当地的产业也有很大的关系,由于粤北地区文化实力相对比较落后,难以培养出优秀的高层次人才,进一步导致了人才的流失,由此造成财政负担加大。同时,韶关市、清远市高等教育水平处于劣势,仅有的专科院校培养的人才由于地区发展水平和学生水平问题,难以适应目前粤北地区的经济发展,加上优秀人才受到珠江三角洲地区高薪资和高福利待遇的吸引,大量涌向珠三角地区或其他较发达城市。

(4)部分企业持续发展动力不足。北江流域的主要城市中,韶关市属于重工业城市,由于环境污染较为严重,再加上资源匮乏,使韶关市的实力逐渐下降。清远市与广州市的距离较近,其承担着广东北部的生态屏障作用。肇庆市属于经济欠发达地区,竞争压力大,支柱性产业引入困难,基础配套设施机制不完善,差异化服务优势不明显。因此,粤北地区部分企业发展明显受到相应政策的制约。

(5)经济发展与生态保护矛盾加大。一个地区要实现经济的发展难免会破坏生态环境,北江流域要发展经济必然破坏当地的生态环境,如何做到既使经济水平得到提高又使生态环境得到保护成为北江经济发展面临的突出问题。由于北江流域被定位为生态保护区,将对所在地区的部分产业产生很严重的影响。

1.3.3　发展北江经济的建议

北江流域自然资源丰富,充分利用这些资源优势转化为经济优势很重要。不仅限于开发资源,而应当结合这些资源形成产业链,以提高当地的总产值。目前,全国都在发展新能源、新材料、新型技术的新型产业,粤北地区在新一轮的产业升级中应该紧跟发展潮流,发展新型产业,以适应产业升级的需要。

第一,大力发展新型农业经济,建立农业生产合作社。粤北地区大部分属于山区,应当充分利用先进技术发展现代农业,向珠江三角洲和周边地区提供具有当地特色和规模效益的生态农业产品。同时,重点发展山林经济,在山区建立森林食品、森林药材、林产化工等生产加工基地以转化森林负担为森林优势。组织农业生产合作社,制定相关的规章制度,提高农业信息化服务、市场扶持服务,建立利益共享、风险分担机制和农业生产规范化管理机制。山区的弱势是地理位置,但地方政府可以从整合政策、体制、自然资源等方面着手,充分发挥县(市)现有资源。首先,地方政府应该把城镇、农村的经济发展有机结合起来,大力发展县(市)经济,以县(市)工业为"龙头",以工业化、城镇化带动现代农业的发展,以城镇带乡村,增加农民的收入。其次,地方政府应加强培育具有本地特色的经济产业集群,以专业镇为载体加大招商引资力度,发展配套经济产业,提升农民工经济收入,以科技富民强县,增强县域经济实力。

第二,产业转移与人才引进同步。广东省出台了相关对口扶贫的政策,使北江沿岸建立了大批的工业园,这对改变当地的产业结构,提高当地的经济发展水平,改善人民的生活水平有很大的作用。这些工业园区在很大程度上对解决当地就业和提高当地经济发展、增加税收收入有很大的帮助。人才不足是制约粤北地区经济发展的重要因素,政府应当出台相应政策措施吸引优秀人才建设粤北地区。要加快发展北江经济,必须从发展经济的薄弱环节入手。粤北地区的民营企业众多,内源型经济是主体。因此,地方政府应扶持民营企业,集中优势资源,帮扶、引导一批"龙头企业""示范性企业",让这些企业逐步规范管理,利用科技创新,突出主业,成为具有自主知识产权、核心竞争力强的大企业或者产业集团;同时,加强对中小企业的帮扶、引导,利用优惠政策,一些地方性税负补贴以弥补中小企业资金不足,做大做强中小型民营企业。另外,要做大做强外源型经济,地方政府应加大招商引资和产业转移力度。广东省北江经过改革开放40多年的发展,已经形成了具有地方资源优势的支柱型产业群,主要是资源型工业和劳动密集型工业,基础大都比较薄弱。因此,粤北地区要发挥在行政和地理位置上的优势,争取在产业转移竞争中取胜,如通过政府补贴形式实现廉价的高速公路服务,实现低成本物流通路,产业转移企业的成本降低,将会吸引更多企业落户山区;地方政府制定较为宽松的税收分成比例,统筹规划产业布局,落实、协调产业转移企业的日常生产工作,也是吸引产业转移企业落户山区的一种办法。

第三,发展山区特色生态旅游业。粤北地区作为珠三角的后花园,每逢节假日都会有大量的珠三角城市人到粤北山区旅游。应当充分利用好山区丰富的生态景点优势发展生态旅游,同时加强与旅游相关产业之间的联系,做到生态旅游发展和生态产业发展相结合。例如:粤北大多数属于客家地区,可以充分发挥山区客家文化优势,同时粤北市(县)可以利用自然景色吸引游客。农产品是山区经济发展的支柱,粤北山区有优质稻米、水果、蔬菜、家禽、生猪、花卉、茶叶、南药等具有山区特色的农产品,地方政府应加强特色农产品产前、产中、产后的服务体系建设,引导农户、企业规模、规范生产,面向珠三角和港澳市场,建立粮食生产基地,无公害农产品、绿色食品、有机食品生产基地,现代农业示范园区,现代畜牧业产业化示范中心等,扶持发展森林食品、森林药材、油茶等木本粮油产业。积极发展生态休闲旅游业。目前,韶关有以"大丹霞、大南华、大南岭"为重点的世界级旅游胜地;清远有以温泉漂流、民族风情为重点的旅游休闲地;云浮有以禅宗六祖文化、南江文化、石艺文化为重点的文化旅游休闲地。地方政府要根据当地山区特点,规划旅游特色项目和旅游线路,加强旅游项目的基础设施建设如公共卫生、安全设施、饮食服务等,注重挖掘和保护地方人文历史文化资源,加大旅游商品开发力度,让城市建设、文化建设、房地产开发与旅游发展相互配合,从而促进山区经济的发展。

第四,加强小城镇生态经济发展。小城镇被称为“城之尾,乡之首”,是城乡结合部的社会综合体,具有促进区域经济发展和社会全面进步的综合功能。粤北地区由于以山地为主,难以形成像珠三角一样的大城市,但可以通过建立小城镇来带动周边农村地区的城镇化。小城镇的建设应当按照生态学的思想,以空间的合理利用为目标,建立科学的小城镇,以协调人与自然、人与社会之间的关系。

第五,加强基础设施建设,完善公共服务水平。基础设施建设事关整个北江的经济发展,为此要建立完善的交通体系,要加快高速公路建设和铁路建设,以拉近粤北地区与珠江三角洲的距离,加强国道和省道的建设以拉近区域之间的距离。完善粤北地区的公共服务水平,重视粤北地区教育事业发展,培养更多北江经济发展实用性人才。提高粤北地区医疗卫生水平,强化社会保障体系以促进社会公平,稳定人才。

第六,完善山区扶贫和产业发展相联系的合作机制。“十五”期间,广东省出台实施对山区对口帮扶的政策,该政策实施以来各方面效果明显,部分受到帮扶的山区经济取得了较为快速的发展。对口帮扶政策只能暂时解决山区经济社会发展难题,山区经济要持续发展不能光靠发达地区的“输血”帮扶,而是靠自我发展的良性机制。在新形势下,山区各地方政府,要完善山区与珠三角的产业协作机制,充分利用珠三角向山区的产业转移的机会,以区域合作为发展平台,以区域企业合作和产业发展为重点,发挥政府和市场的联结推动作用,政府职能部门要加强引导,让市场合理运作、企业加大生产力度,社会积极参与,形成区域经济合作发展新机制。北江经济要加快发展离不开上级党委、其他地区及社会各界的帮扶,发挥外力作用,形成区域合作、互动发展新机制,将对北江经济社会发展起示范及推动作用。

1.4 绿色北江

1.4.1 绿色北江建设背景

北江是粤北地区经济发展的水上命脉,也是广东粤北地区沟通珠三角及港澳地区的唯一水运通道。近年来,“一带一路”政策的实施为北江沿岸的发展注入新的动力,2017年6月,交通运输部党组书记杨传堂乘船考察北江,提出建设畅通、安全、绿色、高效的珠江,加快形成沿江综合运输大通道。同年7月,广东省省长马兴瑞乘船考察北江,提出统筹推进西江、北江、东江航道扩能升级,综合考虑水利、防洪、交通运输、水资源调配、旅游开发等功能。要求各有关市、相关监管部门和企业建立责任明晰、务实高效的沟通协调机制,携手建设黄金水道。

2018年3月,广东省“四个走在全国前列”要求的提出,进一步推进了21世纪海上丝绸之路和粤港澳大湾区的建设。2018年6月,随着广东省区域发展新战略的提出,珠三角核心区、沿海经济带和北部生态发展区构成的区域发展新格局逐渐形成。其中,对于粤北生态发展区的建设,主要以生态优先和绿色发展为引领,在高水平保护中实现高质量发展。2018年7月,随着广东北江流域“平安北江”共建行动的启动,清远市海事局等11个共建单位将利用三年的时间，为北江护航，共建智慧北江、安畅北江、绿色北江、共享北江、和谐北江，北江也将正式步入绿色发展生态文明的黄金期。其中，建设绿色北江是粤北地区发展的前提，必须利用好北江独特的自然地理优势、良好的社会经济条件及科学发展观的指引。

首先，北江具备独特的自然地理优势，为建设绿色北江奠定了基础。北江流域地处北纬 22°34′~25°17′，受季风影响，流域内常年阳光充足、降雨充沛。大气环流呈现出季节性变化，夏季以东南风和偏南风为主，冬季盛吹北风和偏北风。在水文特征方面，北江干流的径流量年内分配不均，枯水期为每年的 11 月至翌年 3 月，该时期水量仅占全年水量的 1/4，汛期(4~9 月)的水量则达到了全年水量的 3/4，年平均降水量为 1 600~1 800 mm。作为珠江水系的第二大支流，北江水资源可利用总量为 144. 30 亿 m^3，其中地表水可利用量 144. 20 亿 m^3，地下水可开采量 114. 51 亿 m^3，地下水与地表水不重复可利用量 0. 10 亿 m^3。北江流域多年平均人均水资源量 5 616 m^3，为广东省各流域中最高，也高于全国水资源量的年人均水平(广东省年人均水资源量 2 100 m^3，全国年人均水资源量约 2 200 m^3)，占流域大部分面积的韶关、清远多年平均人均水资源量分别达到 6 121 m^3 和 6 514 m^3，广州、佛山的人均水资源量多年平均值为 764 m^3 和 492 m^3。同时，充足的水资源使得北江水体具有较强的自净能力和自我修复能力；尽管经济发展对江河水体有一定的破坏，但北江河流的整体水质达到Ⅱ类水以上。

其次，公众环保意识日益增强为建设绿色北江创造了社会条件。随着北江流域改革开放的进一步深入，地区经济往来更加频繁，公众在接收先进思想熏陶的同时，环保意识也日益增强，绿色发展理念逐渐成为全社会的共识和自觉行动，为建设绿色珠江创造了有利条件。

最后，建设绿色北江是贯彻落实党的十九大精神的必然要求。十九大提出“树立和践行绿水青山就是金山银山的理念”，强调“坚持人与自然和谐共生”；在流域经济社会加快发展的背景下，北江流域的治理开发和保护面临全新的挑战，传统的治水模式难以适应新时代背景下治理北江的要求。因此，必须加快生态文明建设，坚持六大原则，构建生态文明体系，确保北江的洪患、水污染、水资源短缺、水生态环境恶化等问题能得到有效的解决。而本次“平安北江”共建行动正是基于北江水利发展面临的新形势和新要求下，贯彻落实党的十九大关于水生态文明建设战略部署的重要举措。

1. 4. 2　绿色北江内涵

建设绿色北江是一种新的治江理念，更是每个水利人对绿色生活的向往。北江是自然条件相对优越的一条内陆河流，同时在保障流域用水安全、促进经济社会发展等方面都发挥着不可替代的作用。建设绿色北江是以流域水资源和水环境承载力为约束，以维护河流健康和开发水资源为目标，通过优化水资源配置，强化水资源节约保护，实现水生态综合治理和水资源可持续利用，促进人与自然和谐发展。总而言之，建设绿色北江就是指在满足流域经济社会发展对河流的社会服务需求的同时，最大限度降低损害河流生态系统的治江活动，把北江建设成一条“山清水秀、人水和谐、生机盎然”的黄金水道。

1.4.3　绿色北江建设目标

共建“平安北江”,必须坚持以生态和绿色发展为前提,切实推动水上安全向多元化治理转变,促进北江流域绿色交通建设,实现北江流域经济高速发展。本着“共商、共创、共治、共享”原则,共建“平安北江”将深入贯彻落实“五大发展理念”,把绿色北江作为建设的关键一环,加强区域合作,实现北江的可持续协调发展。

2020 年,北江流域全面建成和健全促进北江绿色发展的保障机制,预警、监控与应急体系,推进北江绿色发展。同时,以北江干支流水环境治理为重点,对已经出现的水生态环境污染问题应积极采取应对措施,避免环境的进一步恶化。在建设水利工程时,既要注重水利工程与水生态相协调,也要突出水利工程的文化性,使流域特有的岭南文化得以传承,让历史文化与现代文明有机融合,加强水文化景观的保护和建设,打造具有流域特色山水文化的城乡水景观。

1.4.4　绿色北江的建设对策

针对建设绿色北江的任务,各部门通过相互协作,从绿色水运的发展、水质环境的监测、水利工程的建设等角度出发,共同建立和健全促进北江绿色发展的保障机制,预警、监控与应急体系,不断推进北江的绿色发展,打造流域水生态文明建设典范。

1.4.4.1　水运绿色发展

2014 年,交通运输部十大示范项目之首的“大宗货物绿色运输北江示范项目”落地清远,北江航道扩能升级项目全面开工,正式拉开加快内河水运发展、建设黄金水道的序幕。随着工程的开展,多地的水利枢纽船闸陆续建成,渠化后的北江逐步发展成粤北地区与沿海港口相互连接的黄金水道。示范项目的顺利开展,为政府主管部门引导运输方式转变探索一种多角度、全方位的综合解决方案,为我国其他内河航运开发与利用提供宝贵经验,发挥示范作用。项目开展期间,清远市海事局以绿色发展为前提,切实推动水上安全由一元管理向多元治理转变。自北江示范项目落户清远市开始,清远市海事局加快了发展绿色水运的步伐,通过淘汰、升级老式游船,开展辖区船型的标准化工作及提升海事监管服务水平,为清远市水运市场和造船业注入了新的发展活力。

清远市水利枢纽建成后,北江航道级别从原先的 100 t~300 t 级提高到 1 000 t 级,通航时间也由原来的 5~10 月提高到可全年通航。通航条件的改善推动了清远市水上旅游业的发展,每年到飞来峡旅游的游客逐渐增加,为清远市的经济发展注入了新的活力。但是在经济发展的同时,也直接造成了北江通航环境的破坏和水污染问题的加剧。因此,北江示范项目落地清远市为清远市打造绿色北江奠定了基础。为了全面发展绿色水运,清远市海事局积极开展相关建设工作。一方面,由于当前北江实现船闸枢纽渠化,每个渠化都受船闸限制,所以不同大小的船舶在过闸时的速度不一,大大降低了过闸效率。针对这一情况,清远市海事局通过推动辖区船型的标准化工作,使船舶船型更加符合规范要求,更适应辖区航道通行,不断地提高船舶的过闸效率。另一方面,清远市海事局积极响应清远市政府文件要求,积极加快对辖区老旧船的淘汰、升级整治行动,把老式船型和不符合环保要求的船舶逐步淘汰,推行 LNG 燃料动力船,打造绿色、低碳、环保的北江通航环境。

截至 2016 年，已停运 111 艘老旧客船，并在指定的拆解船厂逐步进行拆解，从根本角度消除了安全隐患。

历经多年的建设，大宗货物绿色运输北江示范项目正式进入收官阶段。通过北江示范项目的实施，北江航道通航条件得到改善，港口规模化、船型标准化、水运信息和物流运输一体化基本实现。水运有效解决了陆路运输的局限性，也有效缓解了陆路运输的压力。北江示范项目实施以来，北江水运效能逐年提升，水路大宗货物运量占比逐年提高，由实施前项目的 1 000 万 t 逐步提升至 4 000 万 t。

未来，清远市将携手北江其余各市继续推进国家大宗货物绿色运输北江示范项目建设，形成大宗货物由陆路运输向水路运输转移的综合诱导体系，使北江成为粤北地区沟通珠三角的重要水上运输通道。而淘汰老旧船型行动将从根本上消除北江水上安全隐患，改善飞来峡水环境，促进清远市水上旅游业转型升级，确保北江实现“天更蓝、水更清”。

北江黄金水道开辟绿色水运新时代，相信在“珠江—西江经济带”“广清一体化交通建设项目”等国家、省级战略工程的带动下，在各部门的积极行动下，北江建设黄金水道、发展水上经济的步伐必将大大加快，绿色水运发展也必将结出累累硕果。

1.4.4.2 水质环境监测

韶关市是北江流域重金属污染重点防控区域，境内的大宝山矿区、乐昌铅锌矿区、凡口铅锌矿区，韶关冶炼厂及其周边区域被列为广东省国家重金属污染重点防控区。因此，努力做好重点污染地区的防控工作，保障北江下游的饮水安全是韶关市近年来不断努力的方向。目前，韶关市已投入的重金属治理成本高达 15.38 亿元，完成 91 项重金属污染治理工程；实施 4 项土壤治理工程，完成土壤修复 29.96 万 m^2，通过重金属污染防治，重金属污染物的排放量逐渐下降。2018 年年底，韶关市还将全面完成北江韶关段水质监测预警应急体系建设，为区域水质环境安全提供有力的保障。

目前，韶关市境内地表水质的国控、省控断面达标率为 100%，北江、浈江、武江等主要水体及所有饮用水水源保护区水质达标率为 100%，城市建成区内无一黑臭水体。同时，为了进一步预防水体污染，韶关市也将大力投入建设水质监测预警系统，确保北江水体不遭到破坏。目前，广东省北江流域水质监测预警应急体系已投入 3 800 万元，其中韶关段投入 1 800 万元，在现有的 4 个自动监测水站的基础上，继续新建 4 个自动站，其中横石水子站等 3 个已建成，武江西河子站预计 2018 年年底完成建设。总体上看，在韶关市辖区内针对省界、市界、饮用水及大型企业及工业园处基本都建成了水质自动站对其周边水质进行全天候监测，所有的监测数据由广东省地表水自动监测预警监控平台和北江流域饮用水源水质预警监控系统负责处理。对异常情况的出现相关部门也能在第一时间做出应急预案。到 2018 年年底，北江流域韶关段水质监测预警应急体系将得到进一步完善，流域重金属预警能力也将大大提高。

1.4.4.3 水利工程建管创新

党的十八大以来，北江流域各地、各部门努力实践中央水利工作方针和决策部署，认真贯彻绿色发展理念，以强化飞来峡水利枢纽建设与管理为重点，着力完善枢纽高效运行的防洪减灾体系、落实北江航道扩能升级建设，推进水库型水利风景区升级，为流域绿色发展做出新贡献。

(1)制订枢纽库内蓄滞洪区抗洪抢险预案,有效防控库区灾害风险,保障下游北江大堤安全。根据防洪减灾预防为先的方针,贯彻落实防洪减灾新理念,2015 年广东省防总重新修订了《北江大堤—飞来峡水利枢纽抗洪抢险预案》,确立了飞来峡水利枢纽蓄滞洪区功能定位和防洪调度运用原则,2016 年清远市进一步修订了《清远市飞来峡水利枢纽蓄滞洪区安全转移预案》,从而完善了枢纽高效运行的防洪减灾体系,为确保北江大堤、飞来峡枢纽防洪安全和减灾效益及枢纽库区内蓄滞洪区群众的安全转移提供科学依据和制度保障。飞来峡水库蓄滞洪区群众安全转移是水库蓄洪运用的难点,也是实施枢纽调洪任务的关键,落实群众安全转移预案,是安全启用 13.36 亿 m^3 防洪库容进行蓄洪的前提,使枢纽防洪调度真正做到为流域经济平稳健康发展与社会和谐稳定提供水利保障和支撑。

(2)新建枢纽二、三线船闸,落实北江航道扩能升级战略部署。2014 年 9 月,为贯彻落实国家珠江—西江经济带战略,广东省委、省政府做出了加快西江、北江等航道扩能升级,促进航运事业快速发展的战略部署。北江航道建设方案为:全线 258 km 按照 1 000 t 级航道标准进行扩能改造,将在北江干流的 5 座枢纽建设 7 个船闸。其中,飞来峡水利枢纽将在右岸新建二、三线船闸,设计远期单向通过能力 4 107 万 t,较原来一线船闸的 476 万 t 单向通过能力提升近 10 倍。工程建成后,北江航道通航能力将得到数倍的提升,今后通过北江货运至珠江三角洲不仅可节约运输时间,成本还可以降低 20%,成为粤北地区与沿海港口相连的更便捷通道、与海上丝绸之路紧紧相连的通道,真正实现北江航道的升级。

(3)结合枢纽库区社岗防护堤除险加固工程,推进生态堤和水利风景区建设。防护堤工程位于枢纽风景区的核心范围,堤长 3.61 km,防护区面积 41.4 km^2,人口 1.2 万人,工程于 2014 年 9 月开工建设,工期 1 年。根据除险加固的要求和生态文明建设需要,贯彻"安全第一"原则和"生态优先"理念实施加固。防渗采用塑性混凝土防渗墙措施,技术可靠、经济合理,并能满足地下水补给的生态要求;堤顶路面采用生态材料,堤坡种植适生草种,建成生态堤防;充分利用工程开挖弃土,对周边区域环境进行绿化和美化改造,创造良好的自然生态环境,增加周边群众休闲娱乐活动场所,提升景区的游憩功能。飞来峡水利枢纽管理部门将学习贯彻十九大精神与践行中央新时期水利工作方针有机结合起来,枢纽的建设、管理和运行水平得到全面提升,取得了治水兴水的辉煌成就,为进一步推进北江绿色发展奠定了重要基础,也将为打造环珠江口湾区和推动海上丝绸之路建设做出更大贡献。

第 2 章　北江流域概况

2.1　地形地貌特征

北江是广东省境内一条重要河流，地理位置在东经 111°52′～114°41′、北纬 23°10′～25°25′。整个流域呈扇形，周围大山环亘，北有南岭与长江分界，东有九连山、滑石山、瑶岭与东江分界，西有与湘桂交界的萌渚岭与西江分界，并连二托山、大罗山接向东翼山脉。分水岭最高点是南岭的画眉山，海拔 1 673 m，流域内最高点为乳源瑶族自治县与湖南交界的石坑崆，海拔 1 902 m。

流域自北向南贯穿广东省的北部和中部，思贤滘以上干流长 468 km（广东省境内 458 km），流域面积 46 710 km^2（其中广东省境内 42 930 km^2），总落差 305 m，河道平均比降为 0.65‰。大部分是山区和丘陵，间有零星分布的河谷盆地，地势北高南低，上游陡峻，中游河段比较顺直，其间有香炉峡、大庙峡、盲仔峡和飞来峡四个峡谷，出飞来峡之后地势逐渐平坦，河床开阔，最后与珠江三角洲相连。地面高程在 500 m 以上的山区占 20%，50～500 m 的丘陵占 70%，50 m 以下的平川约占 10%。

流域内集雨面积超过 1 000 km^2 的支流有墨江、锦江、武江、南花溪、南水、滃江、烟岭河、连江、青莲水、滃江、滨江、绥江、凤岗河等 13 条，其中一级支流 9 条，按叶脉状排列，从东西两侧汇入干流，由于部分支流汇口距离比较接近，故易造成洪水集中，来势凶猛。当春夏之际，海洋湿暖气团往内陆积送，常受阻于南岭山脉，故流域内多暴雨，量大而急剧，洪水为患频繁。

表 2-1　北江干流各河段河流特性

河流（段）	起讫		河流长度		河道比降（‰）
	起	讫	长度（km）	占全江的比例（%）	
北江	江西信丰石碣	思贤滘	468	100	0.65
上游（浈江）	石碣	韶关沙洲尾	212	45.3	0.617
中游	沙洲尾	飞来峡白庙	173	37.0	0.25
下游	白庙	思贤滘	83	17.7	0.081 5

2.2　河流特征

2.2.1　北江

北江上游浈江，发源于江西省信丰县石碣，经大余县进入广东，自东北往西南穿山越岭，流经南雄、始兴、曲江等市（县），至韶关市沙洲尾与支流武江汇合，始称北江；再自北向南流经英德、清新、清远至三水河口，在思贤滘与西江相通，注入珠江三角洲网河区。从源头至韶关市沙洲尾为北江上游，沙洲尾至清远飞来峡为中游，飞来峡至思贤滘为下游。上游流于高山峻岭之间，集流快、洪水历时短、降雨损失少，有“滴水归谷”之称；但北江干流总比降平缓，洪水涨陡落缓，历时长，发洪时间多在 5~7 月；河床沿程一般随水量的加入而增宽，但局部河段受峡谷影响而变小，如距离英德市区 12 km 的盲仔峡，河宽缩窄为 100 m，是造成英德河段洪水位壅高的重要原因。

中游升平镇附近已建成以防洪为主的大型水库飞来峡水库，飞来峡以上孟洲坝、濛里、白石窑三座梯级电站也已经建成。上游浈江湾头村附近拟兴建以韶关市防洪为主的中型水库湾头水库；北江飞来峡下游清远梯级已经建成，以下拟兴建横岗梯级。

北江干流洪水传播时间见表 2-2，主要河流情况见表 2-3。

表 2-2　北江干流洪水传播时间

起点	小古菉	浈湾	韶关	马径寮	英德	连江口	横石	清远	石角	芦苞
讫点	浈湾	韶关	马径寮	英德	连江口	横石	清远	石角	芦苞	三水
距离(km)	80	20	56	47	19	25	38	19	27	27
传播时间(h)	6	3	8	10	3	4	7	7	6	6

表 2-3　主要河流情况

河流名称	河流级别	发源地	河口	集雨面积(km^2)	河长(km)	河道比降(‰)
北江	干	江西信丰石碣	三水思贤滘	42 930 46 710	458 468	0.26
墨江	1	始兴棉坑顶	始兴上江口	1 367	89	2.38
锦江	1	江西崇义竹洞	曲江江口	1 625 1 913	104 108	1.71
武江	1	湖南临武三峰岭	韶关沙洲尾	3 734 7 097	152 260	0.91
南花溪	2	湖南宜章白公坳	乐昌水口	304 1 188	30 117	3.36
南水	1	乳源安墩头	曲江孟洲坝	1 489	104	4.83
滃江	1	翁源船肚东	英德东岸嘴	4 847	173	1.24
烟岭河	2	英德羊子岽	英德狮子口	1 029	61	1.55
连江	1	连州三姊妹峰	英德江头嘴	10 061	275	0.77
青莲水	2	阳山猛石坑	阳山青连	1 221	85	5.28
潖江	1	佛冈东天蜡烛	清远汛沙村	1 386	82	1.74
滨江	1	清远大雾山	清远飞水口	1 728	100	0.81
绥江	1	连山擒鸦岭	四会马房	7 130 7 184	226	0.25
凤岗河	2	连南湴洞	怀集上角	1 222	102	3.59

注：表内数据下为整条河流的数据，上为位于广东省内部分。

2.2.2 墨江

墨江发源于始兴县隘子镇的棉坑顶，上游称青化水，流经隘子、司前、深渡水、顿岗、罗坝、城南、太平、沈所、江口等乡镇，汇入浈江。流域面积 1 367 km^2，河长 89 km，河道平均比降 2.38‰。墨江较大的支流有沈所水、罗坝水两条，流域内已建中型水库 1 宗：花山水库位于支流沈所，总库容 1 441 万 m^3，目前承担下游 1.1 万亩农田的灌溉和始兴县城的供水任务。1967 年建成凉口引水工程，设计引水流量 3.2 m^3/s，设计灌溉面积 3.26 万亩。结合防洪、发电、灌溉、供水等综合利用任务，规划于罗坝水兴建中型水库罗坝水库，于主流清化水兴建大型水库冷水迳水库、中型水库黄水水库。

集水区内多为中低山，凉口以下属丘陵盆地，地势东南高西北低，落差 300 m。基岩主要有砂岩、页岩、花岗岩、石灰岩等。

上游林木繁茂，是木材重点产区之一，中下游为主要粮产区。河床上陡下缓、集流快、水势凶猛，始兴县城一带小平原常受洪水威胁。中华人民共和国成立后查测最大洪峰流量 3 030 m^3/s（1976 年 6 月 9 日），最小流量 2.3 m^3/s（1977 年 3 月 19 日）。墨江水量丰富，多年平均年径流量达 12.41 亿 m^3，但水质受厂矿排放废水和生活污水影响，始兴县城河段水质污染较为严重。

2.2.3 锦江

锦江发源于江西崇义竹洞，自北向南流经长江、扶溪、仁化、丹霞、细瑶山等地，至曲江县白芒坝汇入浈江。流域面积 1 913 km^2，河长 108 km，河道平均比降 1.71‰，总落差 1 061 m。集雨面积 100 km^2 以上的支流有扶溪水、城口水、黎屋水、董塘水 4 条。流域地势北高南低，呈北向南走向，上游属山区高丘地带，林木茂盛，植被良好，河床大多深切成 V 形河谷，出锦江峡谷口为下游区，地势开阔平缓，为低丘垌田区，是仁化县城所在地。

锦江流域地处韶关市东北部，属亚热带季风气候区，雨量充沛，雨量从北向南逐渐增加。仁化站实测最大洪峰流量 2 020 m^3/s（1973 年 6 月 28 日），最枯流量 0.3 m^3/s（1994 年 2 月 1 日），多年平均流量 44.8 m^3/s。

锦江河流多在险滩峡谷中通过，水流湍急，多年平均年径流量达 18.88 亿 m^3，水力资源丰富，理论蕴藏量 15.38 万 kW，可开发 9.89 万 kW，已开发 8.13 万 kW。从 1990 年起至 1997 年先后在锦江峡谷出口以下建成 5 个梯级电站：锦江、西岸、黄屋、丹霞、瑶山，总装机容量 4.28 万 kW，不仅水力资源得到了合理开发，而且减轻了锦江下游的洪水灾害。

1993 年建成大型水库一宗：锦江水库总库容 1.89 亿 m^3，装机容量 2.5 万 kW，以发电为主兼顾仁化县城防洪。已建成中型水库 2 宗：分别是位于黎屋水上的高坪水库和位于董塘水上的赤石迳水库，高坪水库电站尾水通过塘村引水渠（$Q_{设}=5.32\ m^3/s$）引至火冲坑电站发电，再流入赤石迳水库，灌溉下游 1.48 万亩农田。规划将董塘水上的澌溪河水库由小型扩建为中型。

集水区西北部石塘、董塘、丹霞和仁化等地大部分为石灰岩区，北部的长江、城口、扶溪等区多属花岗岩，下游沿岸及丹霞、董塘部分地区为红色砂岩，属著名的丹霞地貌区。

董塘一带煤炭、铅锌等矿产资源丰富，现有凡口铅锌矿、曲仁红工三矿等开采。

2.2.4　武江

武江发源于湖南省临武县的三峰岭，流经临武、宜章、郴县、桂阳、汝城、乐昌、乳源、曲江等县（市），于韶关市沙洲尾汇入北江，流域面积 7 097 km^2（其中广东省境内 3 734 km^2），河长 260 km（其中广东省境内 152 km），总落差 123 m，河道平均比降 0.91‰。

主流在广东境内比较陡，平均比降 1.27‰，流速大、洪水传播快，流域地势高，植被较好，岩石坚硬，含沙量较少，是典型的山区河流。乐昌峡位于武江中游、坪石镇与乐昌之间，自罗家渡至张滩全长 41 km，天然落差 54 m，平均坡降 1.31‰，河道曲折，河面狭窄，最窄处仅 25 m，两岸沟壑纵横，河道切割较深，滩多水急，有"九泷十八滩"之称。乐昌至韶关段比较平缓，比降 0.59‰。洪水期间坪石、乐昌等地沿河农田、村庄常受洪水冲刷。

集雨面积 100 km^2 以上的支流有 14 条，其中在广东省境内汇入武江的有 11 条：南花溪、宜章水、白沙水、梅花水、田头水、太平水、九峰河、西坑水、廊田水、杨溪河、新街水。

流域内已建中型水库 3 宗：位于下陂水的西牛潭水库及位于廊田水的东洛、龙山水库，已建万亩以上引水工程有乐昌廊田引水、西坑引水、乳源引杨等 3 宗。规划于武江兴建以韶关市防洪为主的大型水库乐昌峡水库；规划兴建中型水库 2 宗：位于杨溪河的横溪水库和位于新街水上的杨梅浪水库。

武江流域地处韶关市北部，属亚热带季风气候区，雨量充沛，雨量从北向南逐渐增加。犁市站实测最大洪峰流量 8 800 m^3/s（2006 年 7 月 16 日），最枯流量 9 m^3/s（2004 年 1 月 13 日），多年平均流量 192 m^3/s。汛期遇山洪暴发，易造成部分农田的洪泛灾害，同时 9 月、10 月雨量偏少，易造成秋旱，10 月至翌年 2 月雨量较少，有时造成春旱，影响农业生产。

集水区内水力、林木、矿产资源丰富，有梅田、南岭等煤矿，小煤窑分布也多。乐昌、乳源交界地区有较大面积的石灰岩分布，部分地方仍存在人畜饮水困难。

2.2.5　南水

南水发源于乳源县五指山安墩头，流经龙南、乳源县城，于龙归接纳龙归水，再经曲江县孟洲坝汇入北江。流域集雨面积 1 489 km^2，河长 104 km，河道平均比降 4.83‰。较大的支流有 2 条：龙溪洞水和龙归水。南水水资源充沛，其上游多雨中心圈平均降雨量达 2 400 mm，多年平均河川径流量 21 亿 m^3，浅层地下水蕴藏量 3.77 亿 m^3。

流域内有大型水库 1 宗：南水水库控制面积为 608 km^2，总库容 12.81 亿 m^3，为多年调节，电站装机容量 7.5 万 kW。南水水库的建设较好地解决了乳源县城的防洪问题，但由于水库以发电为主调度，使水库下游两岸约 3.8 万亩农田的灌溉用水受到影响。已建中型水库 1 宗：泉水水库，总库容为 2 160 万 m^3。已建大型水闸 2 座：双口水闸的主要功能是灌溉和发电，设计过闸流量 1 200 m^3/s；鹰嘴石水闸的主要功能是发电，设计过闸流量 1 226 m^3/s。已建万亩以上引水工程 1 宗：双口引水，设计引水流量 1.20 m^3/s，灌溉 1.20 万亩。

2.2.6 滃江

滃江发源于翁源县船肚东，自东北向西南流经连平、新丰、翁源、佛冈至英德市江头嘴汇入北江，主流长 173 km，流域面积 4 847 km^2，河道平均比降 1.24‰。沿河除两岸狭窄盆地外，均为崇山峻岭，地质多为石灰岩及花岗岩，由于地势高、河床陡，洪水传播快，沿河两岸农田受山洪暴发影响较大。主流比降大，洪水迅猛、暴涨暴落。如 1964 年最大洪峰流量 5 160 m^3/s（6 月 15 日，黄岗站），从起涨到退落，历时才 38 h；最小流量 4.46 m^3/s（1955 年 5 月 2 日）。滃江多年平均径流量 49.09 亿 m^3。

集雨面积 100 km^2 以上的支流有 9 条：九仙水、贵东水、龙仙水、周陂水、涂屋水、青塘水、横石水、大镇水、烟岭河。流域内已建成中型水库 6 宗：位于滃江的岩庄水库，位于大镇水的空子水库，位于横石水的泉坑水库、上空水库，位于贵东水的桂竹水库，位于龙仙水的跃进水库。规划新建中型水库 4 宗：位于涂屋水的长潭、利洞水库，位于烟岭河的牛洞水库，位于贵东水的牛牯栋水库。

集水区内矿产资源丰富，荒坡地多。主流在 20 世纪 60~70 年代初建成 9 座水轮泵梯级，由于各梯级之间没有衔接，且均没有设置通航船闸，严重碍航。1978 年书堂石梯级因淹没太大而炸毁，1986 年河流规划复查规划对干流 8 个梯级结合航运要求进行改造，8 个梯级自上而下依次为：黄基潭、冲下、六里、官渡、龙口、红桥、华侨、狮子口，但该方案目前仍未实施，滃江长湖以上目前仍处于停航状态。滃江最下一级长湖水库于 1969 年建成，总库容 1.49 亿 m^3，对北江及英德有一定削峰作用。但由于没有建船闸，切断了滃江与北江干流之间的通航。

2.2.7 连江

连江是北江最大的支流，发源于连州市三姊妹峰，流经连山、连南、阳山至英德市江头嘴汇入北江，流域面积 10 061 km^2，占北江流域面积的 21.5%。连江全长 275 km，落差 981 m，主流比降较缓，为 0.77‰，支流陡，洪水涨陡、落缓，易聚水主流，增大洪峰；江水暴涨时，上游高水位每小时可增加 0.9 m；洪水多为驼峰型，历时一般为 60~72 h。高道水文站（控制集雨面积 9 007 km^2）实测最大洪峰流量为 7 540 m^3/s（1982 年 5 月 12 日），最小流量为 9.8 m^3/s（1977 年 3 月 22 日），多年平均流量为 335 m^3/s。流域多年平均年径流量 119.9 亿 m^3。

流域地势西北高，东南低，多属山区，石灰岩分布广泛，约占流域面积的 60%，喀斯特地形十分发育。由于石灰岩山区保水能力低，中华人民共和国成立前区内水利工程甚少，故旱灾十分严重和频繁。集水区内有大湾和浛洸两个较大盆地，土地潜力较大，木材、煤等矿产资源较丰富。

连江两侧大小支流密布，呈羽状汇入连江，集雨面积 100 km^2 以上的支流有 14 条：潭源洞水、长家水、黄桥水、保安河、东陂河、三江河、洞冠水、庙公坑、七拱河、青莲水、大潭河、黄洞河、竹田河、水边河。

流域内已建大型水库有 1 宗：位于潭源洞水的潭岭水库，总库容 1.77 亿 m^3，坝后电站装机容量3.75万kW;已建中型水库有7宗:位于黄桥水的上兰靛水库,位于洞冠河的板洞水库,位于黄坌水的曹田坑水库,位于庙公坑的茶坑水库,位于钟鼓水的沙坝水库,位于大潭河的桥莆、大潭水库。规划新建大型水库1宗:位于黄洞河的锦潭水库;规划新建中型水库6宗:位于星子水的爬船洞水库、红岩水库,位于太保水的鹿鸣关水库,位于大潭河的坝美水库,位于青莲水的白石、炉田水库。

连江是我国第一条以通航为主的山区渠化河流,1959年起自连州镇至英德浛洸,建成11座航运梯级,自上而下依次是:马面滩、界滩、黄牛滩、黄燕、花鸡嘴、铰剪陂、青莲、青霜、蓑衣滩、黄茅峡、架桥石,通航里程133 km。连江口至西牛段属飞来峡水库回水区,规划兴建西牛梯级与架桥石梯级衔接,即可实现连江全线渠化。

2.2.8　滃江

滃江位于北江左岸,发源于佛冈县东天蜡烛,由东向西南方向贯穿水头、石角、龙山,在清远市江口汛注入北江,河长83 km,流域面积1 386 km^2,河道平均比降1.74‰,流域多年平均径流量20.8亿m^3。由于滃江中游以下地势低洼开阔,成为北江下游的天然滞洪区,可以削减北江石角站洪峰流量;同时当北江发生大洪水时,不仅倒流入滃江,还能通过滃江下游入大燕水在飞来峡下游再流回北江,成为北江飞来峡河段的天然分洪河道。滃江蓄滞洪区、飞来峡水利枢纽、北江下游各堤围、北江大堤及芦苞西南两涌分洪通道一起构成北江下游防洪体系,保卫下游广州、佛山、肇庆等地区防洪安全。

集雨面积100 km^2以上的支流有3条:汶坑水、四九水、鳌头水,已建成中型水库2宗:位于汶坑水的放牛洞水库和位于鳌头水的茂墩水库,规划于鳌头水茂墩水库上游新建1宗中型水库沙迳水库。

2.2.9　滨江

滨江发源于清新县石潭镇大雾山,自北向南贯穿清新县全境,至清新回澜飞水口汇入北江,河长97 km,流域面积1 728 km^2,河道平均比降0.81‰。集雨面积100 km^2以上的支流有5条:白湾水、黄洞水、石坎水、炳水、坝仔水。滨江流域水资源丰富,根据珠坑水文站(控制集雨面积1 607 km^2)资料统计,多年平均年径流量25.9亿m^3,是清西围一带的主要灌溉水源。

滨江流域是广东省三大降雨量高值区之一,流域多年平均降雨量达2 150 mm。来自印度洋孟加拉湾和南海的暖湿气流穿过珠江三角洲平原后向北推进,进入滨江流域袋状地形,被周围海拔500~1 000 m的山地阻挡,迅速抬升,在山前迎风坡形成降雨,于滨江中下游珠坑一带形成降雨量高值区,多雨中心圈平均降雨量达2 400 mm。珠坑水文站实测最大洪峰流量为3 970 m^3/s(1982年5月12日),最小流量4.1 m^3/s(1977年3月8日),多年平均流量76.5 m^3/s。流域多年平均径流量24.1亿m^3。流域内已建成中型水库1宗,位于黄洞水的龙须带水库。迳口水闸是清远市最大的灌溉引水枢纽,设计引水流量20 m^3/s,设计灌溉面积10.5万亩。滨江河道水浅流急、险滩多,有险滩约24处,行船较困难。

2.2.10　绥江

绥江发源于连山县擒鸦岭，经怀集、广宁至四会马房汇入北江，流域面积 7 184 km^2，河长 226 km，河道平均比降 0.25‰。集水区上游多为高山峻岭，以怀集、阳山交界的大稠顶为最高，海拔 1 626 m；中游属丘陵区，下游则丘陵与平原兼备，除北部怀集梁村盆地较平整的大片耕地（约 10 万亩）和四会市区以下的平原区外，大部分为山区，占集水面积的 70%。沿河两岸土地较平坦，是人们聚居之地，亦常为洪患所扰。解放以来最大洪水发生于 1955 年，推算在四会水文站处归槽流量 5 250 m^3/s；最枯流量石狗水文站记录为 23 m^3/s（1996 年 12 月 4 日）。流域多年平均径流量 78.6 亿 m^3。

集雨面积 100 km^2 以上的支流有 11 条：马宁水、柑洞水、凤岗河、永固河、古水河、金场水、南街河、新招水、扶罗河、高崀水、龙江。

下距四会水文站约 4 km 处有青歧涌与西江相通，洪水期约 65% 的水量注入北江，余下 35% 经青歧涌流入西江；而当西江发洪绥江洪水不大时，则西江水经青歧涌倒灌入绥江，1968 年西江最大倒灌流量为 500 m^3/s。青歧涌两岸土地肥沃，为产粮区，设有堤围捍卫，但由于堤围基础较差，堤身强度不足，防洪压力较大。

绥江流域山高河陡，自然落差大，水力资源丰富，已建装机容量 1 万 kW 以上的水电站有水下一级、威整、花山和白沙四座，正在兴建的有高塘、鱼跳和新湾等电站，干流规划新建的有马房、东乡、春水、莫湖等电站。

流域内已建中型水库 7 宗：位于马宁水的下竹水库、湖朗水库，位于冷坑水的三坑水库，位于古水河的花山水库，位于凤岗河的高塘水库、新湾水库，位于龙江的江谷水库。规划新建中型水库 11 宗：位于加田水的七星坑水库，位于上帅水的水下水库，位于中洲水的泰来水库、中洲水库，位于凤岗河的高塘水库、新湾水库、藤铁水库，位于茶岩水的长调水库，位于桃花水的麻地水库，位于永固河的建丰水库、永固水库。

主流一年四季可通航，为怀集、广宁、四会三县水运要道，然而绥江属山区性河流，特别是上、中游汛期水流湍急，枯季水浅滩多，航运不甚发达。白沙水电站拦河闸坝左岸设有 100 t 级船闸一座，因近年来绥江河床下切，枯水水位下降较大，导致船只无法靠近船闸，无法过闸。规划于下游兴建马房电站，这一河段的通航条件将可以得到改善。

2.3　水文气象和水资源特征

2.3.1　水文气象测站网

北江流域 1949 年前便开始进行水文测验工作，至今北江流域共有水位观测站 42 处，流量观测站 24 处（其中水库站 3 处），悬移质输沙率观测站 7 处，水温观测站 2 处。水位站布设平均密度为 1 112 km^2/站，流量站布设平均密度为 1 946 km^2/站。北江流域干、支流主要水文控制站见表 2-4。

表 2-4　主要水文控制站概况

站名	所在河流	类别	坐标		至河口距离（km）	集雨面积（km^2）	设立日期~撤销日期（年-月-日）	观测项目			附注
			东经	北纬				水位	流量	泥沙	
小古菉	浈江	水文站	114°12′	25°04′	356	1 881	1958-04-19	√	√	√	
浈湾	浈江	水文站	113°42′	24°53′	276	6 764	1953-04-12~1984-01-01	√	√	√	
长坝	浈江	水文站	113°41′	24°52′	273	6 794	1984-01-01	√	√	√	1953 年 4 月 12 日设立浈湾水文站，1984 年 1 月 1 日基本水尺断面向下游 3 km 的长坝迁移，改称长坝站
横石	北江	水文站	113°16′	23°51′	109	34 013	1953-04-10~1999	√	√	√	
清远(三)	北江	水位站	113°01′	23°42′	71	35 395	1940-08	√			清远(一)站 1915~1939 年及清远(二)站 1940~1944 年水位可加 0.910 m 近似换算为冻结基面以上米数
石角(二)	北江	水文站	112°57′	23°34′	52	38 363	1924-08	√	√	√	1980 年 1 月 1 日基本水尺迁回右岸，又复称石角站
结龙湾	罗坝水	水文站	114°11′	24°54′	11	281	1958-05	√	√		
仁化(三)	锦江	水文站	113°45′	25°05′	37	1 476	1951-06-23	√	√		初为雨量站，1953 年 2 月 1 日改水位站，1956 年 5 月 1 日改水文站，1980 年 1 月 1 月起基本水尺向上游 1.2 km 左岸迁移，改称仁化(三)站
坪石(二)	武江	水文站	113°03′	25°17′	124	3 567	1964-01-01	√	√		1962 年 4 月 15 日设为水位站，1962 年 6 月 1 日裁撤，1964 年 1 月 1 日设为坪石(二)水文站
犁市	武江	水文站	113°32′	24°53′	16	6 976	1955-04-01	√	√	√	

续表 2-4

站名	所在河流	类别	坐标		至河口距离（km）	集雨面积（km^2）	设立日期~撤销日期	观测项目			附注
			东经	北纬			（年-月-日）	水位	流量	泥沙	
乳源	南水	水文站	113°17′	24°47′	33	717	1952-03-25	√	√		1951 年 7 月 11 日设为雨量站，1952 年 3 月 25 日改水位站，1956 年 1 月 1 日改雨量站，1958 年 5 月 25 日改水位站，1958 年 11 月 1 日改水文站
阳山（二）	连江	水文站	112°38′	24°29′	119	4 340	1951-01	√			1953 年 4 月 1 日由阳山（一）站下游迁移 1 200 m 改为阳山（二）水文站，1965 年 2 月 14 日基本水尺从右岸迁住左岸
高道	连江	水文站	113°10′	24°09′	23	9 007	1954-04-01	√	√	√	
大庙峡	滃江	水文站	113°30′	23°50′	41	472	1960-01-01	√	√		为汤塘水文站于 1960 年 1 月 1 日向上游迁移 12 km 而设水文站
珠坑	滨江	水文站	112°55′	23°49′	22	1 607	1958-05-01	√	√		
珠坑（二）	滨江	水文站	112°55′	23°49′	22	1 607	1958-05	√	√		
大象（二）	绥江	水文站	112°10′	23°58′	11	879	1956-01	√	√		大象（二）即大象（坝下），于 1966 年 9 月 15 日因基本水尺断面下游 300 m 处建滚水坝，而向下游 800 m（坝下 500 m）处迁设，改为大象（二）站
石狗	绥江	水文站	112°35′	23°23′	35	6 362	1953-05-17	√	√	√	

2.3.2 气象特征

北江流域属亚热带季风型气候,季风影响显著。阳光充足,热量丰富,多年平均日照时数约 1 700 h,北部连山日照时数最少,全年不足 1 500 h。流域多年平均气温 19~21 ℃,最高 38~42 ℃,最低-3~-7 ℃。大气环流随季节变化,夏半年盛吹东南风和偏南风,冬半年常为北风和偏北风,多年平均风速 1~2 m/s。四季的主要特点是:春季阴雨,雨日较多;夏季高温湿热,水汽含量大,暴雨集中;秋季常有热雷雨和台风雨;冬季低温,雨量稀少,北部有短期冰雪,平均每年可见雪一次,高山地带有积雪和冰凌出现,南部则极罕见。北部霜期 2 个月左右,以连山最长达 75 d,其他区域 30 d 左右。平均霜日北部约 15 d,其他区域 10 d 左右。

2.3.3 降雨

流域年均降雨量 1 800 mm,大致自南向北递减,多年平均年降雨等值线变化范围为 1 300~2 400 mm。由于暖湿气流通过开阔的珠江三角洲平原向北推进,进入袋状地形被清远以北的大罗山所阻,形成清远、珠坑、横石一带的高区,年均降水量达 2 400 mm;当水汽继续向北推进时,又受到海拔 1 902 m 的石坑崆阻挡,成为第二级迎风坡的次高区,由于大量水汽已损耗于第一级迎风坡,故雨量较小,年均降雨量最大虽然达到 2 400 mm,但范围不大。

北江中下游暴雨高区为广东省四个暴雨高区之一,包括清远、佛冈、从化一带,以及石坑崆迎风坡的南水上游,绥江上游及连江中下游,共三个多雨中心圈。在石坑崆的背风坡则形成坪石盆地低雨区,属于广东省六个暴雨低区之一,该盆地南有石坑崆,北有五界山等屏障阻挡,平均年降水量为 1 400~1 600 mm,包括南雄、始兴、乐昌、连州一带。

年最大 24 h 暴雨均值为 84~200 mm,实测最大值 24 h 暴雨量为 179~647 mm,实测最大 3 d 暴雨量为 194~725 mm,其分布由西北向南逐渐增加。流域内各县(市)雨量、径流特征值见表 2-5。

降水量年内分配不均匀。北江上游在初春之际,孟加拉湾低槽开始建立,暖湿的西南气流常可扩展到这一带,与南下的冷空气相遇,形成静止锋,在 3 月即开始出现锋面雨,所以北江上游最大 4 个月降水量多出现在 3~6 月,占年降水量的 50%~60%,另外这一区亦会受到从福建登陆的台风影响,带来台风雨;中游多出现在 4~7 月,占年降水量的 60%左右;北江下游则受锋面雨及台风雨共同影响,连续最大 4 个月降雨多出现在 5~8 月,占年降水量的 60%~70%。少雨期出现于 11 月至翌年 3 月,一般占全年降水量的比重为 25%左右。

降水量的年际变化也比较大,北江上游受北方冷空气入侵、静止锋位置移动的影响,年降水量变差系数较大,一般为 0.25 左右;中下游地区稍小,一般为 0.20 左右。

主要测站实测年降水量特征值见表 2-6。

表 2-5　各县(市)雨量、径流特征值

地级市	县(市、区)	土地面积(km^2)	多年平均降水量(mm)	多年平均径流量(亿 m^3)
韶关市	韶关市区	339	1 510	3.2
	曲江县	3 131	1 762	33.1
	始兴县	2 152	1 650	19.6
	仁化县	1 609	1 610	16.1
	滃源县	2 158	1 800	21.8
	乳源县	2 227	1 869	27.6
	新丰县	1 987	1 900	22.8
	乐昌市	2 421	1 456	21.6
	南雄市	2 361	1 500	19.5
清远市	清远市区	927	1 933	12.2
	佛冈县	1 293	2 057	18.4
	阳山县	3 418	1 785	39.3
	连山县	1 165	1 990	14.5
	连南县	1 289	1 841	16.6
	清新县	2 725	2 075	39.5
	英德市	5 671	1 961	72.2
	连州市	2 664	1 586	26.2
肇庆市	广宁县	2 458	1 700	24.5
	怀集县	3 537	1 784	40.3
	四会市	1 248	1 730	12.2

注:广州市的花都、从化与河源市的连平、佛山市的三水只有小部分属北江流域,表中未列入。

表 2-6　主要测站实测年降水量特征值

河名		浈江	武江	滃江	连江	北江	潖江	滨江	北江	绥江
站名		长坝	犁市	滃江	高道	横石	大庙峡	珠坑	石角	石狗
统计年限		1949~2005 年	1951~2005 年	1951~2005 年	1948~2005 年	1950~2005 年	1956~2005 年	1955~2005 年	1948~2005 年	1950~2005 年
多年平均降水量(mm)		1 506	1 512	1 831	2 036	2 306	2 041	2 470	1 827	1 776
最大年	降水量(mm)	2 246	2 354	2 651	3 142	3 599	2 844	3 352	2 687	3 230
	出现时间	1975 年	1983 年	1975 年	1975 年	1983 年	1983 年	1982 年	1983 年	1971 年
最小年	降水量(mm)	966	1 061	1 065	1 293	1 322	1 074	1 659	1 167	1 012
	出现时间	1963 年	1986 年	1991 年	2003 年	2004 年	1991 年	2004 年	1991 年	1987 年
最大雨量/最小雨量		2.33	2.22	2.49	2.43	2.72	2.65	2.02	2.30	3.19

2.3.4 蒸发

水面蒸发量平均为 918～1 315 mm(已换算为 E601 观测值),其分布趋势与纬度平行,南多北少,差异不大。但南雄市由于水土流失影响,植被稀疏,风速和饱和差相对较大,故蒸发量一般大于 1 200 mm。

陆地蒸发根据广东省 1980 年等值线图变幅不大,在 600～800 mm 范围内;其分布是西北少、东南大。干旱指数一般为 0.6～0.7,属湿润气候。南雄市的干旱指数比较大,为 0.86,略近于干燥。

2.3.5 年径流

北江流域多年平均天然径流深 1 115.4 mm,多年平均天然径流量 521 亿 m^3,其中广东省内 469 亿 m^3。与年降水量的地区分布趋势大体一致。南雄、始兴、仁化、乐昌、坪石一带呈一条走廊低值区,径流深在 800 mm 以下,径流系数 0.5 左右;年径流高值区位于南水上游,即梯下、白竹、坪溪一带,径流深达 1 600 mm。径流的年内分配特点基本与降水量一致,年内分配不均衡,汛期径流量占全年径流量的 75%～80%。

径流的年际变化比雨量的年际变化大,年径流变差系数一般为 0.30～0.45,年径流的最大年与最小年的比值为 2～6,年雨量变差系数一般为 0.20～0.25,年最大与最小年的比值为 1.2～4。

主要测站实测年径流特征值见表 2-7。

表 2-7 主要测站实测年径流特征值

河名		浈江	武江	连江	北江	北江	绥江
站名		长坝	犁市	高道	横石	石角	石狗
统计年限		1954～2004 年	1956～2005 年	1955～2004 年	1954～1998 年	1952～2005 年	1954～1996 年
多年平均流量(m^3/s)		196.4	195.5	340.2	1 110.6	1 357.5	220.6
多年平均径流量(亿 m^3)		61.9	61.6	107.3	350.2	428.1	69.6
最大年	径流量(亿 m^3)	120.6	106.3	184.2	596.0	748.3	115.4
	出现时间	1975 年	1973 年	1973 年	1973 年	1973 年	1973 年
最小年	径流量(亿 m^3)	21.1	22.6	43.5	126.1	207.0	38.2
	出现时间	1963 年	1963 年	1963 年	1963 年	1963 年	1991 年
最大径流/最小径流		5.7	4.7	4.2	4.7	3.6	3.0

2.3.6 水位

最高洪水位一般发生在 5～7 月,最低水位一般发生在 12 月前后,洪峰出现最频繁的是在 5 月中旬至 6 月中旬。主要测站水位特征值见表 2-8。

表 2-8　主要测站水位特征值(珠基)

河名	站名	统计年限	平均水位(m)	最高水位		最低水位		水位变幅(m)
				高程(m)	出现时间(年-月-日)	高程(m)	出现时间(年-月-日)	
浈江	小古菉	1958~2005 年	105.75	110.19	1964-06-14	104.78	1966-10-05	5.41
罗坝水	结龙湾	1958~2005 年	134.31	140.05	1976-06-09	133.74	1961-01-19	6.31
锦江	仁化	1956~2005 年	87.54	92.95	1973-06-28	86.10	1977-03-29	6.85
浈江	长坝	1953~2005 年	57.29	63.75	1966-06-23	55.06	2004-09-29	9.91
武江	坪石	1959~2006 年	147.72	165.52	2006-07-16	148.98	2004-12-13	13.09
武江	乐昌	1951~2006 年	82.47	93.96	2006-07-16	81.15	1985-03-22	9.96
武江	犁市	1955~2006 年	54.80	64.87	2006-07-17	53.08	2005-11-03	9.05
北江	韶关	1953~2005 年	47.87	57.27	1994-06-17	47.25	2003-12-05	10.02
北江	马径寮	1955~2005 年	31.34	41.84	1994-06-18	29.84	1965-03-24	12.00
滃江	滃江	1955~2005 年	93.62	103.35	1964-06-15	93.54	1998-12-22	9.81
北江	英德	1958~2005 年	21.39	34.58	1994-06-19	18.10	1999-01-18	16.48
连江	高道	1954~2005 年	21.56	34.17	1982-05-13	19.46	1998-12-26	14.71
北江	横石	1953~2005 年	12.73	23.96	1994-06-19	10.45	1997-03-17	13.51
北江	清远	1951~2005 年	8.61	16.40	1997-07-06	4.71	2005-01-11	17.07
北江	石角	1954~2005 年	6.06	14.74	1994-06-19	2.72	2005-12	12.02
潖江	大庙峡	1960~2005 年	44.56	51.62	1988-05-25	43.27	1989-03-15	8.35
滨江	珠坑	1957~2005 年	19.55	33.71	1982-05-12	17.98	1972-03-25	15.73
中洲水	大象	1957~2005 年	55.82	61.13	1964-04-28	54.31	2005-12-21	6.82
绥江	石狗	1954~2005 年	11.01	16.92	1955-07-22	9.37	1955-05-02	7.55

注:表中水位考虑各站因水尺迁移造成的水位变化影响,全部转化为最新水尺水位。

随着水利建设,连江、滃江建成航运梯级,中、高水位变化受到一定人为影响。长湖水库大坝距滃江口只有 12 km,水库蓄泄对北江水位有一定影响,飞来峡水库的建成对下游清远、三水段的水位变化也影响较大。

北江干流的清远站和石角站最低水位自 1998 年到 2005 年有逐年下降的趋势,而且下降的幅度较大,见表 2-9,从表中可以对比 1999 年与 2005 年,最枯流量基本相同,但清远站最低水位下降 1.4 m,而石角则下降 1.33 m,枯水水位下降对航运、供水均造成严重影响,枯水位逐年下降的原因将结合 2. 3. 7 节的水位流量关系一起分析。

表 2-9　清远站、石角站最低水位 1998～2005 年变化趋势(珠基)

年份	对应石角站流量 (m^3/s)	清远站		石角站	
		最低水位(m)	出现日期 (月-日)	最低水位(m)	出现日期 (月-日)
1998 年	170	6. 43	12-20	4. 23	12-20
1999 年	121	6. 10	02-26	4. 05	02-27
2000 年	208	6. 37	02-13	4. 45	02-13
2001 年	239	6. 26	12-31	4. 61	12-31
2002 年	298	6. 08	03-07	4. 48	03-07
2003 年	140	5. 19	12-30	3. 45	12-31
2004 年	132	4. 83	12-27	3. 17	12-27
2005 年	125	4. 70	01-11	2. 72	12-27

2. 3. 7　石角站水位—流量关系

北江石角站是北江干流下游重要的水文站,其水文资料最为详细。《珠江流域主要水文站设计洪水、设计潮位及水位—流量关系复核报告》(1999 年 5 月)中选择了石角站 1980～1999 年之间最大洪峰流量接近或大于 2 年一遇洪峰流量的 1980 年、1982 年、1983 年、1987 年、1988 年、1992～1997 年共 11 年整编水位流量资料,分析了石角站的历年综合水位—流量曲线。

由于 1998 年以来,北江河道继续下切,1997 年以前的水位—流量关系已经不能反映北江河道的现状情况。《西北江及三角洲主要控制水文站设计洪水及水位—流量关系复核报告》(2009 年 1 月)根据石角站 1998～2007 年共 10 年实测资料复核石角站水位—流量关系,2000 年以后水位—流量关系曲线逐年向右偏移,至 2006 年,同级流量水位下降了 2. 0 m 左右。该报告提出上、下两条水位—流量关系曲线,实际运用时,可根据需要合理选用:以 1997 年以前的水位—流量关系曲线作为上线,以 2006～2007 年水位—流量关系的下包线为下线,见表 2-10 及图 2-1。

对比 2006～2007 年与 1997 年前的石角站水位—流量关系曲线的变化,说明同一流量下,2006 年的水位比 1997 年前水位下降了 2 m 左右,2. 3. 6 节也提到在相同枯水流量情况下,2005 年水位比 1999 年水位下降了 1. 33 m,水位下降的变化是河床急剧下切造成的,造成河床急剧下切的主要原因正是近年来过量无序的采砂。由于北江流域经济发达,建筑需要大量的砂,而河砂的供给量仅占需求量的七分之一,可见今后的河道采砂仍难以避免,水位继续下降的可能性依然存在。

表 2-10　石角水文站综合 $H—Q$ 曲线分析成果(珠基)

流量 Q(m^3/s)	1997 年前 H_1(m)	2006~2007 年 H_2(m)	$\Delta H=H_2-H_1$(m)
2 500	7.70	5.80	-1.9
5 000	9.50	7.70	-1.8
7 500	10.90	9.10	-1.8
10 000	12.10	10.10	-2.0
12 500	13.10	11.00	-2.1
15 000	14.00	11.80	-2.2
17 500	14.80	12.50	-2.3
19 700	15.40	13.00	-2.4

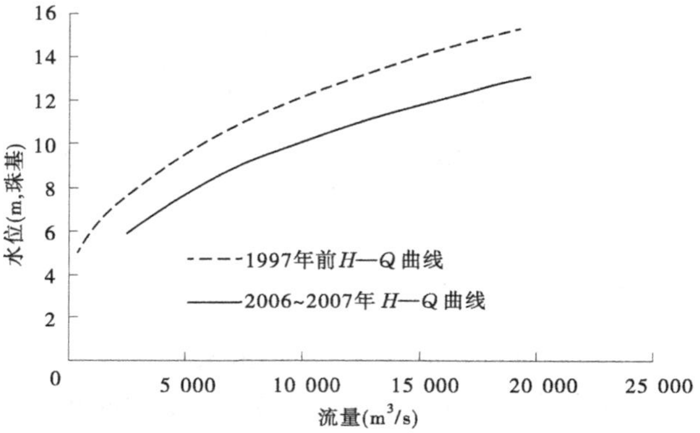

图 2-1　石角水文站综合 $H—Q$ 曲线

2.3.8　泥沙

北江集水区内植被尚好,一般地方水土流失较弱,是珠江流域三大水系中水土流失较小者,年平均输沙量 722 万 t,年平均侵蚀模数 155 t/km²。浈江上游南雄一带水土流失较严重,洪水期水色多呈红黄色,小古菉站年平均侵蚀模数 266 t/km²,多年平均含沙量 0.314 kg/m³,为流域最大;横石站多年平均含沙量 0.124 g/m³,多年平均输沙量 441.52 万 t,最大年输沙量 978 万 t(1973 年),最小年输沙量 41.2 万 t(2003 年);石角站多年平均含沙量 0.119 g/m³,多年平均输沙量 510.5 万 t,最大年输沙量 1 400 万 t(1982 年),最小年输沙量 27.5 万 t(2004 年)。其他支流武江犁市站、连江高道站、绥江石狗站多年平均含沙量分别为 0.179 kg/m³、0.149 kg/m³、0.16 kg/m³。干流横石以上泥沙主要来自浈江、武江和连江,约占 78%。

2.3.9　水资源和水质概况

2.3.9.1　流域水资源概况

北江流域多年平均降雨量 1 800 mm,多年平均径流深 1 115.4 mm,多年平均年径流量 521 亿 m^3；地下水资源量（浅层地下水）116 亿 m^3，占多年平均径流量 521 亿 m^3 的 22.3%，以 2005 年人口计算得到的人均水资源量为 6 266 m^3，北江流域水资源量从总量上看比较丰富，但径流年内、年际分配不均；年内 4～9 月径流量占全年的 70%以上，横石站年径流丰枯比为 4.73，石角站年径流丰枯比为 4.44。虽然雨量丰富，但由于受地理条件影响，石灰岩地区缺水严重。

2.3.9.2　地下水

北江流域地下水资源量 116 亿 m^3（《广东省水资源综合规划总报告》，中山大学水资源与环境研究中心，广东省水文局，广东省水利电力勘测设计研究院，2008），见表 2-11，占多年平均径流量 521 亿 m^3 的 22.3%，地下水资源蕴藏量比较丰富，比东江、粤东、粤西沿海等地多一些，这与水流坡降、河床切割深度等特性相关。

表 2-11　北江流域地下水资源量

二级分区流域名称	面积（km^2）	山丘区部分		平原区部分		山丘与平原的重复计算量 d_{m-p}（亿 m^3/年）	分区地下水资源量 Q（亿 m^3/年）	总补给模数（万 m^3/年 · km^2）
		计算面积（km^2）	R_{gm}（亿 m^3/年）	计算面积（km^2）	Q_p（亿 m^3/年）			
北江	42 930	43 010	116	124	0.4	0.03	116	27

粤北韶关、清远两市是广东省石灰岩分布最广的地区，虽然干旱期间该区域地表水较为短缺，但地下赋存有丰富的岩溶地下水。

据粤北石灰岩地区地下水资源调查成果，该地区拥有地下水可采资源量为 104.5 亿 m^3/a，2005 年开采量仅 4.1 亿 m^3，开采程度仅为 3.92%，开采潜力仍然相当大，见表 2-12。可以预见，只要加大地下水资源勘查和开发力度，做好开发利用地下水资源、发展生态农业和带动同类地区经济发展的示范工作，石灰岩地区的干旱缺水问题可以得到解决或缓解。经地质考察，韶关市地下水开采潜力突出的区集中在 8 个盆地，分别是马坝盆地、韶关盆地、乐昌盆地、仁化董塘盆地、曲江龙归和樟市盆地、翁城盆地、南雄盆地，其中马坝盆地内有用水大户韶关钢铁厂，开采地下水较大，总开采量 3.17 万 m^3/d，占该区地下水总补给量的 45.9%，遵照涵养水源、良性循环的原则，今后不宜再增加该区的取水井，以防超采。

2.3.9.3　水质

北江水系大部分在广东省境内，干流水质良好，绝大部分符合Ⅰ～Ⅲ类水标准；各支流也基本上符合Ⅰ～Ⅲ类水标准，但有部分流经城市河段的水质较差，甚至污染严重，如北江干流韶关段、墨江始兴县城河段、马坝水下游、大燕水等的工业生活污染及锦江、凌江的放射性矿物污染等。目前，流域主要水库中，小坑水库、南水水库维持Ⅲ类，飞来峡、长湖水库水质较差。

北江流域 2005 年水质综合评价河长为 1 416 km，其中Ⅱ类 680 km，占 48%；Ⅲ类 574 km，占 40.5%；Ⅳ类 162 km，占 11.4%。超标河长所占比例为 11.4%。主要超标河段为浈江南雄段、滃江佛冈清远段、连江连州阳山段、南街水。主要超标项目为高锰酸盐指数、氨氮。

表 2-12 粤北石灰岩地区各县(市)地下水资源及开发利用现状 (单位:亿 m^3/a)

地级市	县(市、区)	可开采资源量	2005 年开采量	开发利用率
清远市	英德市	21.9	1.52	6.94%
	连州市	10.4	0.39	3.75%
	清新县	11.6	0.59	5.09%
	连南县	5.5	0.05	0.91%
	阳山县	14.6	0.21	1.44%
韶关市	韶关市区	1.1	0.4	36.36%
	曲江县	11.7	0.18	1.54%
	翁源县	7.4	0.16	2.16%
	仁化县	7.4	0.31	4.19%
	乳源县	7.3	0.09	1.23%
	乐昌市	5.6	0.2	3.57%
合计		104.5	4.1	3.92%

水质综合评价主要水库包括飞来峡水库、赤石迳水库、小坑水库、南水水库、长湖水库，飞来峡水库水质为Ⅳ类，富营养化，主要超标项目为总氮；赤石迳水库水质为Ⅲ类，富营养化；小坑水库水质为Ⅲ类，中营养化；南水水库水质为Ⅲ类，中营养化；长湖水库水质为劣Ⅴ类，富营养化，主要超标项目为总氮。

评价的北江水功能区中，一级区中评价保护区 4 个，河长 71 km，无一达标，主要是汞、高锰酸盐指数超标；评价保留区 14 个，河长 1 041 km，达标仅 2 个，达标河长 119 km，主要是氨氮、高锰酸盐指数、溶解氧、汞、总磷、总氮超标；评价缓冲区 3 个，河长 7 km，无一达标，主要是氨氮、五日生化需氧量、溶解氧超标。二级区中，评价饮用水源区 12 个，达标 3 个，主要是高锰酸盐指数、汞、总磷、总氮超标；评价工业用水区 3 个，2 个达标，超标项目为汞；评价农业用水区 1 个不达标，为汞、铅超标；评价渔业用水区 2 个，1 个达标，不达标的是汞、高锰酸盐指数超标。

2006 年北江水质达Ⅱ类的河长 1 267.2 km，占总评价河长 1 276.2 km 的 99.38%；Ⅳ类河长 9 km，占总评价河长 0.7%。2006 年北江水质明显比 2005 年有所改善。2006 年北江流域评价的河流水功能区 32 个，达标 27 个，达标率为 84.4%；评价河长 1 144 km，达标 1 128 km，达标率 98.6%。

2008 年监测的北江监测水质，Ⅱ类河长 1 231 km，Ⅲ类河长 206 km，达标河长占总评价河长 1 483 km 的 96.2%；Ⅳ类河长 56 km，占总评价河长的 3.8%。2008 年北江流域评价的河流水功能区 34 个，达标 26 个，达标率为 76.5%；评价河长 1 431 km，达标 1 139 km，达标率 79.6%。

2009 年监测的北江监测水质，Ⅱ类河长 973.5 km，Ⅲ类河长 448.7 km，达标河长占总评价河长 1 422.2 km 的 100%。2009 年北江流域评价的河流水功能区 33 个，达标 29 个，达标率为 87.9%；评价河长 1 261 km，达标 1 156 km，达标率 91.7%。

2010 年监测的北江水质，Ⅰ类河长 257.6 km，Ⅱ类河长 899.5 km，Ⅲ类河长 203.2 km，达标河长占总评价河长 1 413.2 km 的 96.2%；Ⅳ类河长 22 km，劣Ⅴ类河长 31 km，不达标河长占总评价河长的 3.8%。2010 年北江流域评价的河流水功能区 34 个，达标 27 个，达标率为 79.4%；评价河长 1 302 km，达标 1 092 km，达标率 83.9%。

2.4　地质土壤植被特征

2.4.1　区域地质概况

地质大部分为华夏活化陆台的湘粤褶皱带，只有阳山南部局部地区处于华厦系活化陆台的粤西地块。集水区上、中游古生界地层分布最广。古生界地层及花岗岩岩性坚硬常构成高山深谷，有利于筑坝建闸，但库区地形陡峻，部分地区构造复杂，有可能招致大滑坡。连江及干流英德河段岩溶发育，渗漏问题值得注意，岩石大体可分为：

(1)石灰岩。分布范围广，主要在连江的连州市、连南、阳山、英德等县的大部分地区，武江的乳源、乐昌交界的部分地区，浈江的仁化的部分地区，总面积约有 7 300 km^2。石灰岩山区内林木稀少，水源奇缺，干旱严重。

(2)红色砂砾岩。分布在浈江的南雄、始兴盆地及连江流域的连州市星子盆地、武江的坪石盆地一带，特点是风化性强，水土流失严重。

(3)砾岩、石英砂岩、变质岩。分布在北江中游英德，浈江始兴、仁化，武江乐昌，滃江英德部分地区。

(4)花岗岩。分三列出现：第一列，自乐昌九峰经仁化扶溪、南雄北部延至江西省；第二列，自连县潭源洞经乳源天井山，过乌石、始兴司前到南雄盆地入江西省境；第三列，自阳山西部经英德西南部，至翁源、佛冈之间。

2.4.2　土壤

土壤绝大部分属黄泥土(红壤)和淡黄泥土(黄壤)。连州市、连南、连山、阳山、乐昌、仁化、乳源、南雄及大东山、石坑崆、大庾岭、梅岭等海拔 1 000 m 以上的地方是淡黄泥土分布最广的地带。英德以南的大部分地带为黄泥土，少数地区为牛肝土和黑土，如绥江和北江汇流处连成的平原区，是第四纪冲积层，土质肥沃而深厚。红泥土则分布于连县、阳山、乐昌等石灰岩地带。

2.4.3　植被

植被的垂直分布为：海拔 1 500 m 以上属亚高山矮林。海拔 500～1 500 m 是常绿阔叶林、天然混交林、山地草坡、灌木草坡、杉林、竹林；绥江中上游松、杉、竹甚丰盛。海拔 500 m 以下有散生马尾松、灌木、草坡、山地草坡、沟谷常绿林等。

2.5　经济社会特征

2.5.1　基本概况

北江流域跨越广东、湖南、江西和广西四省(区),其中广东占91.9%,湖南占7.9%,江西和广西合占约0.2%;全流域共32个县(市),其中湖南5个,江西2个,广西1个,其余在广东,有"唇齿江湘,咽喉交广"之称的韶关市即位于流域北部。流域在广东省境内共有24个县(市),包括韶关市区、乐昌、乳源、南雄、始兴、仁化、翁源等县(市、区)的全部和新丰县的一部分,约占总面积的40%;清城区、清新、英德、连南、连州、阳山、佛冈等县(市、区)全部和连山县一部分,约占总面积42%;怀集、广宁、四会3县(市),占总面积16%;另外还有河源市的连平,广州市的从化、花都,佛山市的三水等小部分,共占总面积的2%。

2005年流域常住人口831.45万人(广东省境内),除汉族外,尚有苗族、瑶族等少数民族,平均人口密度为192人/km^2,多集中于沿河谷地;城镇人口354.3万人,城镇化率达42.6%。

流域内交通便利。韶关市位于浈江和武江的汇合口,又扼守大庾、骑田二岭的重要山口,成为粤、湘、赣三省的交通要冲。

京广线沿武江至韶关,再沿北江干流至广州,纵贯本流域,在广东境内约300 km,是广东对外主要通道。2005年开工兴建的武广高速铁路,全长989 km,铁路的建成将为武汉到广州的时间缩减到4~5 h。另外,韶关至红工煤矿和矾口铅锌矿,坪石至梅田矿均有铁路支线,坪石至五指山林场,沙口至锦潭硫铁矿等地方铁路长172 km。

公路交通以韶关市为中心,106国道自湖南汝城县、京珠高速公路自湖南宜章市由北向南穿过流域北部仁化、乳源等县进入本区,323国道自广西贺州市由西向东穿过流域西部连山县进入本区,三条干线于韶关市交会,向南可直达广州及珠江三角洲地区,向东北可至江西赣州等地。另有107国道自湖南省宜章市进入,穿过流域西部的连州、阳山等县至清远、广州。流域内各县城之间都有一般公路相联,公路交通四通八达。

北江干流韶关至三水河口全长256 km,中、下游各梯级兴建以前,维护航深0.7~1.0 m,可通航50 t级至80 t级驳船。目前,孟洲坝、濛里、白石窑、飞来峡梯级已经建成,共改善通航里程179.5 km,其中干流128 km,白石窑至濛里、孟洲坝至韶关段可通航100 t级机动驳船,飞来峡至连江口可通航500 t级机动驳船。其他浈江韶关至南雄,武江韶关至乐昌,绥江怀集至马房,滨江浸潭至飞水口等,河道总长440 km,均可通行10~20 t木机帆船,这些河流上结合发电已相继建成一些梯级,改善了局部河段的通航条件。滃江、锦江因挡水建筑物断航。

2.5.2　经济发展

2005年北江流域广东省各地、市经济、人口见表2-13。2005年北江流域GDP为864.75亿元,人均GDP为1.04万元,低于当年全省人均GDP 2.36万元。工业总产值1 319.67亿元,农业总产值300.14亿元。

表 2-13　2005 年北江流域主要经济社会发展指标

市	总人口(万人)	城镇人口(万人)	非农业人口(万人)	城镇化率(%)	GDP(万元)	产值(万元)			增加值(万元)		
						农业	工业	第三产业	农业	工业	第三产业
合计	831.45	354.31	293.57	42.61	864.75	300.14	1 319.67	2 085.47	189.71	319.69	352.97
韶关市	275.81	141.00	121.36	51.12	305.10	92.43	387.68	366.28	52.91	122.61	129.59
清远市	350.68	134.88	110.80	38.46	293.77	102.15	363.07	382.52	68.72	99.79	125.26
河源市	165.86	51.56	36.55	31.09	147.03	84.61	96.11	2.48	59.67	29.58	55.40
肇庆市	4.72	1.39	1.17	29.45	3.81	0.96	5.40	112.18	0.57	2.18	1.07
佛山市	18.75	14.06	13.81	74.99	68.37	13.28	442.59	802.56	5.09	41.90	21.39
广州市	15.63	11.42	9.88	73.06	46.67	6.71	24.83	37.28	2.76	23.63	20.28

注:表中的各市均指属于北江流域部分。如河源市指连平县的一部分,肇庆市指怀集县、广宁县、四会市,佛山市指三水区一部分,广州市指花都区及从化区一部分。以下各表中如无特别说明,各市意义同此表。

流域内高温多雨,日照长,霜期短,有利于农业生产。但由于降雨和径流在年内分配不均匀,水旱灾害频繁。目前,控制洪水的能力还比较弱,沿河耕地多处于防洪标准不高或无防护状态,因此农业生产仍不稳定。农业生产以粮食为主,兼种大豆、甘蔗、花生、油菜籽、烟叶、麻、茶和木薯等作物。集水区内林产品松香、桐油、茶油在省内占有一定地位。

2005 年流域内现有耕地 515.29 万亩,其中水田 376.24 万亩,农作物面积 937.15 万亩,其中粮食作物面积 707.18 万亩,经济作物面积 229.97 万亩。耕地主要分布在上、中游的耕地大多是河谷台地和小盆地,下游则部分是冲积平川。粤北地区山区较多,森林茂密,森林覆盖率达 71.25%。

2005 年北江流域农业发展与土地利用指标见表 2-14。

表 2-14　2005 年北江流域农业发展与土地利用指标

市	土地总面积(km^2)	耕地面积(万亩)		农作物播种面积(万亩)			粮食产量(万 t)	牲畜数量(万头)	森林覆盖率(%)
		小计	其中:水田	粮食作物	经济作物	小计			
合计	43 240	515.29	376.24	707.18	229.97	937.15	257.46	936.14	71.25
韶关市	16 913	179.39	136.04	230.80	92.57	323.37	89.55	346.20	71.0
清远市	18 276	230.27	148.64	304.44	83.74	388.18	101.32	370.45	72.6
河源市	326	84.86	75.91	154.75	49.81	204.56	2.13	189.85	72.7
肇庆市	7 014	3.31	2.54	6.08	0.93	7.01	60.57	4.73	65.8
佛山市	312	6.79	3.95	3.09	0.97	4.06	1.06	13.82	17.9
广州市	399	10.67	9.16	8.02	1.95	9.97	2.83	11.09	41.4

浈江和武江交汇处韶关市,是广东省的工业生产基地之一。拥有黑色、有色金属冶炼、铸造、化工、农业机械、纺织、采矿等工业,并有水泥、电力等基础工业。武江集水区内

有梅田、红工等煤矿，锦江集水区内则有矾口铅锌等大型有色金属厂矿及冶炼厂，仁化、南雄有铀矿等稀有金属矿藏。

2.5.3 自然灾害

2.5.3.1 洪灾

北江流域的洪水一般出现在4~7月，每年汛期发生洪水3~4次，每次洪水历时7~15天，洪水暴涨暴落，水位变幅大。北江洪水的特点是峰高而量相对不大，涨落历时相对较短，锋形尖瘦。由于经常出现断续多次降雨过程，洪水过程线也呈连续性多峰形式。

北江洪水形成于暴雨，由于流域面积小，暴雨可笼罩全流域，每场较大的洪水，干支流往往同属一个雨区，加上河系呈对称的叶脉状分布，洪水容易集中。以5、6月发生的机会为最多，但4月和7月也经常发生。

北江流域的洪灾又分为流域性洪灾、北江上游洪灾及山洪灾害三种。

1. 流域性洪灾

北江干流历史上发生的大洪水有1915年6、7月发生流域性罕见特大洪水，1968年6月、1982年5月、1994年6月、1994年7月、2005年6月的流域性大洪水。

1915年6、7月发生流域性罕见特大洪水，西江200年一遇洪水与北江100年一遇洪水遭遇，梧州站洪峰流量达54 500 m^3/s，横石站洪峰流量达21 000 m^3/s，均为历史最高记录，又适逢大潮期，使珠江三角洲遭受空前严重水灾，西江、北江中下游及三角洲堤围几乎全部溃决，两广合计受灾农田约93.33万hm^2，受灾人口378万人(死伤10余万人)；广州市全城三分之二受淹，西关、长堤等地水浸七个昼夜，水位高达3.48 m，死伤无数，灾情惨重。

1968年6月，西、北江上中游连降暴雨，北江出现20年一遇洪水，石角站洪峰水位13.79 m，三水站持续在警戒水位以上时间长达37天，西江出现10年一遇洪水，高要站洪峰水位12.76 m，最大流量42 600 m^3/s，浔江两岸近3.3万hm^2农田受淹，西、北中下游受灾面积达12.73万hm^2，北江大堤全线险象环生，珠江三角洲近1.9万hm^2农田受灾。

1982年5月，清远、英德、阳山等14个县(市)普降暴雨至大暴雨，北江出现50年一遇大洪水，石角站洪峰水位13.96 m，最大流量15 200 m^3/s。这场洪灾波及清远、肇庆两地区的14个县(市)，灾民229万人，被洪水围困64万人(死亡493人)，受淹农作物13.2万hm^2，倒塌房屋6万多间，溃决堤围201条，冲垮山塘水库758宗，小水电站71宗，水利灌溉工程4 661宗。京广铁路清远、英德段被冲毁42处，中断行车13 d。直接经济损失4.4亿元。

1994年6月中旬华南地区普降暴雨到大暴雨，局部特大暴雨，造成西江、北江并发超过50年一遇大洪水，且两江洪峰几乎同时到达思贤滘，又接近大潮期，使西江、北江及三角洲网河区水位迅猛上涨，石角站洪峰水位达到14.68 m，超过50年一遇，洪峰流量16 700 m^3/s，持续超警戒水位达10 d。两广农作物受灾面积近125万hm^2，水库损坏332座(中型21座)，堤围损坏长达1 502 km，水闸损坏2 060座等。受灾人口1 319万人，被洪水围困近257万人，死亡371人，倒塌房屋26万间。

2005年6月中旬，受静止锋、切变线、地面低压、季风低槽、低涡等天气系统的影响，广东省大部分地区普降大到暴雨、局部特大暴雨，西江、北江同时暴发大洪水，两江洪峰相遇,加之天文大潮,北江七个站点全部超警戒水位。芦苞站、黄塘站、河口站、狮山站同时出现洪峰水位,河口站相应流量 16 400 m^3/s。石角站洪峰水位 12.36 m,相应流量 13 500 m^3/s。这场洪水造成广州、河源、韶关、佛山、肇庆、惠州、梅州、清远、云浮、揭阳、汕尾、东莞、江门、珠海等 14 个市 74 个县(市、区)601 个乡(镇)受灾,受淹城镇 67 个,受灾人口 370.9 万人,有 54 人死亡,倒塌房屋 2.48 万间。全省直接经济损失 28.2 亿元。

2. 北江上游洪灾

由于北江上游的防洪体系还未建立起来,乐昌峡、湾头水利枢纽还未建成,近年来北江上游的洪水也给当地及下游的韶关市区带来严重的灾害。

2002 年 8 月洪水,乐昌市受灾人口达 16.88 万人,其中被洪水围困人数达 9.6 万人,受淹房屋 2.43 万间,冲毁倒塌房屋约 5 040 间,直接经济损失 2.6 亿元。韶关市全市 31 个镇受灾,受淹人口达 22.75 万人,被洪水围困人数达 10 万人之多,直接经济损失 3.8 亿元(乐昌占 68%)。

2006 年 7 月,受强热带风暴"碧利斯"影响,连日来,湖南、广东两省大部分地区普降暴雨,因武江上游湖南及乐昌北部降雨,造成乐昌市区水位急升。至 7 月 16 日下午 6 时止,乐昌市区武江河录得的最高水位是 93.96 m,超过警戒线 6.16 m,为乐昌历史之最。乐昌市区武江大桥被洪水冲垮,京广铁路于 15 日晚 8 时中断,乐昌全市受灾 34.19 万人,受围困群众 19 万人,乐昌全市 110 多个村庄被淹,洪灾共造成乐昌市 8 人死亡、10 人失踪,5 人受伤,直接经济损失达 29.95 亿元。韶关全市受灾人数 82.51 万人,因洪水、山地灾害致死的达 52 人,倒塌房屋 87 520 间,农作物受灾面积 4.23 万 hm^2,死亡牲畜 7.636 万头,损坏水库 41 座;全市境内有 3 座桥梁被洪水冲垮,京广铁路被迫中断,1 条国道、6 条省道、17 条县道及多条乡道不同程度受损,直接经济损失达 58.319 亿元。

3. 山洪灾害

粤北地处山区,暴雨容易引致山洪暴发,因其突然、历时短、速度快、破坏力强,所以令人防不胜防,严重威胁山区人民的生命财产安全。

1991 年 9 月 7 日,南雄市龙华山南麓苍石乡降雨量达 322 mm,引起山洪暴发,造成严重的泥石流,导致大片农田、房屋损毁,34 人死亡,伤 17 人,直接经济损失约 1 亿元。

2002 年 8 月 8 日,乐昌市九峰、两江、大源、白石等 7 个乡镇普降暴雨到大暴雨,引致山洪暴发、山体滑坡、农田受淹。据不完全统计,全市房屋倒塌近 200 间,死亡和失踪各 1 人,受伤 5 人,600 多名村民无家可归;20 多座水电站受淹,公路塌方 100 多处,还有 4 座桥梁被冲毁,受灾民众达 7 000 多人。

2005 年 5 月 23 日,由于粤北连日暴雨,导致清远阳山、连南山洪暴发,部分乡镇水浸。其中,连南寨岗镇吊尾河堤缺堤 50 m,附近的民房和数百亩稻田受到洪灾的严重威胁。

2006 年 7 月 20 日凌晨四时三十分左右,佛岗县径头镇由于连降特大暴雨,该镇龙岗村委鱼塘承包者住房因山体滑坡倒塌,3 人死亡。

表 2-15 反映了北江流域主要测站的最大洪峰流量及出现时间。

中华人民共和国成立后北江横石站在 1982 年 5 月 13 日出现洪峰流量 18 000 m^3/s,大于 50 年一遇洪水,历史上还出现过 1915 年北江特大洪水,横石站洪峰流量 21 000 m^3/s,

相当于 200 年一遇;1931 年 6 月横石站洪峰流量 19 600 m^3/s,相当于 100 年一遇。武江上游坪石站于 2006 年 7 月 16 日出现最大洪峰流量 4 830 m^3/s,乐昌站于 2006 年 7 月 16 日出现最大洪峰流量 8 100 m^3/s,犁市站于 2006 年 7 月 17 日出现最大洪峰流量 8 800 m^3/s,超过 500 年一遇。

表 2-15　主要测站最大洪峰流量及出现时间　(单位:m^3/s)

河名	站名	统计年限	最大洪峰流量	出现日期(年-月-日)
浈江	小古菉	1958~2005 年	1 530	1964-06-14
罗坝水	结龙湾	1958~2005 年	594	1976-06-09
锦江	仁化	1956~2005 年	2 020	1973-06-28
浈江	长坝(浈湾)	1953~2005 年	4 733	1966-06-23
武江	坪石	1959~2006 年	4 830	2006-07-16
武江	乐昌	1951~2006 年	8 100	2006-07-16
武江	犁市	1955~2006 年	8 800	2006-07-17
北江	马径寮	1955~2005 年	8 530	1994-06-18
滃江	滃江	1955~2005 年	4 850	1964-06-15
连江	高道	1954~2005 年	7 540	1982-05-12
北江	横石	1953~2005 年	18 000	1982-05-13
北江	清远	1951~2005 年	10 700	1951-04-21
北江	石角	1954~2005 年	16 700	1994-06-19
潖江	大庙峡	1960~2005 年	1 870	1988-05-25
滨江	珠坑	1957~2005 年	3 970	1982-05-12
中洲水	大象	1957~2005 年	1 150	1996-07-04
绥江	石狗	1954~2005 年	4 480	1955-07-22

2.5.3.2　旱灾

北江流域本来是降水量丰富的地区,但因为降水量年内分配不均匀,在 11 月至翌年 3 月,降水量较小,容易造成干旱。粤北石灰岩地区(包括阳山、连州市、连南、乐昌、英德、乳源等县、市石灰岩地区)遍地是裸露的岩石,山高林稀,石多土少,地下溶洞暗河多。雨天,除部分雨水以径流形成汇入江河外,其余潜入暗河溶洞,形成“下雨水汪汪,雨停全跑光”的状况,保水性能差。因此,其地表水奇缺,农业灌溉无保障,甚至人畜食水也有困难,是广东省的重点干旱地区。乐昌市西部的沙坪、云岩、梅花、秀水等 4 镇,是粤北地区典型的石灰岩山区镇,也是干旱缺水最严重的地区之一。据韶关市三防办的材料显示,近 10 年来,韶关市各县区小旱不断,成灾的就有 5 次,2004 年和 2005 年遭遇的旱灾更是堪称 50 年一遇;在 2007 年的旱灾中,粮食减产 10 万 t,经济作物损失 12 亿元。

2003 年降水严重缺少造成了韶关、清远干旱,8 月中旬,地处石灰岩山区的乐昌市秀水镇,旱情十分严峻,大片即将成熟的水稻枯死在田里。连州市 2003 年受旱面积 22.5 万亩,受灾人口 4.95 万人,全年旱灾损失 2 033 万元。

2004 年进入 9 月以来,由于晴热高温的影响,翁源出现了 20 多年来少有的旱情,全县农作物有 20.8 万亩受旱,受旱面积达 70%,1.55 万亩农作物几乎失收,个别镇村民出现饮用水困难。

2005 年清城区、清新县和佛冈县出现旱情。佛冈县的旱情最为严重,因 2005 年特大洪水冲毁的部分水利设施没有完全修复好,滘江水位低,造成河两岸农作物出现旱灾,其中重旱的农作物有 4 800 亩,750 亩农作物基本失收。清城区沿北江、大燕河两岸的横荷、东城、洲心、石角等 3 镇 4 街道由于河道水位低出现不同程度的旱情,重旱地区只能用从北江、大燕河挖渠抽水、田头打井的方法抗旱,重旱面积达 5 800 亩。清新县旱情较重的是飞来峡镇和太平镇,受旱面积分别为 3.7 万亩和 2 万亩。清远全市共投入 3.45 万人组织抗旱,投入设备 2 065 套,动用机电井 1 320 眼;全市共投入资金 188.73 万元,开挖引水坑土沙方 6 500 m^3。

2006 年 10 月,由于持续的干旱少雨,北江清远水位出现历史新低,清远市清城区横荷街道发生较严重的旱情,当地晚造种植面积 3.6 万亩,受旱面积 1 万亩,其中旱情较重的有 3 000 亩,旱情较严重的农田主要集中在离水源较远的大有村委会。

表 2-16 是北江流域主要测站的最枯流量及出现时间,从表 2-16 中可以看到,武江的坪石、犁市、罗坝水的结龙湾、浈江的长坝、滘江的大庙峡等这些站点均在 2000 年以后出现最枯流量。近年来由于降水量年分配不均匀,干旱期降水量稀少,武江、浈江上游来水量减少,因此造成 2000 年以来多次的干旱。

表 2-16　主要测站最枯流量及出现时间　　　(单位:m^3/s)

河名	站名	统计年限	最枯流量	出现时间(年-月-日)
浈江	小古菉	1958~2005 年	0.02	1966-10-05
罗坝水	结龙湾	1958~2005 年	0.16	2004-05-06
锦江	仁化	1956~2005 年	0.3	1994-02-01
浈江	长坝(浈湾)	1953~2005 年	12.1	2004-09-29
武江	坪石	1959~2005 年	1.46	2003-11-05
武江	乐昌	1951~2005 年	11.2	1997-01-08
武江	犁市	1955~2005 年	9	2004-01-13
北江	韶关	1953~2005 年	43	1955-03-21
北江	马径寮	1955~2005 年	46.3	1963-09-04
滃江	滃江	1955~2005 年	0.8	1996-01-08
连江	高道	1954~2005 年	9.8	1977-03-22
北江	横石	1953~2005 年	96.6	1960-03-10
北江	清远	1951~2005 年	100	1960-03-15
北江	石角	1954~2005 年	57	1960-03-14
滘江	大庙峡	1960~2005 年	0.27	2000-12-26
滨江	珠坑	1957~2005 年	4.1	1977-03-08
中洲水	大象	1957~2005 年	0.1	1960-03-01
绥江	石狗	1954~2005 年	23	1996-12-14

2.6　水利建设现状及以往流域规划实施的总体评价

中华人民共和国成立前北江流域水利建设发展缓慢,水利设施十分落后。中华人民共和国成立后,在党和政府的领导下进行了大规模的水利建设,这一时期还大力发展了农田灌溉工程,建成了一大批蓄水、引水工程,为农业生产及国民经济稳定发展创造了较好的条件。经过多年来大规模的水利建设,北江流域水利事业取得了长足发展,建成了一大批防洪、治涝、灌溉、供水和水力发电工程,已初步具备抗御一般洪涝旱灾害的能力,由飞来峡、北江大堤及潖江蓄滞洪区所组成的北江下游防洪体系基本建成,农田灌溉面积有了较大幅度增长,城乡生活和工业供水不断扩大,流域水电(主要是小水电)开发迅速发展,水土流失得到了较大程度的治理,水利管理工作得到加强,水利综合经营也取得了一定成效,水利科技不断进步,水利法律法规不断完善,三防信息广域网与水文气象监测网已初步建成,工程管理工作逐步走向正规化、规范化、制度化。

自1997年开展北江流域综合规划以来,流域内加大了对已建工程的管理力度,2007年6月成立北江流域规划管理局,全面协调北江流域的水利工作。2008年4月,历时7年的北江大堤达标加固工程完成,湾头水利枢纽于2010年11月24日竣工,2009年乐昌峡水利枢纽也完成的初步设计进入施工阶段,这三项工程的建成将标志北江干流防洪工程体系基本完成。

另外,广东省城乡防灾减灾、省人大小型水库议案、省人大机电排灌议案、省人大水库移民议案、农村饮水安全等系列工程的实施,使得流域的防洪减灾、水资源综合利用等能力得到进一步提高。截至2005年年底,北江流域共建成小(二)型以上蓄水工程2 593宗,总库容74.6亿m^3,其中:大型水库9宗,总库容46.85亿m^3;中型水库55宗,总库容17.93亿m^3;引水工程11 073宗,引水流量346 m^3/s,其中万亩以上引水工程37宗;电动排灌1 627台79 498 kW,蓄水、引水、提水及其他供水工程年供水量57.62亿m^3;水电站装机容量202.6万kW,年发电量68.4亿kW · h;已建堤围总长4 626 km,全部为江堤,其中1.5万亩的堤长为1 096.25 km;流域易涝面积125.29万亩,已治理85.2万亩,其中达标48万亩(达10年一遇标准),2005年北江流域耕地面积为515.29万亩,设计灌溉面积为388.3万亩,现有耕地灌溉需水总量为42.3亿m^3,2005年蓄水、引水、提水工程设计供水量为51.8亿m^3。北江流域现有主要水利工程效益见表2-17、表2-18。

目前,水利建设存在的主要问题是防洪体系工程尚不完善,大部分未达到广东省城乡防灾减灾要求的50年一遇防洪标准。已建防洪工程达标不多,堤防工程设计标准低,病险水库多。流域内其他具有局部防洪功能的大、中型水库(如罗坝、冷水迳、里洞、潭溪水库等)处于规划阶段,山洪灾害治理还处于起步阶段,山区洪水仍未得到有效防治,严重威胁当地人民群众生命财产安全。

防洪管理需进一步加强,管理措施尚不完善,现有的设备、采集手段及水情信息的实时性还不能满足防汛指挥工作的需要。

超标准洪水和临时滞洪区的管理措施有待落实。北江下游飞来峡水库、潖江蓄滞洪区及各堤围联合调度防洪方案还有待研究。目前,对清西围临时蓄滞洪区内群众安全、建

表 2-17　现有主要水利工程(按工程类别)效益统计(2005 年)

项目	灌溉(万亩)	防洪(万亩)	治涝(万亩)	保灌(万亩)	防洪达标(万亩)	治涝达标(万亩)	旱涝保收(万亩)	装机容量(万 kW)	年发电量(亿 kW·h)	年用水量(亿 m^3)	占用土地(万亩)		
											小计	其中	
												永久占用	农地
合计	388.3	164.7	82.5	356.1	58.9	48.0	252.6	202.6	68.4	51.8	21.7	14.1	7.6
蓄水工程	154.6	21.5		151.3	7.7		95.3			17.7	6.3	5.1	1.2
引水工程	173.4			181.3			130.9			19.1	12.8	7.1	5.7
提水工程	60.3		42.0	23.5		16.7	23.9			10.8	2.4	1.9	0.5
堤防工程		143.2			51.2		1.9						
治涝工程			40.5			31.2	0.5				0.2	0.1	0.1
水电工程								202.6	68.4				
供水工程										4.2			

表 2-18　现有主要水利工程(按市)效益统计(2005 年)

项目	灌溉(万亩)	防洪(万亩)	治涝(万亩)	保灌(万亩)	防洪达标(万亩)	治涝达标(万亩)	旱涝保收(万亩)	装机容量(万 kW)	年发电量(亿 kW·h)	年供水量(亿 m^3)	占用土地(万亩)		
											小计	永久占用	农地
合计	388.3	164.7	82.5	356.1	58.9	48.0	252.6	202.6	68.4	51.8	21.7	14.1	7.6
韶关	106.42	40.2	17.30	121.3	12.4	2.45	77.4	86.7	28.6	20.6	6.3	5.1	1.2
清远	178.30	73.0	35.63	150.3	29.2	23.41	112.7	97.0	34.5	19.1	12.8	7.1	5.7
肇庆	76.28	38.9	20.31	69.0	7.6	13.75	48.4	18.8	5.3	9.3	2.4	1.9	0.5
河源	1.20	0.3	0	3.1	0	0	2.7	0.1	0	0.3	0	0	0
佛山	18.85	11.2	7.81	8.3	9.3	7.18	8.3	0	0	1.4	0.2	0.1	0.1
广州	7.22	1.1	1.43	4.2	0.5	1.21	3.0	0	0	1.1	0	0	0

设和生产、生活出路缺乏全面的规划、建设和管理，同时也缺乏完善的预警预报系统和撤退转移规划。

北江下游河床下切严重，枯水期塞船时有发生，清远梯级以下未实现渠化。

现有供水工程满足不了未来需水要求，水资源合理配置和有效供给的研究工作有待加强，如何协调好航运和供水的矛盾，更好地利用北江水资源向下游周边地区供水问题有待进一步研究；乡镇以上自来水供水尚未普及，供水能力不足，农村人畜用水仍以河水、井水为主，自来水普及率极低，石灰岩地区缺水问题仍未得到根本解决。灌区老化严重、配套不全，加之流域内耕地比较分散，水利设施分布不平衡，局部还存在无水灌溉或不能保灌现象。节水观念淡薄，浪费用水，主要城市河段的河流水质污染趋于恶化，人类活动造成新的水土流失，屡见不鲜。

第 3 章　北江流域水资源开发利用

中华人民共和国成立前北江流域水利设施非常落后，丰富的水资源很少得到开发利用。据韶关地区 1949 年统计（当时的韶关地区还辖有现清远市的“三连一阳”及英德市，面积约占北江流域的 70%），全地区仅有山塘 842 宗，引水工程 1 814 宗，且多为草木陂、木石陂，其中千亩以上引水工程仅 2 宗，没有机电排灌设施和水轮泵，有效灌溉面积 42.5 万亩，仅占当时耕地总面积的 20%。居民一般直接饮用山泉水或井水，沿河地区则直接取用河水。

中华人民共和国成立后在党和人民政府的领导下，先后投入大量的人力和财力，建成了一大批蓄水、引水、提水利工程，耕地有效灌溉面积迅速增加。根据韶关市统计，至 1980 年全市耕地 379.20 万亩，灌溉面积 295.57 万亩。建成蓄水工程有 6 768 宗，灌溉面积 106.03 万亩，其中大型水库 3 宗，中型水库 29 宗；引水工程有 6 033 宗，引水流量 163.7 m^3/s，灌溉面积 163.31 万亩，其中万亩以上引水工程 16 宗，千亩至万亩引水工程 186 宗；提水工程 1 403 宗，灌溉面积 26.23 万亩。1986 年北江流域规划复查，统计至 1980 年流域内共有耕地 598.76 万亩，有效灌溉面积 484.25 万亩，保灌面积 414.22 万亩，有效灌溉面积占耕地面积的 80.9%。

20 世纪 80 年代以后，城镇化发展加快，耕地面积呈逐年减少趋势，至 1997 年，流域内共有耕地 554.31 万亩，比 1980 年减少 44.45 万亩，有效灌溉面积 456.68 万亩，保灌面积 391.80 万亩，有效灌溉面积占耕地面积的 82.4%。而随着经济的发展和生活水平的提高，工业用水、城镇居民生活用水迅速增长，占国民经济总用水量的比重也越来越大。尤其是进入 90 年代后，城镇供水发展很快，主要是进行市区、县城自来水供水工程的改建和扩建，以及乡镇供水工程的建设。

2000 年以后，广东省开始重视农村安全饮水问题，加大力度用于农村饮水工程建设。2005 年工业和生活供水量 16.29 亿 m^3，占总用水量的 31%。目前，流域内大部分乡镇都已建有自已的自来水工程，但供水能力仍然不足，农村自来水普及率很低，主要用手摇井取水或水井取水，石灰岩地区仍存在饮水困难。

3.1　供水基础设施和供水能力

韶关市范围内的北江、武江、浈江，始兴的墨江，曲江的马坝河，仁化的锦江，由于沿河两岸工矿企业大量排放未经处理或处理未达标的工业废物，这些江河受到不同程度的污染。此外，城镇生活污水和农药化肥残余的排放，更加剧了这些水源的污染，有些水质严重超标，作为饮用水水源已不合适。因此，除乳源仍采用没有受污染的南水的水外，其他县（市）均另辟水源，且多数引用水库水。如韶关市选用南水水库，仁化选用赤石迳水库，南雄选用瀑布水库供水，曲江选用苍村水库供水，翁源选用跃进水库供水，始兴县选用花山水库供水，乐昌及新丰则新建水库供水，提高供水保证率。

清远市的河流大部分为山区河流，水质污染较少，符合国家饮用水标准，各县（市）城区供水工程水源主要选取水量丰富的江河或水库，企业自备水也以江河水或水库为主，清城区在北江七星岗取水，佛冈县在放牛洞水库取水，阳山县在庙公坑河、茶坑水库及城北水库取水，连山县在吉田水取水，连南县在鹿鸣关水渠取水，清新县在滨江迳口取水，英德市在北江英城观洲坝取水，连州市在东陂河龙潭寺取水。

肇庆市所辖四会市（仓岗水厂、沙尾水厂）的水源是绥江，并规划将江谷、水迳水库作为四会的第二水源点；怀集县登云亭水厂水源取自中洲河；广宁县的自来水厂水源主要取自南街河主流的银岗嘴和支流西门坑的莫二河段，并由于水源不足而新建绥江东乡芋水厂；佛山市三水区主要从北江干流取水；广州市从化市潖江水厂主要从潖江取水。

供水方案是以水资源调查及评价、河流流域规划及其他有关规划为依据，以现状年的供水工程为基础，以满足未来水平年的需水为目标，并参考今后一段时期可能的经济实力，按需要和可能规划确定，主要是新建和扩建一批水源工程，同时对现有供水工程未达到原设计供水能力的继续做好续建配套工作，使之达到或超过原设计供水能力。

（1）韶关市区供水工程。

韶关市现有五座自来水厂，水源均取自武江，现供水能力为 7 300 万 m^3/a，供水人口 50 万人。由于单一水源可靠性差，且目前韶关市从武江的取水量已接近武江枯水期允许取水量，为解决经济发展和人口增长对供水需求的增长，提高供水保障，韶关市进行了第二水源规划。规划引用南水发电尾水或直接从水库取水，管线沿乳源县城城市规划区的外缘通过，然后沿乳韶公路向韶关市区延伸，一直到沐溪水库附近建新水厂，并把沐溪水库作为新水厂的备用水源。该方案取水量可达到 50 万 t/d，工程总投资约 4 亿元。由于投资较大，该方案仍有待做多方面的比较。

（2）曲江县供水工程。

曲江县内省属企业韶关钢铁厂用水由县小坑水库供给，供水量 15 万 t/d。曲江县城的生活、工业用水由燕山水厂供给，供水量 3 万 t/d，规模偏小，不能满足县城发展的需要，且由于燕山水厂水源与当地农业共用一水源，容易发生争水纠纷。为此规划扩建燕山水厂，使供水量达到 6 万 t/d；利用苍村水库供水解决韶钢今后规模扩大的用水问题，并规划在苍村水库西南新建供水能力 15 万 t/d 的水厂，以提供足够水源解决县城供水。苍村水库的供水范围主要是曲江县城、韶关钢铁厂、韶关冶炼厂、十六冶建设公司、马坝军区等的生活及工业用水，受益人口达 30 万人，总投资 11 163 万元，年供水量为 6 570 万 m^3，2005 年韶关又新增了马坝河供水工程，设计年供水 2 500 万 m^3。

（3）乐昌水厂扩建。

规划在张溪水兴建供水能力 10 万 t/d、年供水量 2 980 万 m^3 的供水厂，投资 1 200 万元，供水范围除缓解市区及河南镇居民生活饮用水外，还解决麻纺厂、棉纺厂、造纸厂等工厂工业用水。

（4）南雄市供水规划。

城区供水：南雄市自来水厂的水源为城东南的瀑布水库。为解决南雄市人口增长和经济发展的需要，规划将南雄市自来水厂现有供水能力 2 万 t/d，扩建至 6 万 t/d。供水范围包括新规划的南雄城区(除烟厂以上至珠玑烟站之间的上城区约 2 万人划入下洞水库供水工程),以及周边的主田、古市、黎口、安全的农村人口,受益人口约 18 万人,总投资 4 343 万元。扩建工程分两期完成,第一期完成输水渠的整治、水厂厂区的扩建工程及部分管网的改造扩建,第二期完成城区管网的改造和扩建任务。

下洞水库供水工程:供水范围为珠玑古巷旅游区和珠玑镇均平圩、湖口镇湖口圩、黎口镇及附近村庄,以及南雄烟厂以上城区居民的生活用水,此外还有一些工业企业用水。规划新建珠玑下洞自来水厂,日供水量 4 万 t/d,受益人口约 7 万人,工程总投资 7 638 万元,其中珠玑下洞自来水厂投资 4 886 万元(含水库分摊投资 1 805 万元)。

(5)翁源县供水。

为解决龙仙城区对供水需求的增长,规划在跃进水电站二级尾水新建 6 万 t/d 的供水工程,连接县城已有供水管道。供水范围以县城为主,包括部分附近农村,受益人口约 10 万人,工程费 5 698 万元。

(6)清远市区供水。

清远市区现有主要自来水公司包括清远市自来水有限责任公司、星科自来水发展有限公司和龙泉供水公司,总供水能力约 27.5 万 t/d,其中清远市自来水有限责任公司所属的七星岗水厂(清远第一水厂)、洲心镇和石角镇自来水厂总供水能力为 18 万 t/d,星科自来水发展有限公司所属的迎嘴水厂供水能力为 4.5 万 t/d,龙泉供水公司所属的银盏水厂供水能力为 5 万 t/d。原规划清远第二水厂位于清远市清城区北江干流飞来峡水库出口处,清远市第一水厂的上游 6 km,近年来由于北江干流污染越来越严重,应避免第二水厂取水点与第一水厂取水点位于同一干流上,第二水厂的取水水源还有待进一步论证。

为满足清远市区日益增长的用水需求,规划建设清远市第二水厂,扩建星科水厂、龙泉水厂是十分必要的。规划扩建星科水厂至 10 万 t/d,龙泉水厂至 8 万 t/d,建设取水规模为 50 万 t/d,工程总 6 亿元。

(7)清新县供水。

清新县城太和水厂水源现设在迳口东干渠,水质较差,水量较少。该水厂现有年供水能力 2 190 万 m^3,供水人口 6.67 万人,太和未来 30 年以发展工业为主,现状水厂供水能力不能满足县城规模扩大、人口增长和经济发展对供水的需求。规划建设太和第二水厂,取水水源改在北江干流,设计规模 15 万 t/d,年供水量 5 475 万 m^3,辅以清远市自来水公司第二水厂扩建工程供水,可满足太和需水要求。

(8)石门台供水工程。

石门台供水工程水源点位于北江二级支流黄岩坑上游石门坑,坝址位于英德市横石塘镇小水洞村,坝址以上集雨面积 35.45 km^2。工程用于满足自流供应英德市区城市居民生活用水及工业用水的要求。

本工程主要由挡水拱坝、压力输水管、调节池、净水构筑物等设施组成。挡水坝坝型为混凝土拱坝,最大坝高 43 m,水库死水位 135 m,正常蓄水位 160 m,总库容 1 750 万 m^3,调节库容 1 650 万 m^3;输水管道主管总长 30 km,输水管内内径 800 mm,采用预制混凝土管,设计流量 0.5 m^3/s;调节池容量 1.8 万 m^3。工程总投资 9 450 万元。

(9)连州市供水。

连州市区由连州市自来水公司供水，水源取自东陂河，水源丰富，水质较好。现有供水能力 2.6 万 t/d。连州市未来 30 年以发展工业为主，为满足需水要求，2030 年前规划新建水厂，从连江河取水，供水达 50 万 t/d，年供水量为 18 250 万 m^3。

（10）阳山县供水。

阳山县城供水为城建部门管理，现有两个水厂，取水于城北水库的城北水厂供水能力 1.8 万 t/d，取水于花溪水电站渠道的花溪水厂日供水能力 3.0 万 t/d，两个水厂年供水能力 1 752 万 m^3。阳城镇未来 30 年经济总体发展规划重点是工业，工业生产用水增长是未来供水主要增长的趋势，规划扩建阳城镇供水工程，采用茶坑水库供水，日设计供水达 12 万 t/d，年供水量为 4 380 万 m^3。

（11）佛冈县供水。

县内建有自来水厂 1 个为城南石角供水工程供水，采用放牛洞水库供水，日设计供水达 3.4 万 t/d，年供水量为 1 248 万 m^3。石角镇未来 30 年经济总体发展规划重点是工业，工业生产用水增长是未来供水主要增长的趋势，规划 2030 年城南、石角供水工程扩建，日设计供水达 26 万 t/d，年供水量为 9 490 万 m^3，其余的不足水量规划在山田水库新建供水工程解决。

（12）连南县供水。

连南三江镇未来 30 年以工业发展为主，为满足发展需要，2030 年前规划新建牛路水库供水工程，日设计供水达 3.20 万 t/d，年供水量为 1 168 万 m^3。

大麦山镇主要是瑶族居住地，属石灰岩地质结构，人畜饮水相对困难，应从各种渠道筹集资金建设因地制宜、符合实际需要的供水设施。镇内已新建板洞水库供水工程，年供水量为 640 万 m^3，2020 年规划扩建九寨水库供水（小型水库），供水量为 631 万 m^3。

（13）白沙闸坝引水工程。

白沙闸坝引水工程取水口位于绥江，主要向肇庆四会市农业供水，设计引水流量 5.2 m^3/s，设计年供水量 0.62 亿 m^3，总投资 3 420 万元。

（14）怀集县城供水。

为解决怀城城区供水，规划在中州河龙头湾对岸郭屋新建 18.0 万 t/d 的自来水厂，供水范围包括西区、河南、焦坪、龙西、怀高、横洞。扩建现有的登云水厂，增加供水量 0.5 万 t/d，供水保宁、谭舍、龙湾、官塘等区。

（15）三水区供水。

佛山三水区现有三水自来水公司、松园水厂、芦苞水厂、大塘水厂、六和水厂、南边水厂等水厂从北江取水，日供水量总计达 34.8 万 t/d，由于取水水源分散、部分水源水质不合格，规划将以上水厂整合，新建北江水厂，于北江芦苞涌入口上游取水，日供水量 30 万 t/d，供水三水区。

（16）花都北江引水工程。

新建调水工程一宗，为花都北江引水工程，为提高引水保证程度及水位，取水口选在清远水利枢纽坝址上游。根据水资源优化配置结果，花都区 2020 年需从北江引水 95 万 t/d，用以替换湛江水厂原水质不达标的白坭河水源，以及满足规划水平年的需水增长。规划 2030 年花都北江引水工程调水规模为 95 万 t/d，工程总投资 266 078 万元。

3.2 供水量和供水水质

3.2.1 供水量

2005年流域各类供水工程的实际供水总量51.82亿m^3,实际用水量51.82亿m^3,供用水量平衡,见表3-1、表3-2。

(1)蓄水工程:至2005年年底,北江流域拥有大、中、小型蓄水工程共计2 593宗,总库容74.6亿m^3,现状供水能力17.67亿m^3,设计供水能力25.23亿m^3。

(2)引水工程:2005年流域共有引水工程11 073宗,设计引水流量346 m^3/s,实际年供水能力19.11亿m^3,设计年供水能力26.58亿m^3。

(3)提水工程:2005年流域提水工程实际年供水能力10.84亿m^3,设计年供水能力14.32亿m^3,提水工程总装机容量79 498 kW。

(4)地下水工程:2005年流域地下水工程供水量3.85亿m^3,包括浅层地下水3.49亿m^3,深层地下水0.36亿m^3。主要供水对象是工业和农村生活。

(5)其他水源供水工程:北江流域基本上还没有污水回用工程,粤北地处内陆,没有海水淡化工程。其他水源工程主要是雨水利用,2005年利用量为0.35亿m^3。

3.2.2 供水水质

3.2.2.1 河流水质现状评价

2005年,北江流域全年综合评价河长为1 323.2 km,水质为Ⅱ类的河长764.2 km,占总评价河长的57.8%;Ⅲ类357.5 km,占总评价河长的27%;Ⅳ类70.5 km,占总评价河长的5.3%;Ⅴ类84 km,占总评价河长的6.3%;劣Ⅴ类47 km,占总评价河长的3.6%。主要超标项目是镉;汛期综合评价河长为1 323.2 km,水质为Ⅱ类的河长869.7 km,占总评价河长的65.7%;Ⅲ类334.5 km,占总评价河长的25.3%;Ⅳ类21 km,占总评价河长的1.6%;Ⅴ类98 km,占7.4%。主要超标项目是镉和汞;非汛期综合评价河长为1 323.2 km,水质为Ⅱ类的河长538.7 km,占总评价河长的40.7%;Ⅲ类475 km,占总评价河长的35.9%;Ⅳ类178.5 km,占总评价河长的13.5%;Ⅴ类33 km,占总评价河长的2.5%;劣Ⅴ类98 km,占总评价河长的7.4%。主要超标项目是镉和汞。

2010年,北江流域全年综合评价河长为1 413.2 km,水质为Ⅰ类的河长257.5 km,占总评价河长的18.2%;Ⅱ类899.5 km,占总评价河长的63.7%;Ⅲ类203.2 km,占总评价河长的14.3%;Ⅳ类22 km,占总评价河长的1.6%;劣Ⅴ类31 km,占总评价河长的2.2%。主要超标项目是氨氮、粪大肠菌群;汛期综合评价河长为1 413.2 km,水质为Ⅰ类的河长206 km,占总评价河长的14.6%;Ⅱ类1 039.2 km,占总评价河长的73.5%;Ⅲ类137 km,占总评价河长9.7%;Ⅳ类31 km,占总评价河长的2.2%。主要超标项目是粪大肠菌群;非汛期综合评价河长为1 413.2 km,水质为Ⅱ类的河长783 km,占总评价河长的55.4%;Ⅲ类577.2 km,占总评价河长的40.8%;Ⅴ类53 km,占总评价河长的3.8%;劣Ⅴ类98 km,占总评价河长的7.4%。主要超标项目是粪大肠菌群和氨氮。

表 3-1　2005 年北江流域供水情况

（单位：万 m^3）

地市	水资源二级区	地表水源供水量						地下水源供水量				其他水源供水量				总供水量
		蓄水	引水	提水	其中跨流域调水		合计	浅层水	深层水	微咸水	合计	污水处理回用	雨水利用	海水淡化	合计	
					调入量	人工载运水量										
韶关	北江	73 526	64 911	55 987	0	0	194 423	5 824	2012	0	7 836	91	3 409	0	3 500	205 759
清远	北江	57 343	81 931	23 704	0	0	162 978	26 653	1 547	0	28 200	0	0	0	0	191 178
肇庆	北江	35 378	36 766	19 238	0	0	91 382	1 521	0	0	1 521	0	82	0	82	92 985
河源	北江	958	2 471	0	0	0	3 429	0	0	0	0	0	0	0	0	3 429
佛山	北江	5 628	0	8 222	0	0	13 849	108	0	0	108	0	0	0	0	13 957
广州	北江	3 889	4 976	1218	0	0	10 083	829	0	0	829	0	0	0	0	10 912
合计		176 721	191 055	108 369	0	0	476 145	34 935	3 559	0	38 494	91	3 491	0	3 582	518 221

表 3-2　2005 年北江流域用水情况

（单位：万 m^3）

地市	水资源二级区	城镇			农村			建筑业	服务业	合计
		工业	生活	生态	灌溉	生活	生态			
韶关	北江	52 087	10 609	794	133 023	7 339	0	628	1 280	205 759
清远	北江	21 966	10 634	978	142 550	13 049	0	930	1 070	191 178
肇庆	北江	12 871	3 038	57	70 481	5 515	0	603	419	92 985
河源	北江	803	85	14	2 315	138	0	4	70	3 429
佛山	北江	5 568	1184	162	5 989	274	0	21	760	13 957
广州	北江	7 366	823	434	1 554	277	0	29	430	10 912
合计		100 661	26 374	2 438	35 5911	26 592	0	2 215	4 029	518 221

3.2.2.2　水库水质现状评价

2005 年,在北江水库水质现状评价中,评价的主要对象是小坑水库、南水水库、长湖水库和飞来峡水库。小坑水库的年平均蓄水量为 0.334 亿 m^3,在全年综合评价和汛期评价中,水库的水质类型为Ⅲ类,在非汛期评价中则为Ⅱ类,水体的营养化程度为中营养;南水水库的年平均蓄水量为 5.217 8 亿 m^3,在全年综合评价和汛期评价中,水库的水质类型为Ⅲ类,在非汛期评价中则为Ⅱ类,水体的营养化程度为中营养;长湖水库的年平均蓄水量为 1.087 3 亿 m^3,在全年综合评价和汛期评价中,水库的水质类型为劣Ⅴ类,在非汛期评价中则为Ⅴ类,主要超标项目为总氮。水体的营养化程度为中营养;飞来峡的年平均蓄水量为 4.225 2 亿 m^3,在全年综合评价中,水库的水质类型为Ⅲ类;在汛期和非汛期评价中则为Ⅳ类,主要超标项目为总氮。水体的营养化程度为中营养。

2010 年,小坑水库全年综合评价和非汛期评价中,水库的水质类型为Ⅲ类,在汛期评价中则为Ⅱ类,水体的营养化程度为中营养;南水水库水质类型为Ⅲ类,在汛期评价中则为Ⅱ类,水体的营养化程度为中营养;长湖水库的年平均蓄水量为 1.087 3 亿 m^3,水库的水质类型都为劣Ⅴ类,主要超标项目为总氮,水体的营养化程度为中营养;飞来峡水库的水质类型为Ⅴ类,在汛期评价中则为Ⅳ类,主要超标项目为总氮,水体的营养化程度为中营养。

3.2.2.3　现状主要污染物调查

2005 年,北江流域主要污染物类别有 COD_{Cr}、BOD_5、SS、氨氮、挥发酚、总氮、总磷、氰化物和硫化物。整个北江流域河流水功能区 COD_{Cr} 排放量为 146 348.9 t/a,BOD_5 排放量为 16 923.1 t/a,SS 排放量为 54 107.5 t/a,氨氮排放量为 8 109.1 t/a,挥发酚排放量为 104.2 t/a,总氮排放量为 25 745.8 t/a,总磷排放量为 3 535.3 t/a,氰化物排放量为 6.2 t/a,硫化物排放量为 130.0 t/a,见表 3-3。

北江流域河流水功能区主要污染物总量为 255 033.4 t/a,其中,浈江、武江、滃江、连江、绥江流域主要污染物总量分别为 46 683.7 t/a、26 604.6 t/a、26 391.6 t/a、36 535.3 t/a、63 627.3 t/a,占整个北江流域主要污染物总量的 10%~20%,而北江上游及中下游主要污染物总量合计为 160 841.0 t/a,占整个北江流域主要污染物总量的 63%以上,主要集中在中下游流域(北江中下游主要污染物总量为 105 650.1 t/a)。另外,北江中下游的英德—清远保留区及滘江佛岗—清远保留区存在大量石油类污染物。

2005 年,浈江流域一般保留区与保护区现状水质为Ⅰ~Ⅱ类水标准,开发利用区一般为Ⅲ~Ⅳ类。年污染物排放量中,以 COD_{Cr} 和 SS 的数量最多,分别为 22 774.9 t/a、15 129.3 t/a,占全年污染物排放量的 48.8%和 32.4%;其他污染物年排放量由大到小依次为总氮、BOD_5、氨氮和总磷,氰化物含量为零,石油类的含量也仅为 1.2 t/a。另外,在浈江始兴—曲江保留区可见少量挥发酚。

武江现状水质也在Ⅰ~Ⅳ类,年污染物排放量以 COD_{Cr}(17 123.1 t/a)数量最多,占年主要污染物排放量的 64.3%以上;其次为总氮(3 048.4 t/a)、SS(2 568.2 t/a)和 BOD_5(2 487.4 t/a),分别占年污染物排放总量的 11.5%、9.6%和 9.3%;氨氮和总磷的排放量相对较少,有少量硫化物污染,暂未发现有氰化物和石油类污染物的存在。

表 3-3　2005 年北江片区河流水功能区主要污染物类别

水资源三级区	水资源四级区	水功能区 一级	水功能区 二级	COD_{Cr}	BOD_5	SS	氨氮	挥发酚	总氮	总磷	氰化物	硫化物	石油类	水质现状
				年主要污染物排放量(t/a)										
北江大坑口以上	浈江	浈江南雄保留区		8 931.9	1 205.7	34.3	513.1	0	1 723.1	184.8	0	0	0	Ⅰ~Ⅱ
		浈江南雄开发利用区	浈江干流古市工业用水区	1 241.2	53.9	599.4	53.3	0	79.3	8.8	0	11.4	0	Ⅳ
		浈江始兴—曲江保留区		7 347.2	717.4	3 800.3	342.5	94.9	1 241.9	161.4	0	0	0	Ⅲ
		北江韶关开发利用区	浈江干流沙洲尾饮用水源区	291.4	35.9	0	14.1	0	69.8	13.9	0	0	0	Ⅱ~Ⅲ
		瀑布水南雄保留区		239.3	28.2	1 563.5	12.2	0	41.4	4.6	0	0	0	Ⅰ~Ⅱ
		墨江源头水保护区		818.5	87.9	5 827.8	43.7	0	160.5	16.1	0	0	0	Ⅱ
		墨江始兴保留区		119.1	12.8	0	6.4	0	23.4	2.3	0	0	0	Ⅲ~Ⅳ
		横水始兴开发利用区	横水始兴饮用农业用水区	167.6	14.8	1 277.7	8.5	0	33.2	3.2	0	0	0	Ⅰ~Ⅱ
		枫湾水源头水保护区		384.6	61.0	83.3	23.4	0	73.4	8.3	0	0	0	Ⅰ~Ⅱ
		枫湾水曲江开发利用区	枫湾水韶关饮用农业用水区	655.0	103.8	188.7	39.9	0	124.9	14.2	0	0	0	Ⅰ~Ⅱ
		锦江仁化保留区		2 275.1	703.6	1 178.5	165.6	0.1	296.2	50.4	0	4.4	1.2	Ⅲ~Ⅳ
		锦江仁化开发利用区	锦江丹霞山景观用水区	208.4	0	530.5	79.1	0	0	0	0	2.3	0	Ⅲ~Ⅳ
		锦江仁化开发利用区	锦江江口饮用农业用水区	95.8	2.1	45.2	0.5	0	0.9	0.2	0	0	0	Ⅲ~Ⅳ
		浈江小计		22 774.9	3 027.0	15 129.3	1 302.2	95.0	3 867.9	468.0	0	18.1	1.2	
	武江	武水湘粤缓冲区		55.8	9.3	9.0	3.3	0	10.8	1.4	0	0.1	0	Ⅲ~Ⅳ
		武水坪石—乐昌保留区		4155.4	614.5	54.7	228.2	0	781.8	95.1	0	0.5	0	Ⅲ~Ⅳ
		武水乐昌—韶关开发利用区	武水犁市饮用渔业用水区	12 808.7	1 842.6	2 504.4	742.6	0.1	2 236.6	272.9	0	23.9	0	Ⅲ
		杨溪水源头水保护区		88.3	17.4	0	5.9	0	16.5	2.0	0	0	0	Ⅰ~Ⅱ
		杨溪水乳源保留区		14.9	3.6	0	1.1	0	2.7	0.4	0	0	0	Ⅰ~Ⅱ
		武江小计		17 123.1	2 487.4	2 568.2	981.0	0.1	3 048.4	371.8	0	24.6	0	

续表 3-3

水资源三级区	水资源四级区	水功能区一级	水功能区二级	COD_{Cr}	BOD_5	SS	氨氮	挥发酚	总氮	总磷	氰化物	硫化物	石油类	水质现状
				年主要污染物排放量(t/a)										
北江大坑口以上	北江上游	北江韶关开发利用区	浈江干流沙洲尾饮用水源区	11 572.3	2 530.3	1 567.5	824.6	0.1	2 142.1	394.3	0	12.2	0.2	Ⅱ~Ⅲ
		北江韶关开发利用区	北江干流白沙工业用水区	7 127.3	1 476.1	10 437.8	914.7	8.0	869.7	154.2	2.9	4.9	16.2	Ⅲ~Ⅳ
		北江韶关开发利用区	北江干流韶关清远过渡区	134.4	39.5	2.1	9.3	0	16.6	2.9	0	0	0	Ⅱ~Ⅲ
		北江韶关—英德保留区		464.8	179.7	4.7	42.2	0	75.7	13.0	0	0.1	0	Ⅳ~Ⅴ
		南水源头水保护区		8.5	3.4	0	0.8	0	1.4	0.2	0	0	0	Ⅰ~Ⅱ
		南水乳源开发利用区	南水乳源饮用农业水源区	752.6	237.8	406.2	58.1	0	100.1	17.2	0.1	0	0	Ⅱ~Ⅲ
		武水乐昌—韶关开发利用区	武水西河桥饮用渔业用水区	6 329.9	1 446.1	602.5	438.1	0	1 182.2	417.8	0	5.5	1.8	Ⅲ
		武水乐昌—韶关开发利用区	武水沙洲尾渔业景观用水区	1 237.5	0	642.8	36.6	0	203.1	16.2	0	2.5	1.3	Ⅲ~Ⅳ
		北江上游小计		27 627.2	5 912.9	13 663.7	2 324.5	8.1	4 590.9	1 015.8	3.0	25.2	19.5	
	北江大坑口以上合计			7 613.5	67 525.3	11 427.4	31 361.1	4 607.7	103.3	11 507.2	1 855.6	3.0	67.9	
北江大坑口以下	北江中下游	北江英德自然保护区		400.3	56.7	100.3	25.2	0	62.0	7.3	0	0.4	0.2	
		北江英德—清远保留区		23 156.8	3 369.0	14 635.5	1 259.4	0	4 196.9	605.2	6.7	18.2	143.9	Ⅲ~Ⅳ
		北江清远、肇庆、佛山开发利用区	北江干流清远渔业景观用水区	4 438.0	339.8	1 579.7	240.2	0.2	806.3	244.5	0	28.0	10.4	Ⅲ
		北江清远、肇庆、佛山开发利用区	北江干流清远佛山过渡区	1.1	0	0.9	0.2	0	0	0	0	0	0	Ⅱ~Ⅲ
		北江清远、肇庆、佛山开发利用区	北江干流河口饮用渔业用水区	6 527.0	718.1	54.4	354.6	0	1 300.8	137.6	0	0	0	Ⅱ
		滃江源头水保护区		3 623.5	487.0	0	203.5	0	703.3	82.4	0	0	0	Ⅱ~Ⅲ
		滃江佛岗—清远保留区		13 581.0	253.7	3 956.8	544.7	0.1	2 615.4	237.8	0	3.1	114.2	Ⅲ~Ⅴ
		滨江源头水保护区		462.9	32.8	208.6	22.3	0	92.2	8.8	0	0	0	Ⅰ~Ⅲ
		滨江清新县保留区		8 855.7	492.2	1 950.5	402.5	0	1 728.6	160.5	0	0.4	0	Ⅱ~Ⅲ
		北江中下游小计		61 046.1	5 749.3	22 486.7	3 052.5	0.3	11 505.5	1 484.2	6.7	50.0	268.6	

续表 3-3

水资源三级区	水资源四级区	水功能区		年主要污染物排放量(t/a)										水质现状
		一级	二级	COD_{Cr}	BOD_5	SS	氨氮	挥发酚	总氮	总磷	氰化物	硫化物	石油类	
北江大坑口以下	滃江	滃江源头水保护区		616.3	24.3	256.9	26.7	0	125.7	11.0	0	0	0	Ⅰ~Ⅱ
		滃江翁源开发利用区	滃江上游饮用农业用水区	341.0	37.0	51.9	18.3	0	66.9	6.5	0	0	0	Ⅱ
		滃江翁源、英德保留区		11 970.9	838.2	2 393.5	556.4	0	2 296.4	214.6	0	0	0.7	Ⅱ
		龙仙水翁源开发利用区	龙仙水翁源饮用水源区	3 785.5	394.6	574.3	200.3	0	744.8	71.4	0	0	0.2	Ⅰ~Ⅱ
		小北江源头水保护区		471.7	33.1	83.2	22.3	0	94.8	9.0	0	0	0	Ⅰ~Ⅱ
		滃江小计		17 216.3	1 322.4	3 376.5	824.5	0	3 337.7	313.3	0	0	0.9	
	连江	连江源头水保护区		14.5	1.7	3.5	0.8	0	2.8	0.3	0	0	0	Ⅰ
		连江连州保留区		743.6	87.4	181.6	40.7	0.1	145.4	17.1	0	1.3	0	Ⅰ~Ⅱ
		连江连州—阳山开发利用区	连江龙潭镇工业景观用水区	511.2	12.8	378.3	9.2	0.1	26.1	16.8	0.1	5.0	1.5	Ⅱ~Ⅲ
		连江连州—阳山开发利用区	连江黄燕滩农业景观用水区	844.5	104.2	857.6	44.9	0	116.9	14.2	1.6	5.9	0	Ⅱ~Ⅲ
		连江连州—阳山开发利用区	连江阳城饮用景观用水区	17.8	4.3	9.8	1.3	0	3.2	0.4	0	0.1	0	Ⅱ~Ⅲ
		连江阳山—英德保留区		12 565.4	1 327.6	5 630.8	664.8	0	2 469.7	248.6	0	0	0	Ⅱ
		青莲水源头水保护区		43.8	10.5	10.3	3.2	0	8.0	1.0	0	0	0	Ⅰ~Ⅱ
		青莲水阳山保留区		83.7	20.0	19.7	6.1	0	15.2	2.0	0	0	0	Ⅰ~Ⅱ
		东陂水源头水保护区		88.7	10.5	6.4	4.9	0	17.4	2.0	0	0.1	0	Ⅰ~Ⅱ
		东陂水连州开发利用区	东陂水连州饮用农业用水区	6 160.8	739.7	435.2	338.5	0.8	1 204.5	160.3	0.1	6.4	0	Ⅰ~Ⅱ
		连江小计		21 074.0	2 318.7	7 533.1	1 114.4	1.0	4 009.2	462.7	1.8	18.9	1.6	

续表 3-3

水资源三级区	水资源四级区	水功能区		年主要污染物排放量(t/a)										水质现状
		一级	二级	COD_{Cr}	BOD_5	SS	氨氮	挥发酚	总氮	总磷	氰化物	硫化物	石油类	
北江大坑口以下	绥江	绥江源头水保护区		137.8	25.4	122.6	8.6	0	27.2	3.6	1.5	0	0	Ⅱ~Ⅲ
		绥江怀集—四会保留区		9.6	3.6	0	0.9	0	1.9	0.4	0	0	0	Ⅱ~Ⅲ
		绥江四会开发利用区	绥江三棵榕饮用水源区	526.3	30.2	106.4	24.1	0	108.6	10.7	0	0	0	Ⅱ
		绥江四会开发利用区	绥江五马岗工业农业用水区	9 014.3	923.7	1 350.3	471.6	0	1 807.7	445.4	0	5.7	5.7	Ⅱ
		绥江四会开发利用区	绥江马房饮用水源区	5 313.9	107.1	987.3	218.2	0	1 099.2	95.0	0	0.7	0.6	Ⅱ~Ⅲ
		凤岗水源头水保护区		10 505.7	366.8	1 584.6	452.9	0	2 080.6	187.2	0	36.7	2.4	Ⅱ~Ⅲ
		凤岗水怀集保留区		222.0	83.3	0	20.6	0	37.0	7.5	0	0	0	Ⅱ~Ⅲ
		南街水广宁县开发利用区	南街水南街饮用水源区	14 728.0	292.9	7 677.2	359.8	0	1 718.3	152.8	0	0	0	Ⅱ
		南街水广宁县开发利用区	南街水广宁农业用水区	69.4	26.0	0	6.5	0	11.0	2.2	0	0	0	Ⅴ
		绥江小计		40 533.3	1 854.6	11 836.8	1 562.4	0	6 891.7	903.7	1.4	43.2	8.7	
	北江大坑口以下合计			78 823.6	5 495.7	22 746.4	3 501.4	1.0	14 238.6	1 679.7	3.3	62.1	11.1	
北江流域合计				146 348.9	16 923.1	54 107.5	8 109.1	104.2	25 745.8	3 535.3	6.2	130.0	31.8	

滃江是整个北江流域水质最好的一片水域,现状水质为Ⅰ～Ⅱ类,年污染物排放量以 COD_{Cr}(17 216.3 t/a)数量最多,占年主要污染物排放量的 65.2%以上;其次为 SS(3 376.5 t/a)、总氮(3 337.7 t/a)、BOD_5(1 322.4 t/a),另有少量氨氮、总磷及微量石油类污染物,暂未发现有氰化物和硫化物污染物的存在。值得注意的是,滃江翁源、英德保留区 COD_{Cr} 量为 11 970.9 t/a,占整个滃江 COD_{Cr} 污染物总量的 69%以上,同时该区域的总氮(2 296.4 t/a)也占滃江总氮污染物的 68.8%以上。显示该区域水体存在较严重的富营养化,应重点整治,保证滃江水域作为主要饮用水源地的水质标准。

连江现状水质为Ⅰ～Ⅲ类,年污染物排放量同样以 COD_{Cr}(21 074.0 t/a)数量最多,约占年主要污染物排放量的 57.7%左右;其次为 SS(7 533.1 t/a)、总氮(4 009.2 t/a)和 BOD_5(2 318.7 t/a),分别占年污染物排放总量的 20.6%、11.0%和 6.3%;另有少量氨氮和总磷,以及微量挥发酚、硫化物、氰化物和石油类污染物的存在。

绥江现状水质为Ⅱ～Ⅳ类,年污染物排放量以 COD_{Cr}(40 533.3 t/a)数量最多,约占年主要污染物排放量的 63.7%;其次为 SS(11 836.8 t/a),约占 18.6%,总氮、氨氮、总磷和 BOD_5 总量(11 212.4 t/a)占年污染物排放总量的 17.6%,另有微量硫化物、氰化物和石油类污染物。

北江上游的水质情况较为复杂,其中南水源头水保护区水质最好,属于Ⅰ～Ⅱ类水,各污染物总量均在 10 t/a 以下。流域其他河段多为开发利用区,故污染也相对较为严重,水质标准也较低。以 COD_{Cr}(27 627.2 t/a)、SS(13 663.7 t/a)为主,分别占上游年主要污染物排放量的 50.1%和 24.6%。北江中下游现状水质为Ⅰ～Ⅳ类,年污染物排放量以 COD_{Cr}(61 046.1 t/a)数量最多,约占年主要污染物排放量的 63.7%,其次为 SS(22 486.7 t/a)占 21.3%,总氮(11 505.5 t/a)占 9.9%。值得注意的是,北江英德—清远保留区和滃江佛岗—清远保留区是污染最为严重的区域,其中北江英德—清远保留区 COD_{Cr} 排放量为 23 156.8 t/a,占北江中下游 COD_{Cr} 年排放总量的 37.9%,SS 排放量为 14 635.5 t/a,占北江中下游 SS 年排放总量的 65.1%;滃江佛岗清远保留区 COD_{Cr} 排放量为 13 581.0 t/a,占北江中下游 COD_{Cr} 年排放总量的 22.2%。

北江污染物排放情况调查分析结果表明,许多保留区存在严重的污染,尤以 COD_{Cr} 与总氮为主。保留区水质未能达到其功能的水质标准。未来对保留区污水排放的监测应作为重点项目之一,以保证保留区水质情况,适应将来该区域发展。

3.3　用水量及其变化趋势

3.3.1　用水量

(1)工业:2005 年全流域工业用水量 10.06 亿 m^3,占总用水量的 19.4%,按 2005 年流域工业增加值 319.69 亿元计,工业综合用水定额为 315 m^3/万元。

(2)农业:包括农田灌溉用水和林牧渔业用水,2005 年全流域农业用水量 35.59 亿 m^3,占流域用水总量的 68.6%。

(3)城镇生活:2005年用水量2.64亿m^3,占总用水量的4.4%,按2005年流域城镇人口354.31万人计,城镇生活用水定额为204 L/(人·d)。

(4)农村生活:2005年农村生活用水2.66亿m^3,占总用水量的4.5%,按2005年流域农业人口477.55万人计,农村生活用水定额为153 L/(人·d)。

(5)其他:包括城镇生态用水0.24亿m^3,建筑业用水0.22亿m^3,服务业用水0.4亿m^3,合计2005年全流域总用水51.82亿m^3。

3.3.2　用水预测趋势

3.3.2.1　生活用水

由于城市化水平提高,城镇人口逐年上升,农村人口逐年下降,而总人口则呈逐年上升之势。城镇居民生活水平将进一步得到改善,用水标准不断提高;一方面要考虑需水管理和节水技术的不断完善和提高;另一方面必须考虑水价水平、生活用水习惯及现状用水水平等。城镇居民生活需水量因人口增长而逐渐增加,但随着节水观念的增强,浪费用水现象将逐渐减少,总的来说,城镇居民用水会先逐渐增长到一定程度达到平稳,2005~2020年、2020~2030年均增长率分别为1.95%、1.33%。农村居民生活水量将随着农村人口的减少而逐渐减少,2005~2020年、2020~2030年均递减率分别为1.84%、1.38%。

3.3.2.2　工业用水

随着工业的发展,各市工业产值的增长会导致用水量增加。另外,随着工业节水技术的进步,工业水重复利用率不断提高会减少工业的用水量,但从预测结果看,流域工业需水量总体仍呈增长趋势,而且速度较快。预测2020年、2030年工业需水量分别为16.84亿m^3、21.46亿m^3,2005~2020年、2020~2030年均增长率分别为3.49%、2.45%,2005年工业需水占总需水的17%,而2020年工业需水占总需水的27%,2030年工业需水占总需水的33%。

3.3.2.3　农业用水

今后随着种植结构的变化,灌溉需水量大的水田灌溉面积减少,转向逐步扩大灌溉需水量小的经济作物灌溉面积,从而减小农业灌溉水量;另外,渠系改造、渠道防渗等措施提高了渠系水利用系数,以及其他农业节水灌溉措施的逐步推广,也会减少农业灌溉需水量,所以从总体上看农业用水呈下降趋势。预测2020年、2030年农业灌溉需水量分别为30.48亿m^3和27.82亿m^3,2005~2020年、2020~2030年均递减率分别为1.47%、0.91%,2005年农业用水占总需水量的64%,而2030年农业用水占总需水量的比重下降至43%。

2005年北江流域总供水能力为51.19亿m^3,预测2020年流域总需水量为62.52亿m^3,2030年流域总需水量为65.26亿m^3。如果按2005年的供水,将会在2020年、2030年的工业、城镇生活、城镇生态、农村灌溉等出现缺水,而农村生活方面由于需水递减则略有盈余,总的来说,在2005年供水情况下,2020年会缺水11.33亿m^3,2030年会缺水14.07亿m^3。

不同水平年需水量增长率及供需平衡见表3-4、表3-5。

表 3-4　不同水平年需水量年递增率　(%)

水平年	合计	城镇				农村				
		工业	生活	城镇公共	生态	水稻	经作	生活	畜牧	生态
2005~2020年	合计	3.49	1.95	8.45	5.69	-1.47	1.22	-1.84	3.14	0
	韶关市	3.54	1.62	8.89	7.25	-2.07	3.32	-1.74	3.31	0
	清远市	4.33	1.90	11.70	3.54	-1.49	2.19	-2.34	3.05	0
	肇庆市	4.61	3.71	3.94	18.70	-0.24	-1.46	-1.05	3.13	0
	河源市	2.41	3.60	4.14	1.93	-2.19	-0.83	0.49	13.82	0
	佛山市	0.85	0.51	2.45	2.99	0.67	1.95	-2.44	-3.94	0
	广州市	-0.96	1.16	2.33	2.80	-0.85	-3.07	0.65	3.63	0
2020~2030年	合计	2.45	1.33	1.28	1.55	-0.91	-0.19	-1.38	0.89	0
	韶关市	1.67	1.18	1.14	1.52	-1.04	-0.14	-0.91	0.46	0
	清远市	3.57	1.43	1.43	1.84	-0.88	-0.21	-1.57	1.14	0
	肇庆市	3.38	1.40	1.15	1.86	-0.71	-0.20	-1.37	1.37	0
	河源市	2.47	1.69	1.26	2.03	-1.00	-0.11	-1.20	1.13	0
	佛山市	2.06	1.14	0.16	0.94	-1.17	-0.24	-3.50	-0.05	0
	广州市	1.71	1.62	2.50	0.72	-1.01	-0.44	-3.62	-0.86	0

表 3-5　保证率 90%供需平衡　(单位:万 m^3)

水平年	供需情况	合计	城镇			农村		
			工业	生活	生态	灌溉	生活	生态
2005年	供水量	511 977	100 661	26 374	2 438	355 911	26 592	0
2020年	需水量	625 237	168 423	56 319	5 589	374 778	20 128	0
	缺水量	-113 260	-67 762	-29 945	-3 151	-18 867	6 464	0
2030年	需水量	652 654	214 610	64 142	6 518	349 860	17 525	0
	缺水量	-140 677	-113 949	-37 768	-4 079	6 052	9 067	0

3.4　废污水排放量

3.4.1　现状废污水及污染物排放量

根据典型调查成果，推算北江流域水功能区废污水排放量，包括工业废水排放量（不含火核电冷却水温排水）及城镇综合生活污水排放量（包括城镇污水管网收集、排放的建筑业、第三产业废水），见表 3-6。

表 3-6　2005 年北江流域废污水排放量

水资源三级区	水资源四级区	水功能区		废水排放量（万 m^3/a）		
		一级	二级	生活	工业	合计
北江大坑口以上	浈江	浈江南雄保留区		607.5	3 136.8	3 744.4
		浈江南雄开发利用区	浈江干流古市工业用水区	26.6	153.5	180.1
		浈江始兴—曲江保留区		344.5	2 312.8	2 657.2
		北江韶关开发利用区	浈江干流沙洲尾饮用水源区	19.1	76.3	95.4
		瀑布水南雄保留区		13.8	83.4	97.2
		墨江源头水保护区		41.7	299.3	341.0
		墨江始兴保留区		5.7	64.7	70.4
		横水始兴开发利用区	横水始兴饮用农业用水区	6.8	63.0	69.8
		枫湾水源头水保护区		32.5	127.7	160.3
		枫湾水曲江开发利用区	枫湾水韶关饮用农业用水区	52.1	272.9	325.0
		锦江仁化保留区		321.0	2 120.1	2 441.1
		锦江仁化开发利用区	锦江丹霞山景观用水区	0	350.9	350.9
		锦江仁化开发利用区	锦江江口饮用农业用水区	0.8	204.0	204.8
		浈江合计		1 472.2	9 265.6	10 737.8
	武江	武水湘粤缓冲区		4.1	19.1	23.3
		武水坪石—乐昌保留区		260.3	1 487.4	1 747.7
		武水乐昌—韶关开发利用区	武水犁市饮用渔业用水区	793.9	4 925.4	5 719.4
		杨溪水源头水保护区		10.1	26.6	36.7
		杨溪水乳源保留区		2.5	3.7	6.2
		武江合计		1 070.9	2 246.6	3 317.5
	北江上游	北江韶关开发利用区	浈江干流沙洲尾饮用水源区	1 424.2	3 541.4	4 965.7
		北江韶关开发利用区	北江干流白沙工业用水区	613.3	7 885.1	8 498.4
		北江韶关开发利用区	北江干流韶关清远过渡区	23.2	48.9	72.1
		北江韶关—英德保留区		128.7	123.6	252.3
		南水源头水保护区		3.5	0	3.5
		南水乳源开发利用区	南水乳源饮用农业水源区	158.4	203.8	362.3
		武水乐昌—韶关开发利用区	武水西河桥饮用渔业用水区	877.7	1 623.4	2 501.1
		武水乐昌—韶关开发利用区	武水沙洲尾渔业景观用水区	0	645.2	645.2
		北江上游合计		3 229.1	14 071.4	17 300.5
北江大坑口以上合计				5 772.3	25 583.6	31 355.8

续表 3-6

水资源三级区	水资源四级区	水功能区		废水排放量(万 m^3/a)		
		一级	二级	生活	工业	合计
北江大坑口以下	北江中下游	北江英德自然保护区		51.2	177.7	228.9
		北江英德—清远保留区		2 912.9	6 455.3	9 368.2
		北江清远、肇庆、佛山开发利用区	北江干流清远渔业景观用水区	286.0	1 433.7	1 719.7
		北江清远、肇庆、佛山开发利用区	北江干流清远佛山过渡区	0	1.8	1.8
		北江清远、肇庆、佛山开发利用区	北江干流河口饮用渔业用水区	766.4	2 103.3	2 869.7
		滃江源头水保护区		446.5	1 064.3	1 510.8
		滃江佛岗—清远保留区		195.8	5 520.1	5 715.9
		滨江源头水保护区		29.1	165.9	195.0
		滨江清新县保留区		434.5	3 190.8	3 625.3
		北江中下游合计		5 122.5	20 112.8	25 235.3
	滃江	滃江源头水保护区		18.5	238.3	256.8
		滃江翁源开发利用区	滃江上游饮用农业用水区	17.6	124.6	142.2
		滃江翁源、英德保留区		480.0	5 178.9	5 658.9
		龙仙水翁源开发利用区	龙仙水翁源饮用水源区	186.2	1 391.1	1 577.3
		小北江源头水保护区		29.5	167.1	196.6
		滃江合计		731.8	7 100.0	7 831.8
	连江	连江源头水保护区		1.6	4.4	6.0
		连江连州保留区		84.1	227.7	311.8
		连江连州—阳山开发利用区	连江龙潭镇工业景观用水区	11.7	383.3	395.0
		连江连州—阳山开发利用区	连江黄燕滩农业景观用水区	97.0	736.1	833.2
		连江连州—阳山开发利用区	连江阳城饮用景观用水区	4.4	3.1	7.4
		连江阳山—英德保留区		816.4	4 441.5	5 257.9
		青莲水源头水保护区		10.8	7.5	18.2
		青莲水阳山保留区		20.6	14.3	34.9
		东陂水源头水保护区		10.1	26.9	37.0
		东陂水连州开发利用区	东陂水连州饮用农业用水区	711.1	1 849.5	2 560.6
		连江合计		1 767.9	7 694.1	9 462.0
	绥江	绥江源头水保护区		25.8	31.6	57.4
		绥江怀集—四会保留区		4.0	0	4.0
		绥江四会开发利用区	绥江三棵榕饮用水源区	34.2	194.3	228.5
		绥江四会开发利用区	绥江五马岗工业农业用水区	1 043.6	2 726.9	3 770.5
		绥江四会开发利用区	绥江马房饮用水源区	121.5	2 147.9	2 269.4
		凤岗水源头水保护区		416.2	4 137.4	4 553.6
		凤岗水怀集保留区		92.5	0	92.5
		南街水广宁县开发利用区	南街水南街饮用水源区	332.3	3 449.9	3 782.2
		南街水广宁县开发利用区	南街水广宁农业用水区	28.9	0	28.9
		绥江合计		2 099.1	12 688.0	14 787.1
	北江大坑口以下合计			9 721.3	47 594.9	57 316.2
北江流域合计				15 493.5	73 178.5	88 672.0

分析表 3-6,2005 年,北江流域废污水排放量为 88 672.0 万 m^3。其中,北江流域生活废水排放量 15 493.5 万 m^3,工业废水排放量 73 178.5 万 m^3,分别占年废污水排放量的 17.5%和 82.5%。就各水功能区而言,生活污水排放量和工业废污水排放量最大地区分别为北江英德—清远保留区和北江干流白沙工业用水区,分别达到 2 912.9 万 m^3 和 7 885.1 万 m^3。

2010 年,北江流域废污水排放总量为 9.27 亿 t。其中,工业废水排放量(不含火核电冷却水温排水)为 6.54 亿 t,占总排放量的 70.5%;城镇综合生活污水排放量(包括城镇污水管网收集、排放的建筑业、第三产业废水)为 2.73 亿 t,占总排放量的 29.5%。

3.4.2 现状废污水及污染物排放情况

北江大坑口以上流域点源污染与面源污染程度基本相同,面源污染稍大于点源污染。其中面源污染中总磷的贡献率最大,为 75.4%,点源污染氨氮的污染贡献率最大,为 64.9%,COD_{Cr} 和总氮点源污染与面源污染的贡献率相差不大;北江大坑口以下面源污染贡献率明显大于点源污染,尤其面源污染中总磷达到 82.6%,总氮也达到 65.6%,而 COD_{Cr} 和氨氮的点源污染与面源污染则基本保持相同水平。值得注意的是,总磷的面源污染始终高于点源污染,尤其浈江、武江、滃江、连江和绥江的总磷点源污染贡献率达到 86.2%、84.8%、90.4%、90.1%和 86.5%这样极高的比例,说明北江流域的农业灌溉上存在较严重的问题,施肥过多且流失率高,造成严重的水体富营养化,需要对农业灌溉施肥进行系统科学化的管理,开发引进先进技术,以缓解与遏制北江流域总磷的面源污染问题。北江各河流水功能区点、面源贡献率见表 3-7。

表 3-7　2005 年北江各河流水功能区点、面源贡献率

水资源三级区	水资源四级区	点污染源贡献率(%)				面污染源贡献率(%)			
		COD_{Cr}	氨氮	总氮	总磷	COD_{Cr}	氨氮	总氮	总磷
北江大坑口以上	浈江	48.7	48.5	30.0	13.8	51.3	51.5	70.0	86.2
	武江	51.5	57.5	40.8	15.2	48.5	42.5	59.2	84.8
	北江上游	65.1	82.6	57.8	47.2	34.9	17.4	42.2	52.8
北江大坑口以上合计		55.7	64.9	41.5	24.6	44.3	35.1	58.5	75.4
北江大坑口以下	北江中下游	64.1	62.2	46.9	30.4	35.9	37.8	53.1	69.6
	滃江	37.6	31.2	20.2	9.6	62.4	68.8	79.8	90.4
	连江	36.4	34.5	21.5	9.9	63.6	65.5	78.5	90.1
	绥江	48.7	44.6	34.7	13.5	51.3	55.4	65.3	86.5
北江大坑口以下合计		51.4	48.1	34.4	17.4	48.6	51.9	65.6	82.6

3.4.3　污染物入河量

2010 年北江流域入河排污口为 231 个,按污水性质划分:工业类排污口 158 个,生活类排污口 67 个,混合排污口 4 个;北江流域入河排污口分布情况见表 3-8。

表 3-8　2010 年北江流域入河排污口分布情况

地级市	工业	生活	混合	合计
韶关市	71	16	1	88
肇庆	32	5	2	41
清远	55	46	1	102
合计	158	67	4	231

3.5　水生态环境

3.5.1　水环境质量现状

根据 2005 年北江流域水资源质量状况公报统计结果。北江水系参评水功能区 28 个,水功能区达标情况总体不理想,全年只有四成水功能区达到目标水质。参评保护区有 3 个,北江英德自然保护区、枫湾水源头水保护区和南水源头水保护区水质皆暂未达标,超标水质项目主要是总磷、铁和镉。参评保留区有 10 个,达标区有 3 个,其水质皆劣于Ⅳ类,主要超标项目为氨氮、铁、氟化物、锰、铅、BOD_5 和镉,可见北江水系保留区水质达标情况较差。区域内 8 个主要的饮用水水源区,达标水源区有 5 个,水质皆为Ⅱ类;超标水源区有 3 个,分别是武江西河桥饮用渔业用水区、枫湾水韶关饮用农业用水区和绥江三棵榕饮用水源区,水质皆劣于Ⅲ类。武江西河桥饮用渔业用水区粪大肠菌超标,枫湾水韶关饮用农业用水区总磷、铁超标,绥江三棵榕饮用水源区氨氮超标。区域内参评工业用水区 2 个,只有绥江五马岗工业农业用水区水质达到功能区划水质要求,白沙干流白沙工业用水区镉超标。参评农业用水区 1 个,即连江黄燕滩农业景观用水区,水质达到功能区划水质要求。景观娱乐用水区 1 个即锦江丹霞山景观用水区,其水质未达标,汞超标。参评过渡区 2 个,其中北江干流韶关清远过渡区水质较差为超Ⅴ类,未达到功能区划水质要求,超标项目为镉、汞。北江干流清远佛山过渡区水质较好,达到目标水质。

水库水功能区主要检测了长湖水库保留区、飞来峡水库保留区、南水水库开发利用区及小坑水库开发利用区,结果全部不达标,长湖水库保留区水质为超Ⅴ类,超标项目是总氮、氨氮;飞来峡水库保留区水质为Ⅴ类,超标项目为镉;南水水库开发利用区水质为Ⅲ类,超标项目是总磷、总氮;小坑水库开发利用区水质为Ⅲ类,超标项目为总磷、总氮。

3.5.2　底泥质量现状

3.5.2.1　韶关市孟洲坝常规监测资料

根据调查,沿线仅韶关市河流底质常规监测断面,设在孟洲坝电站。表 3-9 给出了韶关市 1998 年、1999 年和 2000 年北江河流底质主要重金属监测结果。将监测结果与韶关市土壤背景值相比较，大部分底泥样品中砷、镉、汞重金属含量超过韶关市土壤背景值；而如果同土壤环境质量标准比较，砷、铅、镉重金属含量超标。从 5 年的监测数据分析，由于多年累积各项重金属含量有逐年上升的趋势，可以认为，北江孟洲坝河段河流底质受到重金属污染物一定程度的污染。

表 3-9　孟洲坝电站北江河流底质现状　（单位：mg/kg）

河流	采样时间（年-月-日）	采样点	As	Hg	Cr	Pb	Cd	Cu
北江	1998-01-04	孟洲坝电站（左）	271.3	0.70	39.5	264.4	10.0	77.12
		孟洲坝电站（右）	217.5	0.37	65.2	260.2	5.2	87.64
		孟洲坝电站（平均）	244.4	0.535	52.35	262.3	7.6	82.38
	1999-01-12	孟洲坝电站（左）	180.0	0.73	66.2	160.1	10.3	55.53
		孟洲坝电站（右）	96.9	0.30	40.3	101.4	15.2	37.35
		孟洲坝电站（平均）	138.45	0.515	53.25	130.75	12.75	46.44
	2000-01-06	孟洲坝电站（左）	20.4	0.21	60.4	113.4	8.0	45.7
		孟洲坝电站（右）	62.0	0.31	54.0	100.6	12.1	45.7
		孟洲坝电站（平均）	41.2	0.26	57.2	107	10.05	45.7
	2001-01-06	孟洲坝电站（左）	218	2.6	58.7	667	48.3	207
		孟洲坝电站（右）	242	1.4	49.2	258	45.6	163
		孟洲坝电站（平均）	230	2	53.95	462.5	46.95	185
	2002-01-05	孟洲坝电站（左）	493	2.9	85.7	753	54.1	202
		孟洲坝电站（右）	549	1.8	105	445	43.5	149
		孟洲坝电站（平均）	521	2.35	95.35	599	48.8	175.5
韶关市土壤背景值*			43.6	0.18	227.7	76.7	1.2	58.6
土壤环境质量标准（三级）值			40	1.5	300	500	1	400
农用污泥污染物控制标准			75	5	600	300	5	250

注：* 为广东省环境监测中心站“七五”攻关成果。

3.5.2.2　清远市飞来峡—连江口河段底泥监测资料

根据清远市环境监测站 1997～1998 年对飞来峡水利枢纽施工期的有关监测资料，表 3-10 给出了其底泥监测数据。结果表明，砷、铬、铅（飞来峡坝址）、锌重金属含量均高于广东省土壤背景值；但同土壤环境质量标准比较，仅砷、镉超标；同农用污泥污染物控制标准比较，均符合标准要求。

表 3-10 飞来峡—连江口 1997~1998 年底泥监测数据 （单位：mg/kg）

断面	水期	As	Hg	Cr	Pb	Cd	Cu	Zn	Mn
连江口	枯	83.36	0.028	70.2	14.103	2.290	14.84	134.69	194.44
	丰	64.38	0.029	71.2	6.684	1.36	10.97	141.09	162.99
	平	74.96	0.03	76.8	49.537	1.463	12.383	134.13	166.72
	年平均	74.23	0.029	72.7	23.441	1.704	12.731	136.64	174.72
飞来峡坝址上游 5 km	枯	183.21	0.027	109.97	39.177	2.961	38.319	212.88	470.71
	丰	152.49	0.028	103.53	15.119	2.502	22.482	216.75	379.73
	平	158.79	0.031	107.83	36.182	2.435	34.90	211.99	346.85
	年平均	164.83	0.029	107.11	30.159	2.633	31.90	213.87	399.10
飞来峡坝址上游库区	枯	147.67	0.029	110.57	23.393	3.512	33.64	200.66	362.12
	丰	130.01	0.028	108.80	14.344	2.811	18.957	214.85	337.39
	平	150.41	0.032	112.97	38.786	2.861	30.901	233.18	318.62
	年平均	142.69	0.030	110.78	25.508	3.061	27.833	216.23	339.38
飞来峡坝址下游 1 km	枯	161.15	0.028	111.23	8.079	3.064	26.941	146.16	328.71
	丰	139.44	0.031	105.7	4.83	2.861	19.776	163.93	296.11
	平	166.9	0.026	109.73	63.008	2.348	24.036	212.21	312.49
	年平均	155.83	0.028	108.89	25.306	2.758	23.584	174.10	312.44
广东省土壤背景值		7.1	0.056	34.8	28.9	0.04	11.4	35.8	391
土壤质量标准		40	1.5	300	500	1.0	400	100	—
农用污泥污染物控制标准		75	5	600	300	5	250	500	—

3.5.3 水生生态环境现状质量

3.5.3.1 鱼类资源

有关北江鱼类的种类、分布及其习性，史籍上早有记载，《岭南丛述》中记载有鱼类 52 种，见北江者半数以上。《广东乡土格致》中记有“土鲮鱼清远最多，不产于海，外省所无，性不耐寒，见雪即死。”《韶州府志》中记鱼属有“鲩、鲫、鲈、鲥、鳙、鳊、鳜、鳊、鬼头鱼、鳅、鱼甘、青鱼、竹鱼、乌鱼、鳝、鳡、斑鱼等”，并记有“鲥鱼产于四月，以时至故曰鲥也。鬼头鱼出于乐昌，味香美，俗传曾入贡”。《乳源县志》中鳞属记载有“草鱼、鲮、鲢、鳑、鲤、鲫、鳅、鳝、黄刺、竹鱼”。《英德县志》中记述了一些种类的生活习性、生态。《南雄线志》中鳞部也有关鱼类方面的记载。然而，至中华人民共和国成立前，北江鱼类仍缺乏系统的调查和整理，仅有林书颜记载过一些种类。中华人民共和国成立后，潘炯华等（1959）报道了北江鱼类 59 种。伍献文等（1964，1976）记述了北江鲤科鱼类 40 多种。郑慈英等（1980）记载了北江的几种平鳍鳅科的鱼类，潘炯华等（1984）通过系统调查，报道北江有淡水鱼类共 143 种(包括亚种),其中清远江段 98 种(包括亚种),隶属于 83 属,22 科,11 目。

3.5.3.2　浮游植物

根据苏炳之等(1981~1982)调查结果北江共有藻类 308 种,隶属于 7 门 112 属。其中,硅藻门 35 属 171 种,蓝藻门 19 属 34 种,绿藻门 59 属 87 种,裸藻门 3 属 6 种,甲藻门 1 属 1 种,隐藻门 1 属 3 种,黄藻门 3 属 6 种。

3.5.3.3　浮游动物

根据苏炳之等(1981~1982)调查结果北江共有浮游动物 99 种,分属 3 门 3 纲 16 目 36 属:原生动物 25 种,分属于 2 纲 10 目 14 科 14 属;轮虫 22 种,分属 1 纲 2 目 8 科 14 属;枝角类 29 种,分属 1 目 5 科 16 属;挠足类 23 种,分属 3 目 3 纲 19 属。

3.5.3.4　底栖动物

根据苏炳之等(1981~1982)调查结果北江共有底栖动物 85 种,属环节动物门有 9 科 10 属 13 种;属软体动物门有 10 科 21 属 29 种;属甲壳类有 2 科 2 属 2 种;属昆虫纲有 27 科 39 属 41 种。

3.5.3.5　鱼类主要产卵场、保护区

记录北江鱼类的主要产卵场包括:韶关犁市、连江大湾、西牛潭等江段的鲥鱼产卵场;干流沙口、连江口、黎洞、横石、英城、白庙等江段的黄尾密鲴、银鲴产卵场;连江鸡笼滩、界滩、龙潭、龙牙峡等江段的倒刺鲃、刺鲃产卵场;清远下步、龙潭至连江口江段的三角鲂、鳊鱼产卵场;武水乐昌、连江大理峡、青莲、岭背、大湾、波罗河、连州坪的唇鱼产卵场;英德高桥、清远花塘段的鳜产卵场;北江中、上游及支流的花鳗鱼、黄颡鱼、鮠科鱼产卵场;连江、滃江、黑江及英德段的白甲鱼、斑鳠产卵场;连江中、上游的结鱼产卵场;干流的鲤等鱼的产卵场等。

3.6　水资源开发利用综合评价

2005 年北江流域年降水量 1 860 mm,接近多年平均降水量 1 800 mm,全年地表水资源总量为 481 亿 m^3,地下水资源总量为 108 亿 m^3,2005 人均地表水资源量为 5 788 m^3,远高于世界公认的用水紧张的标准人均 1 700 m^3,同时也高于广东省人均 2 118 m^3 的标准,从水量上说,北江流域属于水量丰富的地区。供水量基本满足了各地各部门的用水要求,并有富余。从 2005 年现状水平年需水预测($P=90\%$)与供水现状来看,水资源供需基本达到平衡,但仍存在下述问题。

(1)水环境污染。

目前,韶关市的工业和生活污水大部分未经处理直接排入河流,水环境污染状况日益严重,尤其以韶关市市区最为严重。非汛期韶关孟洲坝以下由于重金属超标致使水质为Ⅴ类至劣Ⅴ类。由于韶关区域产业结构以重工业为主,整个北江水系范围的重金属项目都不定期出现超标的现象。2005 年 12 月 18 日,由于韶关冶炼厂设备检修期间超标排放含镉废水,导致北江水域镉污染事故,严重威胁着下游广州、佛山、清远等市近千万居民饮用水安全,根据省委、省政府部署,省防总于 2005 年 12 月 23 日至 2006 年 1 月 10 日对北江流域水利工程实行联合调度,总调水量达 3.327 亿 m^3,才控制了北江干流镉污染的蔓延。

(2)工程性缺水。

工程设施年久失修,效益下降。现有蓄水、引水、提水工程大部分是在20世纪五六十年代建成的,已经运行了六七十年,工程设施老化。由于长期以来维修养护经费投入不足,失修失管,效益明显下降。如乳源县引杨灌区,设计灌溉4.35万亩,实际灌溉面积仅2万亩。有些工程甚至存在安全隐患,需要限制运用,降低了供水能力。

配套设施不全,未能充分发挥效益。有些蓄引水工程由于渠道不配套,灌溉效益只能达到设计能力的40%~75%。如始兴县花山水库灌区,设计灌溉面积1.29万亩,因渠道未配套,实际灌溉面积仅0.6万亩。

灌溉工程规模小,供水能力不足。许多小型蓄水工程在遇到10年一遇以上的冬春旱时已大部分干涸,不能起到蓄洪补枯的作用;此外,由于自然条件的限制,小型蓄水工程在地域上分布也不均衡,遇稍大旱情时,很多耕地就缺水灌溉。

此外,乡镇供水工程也存在供水能力不足的问题,农村自来水普及率很低。

(3)水资源浪费严重,缺乏节约用水的措施。

在农业用水方面,节水灌溉技术落后,灌溉渠道水渗漏严重。目前,灌溉渠系水利用系数一般为0.5,水量损失严重。

在工业方面,现在工业用水大户的用水方式都是直用直排,水的重复利用率几乎为零,加上其自身供水管网存在的跑、冒、滴、漏现象,工业用水浪费问题也相当严重。

生活用水同样存在跑、冒、滴、漏等浪费现象,节水意识淡薄。

(4)地下水开发利用量少。

北江流域地下水资源储量丰富,地下水资源总量116亿m^3,地下水可采资源量为74.4亿m^3/a,且绝大部分地下水水质良好,但目前为止流域内的地下水开发利用量很少,2005年开采量仅4.1亿m^3,开采程度仅为5.51%,而且主要是作为农村生活用水水源,工业开采量较少,农业灌溉几乎为零。

第 4 章　北江流域河道演变与泥沙问题

河流的生命就在于水流与河床这一对矛盾统一体永远不停地运动。从河流动力学的角度看,水流作用改造着河床,河床又制约、影响着水流,两者以泥沙为媒介永无休止地相互作用,便产生了形形色色的河床变形。水流中的泥沙沉积使河床抬高或束窄;河床上的泥沙被冲刷使河床降低或展宽。因此,河道演变过程实质上是反映了在水流作用下,组成边界的泥沙被冲刷搬运和沉积的过程。

河道演变的具体原因千差万别,但归根结底都是由输沙的不平衡引起的。当上游的来沙量与本河段挟沙能力不相适应时,水流便处于不平衡输沙状态,河床将发生相应的冲淤变化。无论是自然状态还是人工干扰,无论是长河段还是局部河段,河床变形都是由不平衡输沙引起水流、河床不相适应后相互作用的产物。

北江大部分河段建有堤防,无堤河段两岸多受山体或丘陵限制,河道河势基本保持稳定,局部河段存在水流顶冲、深槽迫岸、堤脚冲刷、基础不稳、河岸崩塌等现象。北江中上游河道受梯级电站开发影响,基本成为库区河段,河宽增加显著,库区河段以淤积为主;近年来受水土保持、上游水利工程拦沙等因素的综合影响,上游来沙量减少,同时受河道采砂、航道建设影响,北江下游河道河床整体以冲刷下切为主。随着北江河道无序采砂现象得到基本控制,河床下切有减缓的趋势,未来北江下游河道总体演变趋势将转向淤积。

4.1　河道水流泥沙运动

4.1.1　泥沙特性

通常把组成河床和随水流运动的小颗粒矿物质叫作泥沙。但是,在河流动力学的文献中,也常常给予泥沙以广义的涵义,除小颗粒矿物质外,还包括砾石和卵石等。组成河床和随水流运动的泥沙,由于其来源、矿物成分、粒径组成及物理化学特性的不同,直接影响河流泥沙的冲刷、输移和沉积过程。因此,在研究河流泥沙运动规律之前,有必要先了解泥沙的基本特性。

河道中泥沙来源和泥沙特征分析的基础资料主要来自水文站的监测数据,北江干支流布置的水文站和水位站有 16 个,其中开展泥沙监测的有小古淥、长坝、横石、石角、犁市(二)、高道和石狗等 7 个水文站,见表 4-1,北江干流中下游河道来水来沙条件受浈水浈湾(长坝)、武水犁市的水文站控制,下游受马口、三水水文站控制,中途有横石水文站(现改为飞来峡)、石角水文站,清远、芦苞水位站,汇入的主要支流有连江的高道、绥江的石狗(现改名为四会)水文站。

表 4-1　北江流域主要水文控制站

站名	所在河流	集雨面积(km²)	设立日期(年-月)	观测项目		
				水位	流量	泥沙
小古淥	浈江	1 881	1958-04	√	√	√
长坝	浈江	6 794	1953-04	√	√	√
韶关(二)	北江	14 653	1943-07	√		
马径寮	北江	17 299	1955-04	√		
横石	北江	34 013	1953-04	√	√	√
清远(三)	北江	35 395	1915-08	√		
石角	北江	38 363	1924-08	√	√	√
结龙湾	罗坝水	281	1958-05	√	√	
仁化(三)	锦江	1 476	1953-02	√	√	
坪石(二)	武江	3 567	1952-04	√	√	
犁市(二)	武江	6 976	1955-04	√	√	√
滃江	滃江	2 000	1955-02	√	√	
高道	连江	9 007	1954-04	√	√	√
大庙峡	�江	472	1960-01	√	√	
珠坑	滨江	1 607	1958-05	√		
石狗	绥江	6 362	1953-05	√	√	√

4.1.1.1　泥沙来源

河流中运动着的泥沙,就其来源而言,可以分为两大类:一类是从流域地表冲蚀而来的;另一类是从河床上冲起的,在运动过程中,二者存在着置换作用。从流域地表冲蚀下来的泥沙数量,通常是用每平方千米地面每年冲蚀若干吨泥沙来衡量,称为年侵蚀模数,也称年输沙量模数。

流域地表的侵蚀,与气候、土壤、地形地貌和人类活动等因素有关。土壤侵蚀主要伴随着降雨径流产生,尤其是暴雨对土壤侵蚀影响大;土壤结构松散,植物覆被较差,水土流失就比较严重;坡度大则地面径流下渗量小,汇流速度大,侵蚀作用也随之增大,侵蚀量也随坡长的增大而增加;随着人类科技水平的不断提高,人类对地球环境的影响力越来越大,若盲目开垦坡面,破坏坡面植被会加速水土流失,而水土保持工程能减少水土流失。

泥沙随水流汇集到河流之中,使得河水中含有一定沙量,常以每单位体积河水中的泥沙质量表示河流的含沙量。一般来说,我国北方,特别是黄河中游的一些干支流,年平均含沙量有些高达 300 kg/m³ 以上;而在南方一些省份,年平均含沙量不足 1 kg/m³。这样的分布状况,是与我国各地区的水土流失程度紧密相关的。

北江干流中下游河道泥沙主要来源于横石以上的干支流及中下游两岸支流汇入的泥

沙。同时,当局部河段水沙条件或河床边界发生较大变化,水流挟沙力处于非饱和状态时,发生河岸崩塌、床面冲刷,泥沙被水流挟运至下游流速较小的河段堆积。北江中游河段的 4 个梯级枢纽在北江干流上形成 4 个河道型水库,枯水期上游来的悬移质和推移质在水库落淤,并在洪水期开闸泄洪时随洪水输运至下游河床,而枢纽下游近坝河段在水库泄放清水时,由于水流挟沙能力未达到饱和状态,水流速度增加,挟沙能力增强,河床冲刷,泥沙输往下游。此外,沿江两岸多为丘陵山谷,坡降陡峻,部分山体为强风化花岗岩,在雨水的冲刷下,风化花岗岩进入河中,随水流带入北江。北江干流上两岸支流小流域的水土流失严重,例如据统计北江干流上的英德市小流域水土中度流失为 24.54%,强度流失为 17.45%,极强度流失为 6.33%,剧烈流失为 4.12%,这些水土流失通过北江支流的洪水也给北江干流带来大量泥沙。有些地方的石料开采也导致不同程度的水土流失,部分地区或部门也存在向河中倾倒煤灰、垃圾等现象,这些流失的泥土或废料将转化为河沙而成为泥沙的另一个来源。

4.1.1.2　泥沙的几何特性

泥沙的几何持性是指泥沙颗粒的形状和大小。

1. 泥沙颗粒的形状

泥沙颗粒的形状是各式各样的。常见的砾石、卵石,外形比较圆滑,有圆球状的,有椭球状的,也有片状的,均无尖角和棱线。沙类和粉土类泥沙外形不规则,尖角和棱线都比较明显。黏土类泥沙一般都是棱角峥嵘,外形十分复杂。泥沙的这些不同形态,是与它们在水流中的运动状态密切相关的。较粗的颗粒随水流悬浮前进,碰撞的机会较多,碰撞时动量较大,容易磨损成较圆滑的外形。较细的颗粒随水流悬浮前进,碰撞的机会较少,碰撞时动量较小,不易磨损,往往保持棱角峥嵘的外形。

泥沙颗粒的形状常用球度系数表示,它是指与沙粒等体积的球体的表面积与沙粒的实际表面积之比。研究表明,球度系数相等的两颗泥沙,在水中的流体动力特性大致相同。由于球度系数难以测定,同一颗多角形的泥沙颗粒总有三个轴,设长轴为 a,中轴为 b,短抽为 c,则球度系数可以下式近似表示:

$$\varphi = \sqrt[3]{\left(\frac{b}{a}\right)^2\left(\frac{c}{b}\right)} \tag{4-1}$$

此外,也有人用形状系数 S_p 来表示泥沙颗粒的形状,其表达式为:

$$S_p = \frac{c}{\sqrt{ab}} \tag{4-2}$$

2. 泥沙的粒径

泥沙颗粒的大小,通常用泥沙的直径来表示。泥沙颗粒大至蛮石,小至黏粒,其间大小相差不下百万倍。因此,量测颗粒大小的方法也就不止一种。

对于卵石以上的泥沙,一般常直接量测在三个成正交方向的直径,求出它们的平均值,泥沙的粒径也可用其长、中、短三轴的算术平均值 $(a+b+c)/3$ 或几何平均值 $\sqrt[3]{abc}$ 来表示。

由卵石以至细砂,筛析法是最简捷的决定颗粒大小的方法,由此所得到的结果只能指出泥沙大小介于上下两筛孔之间，亦即只能知道大小的范围（由 D_1 至 D_2），而不知其绝对值，在这一范围内的平均尺寸可以采用代数平均（$\frac{D_1+D_2}{2}$），也可以采用几何平均 $\sqrt{D_1D_2}$。筛析法所提供的粒径，既不是泥沙颗粒的最大粒径，也不是最小粒径，而是介于这两者之间的中间粒径。

自细砂以下，其颗粒大小可用显微镜法或沉降法量测。显微镜法所测得的只是某一个投影面上的尺寸，沉降法则根据泥沙的沉速反求与该颗沙粒比重相同、沉速相等的球体的直径（直径又称为沙粒的有效粒径或沉降位径）。有效粒径不但和沙粒大小的绝对值有关，而且包含了颗粒的形状及比重等因素。

为了克服泥沙颗粒形状不规则直径不易确定的困难，也有用同体积的球体的直径来表示泥沙颗粒大小的，这样求出的粒径称为等容粒径。设某一颗沙的的体积为 V，则其等容粒径为：

$$d=\left(\frac{6V}{\pi}\right)^{\frac{1}{3}} \tag{4-3}$$

等容粒径简称为粒径，常用单位为 mm，对较大的粒径也用 cm 作为单位。

水利部颁发的《河流泥沙颗粒分析规程》（SL 42—2010），规定河流泥沙分类见表 4-2。

表 4-2　河流泥沙分类

类别	黏粒	粉砂	砂砾	砾石	卵石	漂石
粒径范围（mm）	<0. 004	0. 004～0. 062	0. 062～2. 0	2. 0～16. 0	16～250. 0	>250. 0

3. 泥沙的组合粒径

自然界的泥沙，很少是均一的，通常都是由许多粒径不同、形状各异的颗粒组合而成的。泥沙的组合粒径，技术上常用平均粒径来表示，分算术平均粒径、几何平均粒径和中间平均粒径三种。这三种平均粒径的统计有两种不同的方法。

第一种是以各级粒径的颗粒数目占总数目的百分数作为基础。这种方法的优点是：在用显微镜量测粒径时，可以直接数出各级粒径的数目，从而定出平均值。

第二种是以各级粒径泥沙的质量占总质量的百分数作为基础。它的优点是：只要直接称出各级粒径的质量，不必再数出颗粒的数目，操作上比较简便。这是我们通用的方法。

河流中的泥沙往往是由大小不等的非均匀沙组成，泥沙样品经过颗粒分析，就可以定出各级不同粒径 d_i 的质量，并算出它占总质量的百分数 ΔP_i，以累积质量百分数 $\sum\Delta P$ 作为纵轴，粒径 d 作为横轴，绘出粒配曲线。粒配曲线通常绘制在半对数坐标纸上，图 4-1 为两个泥沙样品的粒配曲线，在曲线 Ⅰ 所表示的沙样中，粒径小于 0. 25 mm 的泥沙在整个沙样中所占的分数为 75%。这里横坐标之所以用对数坐标，主要是因为天然泥沙粒径变化范围甚广，这样做可避免图幅过大。

从粒配曲线上，以查出小于某粒径的泥沙在总沙样中占的质量百分数为足标，附注在粒径 d 的右下角，表示该粒径的特征，如 d_5、d_{10}、d_{50}、… 等。d_{50} 是一个十分重要的特征粒

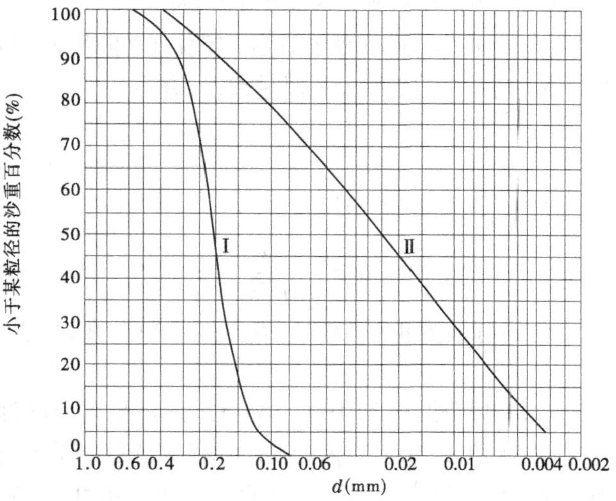

图 4-1　半对数坐标纸上的粒配曲线

径,称为中值粒径,它表示在全部沙样中,大于和小于这一粒径的泥沙质量刚好相等。如果泥沙粒配曲线在半对数坐标纸上呈正态分布,泥沙中值粒径就等于几何平均粒径。实际情形中两者并非完全相等,但差别一般不大。

从粒配曲线上还可看出沙样粒径的大小和沙样的均匀程度,图 4-1 中曲线Ⅱ显然代表粒径较细但分布不均匀的沙样;坡度较陡的曲线(曲线Ⅰ)则代表粒径较粗但分布较均匀的沙样。

4. 北江泥沙粒径特征

北江干流孟洲坝枢纽以下至天平赞滩(约 16 km)多为卵石河床,河床质中值粒径为 18. 2~25. 5 mm。唯有白沙腩和黄茅峡为沙质河床,沙质中值粒径分别为 1. 68 mm、1. 64 mm。床沙级配呈现跳跃式变化,分析其原因,主要因为河道在白沙腩处呈"U"形,当先向右再向左两个转向后,细颗粒泥沙在急弯处发生了大面积淤积。再往下游,狮头山至番风燕之间的狮头山滩、界滩、斧头山滩、大罗肚滩等 4 滩的中值粒径均在 0. 92~1. 75 mm,床沙呈细化趋势。白石窑枢纽下游的灵牌石滩为卵石滩分界处。卵石分界线以下至七星岗滩,均为沙质河床,其中值粒径为 0. 3~0. 81 mm,泥沙粒径呈进一步细化的趋势。分析其成因,是四座水利枢纽分别拦截了上游的大粒径河床质(卵石),致使下游的河床质逐渐细化。

北江下游均为沙质河床,河床质进一步细化,芦苞段的河床质粒径与黄塘段相比相对略粗,其中值粒径为 0. 75 mm,而黄塘段的河床质粒径相对较细,其中值粒径为 0. 42 mm。

4. 1. 1. 3　泥沙的重力特性

1. 泥沙的密实重率和干容重

泥沙的密实重率(简称重率)γ_s 是泥沙各个颗粒实有的重量与泥沙各个颗粒实有的体积的比值,采用国际单位为牛/米^3(N/m^3)。由于构成泥沙的岩石成分不同,泥沙的重率也常有所变化。不过一般说来,这个变化幅度不大,通常的变化范围为 2 600~2 700

kgf/m³。在讨论一般问题的时候,我们常取 $\gamma_s = 2\ 650$ kgf/m³。

泥沙颗粒在水流中运动的时候,运动状态往往和泥沙的重率 γ_s 及水的重率 γ 的相对数量有关。我们常采用重率系数 α 代表这个相对数量,并令

$$\alpha = \frac{\gamma_s - \gamma}{\gamma} \tag{4-4}$$

若以 ρ_s、ρ 分别代表泥沙、水的密度,则

$$\alpha = \frac{\rho_s - \rho}{\rho} \tag{4-5}$$

α 为无量纲值,可定名为有效容重系数或有效密度系数。在讨论一般性问题时,常取 $\alpha = 1.65$。

淤积泥沙的干容重 γ' 是沙样烘干后(100~105 ℃)的重量与原状沙样的整个体积(包括泥沙颗粒实体和空隙)的比值。与重率 γ_s 不同,淤积泥沙的干容重 γ' 的变化幅度是相当大的,实际观测中曾经得到淤积泥沙干容重 γ' 的最大数值超过 1 700 kgf/m³,最小数值低于 300 kgf/m³。在水利建设的许多实际问题中,例如水库的淤积问题,正确估计淤积泥沙的干容重相当重要。但要做到这一点,却又是不容易的。

影响淤积泥沙干容重的主要因素有泥沙的粒径和淤积的深度。

泥沙的粒径是影响淤积泥沙干容重的首要因素。总的趋势是:粒径较大的淤积泥沙的干容重要大一些,变化范围要小一些;反之,粒径较小的淤积泥沙的干容重要小一些,变化范围要大一些。

由于上层的淤积泥沙会以一定的压力加于下层的淤积泥沙,使下层淤积泥沙发生压缩现象,因而淤积泥沙的干容重随淤积深度而变化;淤积深度越大,干容重也越大。

除上面的两个因素外,淤积泥沙经历时间的长短,有无机会露出水面在空气中暴露,排水情况如何,细颗粒的化学成分如何(影响沉淀过程中的胶结现象)等,都对淤积泥沙的干容重有一定的影响。

2. 泥沙的沉速

泥沙在静止的清水中等速下沉时的速度,称为泥沙的沉降速度(简称沉速) ω,常用的单位为 cm/s,由于粒径愈粗,沉降速度愈大,因此有些文献上又称为水力粗度。它是泥沙的重要的水力特性之一,在研究泥沙运动问题时,常常要用到。

因为泥沙的重度大于水的重度,在水中的泥沙颗粒将受重力作用下沉。在开始自然下沉的一瞬间,初速度为零,抗拒下沉的阻力也为零,这时只有有效重力起作用,泥沙颗粒的下沉会具有加速度。随着下沉速度的增大,抗拒下沉的阻力也将增大,终于使下沉速度达到其一极限值。此时,泥沙所受的有效重力和阻力恰恰相等,泥沙颗粒的继续下沉便以等速方式进行。泥沙在静水中下沉时,从加速到等速所经历的时间是十分短暂的,粒径愈细,这一加速段时间愈短。

3. 泥沙的水下休止角

在静水中的泥沙,由于摩擦力的作用,可以形成一定的倾斜面而不致塌落,此倾斜面与水平面的交角 φ 称为泥沙的水下休止角。其正切值即为泥沙的水下摩擦系数 f,即

$$f = \tan\varphi \tag{4-6}$$

泥沙的水下摩擦系数对于分散颗粒一般随粒径的减小而减小。比如砾石 $f\approx0.6$，沙 $f\approx0.5$，粉沙 $f\approx0.3$。孔隙率愈大，泥沙的水下摩擦阻力系数就愈小。当孔隙率大于0.7时，它的水力特性已属于浑水，休止角就接近于0。

试验表明，水下休止角不仅与泥沙粒径有关，也与泥沙粒配及形状有关，不同类型沙粒的水下休止角很不相同。图4-2为几种形状的抛石休止角与中值粒径 d_{50} 的关系，可用于河渠边坡的稳定与防护设计。

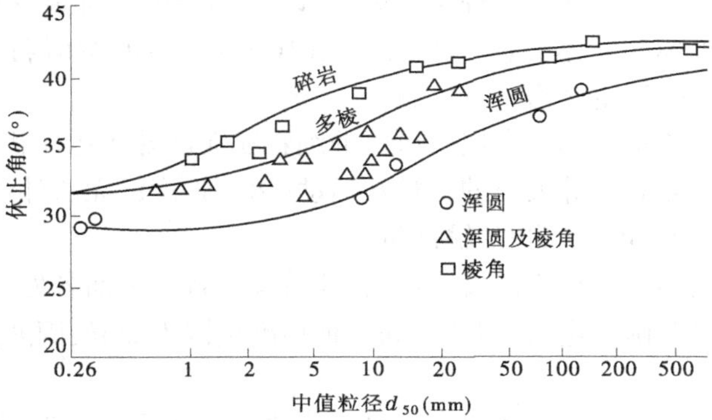

图4-2 抛石的休止角与粒径的关系

4.1.2 泥沙起动规律

在具有一定泥沙组成的床面上，逐渐增加水流强度，直到使床面泥沙（简称床沙）由静止转入运动，这种现象称为泥沙的起动，相应的临界水流条件称为泥沙的起动条件。常见的表达起动条件的形式有两种：起动流速、起动拖曳力。

研究河床冲刷问题的时候，就必须先弄清楚泥沙的起动条件。如果组成河床的泥沙很粗，实际的水流情况未达到足以使之起动的条件，就不会发生冲刷；或者河床由粗细不匀的泥沙和砾石组成，细的能够起动，粗的不能够起动，则细的将被冲走，粗的将留下来，逐渐形成一个覆盖层，这个覆盖层达到一定厚度以后，足以保护下层的泥沙不再被冲走，冲刷便停止；或者河床的组成比较细，床沙能够全部起动，则冲刷现象将迅速发生和发展，但当冲刷达到一定程度后，水深增加，流速减低，水流条件不足以使泥沙继续起动，这时冲刷现象便会自动停止。要对上面所说的这些现象进行定性和定量的探讨，就必须把泥沙的起动条件弄清楚。

4.1.2.1 泥沙起动的随机性

泥沙起动是一种随机现象，对于特定组成的床沙（包括均匀沙）来说，不存在确定的水流条件（水深和时均流速或拖曳力）可以使床面泥沙在同一时刻全部由静止状态转入运动状态。在通常水力、泥沙条件下，床沙可能处于三种状态。第一种是流速或施曳力甚小，粒径较粗，床沙全部处于静止状态。第二种是流速或拖曳力甚大，粒径较细，床沙（表层）全部处于运动状态。这是两种极端情况。第三种是介于上述两种极端情况之间的状态。这就是床面上总是这里或那里有一些沙粒由静止转入运动，或继续处于静止状态；这里或那里有一些沙粒由运动转为静止，或继续处于运动状态。存在的差别只是，运动或静止的沙粒在数量对比上不同。流速或拖曳力大而粒径细时，运动的泥沙较多，流速或拖曳力小而粒径粗时，静止的泥沙较多而已。

4.1.2.2　泥沙起动的判断标准

泥沙起动的上述随机性质提出了一个起动条件的判别标准问题，这就是，在单位面积的床面上有多少颗泥沙在起动，或起动床沙占床面泥沙多大的百分数，才称为床沙处于起动临界状态，又如何在定量上加以测定，这是迄今并未完全解决的问题。

目前在实验室广泛采用的是一种定性标准，即将部分床面有很少量的泥沙在运动规定为起动标准。这种标准大体上相当于克雷默（H. Kramer）的所谓弱动。克雷默将接近临界条件的三种运动强度定义为：

弱动——在床面这里或那里有屈指可数的细颗粒泥沙处于运动状态。

中动——床面各处有中等大小的颗粒在运动，运动强度已无法计数，但尚未引起床面形态发生变化，也不产生可以感知的输沙量。

普动——各种大小的沙粒均已投入运动，并持续地普及床面各处。

这些标准是难以明确判定的，即便是同一种标准也因人而异，因此这些标准本身有随机性。

窦国仁、亚林（M. S. Yalin）等许多国内外研究者开展了泥沙的起动标准定量化研究，并提出了不同的定量化计算方法，但由于起动标准存在不确定性，再加上天然河流非均匀床沙起动的复杂性，作为河流泥沙动力学中一个最基本的概念——起动条件，还远未达到圆满解决的程度。

4.1.3　泥沙输移特性

推移质运动、悬移质运动是河道水流中泥沙的两大主要运动形式之一，就数量来说，冲积平原河流挟带悬移质的数量，往往为推移质的数十倍或数百倍；山区河流，因推移质数量稍大，这一比值相对减小，但也达数十倍以上。

4.1.3.1　推移质运动

推移质通常可划分为沙质推移质与卵石推移质两种，前者多出现在冲积平原由中细砂（也包括少量粗砂）组成的河床上，后者多出现在山区由卵石（也包括少量砾石及粗砂）组成的河床上。

对单颗泥沙说来，推移质运动主要表现形式是不连续的，时快时慢，走走停停。粒径愈大，停的时间愈长，走的时间愈短，运动的速度愈慢。对群体泥沙说来，推移质运动主要表现形式为连续的沙波运动。从沙波迎流面冲刷起来的沙粒淤积在沙波波谷，保持下粗上细的一般规律性。最细的颗粒，从上一个沙波飞到下一个沙波，几乎可以不停地连续运动；而最粗的颗粒，构成沙波的底层，暴露的机会很少，大部分时间处在埋藏状态，前进的速度很慢。由此可知，虽然外表看来，在推移质运动过程中，似乎整个沙波作为一个整体在“爬行”。而从内部观察，沙波的运动却是上快下慢，上下各层之间呈有规律的相对运动；而在沙波运动过程中，固定垂线的单宽推移质输沙率则是因时变化的，在沙波峰顶经过时达到最大值，在沙波尾端经过时接近于0。

在一定的水流及床沙组成条件下，单位时间内通过过水断面的推移质数量，称为推移质输沙率,常用单位为 kg/s。推移质输沙率既表征水流实际挟运的推移质数量,又反映水流挟运推移质的能力,在床沙组成所规定的补给条件下,这两者通常是彼此相等的,即推移质的挟运常处于饱和状态。由于过水断面内水流条件沿河宽变化很大,单位时间内通过单位宽度的推移质数量往往相差悬殊,在工程实践中常用单宽推移质输沙率来表征推移质输移强度,常用单位为 kg/(m·s)。两者之间关系可以下式表示:

$$G_b = \int_0^B g_{bi} \mathrm{d}z = \sum_{i=1}^{n} g_{bi} b_i \tag{4-7}$$

式中:G_b 为断面推移质输沙率;G_b 为 i 垂线或 i 流束的单宽推移质输沙率;z 为横向坐标,自一岸起算;b_i 为 i 流束宽度;B 为河宽。

推移质运动的强弱与水流强度关系极大。当流速增大时,推移质中较细部分有可能达到较大的悬浮高度而转化为悬移质;当流速减小时,推移质中较粗部分有可能沉落到河底而转化为床沙。这种转化不仅发生在时均水流强度发生变化的条件之下,即使平均水流强度保持恒定,由于受流速脉动影响,也会发生。

北江中下游推移质观测资料较少,黄进提出了利用沙波测验原理及石角站沙波测验方法,并根据石角站 1975 年 10 月至 1977 年 6 月 90 多次测得的推移质输沙率资料,分析得到沙波平均中值粒径为 0.504~0.568 mm,并以 1976 年(枯水年)、1973 年(丰水年)及 1980 年(中水年)的逐年平均流量计算,得到相应推移质输沙量为 41.3 万 t、102.0 万 t 及 61.2 万 t,枯、丰及中水年平均的推移量为 68.2 万 t,为悬移质输沙量的 8.69%。

4.1.3.2　悬移质运动

与推移质不同,悬移质在水流中的运动状态,不是滚动、滑动或跃移,而是在水流的诸流层中悬浮前进,留下只具有统计学机遇性质、而无力学必然规律的迹线。位于床面的泥沙,当粒径 d 或相应沉速 ω 小到一定程度时,受临近床面猝发的水流紊动作用,自床面扬起,随水流运动。这种运动,从沿流程的纵剖面来看,可以分为两个部分:一部分是遵循水流受能坡制约的总方向,与正流一同向下游运动,这是主要的部分;另一部分,是受重力作用及水流的紊动扩散作用而运动,具有随机性质,时升时降,时游时停。从理论上说,只要属于能自床面扬起的颗粒,就有机会在沉沉浮浮的过程中达到水面流层,不过这个机会随颗粒粒径的增大而减小。同时,只要是在水流中悬游的颗粒,都有机会在沉沉浮浮过程中接触床面,不过这个机会随粒径的减小而减小。当粒径减小到一定数值 d_c 以下(或沉速降低到一定数值 ω_c 以下)时,它在床面上将失去停留的机会,因而水流有失去从床面得到小颗粒泥沙补给的可能。悬移质中的较粗的一小部分泥沙,是床沙中大量存在的,较细的一大部分泥沙,却是床沙中少有的或几乎没有的。在河流动力学中,常把后一部分称为悬移质中的冲泻质,把前一部分称为悬移质中的床沙质。两者之间,既相区别又相联系。

除持殊情况外,悬移质含沙量沿水深的分布都是上稀下浓,即存在自下而上逐渐减小的含沙量梯度。北江的水沙特性呈水沙峰相适应状态,一次洪峰过程伴随着一次大的输沙过程,但有时沙峰滞后于洪峰。北江干流中下游的主要泥沙来自武水、浈水,并接纳沿程两岸支流的泥沙,以悬移质泥沙输移为主。北江干流与其主要支流的多年平均含沙量相差不大,干流含沙量较小,其主要支流的含沙量较干流大,且上游的含沙量大于下游含沙量。北江干流与其主要支流的多年最大平均含沙量相差较大,其中武江的犁市最大,其次为连江的高道，干流的石角最小。从其年内的输移特性来看，输沙主要集中在汛期，汛期（4～9 月）输沙量约占全年输沙量的 92.1%，其中 4～6 月的输沙量占全年总输沙量的 75.0%，1～2 月输沙量小，特殊年份输沙量为零，非汛期（10 月至翌年 3 月）平均输沙量占全年输沙量的 7.9%。

根据对北江中下游干流主要水文站资料（见表 4-3）的统计分析，其年输沙量较大的大沙年为 1961 年、1975 年、1982 年、1983 年、1994 年等水文年，小沙年为 1956 年、1963 年、1991 年等年份。北江泥沙在年际、年内分布不均匀，横石水文站实测资料统计，其多年平均输沙量和含沙量分别为 451.9 万 t 和 0.12 m^3/s，年最大输沙量 978 万 t（1973 年），年最小输沙量 70.9 万 t（1963 年），最大与最小的比值为 13.8；汛期最大输沙量 937 万 t，汛期最小输沙量 52 万 t，最大与最小的比值达 18.0，可见，汛期输沙量的变化较年际变化大。最大日输沙量 62.6 万 t，最小日输沙量约为 0，最大断面平均含沙量 3.84 kg/m^3，最小断面含沙量约为 0。石角水文站实测资料统计，其多年平均输沙量和含沙量分别为 544.19 万 t 和 0.12 m^3/s；年最大输沙量 1 400 万 t，年最小输沙量 86.9 万 t，前者是后者的 16.1 倍；汛期最大输沙量 1 305 万 t，汛期最小输沙量 72 万 t，前者是后者的 18.1 倍。最大日输沙率 57 万 t/d，最小日输沙率约为 0；最大断面平均含沙量 0.89 kg/m^3，最小断面含沙量约为 0。孟洲坝等四座水利枢纽建成后断面平均含沙量、输沙率有变小的趋势，主要原因是枢纽拦截了泥沙。

表 4-3 北江主要水文站输沙量特征

水文站		横石站	石角站
平均输沙量（万 t）		451.9	544.19
平均含沙量（m^3/s）		0.12	0.12
年输沙量（万 t）	最大	978	1 400
	最小	70.9	86.9
	最大/最小	13.8	16.1
汛期输沙量（万 t）	最大	937	1 305
	最小	52	72
	最大/最小	18.0	18.1
日输沙量（万 t）	最大	62.6	57
	最小	0	0
含沙量（kg/m^3）	最大	3.84	6.28
	最小	0	0

北江干流中下游除了承接上游武江、浈江的来沙，还接纳沿程两岸如连江、绥江等主要支流的来沙。统计资料表明，武江 1956～2008 年年平均输沙量为 112.60 万 t，占横石站来沙的 24.92%，浈江 1954～2008 年年平均输沙量为 93.36 万 t，占横石站来沙的 20.66%，连江 1954～1998 年年平均输沙量为 170.71 万 t，占横石站来沙的 37.53%。而

横石年多年平均输沙量为 451. 9 万 t, 占石角站的 83. 04%。各站多年平均输沙量及所占比例见表 4-4。

表 4-4　各站多年平均输沙量及所占比例

站名	多年平均输沙量(万 t)	占横石站比例(%)	占石角站比例(%)
武江	112. 60	24. 92	20. 69
浈江	93. 36	20. 66	17. 16
连江	170. 71	37. 53	31. 37
横石	451. 9	100. 00	83. 04
石角	544. 19		100. 00
石狗	116. 38		

北江水文测站 1977 年前未开展泥沙颗粒级配分析。自 1977 年始, 横石、石角、高道三站有颗粒级配分析成果刊布。20 世纪 70 年代, 广东省水电设计院研究飞来峡水利枢纽时, 委托广东省水科所做了一些泥沙试验分析, 其成果与中南勘测设计院 1991 年 10 月委托韶关水文分站分析的犁市站近年泥沙颗粒分析成果差异不大(见表 4-5～表 4-7), 而横石站(水科所成果)颗粒级配曲线较光滑, 基本可以代表北江中上游悬沙颗粒级配情况。

表 4-5　浈湾、横石站悬移质泥沙颗粒分析成果

站名		全沙			
		D_{max}(mm)	D_{50}(mm)	D_{cp}(mm)	ω (cm/s)
浈湾	范围	0. 367～1. 142	0. 011 5～0. 036	0. 022 7～0. 075	0. 159～0. 724
	平均	0. 742	0. 026 3	0. 052	
横石	范围	0. 051 2～0. 936	0. 024～0. 042	0. 041～0. 09	0. 312～0. 929
	平均	0. 739	0. 036	0. 071 5	

表 4-6　犁市站悬移质泥沙颗粒分析成果

粒径级(mm)	1. 00	0. 50	0. 25	0. 10	0. 05	0. 025	0. 01	0. 005
小于某粒径级沙重百分数(%)	100	97. 2	91. 2	79. 0	54. 5	45. 6	31. 2	22. 2

注: 中南勘测设计院 1991 年 10 月委托韶关水文站分析成果。

表 4-7　横石站悬移质泥沙颗粒分析成果

粒径级(mm)	0. 448	0. 308	0. 205	0. 112	0. 073	0. 051	0. 035 5	0. 024	0. 015	0. 008 9	0. 004 9
小于某粒径级沙重百分数(%)	98	95	90	80	70	60	50	40	30	20	10

注: 广东省水电设计院委托省水科所做的泥沙试验分析成果。

北江干流石角站自1999年以来，输沙量与含沙量均远远小于多年平均值，见表4-8。出现石角站输沙量与含沙量减小的原因主要是飞来峡水库建成后水库蓄沙使下游输沙减少。由于飞来峡水库的拦沙作用，进入下游河道的沙量减少。

表4-8　1999~2005年石角站输沙量含沙量变化

年份	年径流量（m^3/s）	径流量占多年平均的比例（%）	年输沙量（万t）	输沙量占多年平均的比例（%）	年平均含沙量（kg/m^3）
多年平均（1954~2005年）	1 392.8	100	588	100	0.132
1999年	1 010	72.52	57.89	9.85	0.018
2000年	1 145	82.21	74.55	12.68	0.021
2001年	1 704	122.34	178.11	30.29	0.033
2002年	1 563	112.22	149.89	25.49	0.03
2003年	1 142	81.99	64.2	10.92	0.018
2004年	773	55.50	27.49	4.68	0.011
2005年	1 324	95.06	136.95	23.29	0.033

4.1.3.3　北江来水来沙量分配

1. 北江来水特征

北江干流中下游水量主要来自横石以上的干支流，横石以上流域集水面积占全流域的72.83%，占石角站的88.66%，石角以下除较大支流绥江有一定来水量外，其他的区间支流来水量很小。而北江是以降雨为主要补给的河流，中下游河道径流及其变化主要由上游及其区间降雨情况决定，降雨量在年内变化决定径流年内变化。北江流域雨量丰沛，是广东省五个暴雨高值区之一，由冷峰过境和高空西南低槽东移的影响而产生。降水特点有三个方面：一是雨量随季节变化分配不均匀，多集中在春夏两季，北江中上游支流降雨集中在3~8月，雨量占全年的73.8%~79.3%，中下游干流及下游的主要支流降雨集中在汛期4~9月，雨量占全年总雨量的78.56%~82.06%，秋季雨量偏少，占全年总雨量的12.1%，冬季干旱少雨，占年总降雨量的6.3%；二是雨量年际变化大，主要原因受每年冷锋出现次数、强度、速度的不同而出现的暴雨雨量不稳定，流域多年平均降水量为1 400~2 500 mm，清远最大年降雨量高达3 193 mm，最小为1 615 mm；三是暴雨多，暴雨以冷锋雨和地形雨为主，下游段常受台风雨的袭击。雨量分布大致自南向北递减，北江干流的英德至清远间是稳定的暴雨中心，据多年实测资料统计，多年平均雨量：韶关以北在1 500 mm以下，连江、曲江、翁源为1 500~1 800 mm，清远在2 200 mm以上。根据资料统计，横石和石角站多年平均径流量分别为346.99亿m^3和420.54亿m^3。与径流年内分配相应，北江中下游河道的主要控制站多年月平均水位分配，高水位出现在4~9月，最高水位出现在5~6月，低水位出现在12月至翌年1月。

2. 北江来水来沙分配特征

北江各水文站点来水来沙量月分配如表4-9所示，可见，来沙量的月分配与来水量的月分配规律基本是一致的(见图 4-3~图 4-6)。汛期(4~9 月)的来水量占全年的 72.82%~76.66%,输沙量占全年输沙量的 84.34%~88.92%;其中 4~6 月的来水量占全年的 48.08%~49.36%,输沙量占全年输沙量的 63.36%~68.59%。

表 4-9　北江各站点来水来沙量月分配

站名	月 份	1	2	3	4	5	6	7	8	9	10	11	12	全年
浈江浈湾	平均流量月分配(%)	3.20	4.37	7.81	12.77	16.46	18.88	9.70	8.25	6.76	4.84	3.76	3.20	100
	平均输沙量月分配(%)	0.87	1.85	10.60	20.71	23.05	23.31	5.75	5.96	5.56	1.61	0.48	0.25	100
武江犁市	平均流量月分配(%)	3.09	4.96	8.36	14.01	16.57	17.50	9.11	9.19	6.57	4.68	3.33	2.64	100
	平均输沙量月分配(%)	0.65	1.59	8.12	17.01	22.83	23.52	7.45	10.87	4.67	2.90	0.24	0.16	100
北江石角	平均流量月分配(%)	2.78	3.79	6.43	12.47	17.14	19.11	11.50	9.53	6.91	4.35	3.39	2.60	100
	平均输沙量月分配(%)	0.62	1.19	7.57	17.42	26.94	21.92	9.97	6.74	4.74	2.12	0.63	0.15	100
北江横石	平均流量月分配(%)	2.84	3.97	6.77	12.61	17.39	19.36	10.84	8.93	6.65	4.35	3.45	2.84	100
	平均输沙量月分配(%)	0.52	1.42	6.61	18.44	26.82	23.33	8.64	7.10	4.59	1.81	0.60	0.12	100

4.1.4　北江泥沙沉积量

(1)北江中下游干流河道的泥沙主要来源为北江上游干支流和北江中下游两岸的干支流的汇入,当局部河段的水流挟沙能力处于非饱和状态且 $u>u_c$ 时,水流将从河床获取泥沙并输往下游。

(2)20 世纪 90 年代以前,北江中游河道受人类活动影响较小,河道在自然条件下通过长期不断的调整,河道总体冲淤达到平衡。20 世纪 90 年代中期开始,北江干流中游河道陆续修筑了孟洲坝、白石窑、飞来峡及濛里和清远水利等水利枢纽工程,梯级枢纽的建成影响了河道的水沙动力条件及闸坝上下游的冲淤演变特性,经过几年的运用后,水库淤积及坝下冲刷达到新的平衡。

(3)近 30 年来,北江下游清远至河口河段受航道整治、上游河道梯级水力枢纽的开发利用及人为采砂活动的影响,冲淤变化较大,特别是 1999 年后,受经济社会发展的影响,整个北江下游河段出现了较大幅度的下切,上游来沙远不足以对严重下切的河道达到新的冲淤平衡所需的泥沙补给,河道冲淤严重失衡,直接威胁广东省最重要的堤防——北江大堤的安全。

(4)根据输沙平衡原理和实测水文泥沙资料,估算得北江干流韶关至横石河段的泥沙沉积量约为 207.89 万 t,横石至石角河段的泥沙沉积量约为 36.12 万 t。

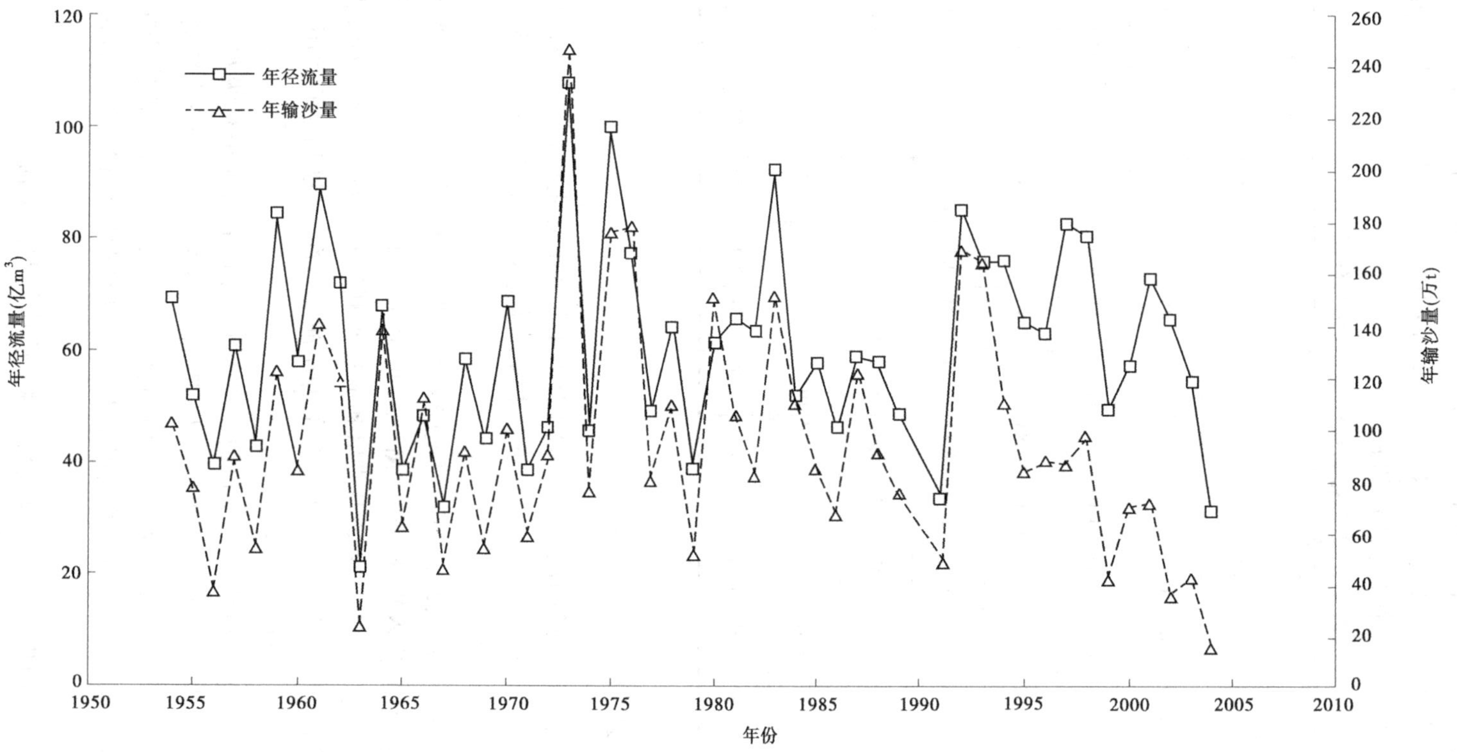

图 4-3　浈江浈湾水文站年径流量及输沙量历年变化

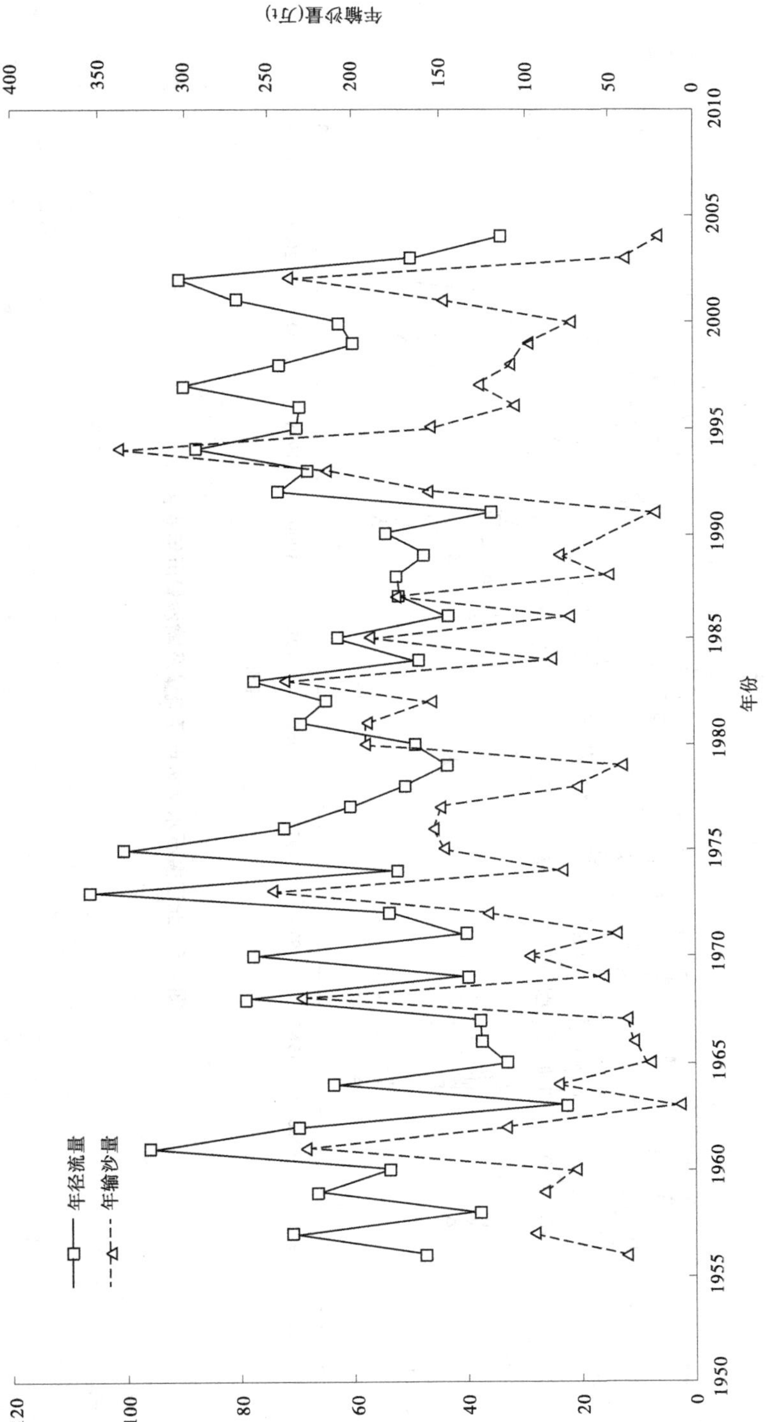

图 4-4　北江武江犁市水文站年径流量及输沙量历年变化

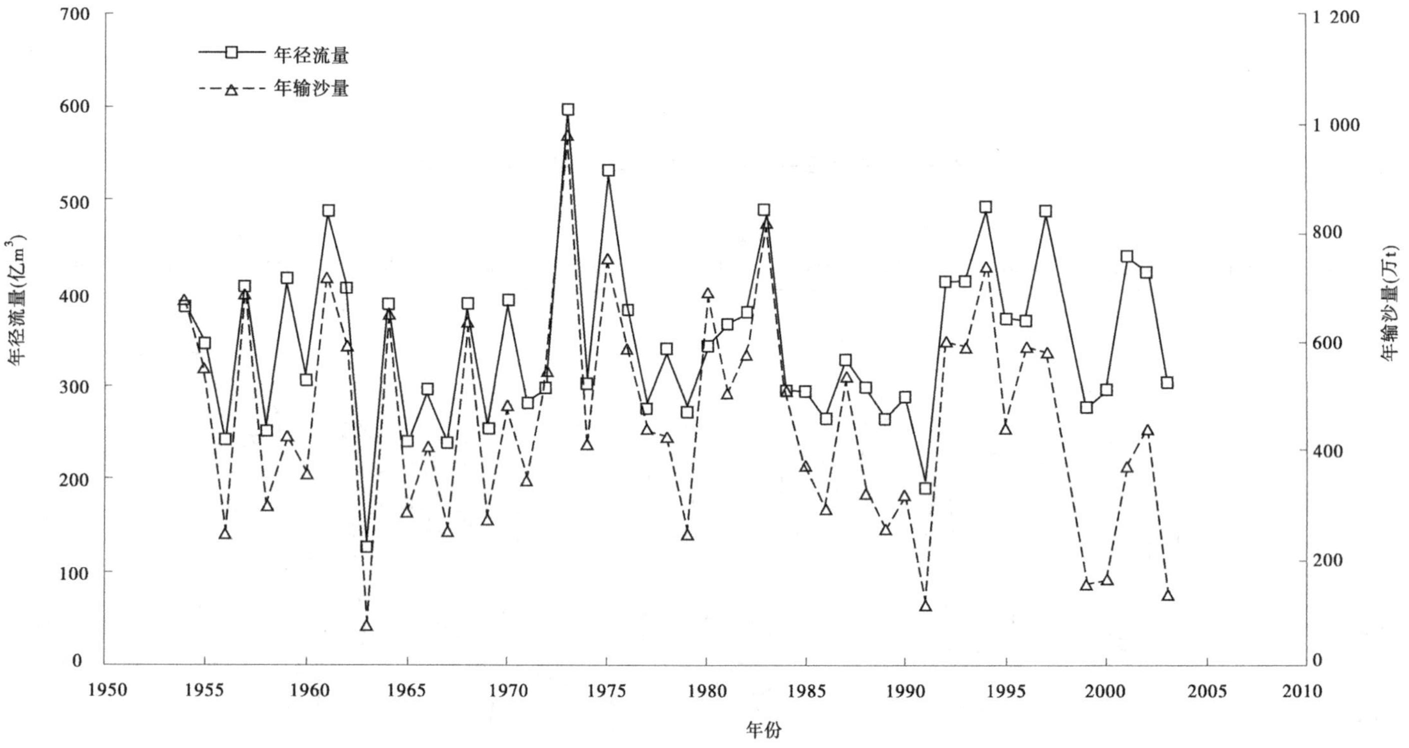

图 4-5　北江横石水文站年径流量及输沙量历年变化

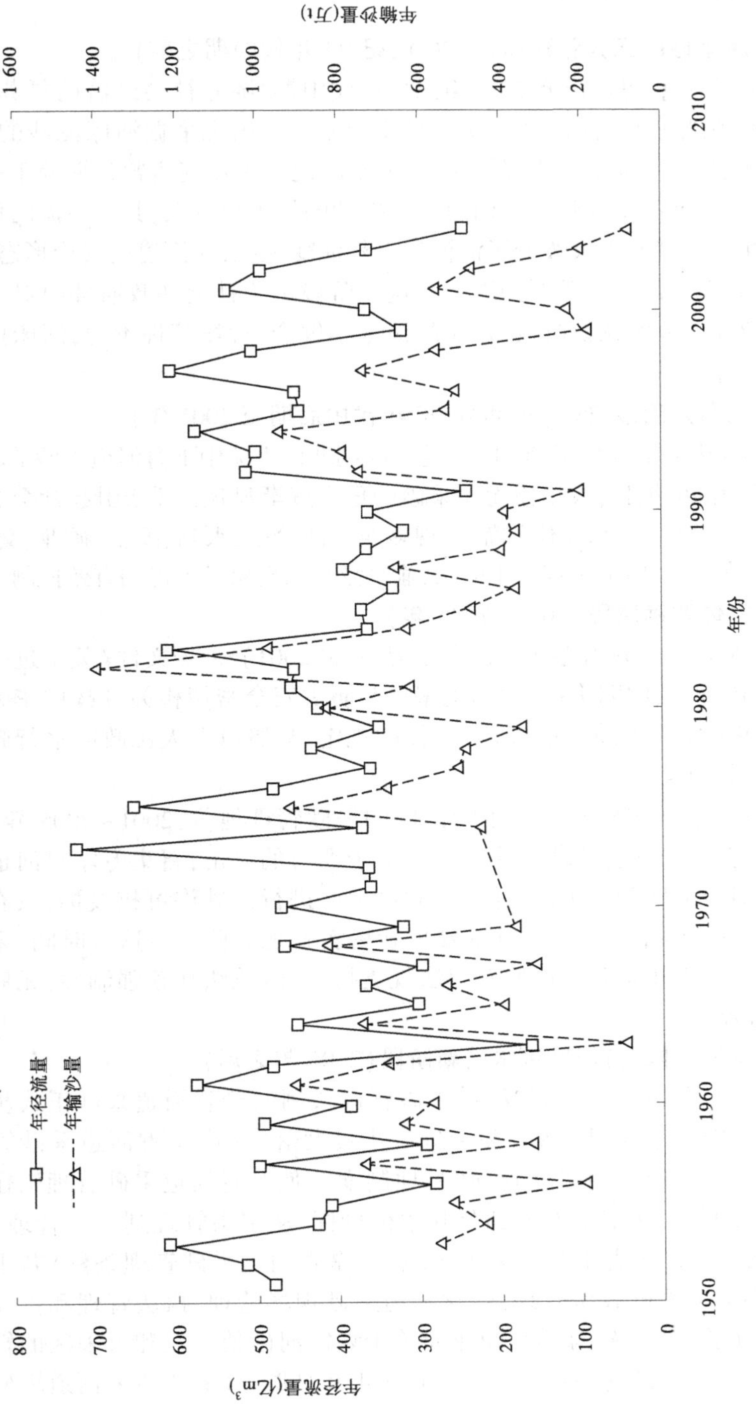

图 4-6　北江石角水文站年径流量及输沙量历年变化

4.1.5　北江河道采砂监管历史

4.1.5.1　大规模无序采砂的无人管理阶段(20 世纪 90 年代中期之前)

从 20 世纪 80 年代中末期开始至 20 世纪 90 年代中期,随着社会经济的复苏,城市建筑、道路桥梁建设、填地等方面用沙量激增,北江干流河道出现采掘河床泥沙的现象。由于早期各方面的认识不足,加上巨大经济利益的驱动,北江干流河道曾长期处于一种无控制、盲目无序和超量无度的采砂势态。河道人工挖沙的量十分巨大,其对河流的作用强度已超过河流自然演变强度并大大改变了河流的自然演变过程,对河道的河床形态、水文动力及防洪、航运等方面也产生了重要的影响。这一阶段由于社会和政府部门对人工采砂活动的认识仍停留在原来的认识阶段,相应的法令不健全,现场管理不力,河床挖沙处于无偿无序和失控无度状态。

4.1.5.2　采砂管理的多龙治沙阶段(20 世纪 90 年代中后期至 2001 年)

从 20 世纪 90 年代中后期开始至 2001 年,这一时间北江干流中下游河道采砂活动达到高潮,与此同时,随着时间的推移,大规模无序采砂的危害逐渐显现, 开始引起社会和政府的关注。这一时期,由于管理主体的不明确,呈现多龙治沙阶段,水利、国土、矿业、交通、工商等部门都颁发采砂许可证,但由于权责不明晰,偷采滥采的现象尚未得到有效控制。

4.1.5.3　采砂管理主体明确阶段(2001~2005 年)

2001 年 10 月广东省人民政府办公厅出台了粤府办〔2001〕88 号文件《关于进一步加强河道采砂管理的通知》,其中明确提出“河道采砂与防洪安全密切相关,按《中华人民共和国防洪法》和《中华人民共和国河道管理条例》的规定,县级以上人民政府水行政主管部门是河道采砂的主管机关”。

省政府的 88 号令出台,明确水行政主管部门的采砂管理地位,2001~2005 年,水行政主管部门协调各有关部门联合执法对非法采砂给予严厉的打击;召集专家对河道挖沙进行规划,划定了临时可采区和禁采区,并对临时可采区进行采砂许可权投标,只有取得《河道采砂许可证》后才可依法采砂,且对重要采砂场实施现场监管。这一时间,采砂监管取得了一定的成效,但由于采砂管理的专门法规支持,采砂执法缺乏强制性,无序采砂活动仍未得到有效控制。

4.1.5.4　采砂管理有法可依、有规划可依的新阶段(2005 年之后)

广东省于 2005 年 5 月颁布《广东省河道采砂管理条例》,全省河道采砂正式步入规范化、法制化轨道;于 2008 年 4 月出台《关于进一步贯彻落实〈广东省河道采砂管理条例〉的意见》,在全省开始推行河道采砂管理“六项制度”,使全省河道采砂管理工作实现了“从无序滥采到有序开采、从审批发证到公开招标投标、从多头管理到统一管理”的转变;于 2012 年 11 月颁布《广东省水利厅关于实施〈广东省河道采砂管理条例〉若干问题的意见》,规范了省内河道采砂收费管理,强化河道采砂现场管理、执法管理和责任追究等;于 2013 年 12 月实施《广东省海洋与渔业局关于划定河砂禁采区和可采区的暂行规定》,规范河砂禁采区和可采区的划定方法;于 2016 年 9 月颁布《关于主要河道堆砂场规划设置和管理的办法》,对省内主要河道管理范围内堆砂场的规划、设置和管理活动等进行专项规定;于 2019 年 7 月重新修订并颁布《广东省河道采砂管理条例》,进一步加大河道采砂执法监管力度和非法采砂惩处力度。

2015 年至今,北江韶关段、肇庆段、佛山段一直处于未开采状态。清远市水务局根据本河段河道演变特性、来水来沙特性等情况,制订年度采砂计划,先后获得广东省水利厅批复。其中,2015 年获批 4 个采区,年度批准量 255 万 m^3,主要位于河头面粉厂下游河段、连江口至黎溪河段、石角边滩河段;2016 年获批 4 个采区,年度批准量 225 万 m^3,主要位于冬瓜铺及河角村河段、山塘镇对出学堂洲河段;2018 年获批 2 个采区,年度批准量 130 万 m^3,主要位于连江口至黎溪河段、山塘镇对出学堂洲河段。开采方式以水采为主,主要运往本地,用于建筑砂料,监管方式为现场监管,已采用实时监控。

4.2　河道形态与河相关系

河槽在经历一段时间的塑造后,便能取得一定的断面和坡降,使上游来水和来沙都能畅通地输往下游,此时水流具有最好的流速场形式,泥沙处于输沙平衡状态,河槽的外形也与当时的水流、泥沙最相适应,这就是处于平衡状态的河流。这种河流的河槽形态要素(河宽、水深及比降)与水流(流量、流速)、泥沙(含沙量、粒径)因素之间常存在某种函数关系,通常称之为河相关系。对天然冲积河流来说,宽、深及其相互关系不是任意的,它们是由河流自动形成自己"选择"的。

存在两种河相关系:一种是相应于某一特征流量,如造床流量的河相关系,利用这样的河相关系,对于某一断面,只能确定唯一的河宽、水深及比降。这样的河相关系,适用于一个河段的不同断面,同一河流的不同河段,甚至不同河流。它只涉及断面的宏观形态,而不涉及其细节,在文献中有时称之为沿程河相关系。另一种是同一断面相应于不同流量的河相关系,它能确定断面形态随流量变化的细节,在文献中有时称之为断面河相关系。通常所说的河相关系,常指沿程河相关系,在用沿程间河相关系确定断面的总体轮廓之后,再用断面河相关系确定其变化细节。

河相关系所描述的是与所在来水来沙条件及河床地质条件相适应的均衡形态,它是冲积河流水力计算和河道整治的依据,也是河床演变研究的重要课题之一。

早期的河相关系基本上是经验性的,具体做法是,选取比较稳定或冲淤幅度不大、年内输沙接近平衡的可以自由发展的人工渠道和天然河道进行观测,在形态因素与水力泥沙因素之间建立经验关系,研究得到的主要公式有尼迪公式、拉塞公式、格鲁什科夫公式和阿尔图宁公式等。

近代河相关系所追求的目标是,尽可能将各种形态关系排列在一起;使之系统化,并力图用一定的理论体系加以概括。沿着这一方向所做的努力,大体上可分为量纲分析法和联解公式法两种不同的途径。

4.2.1　造床流量

造床流量是一个虚拟的流量,是指造床作用与多年流量过程对冲积河流的综合造床作用大致相当的某一代表流量。一般认为可取对河床形态有较大塑造作用的某一流量,以该特征流量来代表河流中实际上不断变化的流量过程,可使来水来沙条件大为简化,从而便于研究这些条件与河床形态的关系。所谓造床作用较大,是指流量大而且作用时间长。洪水流量大,输沙能力强,但其历时不长,造床作用不一定大;枯水流最小,输沙能力弱。虽然其历时长,造床作用也不显著。这个虚拟流量不可能等于最大洪水流量,因为尽管大洪水的造床作用强,但时间过短,造床作用不显著。另外,这个虚拟流量也不可能等于枯水流量,因为尽管枯水作用时间长,但流量过小,造床作用也不显著。因此,造床流量应该是一个比较大但又并非最大的洪水流量。目前在解决实际问题时,一般以与河漫滩平滩水位或简称平滩水位相当的流量为造床流量。平滩水位示意见图 4-7。

在大多数平原河流有两个不同的范围,其中一个大致相当于多年平均的最大洪水流量,水位约与河漫滩齐平,一般称为第一造床流量;另一个稍大于多年平均流量,其水位与边滩滩面高程接近,称为第二造床流量。在河道整治中,常根据第一造床流量相应的水位,统计邻近优良河段的河相关系,规划中水河槽。在航道整治中,可根据第二造床流量决定整治流量与整治水位。北江干流各控制站第一造床流量和第二造床流量统计见表 4-10。

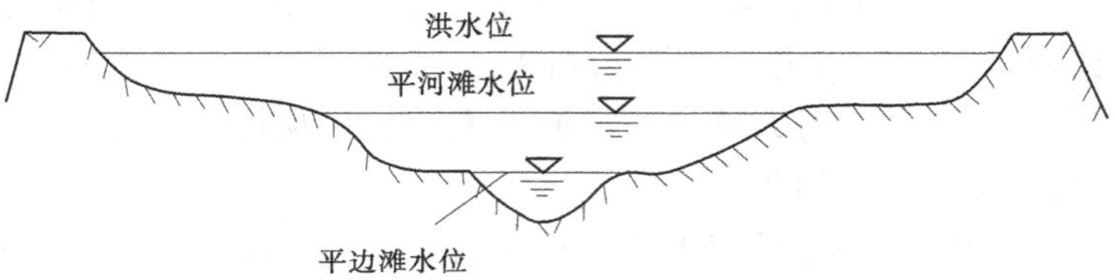

图 4-7　平滩水位示意图

表 4-10　北江干流中下游各主要控制站水文特征值

站名	横石	石角	浈江浈湾(长坝)	武江犁市	连江高道	绥江石狗
统计年份	1953~2008 年	1952~2008 年	1953~2008 年	1955~2008 年	1954~2008 年	1953~1999 年
多年最大平均流量(第一造床流量)(m^3/s)	9 463.53	9 633.85	2 632.06	2 421.20	3 856.52	2 088.95
多年平均流量(第二造床流量)(m^3/s)	1 099.01	1 333.39	190.32	193.11	335.58	216.81

平滩流量法概念清楚,方法简易,在工程设计中,常用此法进行粗估,并与其他方法相互验证。但因天然河道的断面形态极不规则,特别是多沙河流,冲淤幅度大,变形快,这就给确定平滩水位带来了一定的困难。另外,随着沿河工农业的发展及上游水利工程的建设,许多河流的来水量明显减少,水流长时间不漫滩或漫滩次数很少,再用平滩流量作为造床流量是否合理,值得进一步研究。

4.2.2　动床阻力

冲积河流河床上的沙波运动,会影响到床面形态,而床面形态的变化又会影响到河床阻力,这种可动床面形态形成的水流阻力称为动床阻力,其突出特点是,水流强度决定床面形态,而床面形态反转来又影响水流强度,两者处于一个相互依存、相互制约的对立统一体中,而水流强度属于主要的矛盾方面。

冲积河流的动床阻力是由许多阻力单元组成的,包括:沙粒阻力,即河床表面的泥沙颗粒对水流产生的摩擦阻力;沙波阻力,即河床表面的沙波对水流产生的形态阻力;河岸阻力,即河岸组成物质、形态等对水流产生的阻力;滩面阻力,即河漫滩表面组成物质及生长的植物等对水流产生的阻力;河槽形态阻力,即河槽形态变化如弯曲、分汊、放宽、束狭等对水流产生的阻力;人工建筑物附加阻力,即河流上修建的各种建筑物对水流产生的阻力。有些阻力单元与水流条件有关,随水流的改变而不断变化,特别是床面上沙波的消涨对水流阻力影响很大,因此冲积河流的阻力系数是随水流条件而变化的。

冲积河流的阻力计算方法可分为两大类:一类是按不同的阻力单元,如沙粒阻力、沙波阻力等,分别计算其阻力,然后叠加组合,该途径在机制上比较明确,各种因素的变化可以分别考虑;另一类是综合阻力系数法,一般是通过实测资料分析给出总阻力与水力因子的关系,或通过量纲分析找出阻力系数表达式,再通过实测资料获得总阻力表达式中的参数。综合阻力系数法虽然未考虑阻力形成的机制,但由于该途径计算简单,常用于实际工程设计和研究中。

国内外很多学者采用综合阻力的方式开展了动床阻力研究,并提出了不少计算方法。水流的阻力常常通过周界的阻力系数来反映,阻力系数的一定表达形式就等于水流平均流速 U 和摩阻流速 U_* 的比值,阻力系数可以有不同的表达方式,其中应用较多的是谢才系数 C。

$$\frac{U}{U_*}=\frac{C}{\sqrt{g}}=\frac{R^{1/6}}{n\sqrt{g}} \tag{4-8}$$

式中:U 为断面平均流速,m/s;U_* 为摩阻流速,m/s;R 为水利半径,m;n 为糙率系数,代表水流阻力综合效果的参数,包含众多影响因素,为无量纲参数。糙率的大小直接影响断面平均流速的大小,进而影响着河道水流对河床的作用力。

河道糙率系数是河床、岸壁的不规则性和表面粗糙度及其他影响水流运动能量损失的因素的一个综合性指标,它直接决定水流沿程能量损失的大小,河道边界表面越粗糙,糙率系数越大;边界表面越光滑,则糙率系数越小。影响糙度系数大小的主要因素是:河床组成、岸壁特征:河床中的泥沙、卵石、原生岩石等组成物的构成及粒径,河床岸壁的表面平整或凹凸情况,构成河床和岸壁的表面粗糙度。此外,岸坡的陡峻、倾斜程度,中、低水深时有无边滩,都会引起湿周的变化,产生各种组合情况下对水流不同程度的阻力影响因素。植被状况:主要指河床边壁及岸滩植被的有无及种类、密度、高度、季节或年际变化等。河段平面特征及水流情况:如河段顺直或弯曲程度,平面扩散、收缩形态,上下游有无卡口、急滩、闸坝、桥梁、支流汇入,岸边水流是否畅通或有无漩涡、死水等。

对某一具体河段来说,由于河道地形地貌和河床的组成结构是既定的,所以它的糙率也是一个定值,即在人们认识它以前或以后,它是一个确定的值,仅仅在水深发生变化时由于水流与河床的接触面发生了变化,糙率值才发生变化。

4.2.3 河道平面形态

河道平面形态是河相关系的一个重要组成部分，按照河流的平面形态分类,河流一般分为顺直型河道、弯曲型河道、分汊型河道和游荡型河道等。但是各类河型之间常常不能截然分开,甚至可以说河型是从一种类型过渡到另一种类型的连续形体。北江飞来峡枢纽以下河道的形态基本可分为顺直型河道和分汊型河道两种,其中在滘江口以下开始,河道由顺直型河道向分汊型河道的过渡,至界牌以下为典型的分汊型河道。

4.2.3.1 飞来峡枢纽—滘江口段

河段两岸地形整体较高,总体河势由两岸路堤和局部山丘节点控制、平顺地向东南延伸至滘江口一带。除飞来峡枢纽建设使得附近岸线发生较大变化外,1980～2014 年两岸岸线变化较小。河段深泓平面变化总体呈偏左趋向,上游大于下游。在飞来峡枢纽坝下,深泓原靠近右岸位置,现移至左岸,变幅 662 m。本河段总体为顺直型,局部有边滩发育。

4.2.3.2 飞来峡峡谷段

飞来峡峡谷段发育在构造运动抬升和谷坡由坚硬岩石组成的粤中低山丘陵区,位于滘江口至下游清远城区伦洲岛之间,全长约 9 km。飞来峡峡谷两岸为丘陵低山区,其上覆盖了茂密的原始植被,1980～2014 年,河段岸线无明显变化。由于峡谷窄深,深泓线依河势弯曲、始终在凹岸一侧,基本不变。本河段总体为顺直型,基本无边滩。

4.2.3.3 清远城区段(滘江口—正江口)

北江出飞来峡峡谷后两岸逐渐展宽,有伦洲岛横贯河中,随后整体河势向西南向呈“S”形蜿蜒,有滨江、正江两支流汇入。北江清远城区段两岸多为平原,现状已全线设防。自 1980 年以来,清远城区段南北两岸除局部内凹堤线段进行平顺拉直、最大外移 320 m 外,整体岸线变化不大。河道深泓线受岸线利用、航道整治和采砂等影响,原左右弯曲的深泓线不断趋近于河道中线。本河段总体为顺直型,基本无边滩,有江心洲发育,局部形成分汊型。

4.2.3.4 清远城郊段(正江口—界牌)

河段地处清远城郊,相对于清远城区段河宽水深,受两岸已全线设防的堤防约束,整体河势平顺地由北向南从正江口延伸至界牌村一带,有苏公洲、中间洲、学堂洲、烂才洲、梁柴洲、芒洲和界牌洲等低矮沙洲位于江中。受两岸堤防约束,河宽变化不大,但由于本段江心沙洲林立,流态复杂,特别是 1999 年与 2014 年比较,各沙洲普遍存在沙体缩小、洲头侵蚀,横向宽度减小,岸线萎缩的情况。河段河道较宽,原多为宽浅型河道,近年来由于大量的航道开挖和控导工程,各断面均出现较规则的航道主槽,深泓平面变化也基本位于主槽范围内,变化较小。本河段为顺直型河道,边滩、江心洲显著发育,水流条件复杂。

4.2.3.5 界牌—芦苞涌口段

河段大部分位于佛山市三水区地界内,主河槽呈“S”形微弯型由北向南走向,其左岸为北江下游最大的子围大塘围,江中有梅村洲(1999 年后已萎缩)、邓塘洲、四洲和中间洲。自 1980 年以来,河段两岸堤岸线没有明显变化,岸滩格局基本维持不变,但部分沙洲岸线萎缩较明显。河道深泓线长期受航道整治控制,除局部疏浚河段外,深泓线平面变化较小。本河段因江心洲发育,边滩以多为沙洲并岸,故河道属于分汊型河道。

4.2.3.6　芦苞—北滘口段

河段河道整体呈"C"形微弯由北向南折向,江中有太监洲、丰平洲、勒竹洲、郭苏沙、万斤沙和老鸦洲,这些沙洲总体地势较低。自 1980 年以来,河段堤岸没有明显变化。各沙洲存在岸线萎缩情况。河段多为较宽河段,沙洲多沿凸岸一侧发育,使河道主槽更加弯曲,深泓平面位置左右摆动较大。本河段因江心洲发育,边滩以多为沙洲并岸,故河道也属于分汊型河道,但主流更为明显。

4.2.4　河道宽深比

河道的宽深比是河相关系研究的重要河道形态系数。河道的宽深比是指以河道宽度和平均水深之比,习惯用 $\sqrt{B}/h$ 表示。宽深比大,则说明河道呈现为宽浅型;宽深比小,则说明河道呈现为窄深型。一般意义上讲,宽浅型河道因水流所遇阻力大(主要是河床底部河床质对水流的阻力作用)而糙度系数也大,窄深型河道因水流所遇阻力小而糙度系数也小。

《北江干流(韶关—河口)河道采砂控制规划报告(2011—2015)》以平滩水位作为计算宽深比的平均宽度,分析了北江干流下游河段不同时期河道主河槽的宽深比变化。从表 4-11 中不难看出,1965~1987 年北江干流各河段宽深比变化不大,1987 年之后河道宽深比开始发生较大的变化,各河段的宽深比近 20 年来一直呈减小之势,且各段宽深比变化幅度从下游向上游递减。

表 4-11　北江干流下游河段不同时期主河槽的宽深比

年份	清远—石角	石角—大塘	芦苞段	黄塘段	绥江河口段
1965 年		5.62	6.60	4.54	4.46
1970 年		5.60	6.92	4.57	4.45
1975 年		5.73	6.98	4.79	4.44
1987 年		5.49	6.62	4.39	4.36
1990 年		5.56	6.16	4.32	4.33
1999 年	6.28	5.22	5.58	3.72	3.68
2004 年	6.05	4.50	3.75	2.96	3.02

北江下游宽深比大多为 3~8,在空间上,存在沿程宽窄相间现象。节点附近河道束窄变深明显,宽深比较小,江心洲分汊处河道宽浅,宽深比亦较大。

由于河床形态常处在发展变化的过程之中,所谓均衡形态并不意味着一成不变,而只是就空间和时间的平均情况而言,某一个特定河段完全偏离或在特定时间内暂时偏离这种均衡形态是可能甚至必然出现的。产生这种现象是因为来水来沙条件是因时而异的,河床地质条件是因地而异的,而两者的变异均具有一定的偶然性。当然,所谓均衡形态也不是变化不定、不可捉摸的,它出现的概率毕竟是较大的,就所在来水来沙条件及河床地质条件而言，是一种有代表性的形态。当条件发生变化时，这种代表形态虽然也会跟着变化，但它是可逆的。而且由于河床形态的变化一般滞后于水沙条件的变化，因而其变化的强度和幅度一般是不大的。北江干流下游不同时期主河槽宽深比沿程变化见图 4-8～图 4-12。

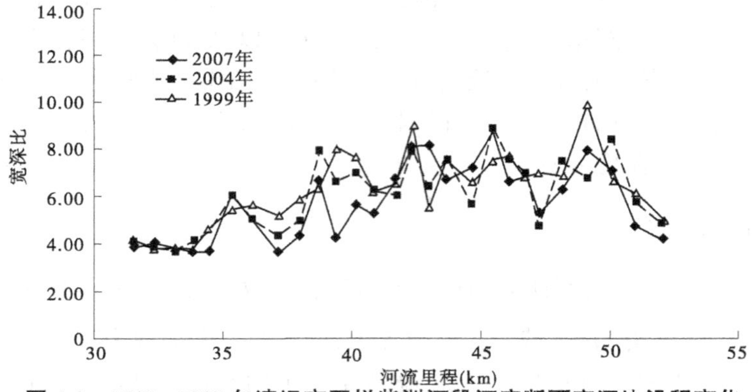

图 4-8　1999～2007 年清远市至烂柴洲河段河床断面宽深比沿程变化

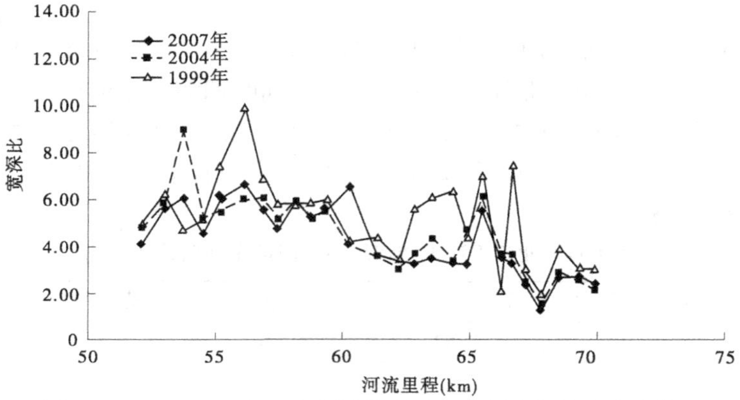

图 4-9　1999～2007 年石角至大塘段河床断面宽深比沿程变化

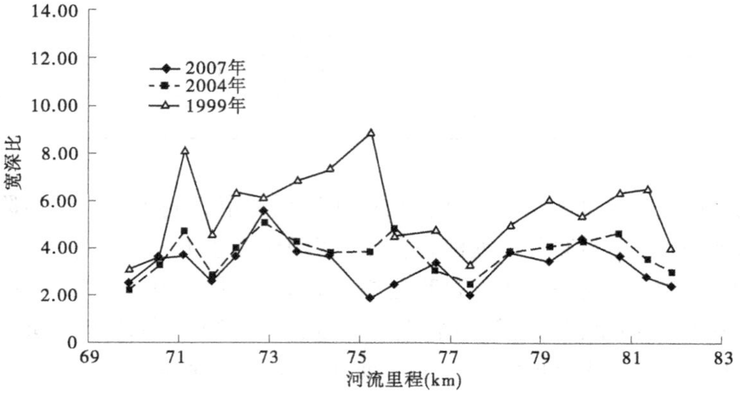

图 4-10　1999～2007 年芦苞段河床断面宽深比沿程变化

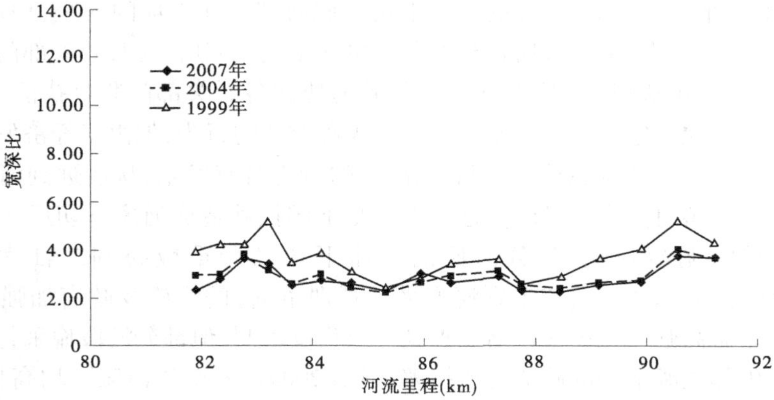

图 4-11 1999～2007 年黄塘段河床断面宽深比沿程变化

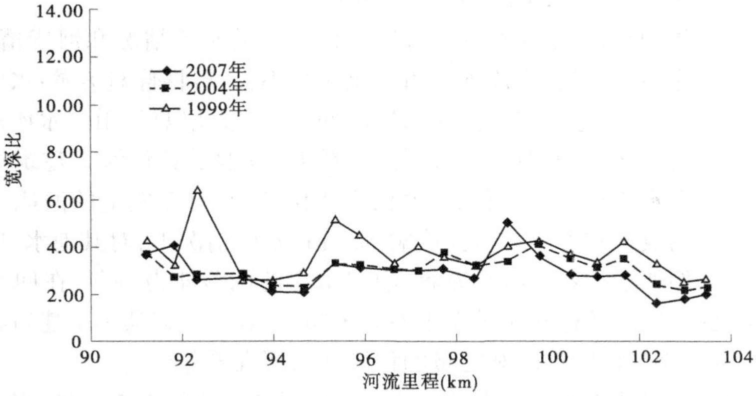

图 4-12 1999～2007 年绥江河口段河床断面宽深比沿程变化

4.2.5 河道的冲刷与淤积

4.2.5.1 采砂对河道冲刷与淤积的影响

从 1965 年到 2004 年社会发展经历了不同的历史时期，受人类活动的影响，北江干流下游河道的演变也深深地打下了不同时期社会发展的烙印。1965～1975 年的 10 年间，经济社会发展相对较为缓慢，人类活动对河道的干扰影响较小，加之受 20 世纪 50 年代末 60 年代初大炼钢铁、砍伐森林的影响，北江上游河道水土流失较为严重，流域产沙量较多，以至于随后的若干年，北江下游河道都处于淤积状态，1965～1970 年北江下游河道（石角至河口）淤积总量为 239.11 万 m^3，平均淤积速率为 47.82 万 m^3/a，1970～1975 年淤积总量为 319.54 万 m^3，淤积速率为 63.91 万 m^3/a；1975～1987 年，随着经济社会的复苏，为满足新时期建设的需要，在 20 世纪 80 年代中期人们开始在河道取沙，这一时段局部河段出现明显的下切；1987～1999 年，随着经济建设的进一步发展，城市建筑、道路桥梁的建设需要大量的建筑用砂，河道挖沙进入了一个新的高潮，特别是 20 世纪 90 年代初，广东省的经济社会发展进入一个新的发展时期，建筑市场对河沙的需求量剧增，人们开始对河道进行大规模地采砂，北江下游河段出现了较为严重的人为挖沙现象，芦苞至绥江口段河床较大幅度地下切，部分河段的河床下切已威胁到北江大堤的安全；1999～2004 年，经济社会飞速发展，但河道采砂所造成的危害也逐步被人们所认识，政府部门也纷纷制定了一系列相应的政策法规，特别是 21 世纪初政府协调各有关部门联合执法，对非法采砂给予严厉的打击，在一定程度上遏制了河道乱采乱挖沙的行为，但由于经济发展对河沙的需求仍然很大，受经济利益驱动，人们偷采河沙的行为时有发生，从清远到河口出现大幅度的河床下切，上游自然来沙量已远远不能满足下游挖沙造成河床下切后河道达到新的冲淤平衡所需的泥沙补给，部分河段的河床下切已严重威胁到北江大堤的安全；2004～2007 年，随着 2005 年《广东省河道采砂管理条例》的实施及政府加强对采砂开采的管理，北江下游高强度无序采砂活动得到一定程度遏制，但部分河段偷采行为还时有发生，北江下游整体大幅下切的趋势有所缓解，但从 2004～2007 年河床平均高程变化看，部分河段主槽出现的局部冲刷深坑，仍然和该河段的河道采砂有关。

4.2.5.2 水利枢纽建设对河道冲刷与淤积的影响

各种水工建筑物的兴建，都能在一定程度上使河流的水流情况和河床情况发生相应的变化。例如在水库建成以后，水库上游由于流速减小，泥沙将普遍落淤；水库下游，由于水流集中下泄，在紧接海漫之后形成巨大的局部冲刷坑；过此以后，由于水库清水下泄，将在相当长的河段内造成普遍冲刷现象。此外，如桥渡、围堰及各种河工建筑物的修建，都将在一定程度上改变水流结构，使河床发生相应变化，这些可能发生的河床变化，不但对于水工建筑物本身的效益和安全有重大影响，而且在某些情况下，对其他水利经济部门的影响也极为重大。例如淤积不但减小库容，削弱水库的调蓄能力，而且在回水末端，由于河床淤积，水位抬高，还对航运和防洪发生不利影响。因此，在兴建水工建筑物时，对于可能发生的河床变形，必须做定性的和定量的预测和长期观测分析。

北江中下游干流泥沙主要来自上游干支流及两岸的支流。近 20 多年来，北江中游干流兴修了 5 座水利枢纽，径流式水电站孟洲坝、白石窑分别在 1996 年底和 1997 年中相继建成并投入使用，1999 年 9 月具有一定防洪库容的飞来峡水库建成，这在一定程度上改变了北江干流的来水和来沙的分配，2004 年濛里电站和 2012 年清远水利枢纽建成投入运行也在一定时间内改变局部河床的来水来沙过程。

由于孟洲坝、白石窑为日调节的径流式水利枢纽，从 1996 年、1997 年蓄水，经过几年的运用水库总体上已基本达到悬移质淤积平衡，对其下游河段的径流量与悬移质输沙量影响较小。

飞来峡水库为河道型水库，是以防洪为主，兼顾航运、发电等综合利用效益的水利工程，水库的正常蓄水位为 24.0 m，防洪起调水位为 18.0 m，水库的总库容为 19.04 亿 m^3。水库的运行调度原则为：当预报坝址流量大于 1 700 m^3/s 时，水库将降低水位运行。当预报坝址流量或当时坝址流量大于 4 100 m^3/s 时，水库水位下降至 18.0 m 后不再下降，此时，如果流量继续增加，水库由发电调度转为防洪调度。当流量为 4 100～6 800 m^3/s 时，水库维持在 18.0 m 运行，闸门逐步开启，水库最大泄量为 6 800 m^3/s，当流量大于或等于 6 800 m^3/s 时，闸门全部敞开泄洪；当水库水位为 22.78 m 时，水库最大泄量为 15 000 m^3/s。水库开始进入防洪控制调度，控制目标为：第一阶段当水库水位达 22.78 m，水库控制泄量为 15 000 m^3/s，直至达到 100 年一遇水位 28.65 m；水库水位超过 28.65 m 后，水库控制泄量为 16 000 m^3/s，直至达到 300 年一遇防洪高水位 31.17 m；当水库水位等于或超过防洪高水位时，水库控泄保坝，最大下泄量不大于坝址当时出现的最大流量值。当坝址预报流量或当时坝址流量小于 4 000 m^3/s 时，水库控泄流量减至 1 800 m^3/s，并逐步回蓄至正常库水位。为保证正常通航，枯水期电站在非调峰时段，要泄放不小于 190 m^3/s 的航运基流。这样出库水沙与建库前相比主要有以下区别：汛初，当上游来流大于 4 100 m^3/s 时，水库要腾空库容，出库流量大于入库流量，库水位不断下降，当库水位降至 18.0 m 时，水库开始削峰滞洪，当流量大于或等于 6 800 m^3/s 时，闸门全部敞开泄洪，并随不同的防洪要求控制泄量；汛末，水库要逐步回蓄至正常库水位，出库流量小于入库流量。

南京水科院曾对飞来峡水库建成后下游河床的演变规律进行了全沙模型试验研究，研究选择了 7 年典型年进行试验，7 年系列年为枯水少沙年、中水中沙年、中水中沙年、枯水少沙年、丰水丰沙年、中水中沙年、枯水少沙年，研究表明：枢纽运行第一年即枯水年后，由于泄洪闸运行时间较短，下泄流量较小，泄洪闸下游受冲刷的程度较轻，经第五年即丰水、丰沙年后，泄洪闸下游冲刷坑趋于稳定状态，水库淤积也接近平衡，水库下泄总沙量接近建库前水平；枢纽运行第 7 年后下游河床的总冲刷量达 105.8 万 m^3，总淤积量 139.2 万 m^3，冲淤相抵净淤积 33.4 万 m^3。枢纽下游距坝轴线 500 m 范围内河道主要受冲刷作用，坝轴线下游 500～1 200 m 为主要的淤积区，在坝轴线下游 3 870 m 以下恢复河床的自然冲淤形态。

从北江中下游的河床演变情况及来水来沙变化情况看，北江中游在 1995 年以前，河道在自然条件下总体达到冲淤平衡，1996 年后中游梯级水利枢纽相继建成，经过几年的运行后，孟洲坝、白石窑、飞来峡水库泥沙淤积接近平衡，坝下游冲刷也趋于稳定，水库下泄输沙总量接近建库前，河道达到新的冲淤平衡。北江中下游河段河床冲淤速率见图 4-13～图 4-16。

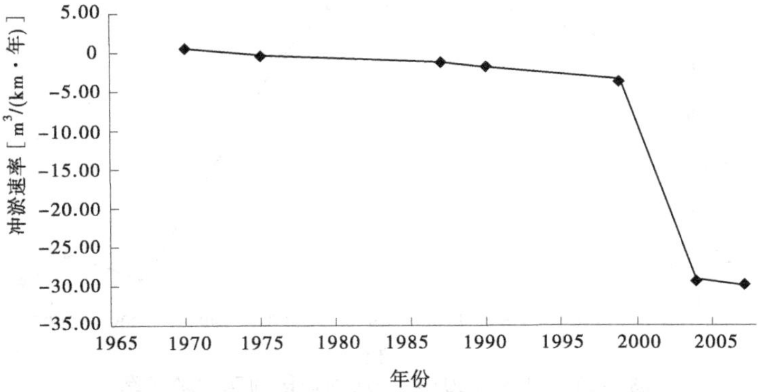

图 4-13　1965～2007 年石角至大塘河段河床冲淤速率

4.2.6　河床的稳定性

河床稳定与否取决于水流对组成河床的泥沙的作用情况，如果水流较急，泥沙较细，则河床不稳定；如果水流较缓，床沙较粗，则河床稳定。河床演变的根本原因归结为输沙不平衡，采用河道纵向稳定系数、河床横断面稳定系数及综合稳定系数，用来定性分析河

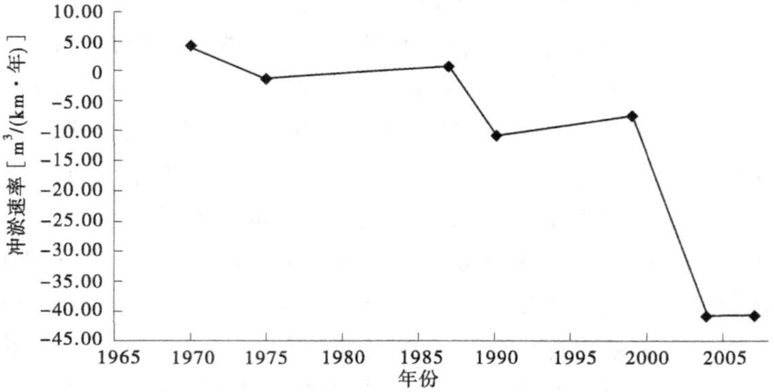

图 4-14　1965~2007 年芦苞段河床冲淤速率

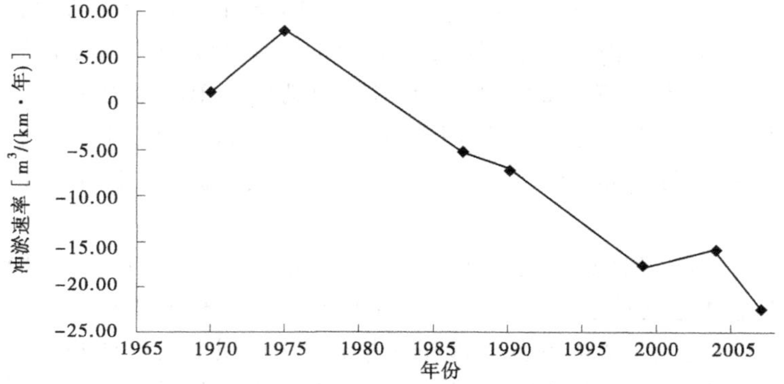

图 4-15　1965~2007 年黄塘段河床冲淤速率

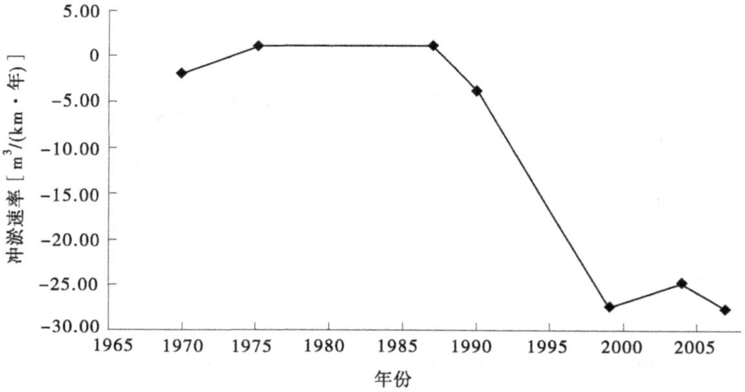

图 4-16　1965~2007 年绥江河口段河床冲淤速率

床稳定性，利用河流动力学原理对河床变形进行概化理论计算。

4.2.6.1　河床纵向稳定性

水流对河床泥沙的拖曳力与床面泥沙抵抗运动的摩阻力之间的相互作用，决定着河床的纵向稳定性。反映水流拖曳力的 τ_0 主要取决于水深和比降；反映床面泥沙摩阻力的 τ_c 则主要与床沙粒径有关。按照洛赫金公式，河床的纵向稳定性指标 K_1 可用下式计算：

$$K_1 = \frac{d}{hJ} \tag{4-9}$$

式中：d 为床沙平均粒径，mm；h 为河流平滩水深，m；J 为河床比降，‰。

显然，K_1 越小，水流作用越强，底沙越易运动，河床越不稳定；反之，K_1 越大，河床越稳定。$K_1 \geqslant 1$ 为稳定性河床。对于蜿蜒型冲积性河流，$K_1 \geqslant 3$ 为稳定性河床。

4.2.6.2　河床横向稳定性

河床的横向稳定性与河流岸壁的稳定密切相关，影响因素主要是主流的走向和岸壁土壤的抗冲能力。谢鉴衡借用阿尔图宁提出的稳定河宽形式，河床的横向稳定性指标 K_2 用下式计算：

$$K_2 = Q^{0.5}/BJ^{0.2} \tag{4-10}$$

式中：Q 为平滩流量，m^3/s；B 为造床流量下的河宽，m；J 为河床比降，‰。

K_2 值较大，表明河身相对较窄，比降较小，水流平缓归顺，河岸较为稳定；反之，K_2 越小，河床越不稳定。对于蜿蜒型冲积性河流，$K_2 \geqslant 1$ 为稳定性河床。

4.2.6.3　综合稳定性

蜿蜒型冲积性河流平面河势的稳定性，既取决于河床的纵向稳定性，也既取决于河床的横向稳定性，后者影响较为敏感，谢鉴衡将这两种综合影响用综合稳定系数（K）表示：

$$K = \frac{d}{hj}\left(\frac{Q^{0.5}}{J^{0.2}B}\right) \tag{4-11}$$

4.3　河道演变

静止的、不变的河床是不存在的，天然河流总是处在不断发展变化过程之中。在河道上修建水利工程、治河工程或其他工程后，受建筑物的干扰，河床变化将更为显著，要有成效地整治河流，必须掌握河床演变的基本原理。

河床演变的涵义有广义和狭义两个方面，广义上是指从河源到河口所流经河谷的各个部分的形成和发展的整个历史过程；狭义方面的涵义则仅限于近代冲积河床的演变发展。前者主要属于河流地貌学的研究范畴，后者则属于河床演变学的研究范畴，应该指出，由于近期的河床演变建立在历史的河谷各个部分的变化基础之上，因此二者有着内在的联系，不能截然分开。

4.3.1　河道历史演变分析

4.3.1.1　北江历史名称演变

北江是珠江水系的一条重要河流，源于江西信丰石溪湾，主流浈江在韶关与武江汇合后称为北江。北江这个名字，是它现在通行的称谓，这是在广州成为广东政治中心后，世人以广州为中心给它所取的方位河名。

秦汉以前，北江称作“肄水”，《山海经》中有明确的记载，应是它最早的一个名称。《山海经·海内东经》：“肄水”出临晋（武）西南，而东南注海，入番禺西。肄者，恣意，放纵之谓也。这是以水流情状为依据所取的动态河名。

两汉时期,广州虽已成了南海郡的首府,但其时粤北大部分县地却属治所在今湖南郴州的桂阳郡管辖,与广州不同郡,两者无领属关系,自然谈不上广州是粤北的中心。这段时期,北江除仍称肆水外,又多了一个新的名称,叫"溱水"。溱有众多、繁盛之意,以此字取名,大概是赞誉北江水源丰沛!这是以水的径流量为依据所取的水量河名。这个新称谓倍受世人青睐,以至在这以后直到唐宋时期,各类文献都称北江为溱水,成了朝野认可的"正名"。故郦道元在其《水经注》中解释说:"肆水,盖溱水之别名也"。

两晋以后,北江除拥有溱水这个正名外,又多了一个"始兴大江"的俗名,同时"北江"之名也开始问世。这是因为进入两晋时期,粤北设立了统一的行政区——始兴郡,大致辖今韶关、清远两市境,北江作为郡内的一条主要河流,粤北先民取郡名作其名,自在情理之中;同时从西晋开始,始兴郡正式划归广州管辖,以广州为中心的政治格局得以形成,北江位于广州北部,广府人自然要以"北江"之名称呼它。

此后,北江一河多名的现象,长期为社会认可和接受,但以溱水之名为正宗。北江之名完全取代溱水之名而终使溱水退为历史河名,这大概是明清时期的事了。在《大清一统志·广东统部·形势》篇中,广东三大河流的名称均以现在的方位名称作条目了。

4.3.1.2　北江河道历史演变

北江流域及其邻近地区属华南地块的一部分,韶关段为粤北山字形构造,清远段有东西向的清远—安流和佛冈—风良断裂带通过。区域地质构造轮廓主要由东西向构造带、南北向构造带和北东向构造带构成,几组构造带相互交织,共同组成本区的基本构造框架,是多种构造复合地区。

北江中游韶关至清远河段河床质从上至下各不相同,上段(孟洲坝枢纽至乌石)多为卵石,也有部分基岩,中段(白石窑枢纽至河头)多为沙夹卵石,下段(飞来峡至清远公路大桥)以沙为主,含有少量小粒径卵石;峡谷由石灰岩组成;台地与开阔地为泥质土或黏土组成。

北江自飞来峡以下,地势平衍,河床宽阔,但河道系统紊乱,丘陵与洼地交错,在地形的发展上必有一段复杂的过程。北江在飞来峡以南,即呈放射状汊道水系;以峡口伦洲处为顶点,不断分流。清远城处又是另一分流中心;到回歧山处收束成峡;石角又是分流顶点;南下到界牌又是一分流顶点;到芦苞又是一放射分汊顶点。但汊道多属支汊性质,生成历史较短,不影响正干的泄洪作用。说明北江是一条历史悠久的大河,可追溯到更新世时代(一万年以前),它是沿北江断裂带形成的构造性谷地。汊道发育是和全新世海侵有关,在人类发展的历史长河中,人类的社会生产活动,水利工程建设,围田开垦,也一定程度上影响了河道的形态,受自然和人为因素的共同影响,形成今天北江的河道形态。

因北江主流长远,各段变化不同,本书在利用前人的研究成果的基础上,分析飞来峡段、清远段、石角段、芦苞段等河段的历史演变情况。

1. 飞来峡段

北江一出英德峡,江面变宽,飞来峡到清远东岸为清东围,这里有百家塱汊道、青榄水汊道、涟水汊道、隔岭水汊道、海仔水汊道和沙塘水汊道等6条古河道以大燕水为尾间,即汇入大燕水再出北江,目前这些汊道大部分已经淤积断流。

大燕水是滘江在飞来峡东面汊河,北江洪水期滘江水由此排出,大洪水则又成北江排洪水道。1900 年以前,它是一条良好河川,船只多取道大燕水以避开飞来峡之险。1940 年还可航行。但近几十年来由于附近山地水土流失,铁路建桥,源潭附近断流,只洪水期才过水。

2. 清远段

清远城西滨江分正江口、飞水口两口入北江。1 800 年前正江口为主流,飞水口低狭,宽度 30~50 m,后由于正江口水流受阻塞,主流渐转向飞水口,目前飞水口已扩大为 300 m,南支正江口缩狭只余 200 多 m。

清远城北石坑,亦为北江洪水道,如北江堤围崩塌,洪水仍可由北江冲过石坑到达大沙河,再入滨江出北江,使清远城成为要用围堤包绕的江心洲地貌。由于城围是明代建成,故名古城围。如 1955 年北江洪水即经石坑出大沙河,再入滨江出北江,流量可达 100 m^3/s。1958 年改笔架水南流入江,沿新河筑堤,将古城围扩大为黄坑围,石坑古汊道成田。

3. 石角段

石角镇下游的白坭河(在清远境内也称乐排河)是古代北江主要汊道之一,该河坡度大,横切东北到西南走向多条山地,与流溪河在鸦岗交汇,直趋广州西北郊。白坭河在汉代是北江的一条大汊道,为航运优良水道,据徐俊鸣研究,石角到广州不到 100 km,走白坭河,乘船一夜可从石角到广州(见 1601 年《粤剑篇》)。近代后期白坭河上游的乐排河淤积,乐排河床高于北江干流 2 m 以上,因而与北江干流不再联通。但洪水期若石角围崩塌,白坭河可变为北江干流的分洪水道。1915 年石角围崩,洪水沿白坭河谷直冲广州,广州城区受淹长达七天。

4. 芦苞段

北江在石角到芦苞段沙洲发育。江心洲并岸成为边滩,使河道变狭、弯曲,凸岸堆积,凹岸侵蚀,也使河道变迁。如回岐洲 1914 年为边滩,石角围当冲凹岸,到 1958 年 40 年代中,石角围反成为凸出岸,有滩地淤出保护大堤,回岐洲西侧被冲蚀成深水河道。下游的乌柏洲 1920 年时为边滩,并已垦成水田,1958 年被冲开一深水道,宽 150~200 m,使乌柏洲成为心滩。

主汊白泥河、界牌河、芦苞涌的发育和淤断,主要由于北江向海不断伸长,加上人为围垦,围垦弱支,使支汊依次被塞,强支往下游迁移,上游支汊即告淤浅。水流归槽,是使河口南伸,强支南移的原因,并思贤滘改变北江水流,也是使支汊淤塞原因。右偏力的影响,无时不在,促使北江水流向右岸集中,正干畅通得以保持。

4.3.2　河道近期演变分析

北江韶关—三水河口段全长 259 km,其中北江中游(韶关—清远白庙)河长 175 km,北江下游(清远白庙—三水河口)河长 84 km。

4.3.2.1　北江干流中游河床演变情况

北江中游(韶关至清远白庙)河段内 20 世纪 90 年代先后修建了孟洲坝、白石窑、飞来峡三座水利枢纽,2004 年濛里枢纽也竣工蓄水,将北江中游(韶关至白庙)河段分割成库区常年回水段、变动回水区河段和枢纽下游近坝段及其以下非渠化河段四种不同类型的河段,较大程度地改变了该河段河床演变的情况。四川省交通厅内河勘察设计规划院在对北江中游(韶关至清远)航道整治工程初步设计时(2003 年 10 月),曾对本河段的河床演变进行分析,主要成果如下。

1. 库区常年回水段河床演变情况

白石窑枢纽库区常年回水段之一的濛里枢纽至乌石腩滩段,根据 1975 年、1986 年和 2001 年的河道地形图,点绘固定断面的横断面图进行比较,发现白石窑枢纽未建成前,该河段河床冲刷约 0.2 m;枢纽建成后,则河床淤高 0.3~0.4 m。由此可见,本库区常年回水段在未建枢纽前,其河床相对比较稳定,虽然有所冲刷,但冲刷量比较小,但白石窑枢纽建成后,情况就相反,河床演变的特点以淤积为主,并呈渐进发展态势。

2. 变动回水区河段河床演变情况

飞来峡枢纽常年回水末端的大罗肚至量水井滩段,是飞来峡枢纽的变动回水区,根据 1975 年、1986 年两年的河道地形图进行断面比较,在天然状态下,河床经 12 年的演变,淤积厚度仅 0.3 m,可以认为输沙是平衡的。枢纽建成后,从 1986 年和 2001 年两年的河道地形图横断面比较,该河段变成变动回水区后,其河床则处于淤积状态,河床普遍淤高 1 m。

3. 枢纽下游非渠化河段河床演变情况

北江中游(韶关至清远)河段中,目前有孟洲坝枢纽至斧头山(濛里枢纽)河段、白石窑枢纽至坑口嘴腩滩河段和飞来峡枢纽至清远北江公路大桥河段属于枢纽下游非渠化河段,根据这三个河段 1975 年、1986 年、2001 年和 2003 年测量的地形图,点绘固定断面的纵横断面图进行比较,发现孟洲坝、白石窑和飞来峡枢纽建成后,其下游河段由于受上游枢纽拦沙和下泄不稳定流的影响,与纯天然情况有所差异,在局部河段还受人为影响,其河床演变情况和特性大致如下:

河床纵向变形在枢纽大坝下游附近表现为冲刷下切,然后出现冲淤交替情况,但这种情况各河段亦有所差异。

孟洲坝枢纽至斧头山(濛里)河段,该河段在孟洲坝枢纽建成后,枢纽下游至铜鼓洲一段河床下切 0.3~0.8 m,这种下切现象沿程衰减,距枢纽 9.37 km 的蓑衣滩尾冲刷基本消失,再往下则出现冲淤交替现象。

白石窑枢纽至坑口嘴腩河段,由于该段较短,枢纽大坝下游河段呈冲刷状态,大坝至坑口嘴腩一段河床平均下切 0.2~0.5 m。

飞来峡枢纽至清远北江公路大桥河段,除飞来峡峡谷河段,因河床为礁石或卵石覆盖,河床纵向冲淤无明显变化外,大坝下游近坝段河床冲刷下切,然后河床出现沿程冲淤交替现象,如十三坑滩河槽以淤积为主,淤积层厚度达 1~1.5 m,接下的竹口、白鹤汛则冲刷,到下寮至迷坑口(琶江河口)河段又淤积;又如飞来峡峡谷下游出口的伦洲河段和七星岗河段则普遍下切,其中伦洲河段,据统计该河段呈冲刷状态,河床平均下切 0.5~1.0 m;伦洲河段下游的七星岗河段因为 20 世纪 90 年代进行航道整治,整治后丁坝坝田淤高 0.3~0.5 m,而整治线内普遍冲深 0.4~1.5 m。

河床横向变形,枢纽下游河段变化不突出,究其原因是因为北江中游河段两岸岸壁地质条件较坚实,河岸崩塌河床拓宽不普遍,只是那些沙卵石河岸受洪水侵蚀,往往出现崩塌现象或人为原因使河床缩窄。北江中游枢纽下游河段河床有以下几处地段发生拓宽或缩窄的横向变形：

枢纽下泄不稳定流，使枢纽下游附近河道流量时大时小，流速随之发生变化，使易冲蚀河岸发生崩塌，河床拓宽，就 2001 年和 1986 年两次同比尺河床地形图比较，铜鼓洲滩向右拓宽了 9 m，凤凰嘴—大罗肚滩段向左拓宽了 5 m。

洪水期容易受冲刷的河岸，在洪水作用下，往往出现大面积崩塌，河床拓宽，如伦洲滩右汊河岸自 1986 年至 2001 年的 15 年间崩塌宽度达 60 m。

在河床内无序的大量挖沙，既破坏了河床的紧密度与平衡，又影响河岸的稳定，特别是河岸坡脚的松动，加速了河岸的垮塌，如三把镰滩段，河床宽度由 260 m 扩展到 300 m。

人们在河面宽阔的地方修建堤坝，围河造田，修筑高、宽、坚实的堤围，使河床大面积缩窄。如清东堤围、清城联围等，所围面积都在千亩以上，这些工程固定了这些地段河岸，河道不易变迁，使河床也缩窄。修建护岸工程对河床宽度做了调整，如小市腩滩段，河床宽度由原来 1 105 m 缩窄至 995 m。

清远城市发展规划占用一部分河床修建滨江大道或新城区，把较宽的河床缩窄到不影响行洪的宽度，如七星岗滩河宽由 800 m 缩窄至 600 m。

综上所述，近年北江中游韶关至清远河段中的库区常年回水段末段和变动回水区演变特性使河床普遍淤高，枯水河床有所缩窄，但缩窄变化不很突出；枢纽下游河段在近坝段均受冲下切，然后沿程出现冲淤交替现象，河床自然演变和人为影响产生横向变形也是局部的。因此，分析认为目前北江中游韶关至清远河段中的常年回水段、变动回水区和枢纽下游河段的河床演变规律与纯天然河流演变规律是不同的，必须引起足够的重视。

4.3.2.2　北江干流下游河床演变情况

北江干流下游（清远至河口）河段，自上而下分别有多个节点，把整个河段分成了几个典型的微弯分汊型河段，各河段河型特征分别呈自上而下，从北向南，向左、右两侧相间弯曲。其中，有上游向右弯曲的清远北江大桥—石角段，河流里程为 20.61 km；石角—大塘河段呈先向左，后向右微弯，河流里程为 17.81 km；芦苞河段呈向左微弯的河型，河流里程为 11.98 km；黄塘河段呈先右后左“S”形微弯的河型，河流里程为 9.32 km；绥江河口河段，其河流里程为 12.53 km，属向右微弯的多汊河型。

北江干流下游河段，属冲积平原河流，河岸冲积层松散易为水流切割崩塌，引致河床放宽，形成浅滩和分汊，具有平原河流蜿蜒弯曲的特性。凸岸形成较大的边滩，凹岸形成迎流顶冲、深槽逼岸的河势。众多的江心洲形成多汊河道，使得主流变化复杂，左右摆动，典型的江心洲有：清远北江大桥—石角段的学堂洲、苏公洲、烂柴洲和粱才洲；石角大塘段的界牌洲、中洲、大洲、乌柏洲、邓塘洲；芦苞段的蚬肉洲、四姓洲、中间洲、芦苞洲；黄塘段的太监洲；绥江口河口段的杌岗洲、金沙洲、老鸦洲。其中，绥江口河口段有绥江河的汇入，思贤滘与西江的联通。这些河道地形特征对北江干流下游河段的河道演变影响起很重要的作用。

1. 河势特点及节点的分布

北江干流下游河段的河势特点与其地质、地貌相关联，河道处于自身的冲积体上，河势受到天然节点和人工工程（堤防及河岸）的约束，为宽窄相间的莲藕状河型，并在放宽处形成分汊，河中沙洲、沙滩密布，水流散乱，深泓曲折，深槽和浅滩水深差别较大，主流摆动不定，不利于两岸堤防的安全。

清远白庙—河口共有 12 组节点，依序为白庙、七星岗、清远港、石角、鲤鱼嘴、大塘、芦苞水闸、鸡公岗、马房、岗根。其中，飞来峡出口白庙为天然双节点；七星岗为混合双节点，左岸天然矶头，右岸为堤围；清远港为两侧人工双节点，两侧为城市堤防；石角为两侧天然双节点，两侧为矶头；鲤鱼嘴为混合双节点，左侧为堤围，右侧为矶头；大塘为混合双节点，左侧护岸，右侧矶头；芦苞水闸节点左侧为水闸，右侧为堤围组成的人工节点；鸡公岗为人工双节点，左侧为鸡公岗堤围，右侧为大旺农场堤围；马房为混合双节点，右侧为抗冲性较强的山包，左侧为堤围；岗根节点为混合型节点，左侧为河口镇，修筑坚固的堤围，右侧为抗冲性较强的山岗。洪水期起控制性的节点为石角、大塘、芦苞水闸、大旺农场及岗根，因此，下面分别按清远市区至石角段、石角—大塘段、芦苞段、黄塘段及绥江口—河口段进行河床演变的趋势分析。为了更清楚了解北江干流下游河段在不同时期的河床演变情况，下面分别按 1965～1999 年河床演变情况和 1999～2007 年河床演变情况进行分析，以说明不同时期经济社会的发展对河床演变的影响，并重点关注北江干流下游河道演变对北江大堤的影响。

2. 1965～1999 年河床演变

河道深泓线的平面变化趋势：

通过对石角到河口段的 1965 年、1970 年、1975 年、1987 年和 1990 年河道深泓线的平面变化分析，发现石角大塘段变化较为明显，从总的变化趋势看，1965 年与 1990 年相比，河道深泓线有向左岸（北江大堤）一侧摆动的趋向，但当中个别年份亦有左右摆动的变化现象。在石角至塔冲水闸附近虽然深泓线的变化幅度很大，但其深泓线位置大部分比较靠右岸，离北江大堤一侧较远，不至于危及北江大堤的河滩稳定；在石龙防汛亭附近，其深槽是靠北江大堤一侧，在 20 世纪 60 年代，深槽靠左岸，70～80 年代，其深槽有向右岸变化的明显趋势，但到了 1990 年，其深槽又回复到 1960 年深槽的位置，1999 年边滩有被冲低的迹象；在连洲村水闸至漫水河进口河段，明显看出河道深泓线自 1960 年开始，不断向左岸摆动变化，1990 年的深槽已迫近大堤堤脚，1999 年边滩冲低，水流割滩现象明显，直接威胁到北江大堤的安全。乌柏洲的发育是其变化的主要原因必须引起重视。

芦苞河段的变化相对石角大塘段的变化略为稳定，但该段的深槽大部分是靠北江大堤一侧，比较靠近大堤的位置在四姓洲头至芦苞镇河段，特别是芦苞镇附近的深槽紧贴着大堤及芦苞镇，形成迎流顶冲的态势，是该段 4 处险工险段之一，是防汛的重点，虽然是历史险段，但主要还是四姓洲的发育形状不均匀所致。

黄塘段的变化为相间波动的变动，在变化较为稳定的两段深槽之间，相间一段深槽变化大，并且摆动不定，受来水来沙影响较大。在太监洲头至太监洲尾（下黄塘）河段，深槽靠右岸，左侧为太监洲；在黄塘墟至盛发管材厂河段，深槽靠左岸，紧贴北江大堤的堤脚，特别是黄塘水闸上游河段，更是迎流顶冲，深槽割脚，形成了历史上典型的灰窑下险段，右侧丰平洲的发育，使深槽逼近左岸，影响北江大堤的安全。

绥江口河口段，由于受绥江河水流的汇入及思贤滘西北水流的汇入与流出的影响，该河段形成了杭岗洲、郭苏沙、金沙洲和老鸦洲，这些洲滩交错的变化，直接影响到河道深槽的摆动，上下两洲过渡段深泓线的平面变化特别强烈。在勒竹水闸断面至骏马水泥厂河段,20 世纪 80 年代后深泓线向左岸偏移的趋势明显,上洲右岸及下洲左岸深槽的变化相对较小,历年交替变化;在马房大桥至三水玻璃厂河段,靠左岸的深泓线有向右变化的趋势。

河道深泓线纵向的变化趋势:

石角—大塘河段:左汊河床深泓线 1965~1999 年总的变化趋势为略为冲刷。主要分两个时期,1975 年以前为淤积,之后开始冲刷,特别是 1975~1987 年冲刷较为明显;1987~1999 年冲淤交替变化;右汊河床深泓线变化趋势相对稳定,在 1990 年以前,总的变化趋势呈淤积,但个别断面也有冲刷的现象,在 1990~1999 年,其深泓线有冲刷下切的趋势,但冲刷的速度不大,个别断面冲刷大些。

芦苞段:左汊深泓线变化较为剧烈,年际间的变化较大,在 1990 年前表现为大淤大冲的交替变化规律,说明该段河床演变较为剧烈,在 1990~1999 年,深泓线纵向的变化明显呈冲刷下切的趋势,而且冲刷下切的速度非常快,几乎全河段整体冲刷下切,特别是在四姓洲头至芦苞水闸河段,平均冲深 4~5 m,该段历史的险工险段较多,应引起足够重视;其右汊的深泓线的变化除个别断面亦有冲刷外,整体呈淤积的趋势。

黄塘段左汊的变化较为剧烈,在太监洲头至下黄塘河段,1975 年前是呈淤积的趋势,而且淤积的速度较快,之后冲刷的速度突然加快,特别是 1975~1987 年时段,冲深 4 m 多,1987~1990 年略有淤积,1990~1999 年河床深泓线又恢复冲刷的状态,但这 10 年冲刷的速度放慢。在下黄塘至黄塘水闸河段,总的变化趋势呈冲刷,在 1990 年以前,其冲刷的速度较小,有些年还略有淤积。1990~1999 年,其深泓线冲刷下切特别明显,最大冲刷达 10 m 多,而该处正好是北江大堤黄塘灰窑下险段,深泓线的发展对该险段非常不利,直接影响北江大堤的安全。在黄塘水闸至大旺油库河段,1965~1975 年呈冲刷趋势,1975~1990 年呈淤积趋势,1990~1999 年又呈冲刷趋势,而且冲深超过 1975 年的冲刷深度;黄塘段右汊的变化表现为 1987 年以前较为稳定,冲淤交替变化,其冲淤不明显,之后亦开始冲刷,特别是 1990~1999 年,从太监洲头至黄塘水闸河段,沿程深泓线整体冲深十分明显,最大冲深达 7 m 左右;而黄塘水闸至盛发管材厂河段,则呈淤积的趋势,可能与右汊修筑航道整治工程有关。

绥江口河口段:在 1987 年前左汊冲淤交替变化,略呈淤积的规律,之后开始冲刷下切,特别是 1990~1999 年,深泓线整体冲刷下切的趋势明显;右汊深泓线的冲淤变化较大,在大旺油库至绥江河口(伟业红砖厂)河段,深泓线不断冲深的规律明显,尤其是 1990 年后冲深的强度增大;在绥江河口至金沙洲头(木棉小学)河段,1975 年前呈冲刷规律,之后个别河段淤积十分明显,到了 1999 年,该段普遍淤高 5~6 m。

河床平均高程纵向变化:

石角—大塘段:左汊河床变化为上段淤积中、下段冲刷的规律;右汊则为上淤下冲的规律,前期冲刷,后期淤积的变化规律,年际间的冲淤交替变化,没有明显整体冲刷下切的趋势。

芦苞段:左汊河床变化较大,全河段左汊略呈冲刷的变化趋势,1987 年以前,冲淤交替变化,总体上没有明显的冲刷或淤积的趋势;右汊河床除长潭防汛亭河段冲淤变化较大外,其他河段略呈淤积的规律。1990~1999 年河床平均高程,其左汊冲淤交替变化,表现为头尾段冲,特别是在芦苞镇到芦苞水闸管理处河段,冲深 1.5~2.5 m,中间段略淤,但不明显;右汊 1975 年前为淤积,1975~1990 年为冲刷,之后又开始淤积的趋势。

黄塘段左汊变化规律为:1975 年以前为淤积,在太监洲头至下黄塘河段淤积特别明显,1975~1987 年冲刷比较突出,1990 年后冲深的速度较慢,相对比较稳定,在下黄塘以后的北江灰窑下河段,1990~1999 年河床平均冲刷较为明显,冲深 2~3 m。右汊河床变化规律为:1990 年前冲淤交替变化,有些断面先淤后冲,有些断面先冲后淤,大部分河段没有明显的冲或淤的单向变化趋势,在太监洲头至黄塘水文站河段,1990~1999 年,河床则有明显的冲深趋势,其冲刷深度为 2~3 m。

绥江口河口段左汊:冲淤变化在 1990 年前较为稳定,年际间冲淤交替变化,总的变化趋势为冲深,但其速度较慢,1990 年后,左汊河床明显冲深,最大冲深达 3 m 多;右汊冲淤变化较左汊为大,上段河床 1975 年前有淤积的趋势,1975 年后为冲刷的趋势,除中段 1987 年前呈明显冲刷趋势外,之后呈淤积的规律,下段河床总的冲深不明显;1990 年后,河床上段呈明显冲深,中、下段呈淤积的趋势。

不同时段的冲淤变化及其规律:

1965~1970 年河床冲淤变化,北江下游河段 1965~1970 年河床的冲淤变化总的趋势为淤积,其中:石角—大塘河段上冲下淤,冲淤基本平衡,略淤积约 70.3 万 m^3;芦苞段呈淤积的趋势,淤积约 239.7 万 m^3;黄塘段冲淤基本平衡,略淤积 49.8 m^3;绥江口—河口段呈冲刷下切趋势,其冲刷量为 120.69 万 m^3。由此可见,1965~1970 年,石角—河口河段河床总的冲淤变化规律为淤积,总淤积量为 239.11 万 m^3。

1970~1975 年河床冲淤变化,1970~1975 年石角—河口河段,河床呈淤积的趋势,总淤积量为 326.15 万 m^3,与 1965~1970 年相差较小,说明其淤积速度基本一致。其中,石角—大塘段略呈冲刷,冲刷量为 33.12 万 m^3;芦苞段呈冲刷的趋势,冲刷量为 85.46 万 m^3。

黄塘段明显呈淤积规律,淤积量约 370.48 万 m^3;绥江口—河口段略呈淤积规律,淤积量为 67.64 万 m^3。石角—河口河段 1970~1975 年共 5 年河床呈淤积趋势,总淤积量为 319.54 万 m^3,平均每年淤积 63.91 万 m^3。这也说明在 20 世纪 60 年代至 70 年代中,流域产沙较多,水土流失较严重,河道受人类活动影响较大。

1975~1987 年河床冲淤变化,北江下游河段在 1975~1987 年的 12 年河床演变中,其冲淤的规律与 1965~1975 年则截然不同,在此时段里,北江下游河段的河床普遍发生冲刷,个别河段如芦苞段发生淤积。石角—河口河段总的冲刷量为 573.06 万 m^3,平均每年冲刷 47.76 万 m^3。其中各河段的冲刷量为:石角—大塘段冲刷 258.74 万 m^3,芦苞段淤积 116.80 万 m^3,黄塘段、绥江河口段分别冲刷 604.35 万 m^3 和 173.23 万 m^3。分析其原因除来水来沙变化外,无序的人为取沙是其主要原因。

1987~1990 年河床冲淤变化,与前三个时段比较,1987~1990 年北江下游河段河床冲淤变化主要呈明显冲刷的变化趋势,总的冲刷量为 804.73 万 m^3,平均每年冲刷 268.24 万 m^3。在石角—大塘段,上半段表现为冲刷,下半段表现为淤积,全段累积冲刷量为 94.10 万 m^3;芦苞段总的趋势为冲刷,亦有个别断面淤积,但量很小,该段的冲刷量为 379.06 万 m^3;黄塘段河床普遍呈冲刷趋势,其冲刷量为 192.67 万 m^3,绥江口—河口段除个别断面少量淤积外,大部分断面为冲刷,其冲刷量为 138.9 万 m^3。可见,20 世纪 80 年代末北江下游河段冲刷明显的河段为芦苞段。

1990~1999 年河床冲淤变化,北江下游河段河床演变在 1990~1999 年较为剧烈,其中有人为取沙,也有航道整治工程,另外上游来水来沙的变化都直接影响到其河床的演变。该时段河床总的冲刷量为 5 918.66 万 m^3,平均每年的冲刷量为 657.63 万 m^3。石角—大塘段冲刷量为 518.08 万 m^3,芦苞段冲刷量为 803.22 万 m^3,黄塘段冲刷量为 1 489.09 万 m^3,绥江口—河口段冲刷量为 3 108.27 万 m^3。可见,北江下游河段绥江口—河口段冲刷量最大,黄塘次之,石角—大塘段冲刷量最小,河床的冲刷由下游往上游发展,其发展趋势十分明显。

3. 1999~2007 年河床演变

河道深泓线的平面变化趋势:

1999~2007 年清远北江大桥至河口河段的深泓线,2004 年相对 1999 年,深泓更加顺直,大部分河段深泓线的摆动都在航道整治线内,显示了航道整治的效果,但部分河段变化较大,有明显的人类活动影响的特征,如油金大桥上游,由于码头兴建,港池疏浚深泓线外移紧贴右岸;芦苞信用社河段、金三水泥厂下游、芦苞水闸管理处至太监洲头河段、黄塘墟下游、勒竹洲河段、绥江口下游骏马水泥厂附近等都存在明显的人为挖沙痕迹,以致河道深泓线出现明显的变化,特别需要注意的是著名的历史险段黄塘灰窑下险段附近、绥江口骏马水泥厂附近的乱采乱挖河沙,使河道深泓线逼近左岸,严重威胁北江大堤的安全,必须引起高度重视;2004~2007 年,由于航道整治丁坝对主槽的控制作用,河道深泓基本都在航道整治线内小幅度摆动,总体变化不大,2007 年相比 2004 年大部分河段深泓线更加顺直,深泓居于航槽中央,航道整治效果显著,但部分河道仍有深泓逼岸的现象,如蚬肉洲附近河段,深泓逼向右岸坝田区内;黄塘太监洲洲尾处,深泓向左岸太监洲洲尾偏转;部分河段深泓贴岸和北江下游坝田区采砂活动有直接关系。

河道深泓线纵向的变化趋势:

清远北江大桥至石角河段,1999~2004 年深泓总的表现为冲淤交替,以冲刷下切为主。其中,清远北江大桥至滨江河口河段,深泓线普遍淤高,但淤高的幅度不大,最大的局部淤高为 0.98 m;滨江河口至石角河段深泓线普遍下切,冲刷下切最严重的河段为绥江河口至苏公洲头河段、学堂洲右汊至大燕河口河段,其中深泓线下切幅度最大的是大燕河口上游右汊河段,下切幅度达 7.62 m。2004~2007 年该河段清远北江大桥至滨江河口深泓高程变化不大,滨江河口至石角河段除大燕河口段深泓有所淤积外,其余河段深泓大幅度下切,平均下切幅度超过 5 m。

石角至大塘河段,1999~2004 年总体表现为明显下切,左汊除个别断面外,全河段大幅度下切,下切幅度最大的为河道左汊大沙西防汛亭附近断面,切深达 8.77 m;河道右汊主要表现为下切,部分河段也出现局部淤高,但淤高的幅度都较小,如岗仔村附近淤高 1.04 m,梅洲水闸断面淤高 0.84 m,最大淤高断面为芒洲头断面,深泓线局部淤高为 2.09 m。2004~2007 年,河道深泓继续整体下切,仅回岐洲河道有所淤积,其余河段深泓大幅度下切,下切幅度达 2.1 m,其中深泓下切幅度最大的河段为界牌洲及邓塘洲河段,下切幅度超过 3 m,下切幅度最大河段位于界牌洲下游,最大下切幅度达 4.6 m。

芦苞河段,1999~2004 年总体表现为明显下切,除四姓洲尾部右汊出现局部淤高外,本河段左右汊深泓线均出现较大幅度下切,下切幅度最大的断面位于上村沙防汛亭附近,达 7.70 m。2004~2007 年,蚬肉洲河道深泓冲淤交替,四姓洲至太监洲河段河床深大幅度下切,下切幅度超过 5 m,深泓最大下切幅度河段位于芦苞水闸附近,最大下切幅度可达 15 m。

黄塘河段,1999~2004 年总体表现为明显下切,左汊:太监洲河段冲淤交替,太监洲下游至勒竹洲河段均呈现明显下切;右汊:除黄塘水文站断面出现局部淤高外,深泓线均出现较大幅度下切,下切幅度最大的断面位于太监洲右汊大旺农场兴隆作业区附近,达 7.10 m。2004~2007 年,该河段除在黄塘水文站附近河段深泓下切幅度较大外,其余河段呈小幅度下切之势,下切幅度为 1.1 m。

绥江河口河段,1999~2004 年左右汊深泓线均呈现明显下切,下切幅度最大的是勒竹洲尾(左汊)的伟业红砖厂附近,深泓线下切达 8.99 m。2004~2007 年,河道上段勒竹水闸至马房大桥段河床深泓冲淤交替,整体变化不大,马房大桥至老鸦洲头河段深泓大幅度下切,下切幅度达 3.2 m,最大下切幅度达 11 m,老鸦洲头至河口镇河段深泓轻微淤积,平均淤积厚度为 0.28 m。

河床平均高程纵向变化:

河床平均高程变化是反映河道河床演变的重要参数,1999~2007 年,北江下游河床平均高程整体呈逐年下切之势,1999~2004 年、2004~2007 年河床平均高程下切幅度分别为 2.99 m 和 0.82 m。1999~2004 年下切幅度较大,2004~2007 年整体下切幅度较之前有较为明显的降低。

清远北江大桥至石角河段,1999~2004 年清远北江大桥至石角河段表现为冲淤交替,整体呈轻微冲刷,河床高程平均下切 0.26 m。其中,清远北江大桥至滨江河口河段,冲淤相对平衡,除个别断面(如新北江大桥附近断面)出现下切外,该河段沿程呈淤积;滨江河口下游至正岗河口上游河段出现明显冲刷下切,正岗河口段面出现淤积;正岗河口至苏公洲左汊冲淤交替,除个别断面淤高外,大部分河段表现为明显下切,苏公洲的右汊则淤高;学堂洲的左、右汊都表现为冲刷下切,深度最深为学堂洲右汊山塘镇附近的河段,冲刷深度达 2.30 m;学堂洲尾至观洲一村河段冲淤基本平衡,略显淤积;观洲一村至石角河段则表现为冲刷下切,观洲一村至大燕河口河段尤为明显,淤积最高断面为苏公洲右汊河段淤高达 1.47 m。本河段河床平均高程总体表现为下切,下切的平均幅度左汊为 0.35 m,右汊为 0.36 m。2004~2007 年清远北江大桥至石角河段整体呈下切之势,河床高程平均下切 0.64 m。其中,清远北江大桥至滨江河口河段为清远城区河段,采砂强度较小,除新北江大桥下游处冲深较明显外,其余断面冲淤交替,河床变化不大;滨江河口下游至正岗河口上游河段出现明显冲刷下切,最大冲深达 1.5 m,正岗河口拦江沙处出现轻微淤积;正岗河口至苏公洲河道上段下切幅度较大,最大下切超过 2 m,苏公洲洲尾处河床变化较小,略有淤积;中间洲左汊下切严重,下切幅度超过 4 m;中间洲至大燕河口处冲淤交替,主槽下切,边滩略有淤积。大燕河口至石角镇河段主槽大幅下切,下切幅度超过 1.5 m。

石角至大塘河段,1999~2004 年本河段平均高程总体表现为明显下切,下切的平均幅度为 1.08 m,除界牌洲左汊的个别断面、邓塘洲头、漫水河口下游(邓塘洲右汊)出现淤积外，其他河段都出现明显的冲刷下切，其中界牌村的下游下切幅度较大，界牌村下游的梅洲村尾下切幅度达 4.68 m，上灵洲头断面为本河段淤积高度最高的断面，淤高达 1.99 m。2004~2007 年该河段继续呈大幅度下切之势，下切的平均幅度为 0.74 m，石角镇至下灵洲主槽普遍下切，下切幅度超过 1.5 m，下灵洲至界牌洲头河段主要表现为主槽轻微下切，界牌洲尾至邓塘洲河段河槽主槽大幅度下切，下切幅度超过 1.3 m，其中邓塘洲左汊变化不大，右汊下切明显，大塘镇附近河段亦呈下切之势。

芦苞河段（大塘镇至太监洲河段），1999~2004 年，本河段河床平均高程总体表现为明显下切，平均下切幅度为 2.47 m。在蚬肉洲头至太监洲头河段除个别断面（如蚬肉洲尾断面）外，这一河段的左汊都表现为冲刷下切；蚬肉洲的右汊则为明显的冲刷下切，四姓洲右汊河床平均高程为冲淤交替，本河段淤积最高处为四姓洲右汊芦苞镇上游处为 1.63 m，芦苞水闸下游明显冲刷下切。冲刷深度最大的断面为芦苞水闸管理处右汊断面，刷深深度为 5.06 m。2004~2007 年，本河段河床平均高程继续下切，平均下切幅度为 2.47 m。大塘镇至蚬肉洲头河床冲淤动态平衡，总体变化不大，蚬肉洲断面主槽局部出现冲刷深坑，蚬肉洲尾至芦苞洲头河段主槽呈小幅度下切，在芦苞洲中段浅滩处形成一较大的冲刷深坑，冲刷幅度超过 8 m，四姓洲右汊也下切幅度较大，下切深度达 6 m 以上，太监洲洲头处边滩总体下切，太监洲中段河床变化较小。

黄塘河段，1999~2004 年，本河段河床平均高程总体表现为明显下切，平均下切幅度为 1.76 m。太监洲左汊呈现上淤下冲，太监洲左汊上半段基本上维持冲淤平衡，末段出现明显的冲刷下切，黄塘水文站至黄塘水闸附近河段基本上维持冲淤平衡，黄塘水闸至勒竹洲头河道表现为明显的冲刷下切；本河段右汊除太监洲尾出现局部淤高（达 3.02 m）外，都呈现为冲刷下切，下切幅度最大的断面位于黄塘水文站附近，其河床平均高程下切达 4.97 m。本河段左汊河床平均高程平均下切幅度为 0.18 m，右汊为 1.46 m。2004~2007 年，本河段除黄塘圩附近河段左岸边滩下切幅度较大外，其余河段河床平均高程冲淤交替，表现为小幅度冲刷，冲刷幅度为 1.06 m。

绥江河口段，1999~2004 年，本河段河床平均高程总体表现为下切，平均下切 1.56 m，左汊冲刷下切较剧烈，下切的平均幅度为 1.50 m，右汊下切平均幅度较左汊小，为 0.31 m。其中，勒竹洲左汊下切最为严重，最大下切深度达 7.02 m；右汊河道总体上也表现为冲刷，但其河床平均高程下切的幅度远比左汊小，河床平均高程淤积最高断面位于老鸦洲右汊，达 4.5 m。2004~2007 年，绥江河口段河床变化在空间上可分为明显的三段，勒洲至金沙洲河段冲淤交替，河床小幅度下切，下切幅度为 0.5 m 左右，金沙洲至老鸦洲河段河床主槽大幅度下切，下切幅度达 1.5 m 左右，老鸦洲至河口镇河段河床断面形态变化较小。

综上所述，受人为乱采乱挖河砂的影响，1999~2004 年北江下游河段河床平均高程主要表现为冲刷下切，下切的幅度由上游往下游逐渐增大，这主要受下游经济建设发展水平比上游高、建筑用沙量大的影响，以及采砂船运距的影响；2004 年以后，北江下游河段加强采砂监管，偷采、滥采行为得到一定程度抑制，北江下游整体大幅度下切的趋势有所缓解，《2005 年北江采砂规划》将北江大堤河段设为禁采区，但规划实施是从 2006 年才开始，但从 2004~2007 年河床平均高程变化看，2004~2006 年期间北江下游河道局部河道仍存在偷采现象，如界牌、芦苞洲、老鸦洲附近河段坝田区及江心洲的大幅度下切现象及部分河段主槽出现的局部冲刷深坑，都和该河段的河道采砂有关。

冲淤变化及其规律：

1999~2007 年北江干流下游河段经历了一系列人类活动的影响，包括 1999~2004 年进行的北江下游航道整治工程及北江下游大规模河道采砂活动，这些人类活动深刻改变了北江下游自然冲淤演变的格局。1999~2007 年北江下游冲刷总量 1.49 亿 m^3，其中 1999~2004 年及 2004~2007 年河床冲刷总量分别为 8 595.7 万 m^3 和 6 304.8 万 m^3，河床年均冲刷量分别为 1 719.1 万 m^3/a 及 1 576.2 万 m^3/a。从不同河段看，1999~2004 年，河床冲刷强度最大的河段为石角至大塘河段及芦苞河段，冲刷总量分别为 2 613.5 万 m^3 和 2 443.4 万 m^3，年均冲刷量分别为 522.7 万 m^3/a 及 488.69 万 m^3/a；其次为绥江河口段，冲刷总量为 1 544.6 万 m^3，年均冲刷量为 308.9 万 m^3/a；冲刷量最小的河段为清远大桥至石角河段和黄塘河段，冲刷总量分别为 1 258.7 万 m^3 和 735.5 万 m^3，年均冲刷量分别 251.8 万 m^3/a 及 147.1 万 m^3/a；2004~2007 年，河床冲刷量最大的河段依然是芦苞河段及石角至大塘河段，冲刷总量分别为 1 689.1 万 m^3 和 1 595.9 万 m^3，年均冲刷量分别为 424.53 万 m^3/a 及 398.97 万 m^3/a；值得注意的是，这一时期清远至石角段的年均冲刷量有所增加，年均冲刷量从上一时期的 251.8 万 m^3/a 增加至 324.4 万 m^3/a，下游绥江河口河段的冲刷总量有所减少，冲刷总量从上一时期的 1 544.6 万 m^3 减少至 1 234.3 万 m^3。该时期河床冲刷量最小的河段依然是黄塘河段，冲刷总量为 479.1 万 m^3，年均冲刷量为 119.8 万 m^3/a。北江下游上段冲刷量增加，下游冲刷量的减少的趋势与采砂活动从下游向上游转移的时序性具有较好的相关性。

清远至石角河段主要冲刷区主要沿航槽分布，在正岗河口至学堂洲头形成一条长长的冲刷带，冲刷均深度超过 4 m，在学堂洲至烂柴洲河段主航槽内，也有一条冲刷带，冲刷深度为 2~4 m，正岗河口对开河段左岸坝田区也是一个冲刷高值区，冲刷深度达 6 m 以上，其余河道边滩及坝田区冲淤交替，冲淤深度基本在 2 m 以内；石角至大塘河段在界牌洲至邓塘洲河段沙洲浅滩及边滩坝田区内形成大片冲刷区，冲刷深度为 4~8 m，邓塘洲洲头侵蚀严重，此外在河道主航槽内冲刷区亦呈条带状分布，冲刷深度在 2 m 以内；芦苞河段四姓洲东翼浅滩及太监洲西翼浅滩大幅冲刷，冲刷深度均为 2~8 m，江心洲遭到大幅度破坏，沙洲面积锐减，高程大幅度下切，在河道主航槽内同样形成条状冲刷带，其余边滩坝田区基本冲淤动态平衡；黄塘河段冲刷强度相对较小，在太监洲西侧边滩、主航槽内及丰平洲东侧边滩、主航槽内形成冲刷高值区，此外在丰平洲洲尾处形成一较大的冲刷深坑，冲刷深度在 4 m 以上，绥江河口对开河段环江心洲形成一圈冲刷区，冲刷深度为 2~4 m；马房至河口河段沿主航槽形成明显的冲刷深槽，从马房港下游一直延伸至老鸦洲洲尾。

2004~2007 年河床冲淤平面变化受人类活动的影响显著，北江下游主航槽的普遍下切是航道整治疏浚与河道采砂活动叠加的结果，而江心洲附近浅滩及边滩坝田区的局部冲刷区与坝田及沙洲的采砂活动有紧密关系。

从演变趋势来看，清远以上河段在清远水利枢纽建设前，演变较为复杂，上游有伦洲岛分汊河道影响，下游受无序采砂活动影响。目前，本河段无序采砂现象已经基本控制，随着清远水利枢纽的建成运行，库区河段水流缓慢泥沙淤积，下切趋势将中止并转向淤积，而在枢纽下游受清水下泄影响，冲刷将有所增强。

综上所述，北江下游淤积河段主要位于清远水利枢纽—白庙段，邓塘洲、芦苞洲、界牌洲等河宽突然展宽河段，石角—邓塘洲丁坝密集河段的坝田区，砂源区分布与上述淤积河段基本一致；冲刷区域主要位于主航道和清远水利枢纽大坝下游附近河段。

4.4　河道演变趋势分析

4.4.1　演变趋势

河床演变受自然作用和人类活动共同作用的影响，人类历史上很长时间内，自然作用都是河床演变的控制因素。近代以来，随着人类科技的进步，河床演变已逐渐由自然因素控制逐渐转变为自然因素与人为因素共同控制，且在人类活动较多的河段逐渐表现出人为干预超过自然因素的作用而成为主要控制性因素的趋势。人为因素对河道演变的影响主要体现在水工建筑物的修建，如水库、水闸、堤防、桥梁、码头等工程的建设，都能在一定程度上使河流的水流情况和河床情况发生相应的变化。例如水库、水闸建成以后，上游由于流速减小，泥沙将普遍落淤；下游由于水流集中下泄，在紧接海漫之后形成巨大的局部冲刷坑；由于水库清水下泄，将在相当长的河段内造成普遍冲刷现象。堤防、桥梁、码头及各种河工建筑物的修建，都将在一定程度上改变水流结构，使河床发生相应变化，这些可能发生的河床变化。

河床演变的具体原因千差万别，但归根结底都是由输沙的不平衡引起的。当上游的来沙量与本河段挟沙能力不相适应时，水流便处于不平衡输沙状态，河床将发生相应的冲淤变化。无论是自然状态还是人工干扰，无论是长河段还是局部河段，河床变形都是由不平衡输沙引起水流、河床不相适应后相互作用的产物。

4.4.1.1　北江中游段

20 世纪 90 年代以来，该河段内先后修建了孟洲坝水电站、白石窑水电站、飞来峡水利枢纽和濛里水电站，将北江中下游河段分割成库区常年回水段、变动回水区河段、坝址下游近坝段及其以下非渠化河段四种不同类型，较大程度改变了该河段河床演变的情况。

近年北江中游韶关至清远河段中的库区常年回水段末段和变动回水区演变特性使河床普遍淤高，枯水河床有所缩窄，但缩窄变化不很突出；枢纽下游河段在近坝段均受冲下切，然后沿程出现冲淤交替现象，河床自然演变和人为影响产生横向变形也是局部的。

从演变趋势来看，未来北江中游淤积河段主要位于孟洲坝水电站、濛里水电站、白石窑水电站、飞来峡水利枢纽库区。白石窑库尾段水流流速减缓，倾向淤积，同时处于濛里坝下，受清水下泄影响，倾向冲刷，今后库尾段将保持上段冲刷、下段淤积的态势；随着飞来峡水利枢纽的建设，影响趋于稳定，其库区河床将逐渐恢复稳定状态，并最终趋于冲淤平衡。考虑清远水利枢纽回水影响，飞来峡坝下河段冲刷作用将逐渐减弱。

4.4.1.2　北江下游段

历史上，北江干流河床演变主要受自然因素控制，北江下游河道属冲积型河道，河道宽窄相间呈藕节状，放宽处分汊，水流散乱，深泓曲折，砂质河漫滩、边滩及江心洲控制低河岸，洪水期水流比降平缓，而中、枯水期受边滩、心滩影响，比降增大，洲滩有洪淤枯冲的演变特性，所以洪水发生频次及程度，直接影响到洲滩面积的改变，天然情况下北江下游河床演变规律呈淤积趋势。

20 世纪 60～80 年代中期，北江大堤河段主要是以人类活动影响下的自然演变为主，人类活动的影响主要是航道的整治，航道整治丁坝的修建，改变了河道横断面的流速分布，把河道泥沙冲淤的部位进行重新调整，整治线宽度内的河床被冲刷，一部分淤积于本河段的坝田区内，另一部分则被冲刷带往下游河段淤积，全河段总的泥沙冲淤量是平衡的；河床演变的动力仍是水流动力。

20 世纪 80 年代末期以来，北江下游河段人类活动的影响除 1998～2005 年航道工程影响外，更大的影响是大量、无序的人为挖沙。挖沙对河道演变的影响是深远的，大量、无序的人为挖沙使河道的泥沙冲淤失去平衡，20 世纪 80 年代末期尤其是 90 年代以后，北江大堤各河段河床急剧冲刷下切，其速度远远大于之前河道自然冲淤的速度，而且从上游往下游，河道冲（挖）的速度成倍递增，这足以说明，近年来北江下游大规模采砂活动是河床形态大幅度变化的主要原因，近 20 年来大规模采砂活动导致河床冲淤性质由淤转冲，河槽容积增大，河床大幅度下切，河床向窄深方向发展，高强度采砂活动大幅度改变了河床形态，也对河道水动力条件产生较显著影响，北江下游水位下降，主要水文站点水位—流量关系发现明显变化，下游潮汐动力增强。

从演变趋势来看，随着清远水利枢纽的建成运行，泥沙在库内淤积，库区河段水流缓慢泥沙淤积，下切趋势将中止并转向淤积；同时出库沙量锐减，甚至为清水下泄，下游河床输沙失去平衡，枢纽下游附近河段刷将有所增强。随着北江河道无序采砂现象得到基本控制，北江下游河道总体演变趋势将转向淤积。北江下游淤积河段主要位于清远水利枢纽—白庙段，邓塘洲、芦苞洲、界牌洲等河宽突然展宽河段，石角—邓塘洲丁坝密集河段的坝田区，砂源区分布与上述淤积河段基本一致；冲刷区域主要位于主航道和清远水利枢纽大坝下游附近河段。

4.4.2　影响因素分析

河床演变是具有动边界的水沙两相流必然会发生的现象。河床决定水流，水流反过来通过泥沙冲淤使河床发生变化。由因生果，倒果为因，循环往复，变化无穷，这就是河床演变。

影响河床演变的主要因素可概括为进口条件、出口条件及河床周界条件。进口条件主要是：河段上游的来水量及其变化过程；洞段上游的来沙量、来沙组成及其变化过程。这两个条件也可理解为河流作为一条输水输沙通道所必须完成的基本任务。为此，河流必须进行自我塑造，使之具有在平均情况下输送来水来沙的能力，而当来水来沙发生波动时，则适时地做出自我调整，来适应这种变化。

出口条件主要是出口处的侵蚀基点条件。它可以是能控制出口水面高程的各种水面，如河面、湖面、海面等，也可以是能限制河流向纵深方向发展的抗冲岩层的相应水面；应该说明，所谓侵蚀基点并不是说在此点之上的床面不可能侵蚀到低于此点；而只是说，在此点之上的水面线和床面线都要受到此点高程的制约，在特定的来水来沙条件下，侵蚀基点的情况不同，河流纵剖面的形态、位置及其变化过程会出现明显的差异。

河床周界条件泛指河流所在地区的地理、地质条件，包括河谷比降，河谷宽度，组成河底、河岸的土层是较难冲刷的岩层、卵石层、黏土层，抑或较易冲刷的沙层等。即使进、出口具有完全相同的来水来沙条件及侵蚀基点条件，不同的河床周界条件仍会带来不同的河床演变特点。

随着人类活动对河流的干扰日益加剧，大量水利工程的修建对河道进口条件、出口条件及河床周界条件产生了不小的影响。因而，人类活动逐渐成为影响河道演变的主要因素之一。如大型水库的修建和工农业用水的大幅度增加，已使河流的来水来沙条件发生了巨大变化，这些变化在干旱或半干旱地区的河流上尤为显著，严重的已成为间歇河，如永定河，人类活动导致的水沙条件的变化已到了非考虑不可的时候了；水库群的修建在许多河流上构造了一系列新的侵蚀基点，其对河床演变的影响也应在考虑之中；河床周界条件的受控程度，随着提防、护岸工程及各种沿洞、跨河建筑物的广泛兴建而日益增加，由此产生的对河床演变的影响同样是不可忽视的。

比较北江干流中游和下游的河道演变情况，可看出两部分的变化趋势有所不同，除都显示出自然演变规律的特征外，中游段受水利枢纽工程建设影响较明显，下游段则主要受大量采砂活动的影响。

4.4.2.1　北江中游河段演变成因分析

北江中游河段河道演变形势较复杂，除河床自然演变因素外，人为影响产生的局部横向变形、沿程冲淤交替、近坝段受冲下切等现象同时存在。引起北江中游河道变化的因素很多，概括起来有以下几点：

(1)由于北江中游河段，在20世纪90年代修建了孟洲坝等3座水利枢纽，从根本上改变了该河段的来水来沙特性，使水流输沙能力发生了较大的变化，加上有些河段无序采砂，促使整个河段河床冲淤态势发生改变。这是整个河床演变的主要原因。

(2)北江中游有些滩段洪、枯水流动力轴线不一致，造成洪水期大量泥沙在滩上淤积而中、枯水不能完全带走。

(3)北江中游航道部门曾在20世纪50、70、90年代先后进行过局部滩险的整治，经整治后滩险的航槽有所刷深，但没有整治的滩险因上下游水流环境发生了变化导致河床演变。

(4)干支流交汇角较大，水流相互冲击，阻碍干道水流正常行进和影响输沙力，也是引发河床演变的重要因素之一。

4.4.2.2　北江下游河段演变成因分析

北江干流下游河道在20世纪90年代以前基本是冲淤交替，同级流量水位基本不变或变化不大；90年代后则主要表现为冲刷，同级流量的水位下降，河床下切速率较大，究其原因，主要也受以下几方面影响。

1. 采砂

随着经济建设的发展，城市建筑、道路桥梁建设、填地等方面用沙量剧增，北江下游出现采掘河沙的现象。由于早期各方面的认识不足，加上巨大经济利益的驱动，北江干流河道曾长期处于一种无控制、盲目无序和超量无度的采砂态势。河道人工挖沙量十分巨大，其对河流的作用强度已经超过了河流自然演变强度，并大大改变了河流自然演变下的冲淤态势，成为影响河势变化、水位—流量关系变化的主要原因。

2. 堤防建设

自20世纪90年代以来，洪水灾害频繁，严重地危害了沿江两岸居民的生命和财产安全，为了保卫自己的家园，今年来在河道两岸不断修筑新的堤防，加高加固已有的堤防，在滩地上加高子堤或提高原子堤标准，减少河道的槽蓄作用，洪水归槽加大了洪峰流量，改变了原天然河道的洪水特性，导致同级洪峰频率增大，引起河床下切。

3. 清水下泄冲刷

飞来峡枢纽下泄不稳定，使枢纽下游河道流量时大时小，流速随之发生变化，下游河道受其冲刷影响，且河床下切沿程衰减。

4. 自然演变及其他影响因素

河道自身有其自然演变规律，气候、降雨条件及其他一些水文条件的改变都会给河道特性带来或多或少的影响。另外，航道整治工程、疏浚工程及河道滩地的开发工程等都直接影响到河床的演变。

4.5 存在问题

20世90年代后期，流域大规模、无序河道采砂造成河床下切、堤岸崩塌、水位下降、航道改变；北江中下游沿河开发建设项目众多，侵占河道现象时有发生。2000年以来，河道采砂和河道被侵占造成的诸多问题引起社会的广泛关注，部分地区通过制定政策法规、严厉打击非法采砂和侵占河道行为。河湖长制推行以来，各级河长履职尽责，进一步加强河道管理；同时，水利部在全国开展了河湖采砂专项整治行动和河湖“清四乱”专项行动，河道违规采砂和侵占河道的行为得到一定的控制，北江河道采砂和岸线管理取得了一定成绩，但在河道岸线和河道采砂管理中主要还存在以下几方面的问题。

(1)北江中下游沿河开发建设项目众多，侵占河道现象时有发生。从侵占河道的形式来看，主要有占用河道边槽、占用河滩地、占用江心洲等。从侵占河道的类型来看，主要有城镇建设、码头建设、违规子堤建设等。由于侵占河道形成人为河障，导致河道行洪面积减少、流速增加，当洪水来势猛、流量大时，形成深槽迫岸引发塌坡，对堤围安全造成了严重威胁。此外部分河障(如违规的子围、子堤)自身也存在防洪安全隐患。由于子围、子堤等河障为附近村民自行建设，没有经过具有相应资质的单位设计，施工质量更是难以保证，当发生较大洪水时，这些大大小小的子围、子堤等势必首先受灾。为确保子围防洪安全，政府要花大力气做好群众避险和安全转移工作，严重浪费防洪资源。另外，沿江某些子围、子堤逐年加高，部分扩大占滩面积，直接减少了河流漫滩的功能，使河流滩槽变化与水流强弱不匹配，从而削弱了河道的健康发展与自我调节能力。

(2)河湖管理范围有待明确，管理缺乏有效依据。目前，广东省在河湖管理范围划定上主要依据《广东省河道堤防管理条例》、地方性法规及个别工程的管理办法等。其中，“河道管理条例”主要针对已有堤防的河段，对没有堤防的河道没有具体说明，但该部分岸线资源占比达76%，这些地区涉水管理缺乏范围和依据，特别是滘江滞洪区严重缺乏淹没范围的管理线。对于已有堤防 0020 的河段或水利工程虽然有较明确的管理范围，但由于历史遗留原因，管理区和地方土地划界不明确，加之原有界桩界墙不完善、不明确或年久失修，侵占管理区用地时有发生。因此，尽快开展河湖管理范围划定是开展河长制管理的基础性工作。

(3)河湖水域岸线保护利用缺乏指导，岸线资源不能有效集约利用。北江三角洲是广东省的核心区域，人多地少，且许多河道滩地发育，因此合理科学地开发岸线滩地资源，可以有效地缓解土地需求与供给之间的矛盾。但是，目前滩地开发还没有统一的规划，导致过度盲目地侵占河道滩地，如北江干流、顺德水道和佛山水道等。界河两岸甚至争相占用河道资源，如李家沙、洪奇沥等水道。一些地区的岸线开发利用未能统筹处理，取水口、排水口、港口码头犬牙交错，相互影响。有些开发利用项目，不符合河段水质保护要求，降低了水功能区环境等级，甚至还挤占了水源保护区，一些油码头、危险品码头、排污口极易造成下游取水口水域的污染，因此进一步开展岸线保护利用是十分必要的。

(4)非法采砂屡禁不止，影响河势稳定，危及公共安全。北江河砂资源利用未能从流域上下游、河道左右岸及各地区之间的关系等方面统筹考虑。随着流域经济社会不断发展，砂石需求量居高不下，加之河流总体来沙量持续减少，河砂市场供需关系逐渐失衡，河砂价格不断攀升，由于非法采砂成本低、利润巨大，造成非法采砂活动屡禁不止。部分采砂标段的中标人违反相关规定，在河堤坡脚、桥梁、拦河建筑物等的安全保护范围内乱采滥挖。此外，少数不法分子追求暴利，借个人家庭生活用砂之名，采用“蚂蚁搬家”式非法采砂现象时有发生。无序采砂导致部分河道下切，引起河网区分流比改变，咸潮上溯增强，给防洪、生态、供水等公共安全带来严重影响。

(5)执法能力不足，监管难以到位。近年来，实行 24 h 现场采砂计量管理和“四联单”登记制度，取得一定成效，但受技术和设备、人力的限制，监管难以到位。对于已批准实施的采区，难以精确控制采砂船实际开采范围，越界开采现象时有发生；在采砂量控制上，凭抽查、估计和理论上的计算，缺乏有效的监管措施，超量采砂现象时有发生。目前，流域大部分地区水行政主管部门可用于采砂管理及执法的人员队伍有限，执法管理专用的码头、基地、船只和装备缺乏，水政执法力量不足与执法范围广、任务重的矛盾非常突出。

第5章 北江流域的防洪抗旱体系

北江上游由武江乐昌峡水利枢纽、浈江湾头水利枢纽与堤防工程组成堤库结合的防洪工程体系,使韶关市100年一遇的洪水降为20年一遇,乐昌市50年一遇的洪水降为10年一遇,并纾缓中、下游防洪压力。北江中游以堤防为主。

北江下游由飞来峡水利枢纽、潖江滞洪区及芦苞涌和西南涌分洪河道、下游堤防工程形成蓄、滞、控兼施的防洪工程体系。北江大堤按100年一遇达标加固(结合芦苞、西南两涌整治),经飞来峡水利枢纽的调节及潖江滞洪区的运用,可以抵御北江300年一遇洪水。

北江流域抗旱工程体系不够完善,兴利库容不足,部分抗旱工程设施年久失修,配套设施不全,抗旱能力有待提高。

5.1 北江流域历史水旱灾害

5.1.1 洪灾

北江流域历史以来,洪水灾害都比较频繁而严重。有谚语流传:"南雄洒湿石,韶关大三尺,英德浸瓦脊,清远无定笛(无地方可走)",反映出了北江洪水自上、中游汇集而下造成的沿途灾害情况。

北江有史料可查的洪灾,最早于东晋太元八年(383年)记:"夏历5月,始兴郡大水",而后唐、宋、元、明、清时期的志书、史料亦有短缺不连续的简单记述,至民国时期,中华人民共和国成立至今北江洪灾有较为详细的记载。北江流域的洪灾可分为流域性洪灾、北江上游洪灾等。

5.1.1.1 流域性洪灾

1."1877年"洪水

清光绪三年三月,清远大雨连绵,北江水涨,十三日辰时石角围被洪水冲崩百余丈,冲坏田庐无数,淹浸禾稻杂粮,俱欠收。夏秋以来又复两次被水淹。

春,仁化淫雨,水涨为灾,冲塌民居田亩无算,自夏往秋复阴雨连绵,百谷不登,早稻收未及半,迟翻两造及薯、芋、粟等物,亦不过收一二成,是年冬,米价腾贵。

四月十八日,滃江大洪水,沿岸房屋倒塌无数,居民死伤百余,田地被淹,牲畜、杂物、禾稼漂失无数。

四月二十六至二十八日,连州、连山大水,山洪陡发。乐昌四月武水暴涨,城内行舟,郊野浸成泽国,浸害牲畜,城墙崩塌。阳山大水,冲田地淹屋宇甚多,灾遍全邑,民多乏食。四月武水,乳源暴涨,桂头墟内行舟,南水河大水。

四月二十八日,曲江大水,韶州城内街衢漫溢,高低不一,城外水深二丈有余,五月初四始退,东西北各城墙楼垛炮台崩坍一百五十余丈,倾斜膨裂者一百二十余丈,河堤冲倒九十余丈,沿河一带田庐淹没不少。各乡亦均同时被水浸,其中受害之区,惟龙归、江湾为最,乌石、樟树潭、罗坑、白土亦匪轻,西水略有波及,其中皆从山顶涌奔而来,或由交界各河汇注,倾刷奔腾之势,骤不及防,各乡共冲塌房屋一千四百八十三间,淹没田亩共二十三顷九十五亩,淹死男女三十五人。英德水涨,平地四丈有奇,县署大堂水深五尺八寸,淹田塌屋无数,是岁秋稻亦歉收。翌年大饥荒,灾民采土茯苓或竹子米食。

夏,始兴大水,岁饥,谷米涌贵。自十月迄今正月。始兴又水雪不止,民无生计,束手待毙。

夏,新丰大水,城郊,马头沿河岸,民居被水冲塌无数,农田受损。

2. "1915 年"洪水

1915 年珠江流域洪水,无论暴雨、洪水的范围和规模,还是洪水灾害的程度都是 20 世纪以来大的一次,也是珠江流域有史可考,影响广的一次洪水。西江、北江下游同时发生 200 年一遇特大洪水,西江梧州洪峰流量达 54 500 m^3/s,遭遇北江横石站洪峰流量 21 000 m^3/s,相应水位 24.96 m。清城水位站洪峰水位 14.88 m,相应归槽洪峰流量 17 610 m^3/s,为稍大于 200 年一遇的洪水,属查测和实测的第一位大洪水;查测石角水文站的洪峰水位 13.48 m,相应归槽洪峰流量 22 000 m^3/s,为稍大于 200 年一遇的洪水,属查测和实测的第一位大洪水;查测连江高道水文站洪峰流量 7 350 m^3/s,相应水位 33.83 m,为接近 50 年一遇的大洪水,属查测的第二位大洪水。适逢大潮期,使珠江三角洲遭受空前严重水灾,西江、北江中下游及三角洲堤围几乎全部溃决。韶关市老城、乐昌县城盆地、英德县城全部淹没,韶关(二)站水位 59.206 m,超警 5.62 m,相当于 140 年一遇。清远县城仅学宫街、起凤里、城隍街、西门街未浸,北江两岸成泽国,受淹面积 77.25 万亩,倒塌房屋 4.93 万间,灾民 21.53 万人。广州市全城三分之二受淹,西关、长堤等地水浸七个昼夜,水位高达 3.48 m,死伤无数,灾情惨重。由于西江、北江同时发洪,三角洲地区尽成泽国,受灾 647 万亩,受灾人口 378 万人(死伤 10 余万人),洪灾损失折算至 1990 年约达 300 亿元。

3. "1931 年"洪水

1931 年洪水北江灾情严重,近乎"乙卯"洪水,雨情类似 1915 年的情况,是全流域性降雨,但有较明显的暴雨高区,主要是发生在韶关至连江口之间的滃、连两江,致酿成横石仅次于 1915 年的第二位大洪水。横石站洪峰流量 19 600 m^3/s,相当于 100 年一遇。

韶关 6 月 26 日至 7 月初,低洼街道均遭淹浸,风度路、武城街一带水深 4~5 尺(1 尺=1/3 m);英德市旧城区,全城连续淹浸 5 d,城中铺户浸至二楼或三楼;清远旧城区,于 27 日至 28 日即遭淹浸,仅地势较高的街道未浸,清城区源潭圩尽没水中,地势较高处的屋宇尚露出屋顶,低处的房舍尽行没顶,原清远县灾民 30 万人;阳山七拱镇,雨势滂沱,为空前的洪水。北江流域总受灾面积 283 万亩。

这场洪水,查测英德市英城洪峰流量为 12 000 m^3/s,相应水位 35.45 m,为稍大于 50 年一遇的洪水——属查测和实测的第二大洪水;查测横石水文站洪峰流量为 19 600 m^3/s,相应水位 24.49 m,为稍大于 100 年一遇的特大洪水——属查测和实测的第二特大洪水;查测清城水位站洪峰水位 14.72 m,相应归槽洪峰流量 16 440 m^3/s,为大于 100 年一遇的特大洪水——属查测和实测的第二特大洪水;查测石角水文站洪峰水位 13.16 m,相应归槽洪峰流量 19 600 m^3/s,为接近 100 年一遇的特大洪水——属查测和实测的第一位特大洪水。查测连江高道水文站洪峰流量 7 900 m^3/s,相应水位 34.62 m,相当于 100 年一遇的特大洪水——属查测和实测的第一位特大洪水;查测滃江茂园街洪峰流量 4 480 m^3/s,相应水位 87.85 m,相当于 100 年一遇的特大洪水——属查测和实测的第一位特大洪水;滃江、滨江、漫水河均没有查测的洪水位或洪峰流量。

4."1968 · 6"洪水

1968 年 6 月,受静止锋、低压槽等天气系统的影响,西江、北江的上、中游连降暴雨,北江暴雨中心在连江口一带,北江出现 20 年一遇洪水,石角站洪峰水位 13.79 m,三水站持续在警戒水位以上时间长达 37 d;西江出现 10 年一遇洪水,高要站洪峰水位 12.76 m,最大流量 42 600 m^3/s。芦苞水闸于 6 月 27 日最大分洪流量 1 210 m^3/s,西南水闸于 6 月 27 日最大分洪流量 917 m^3/s。

韶关地区全区受淹水稻 25.61 万亩、旱作 1.52 万亩、秧田 2.59 万亩;冲毁堤围 56 条、山塘 275 座、陂头 5 453 宗、水圳 2 867 条;死亡 45 人、受伤 38 人;倒塌房屋 8 193 间。其中:

韶关市区受淹水稻 4 500 亩(其中严重失收 3 077 亩)、旱作 1 912 亩(其中严重失收 1 205 亩);倒塌住房 11 间。

曲江受淹水稻 45 000 亩(其中严重失收 25 921 亩)、旱作 13 019 亩(其中严重失收 7 194 亩);冲毁山塘 41 座、陂头 127 宗、水圳 197 条;倒塌住房 60 间。

仁化受淹水稻 10 000 亩(其中严重失收 2 150 亩)、旱作 950 亩(其中严重失收 310 亩)、秧田 310 亩;冲毁山塘 5 座、陂头 2 宗;倒塌住房 41 间。

乳源受淹水稻 11 000 亩(其中严重失收 6 000 亩);冲毁山塘 7 座、陂头 2 宗、水圳 2 条;死亡 2 人、受伤 3 人;倒塌住房 48 间。

南雄受淹水稻 22 300 亩(其中严重失收 12 000 亩)、旱作 6 877 亩(其中严重失收 3 400 亩)、秧田 250 亩;冲毁堤围 6 条、山塘 35 座、陂头 190 宗、水圳 160 条;死亡 2 人;倒塌住房 209 间。

始兴受淹水稻 13 000 亩(其中严重失收 5 200 亩)、旱作 940 亩(其中严重失收 380 亩);冲毁山塘 4 座、陂头 58 宗、水圳 13 条。

乐昌受淹水稻 35 000 亩(其中严重失收 11 269 亩)、旱作 5 000 亩(其中严重失收 2 500 亩);冲毁山塘 2 座、水圳 11 条;死亡 5 人;倒塌住房 51 间。

连县受淹水稻 81 528 亩(其中严重失收 9 381 亩)、旱作 12 160 亩(其中严重失收 3 122 亩);冲毁山塘 49 座;死亡 3 人;倒塌住房 412 间。

连山受淹水稻 1 000 亩(其中严重失收 880 亩)、旱作 683 亩(其中严重失收 40 亩);冲毁陂头 270 宗、水圳 221 条。

连南受淹水稻 200 亩(其中严重失收 56 亩)、旱作 157 亩;冲毁陂头 3 宗、水圳 3 条;倒塌住房 7 间。

阳山受淹水稻 157 330 亩(其中严重失收 5 999 亩)、旱作 23 351 亩(其中严重失收 12 956 亩);死亡 2 人;倒塌住房 325 间。

英德受淹水稻 149 812 亩(其中严重失收 87 146 亩)、旱作 52 817 亩(其中严重失收 32 174 亩)、秧田 7 541 亩;冲毁堤围 35 条、山塘 85 座、陂头 1 554 宗、水圳 735 条;死亡 12 人、受伤 30 人;倒塌住房 1 122 间。

清远受淹水稻 87 241 亩(其中严重失收 40 000 亩)、旱作 28 415 亩(其中严重失收 14 000 亩)、秧田 16 329 亩;冲毁堤围 15 条、山塘 5 座;死亡 4 人;倒塌住房 4 832 间。

新丰受淹水稻 8 262 亩(其中严重失收 908 亩)、旱作 3 175 亩(其中严重失收 1 250 亩)、秧田 848 亩;冲毁山塘 5 座、陂头 1 342 宗、水圳 699 条;死亡 6 人;倒塌住房 459 间。

佛冈受淹水稻 41 548 亩(其中严重失收 14 215 亩)、旱作 2 614 亩(其中严重失收 1 598 亩)、秧田 658 亩;冲毁山塘 37 座、陂头 1 905 宗、水圳 826 条;死亡 8 人、受伤 3 人;倒塌住房 616 间。

西江、北江中下游受灾面积达 190.95 万亩,北江大堤全线险象环生,珠江三角洲近 28.5 万亩农田受灾。

5."1982·5"洪水

1982 年 5 月,清远、英德、阳山等 14 个县(市)普降暴雨至大暴雨,降雨从 9 日开始至 14 日结束,全流域平均雨量 284 mm,最大是清远站 875 mm,其次是珠坑站 841 mm,100 mm 以上的笼罩面积 43 511 km^2,800 mm 以上面积占 794 km^2。暴雨中心主要集中在广宁江屯、滨江中下游、英德的大洞、大湾、横石塘和清远珠坑等地,清远站、珠坑站等 24 h 和 72 h 雨量都超过千年一遇。

受暴雨影响,北江出现 50 年一遇大洪水,石角站洪峰水位 13.96 m,最大流量 15 200 m^3/s;北江支流连江、滨江、绥江等发生中华人民共和国成立以来特大洪水,清远、英德、阳山、四会、怀集、广宁等县遭受严重的洪水灾害,英德高道洪峰水位 34.1 m,滨江珠坑洪峰水位 33.55 m,绥江四会洪峰水位 12.4 m,均为中华人民共和国成立以来最高水位。

韶关全区受灾人口 149.52 万人(其中 51.46 万人被洪水围困);倒塌房屋 11 万间;死亡 446 人、受伤 2 198 人;受浸农作物 151 万亩,失收 41.47 万亩;冲垮山塘 427 口、陂圳 6 754 宗、堤围 90 条、电站 76 座;倒塌校舍 1 784 间。其中:曲江罗坑地区连降暴雨,累计降雨量 560.8 mm,罗坑水库水位由 9 日 8 时 274.57 m 上涨至 12 日 8 时的 286.3 m,库容由 1 280 万 m^3 猛增至 4 920 万 m^3,溢洪道水深 3.5 m。由于水库溢洪道三孔闸门起重、启闭设备未安装好,水库安全受到严重威胁。12 日晚,库区仍持续暴雨,水库水位每小时上涨 1.2 m,大坝危在旦夕。13 日 2 时,抢险人员艰苦攻克技术难关,先后开启 3 个闸门排洪,水库大坝才化险为夷。

清远清城水位 15.90 m,超警 3.90 m。清城、太平、回兰、附城、山塘、三坑等公社一片汪洋,公路、通信全部中断,县城全部被淹,县政府院内水深 2 m,灾情严重。清远 62.86 万人受灾,30 多万群众被洪水围困;40 万亩水稻、经济作物 26 万亩受浸、冲毁 17 万亩、失收 44 万亩;倒塌房屋 4.8 万间;死亡 167 人。

英德县城被淹,英西的石牯塘、石灰铺、横石塘、浛洸、大湾等 5 个公社被洪水包围,浛洸公社大洞墟被洪水夷为平地。英德受灾人口 43 万人,16 万人被洪水围困,2 万人无家可归;受淹被冲田地 41 万亩;倒塌房屋 2.5 万多间;死亡 182 人。

阳山县城大部分街道受浸。全县 20 个公社(镇)全部受灾,180 多个村庄被浸,其中被洪水包围的有3个墟和20多个村庄、1.8万多人;10万亩水稻、8万亩玉米、4万亩花生、甘蔗、木薯受浸;受浸房屋1.2万多间,倒塌2 500间;死亡14人;冲毁水利设施330多宗,冲垮水电站4座。

乐昌北乡公社处洞水库大坝后坡因渗漏出现险情。

乳源游溪、桂头、东坪等公社所在地受淹,游溪小学、森工站、子背电站、东坪学校、粮所被毁。上司庙电站水浸厂房1.5 m,桂头公社的江背、下古塘、烈村一片汪洋。乳源受灾24 045人,死亡21人;受灾农作物2.05万亩(其中失收4 617亩),倒塌房屋689间;冲毁水利设施795宗、电站71座。

京广铁路清远、英德段被冲毁42处,中断行车13 d;直接经济损失4.4亿元。

6.“1994·6”洪水

1994年6月初,第三号强热带风暴在广东省西部沿海登陆,后减弱成低压槽和锋面低槽,在北江支流的连江、广西境内的桂江、柳江一带形成静止锋。6月8~18日,西江、北江流域连续几天大面积地普降暴雨和大暴雨,局部特大暴雨。北江流域的暴雨中心可分为1 000 mm以上的主暴雨中心,以及三个700 mm以上的次暴雨中心;主暴雨中心位于绥江上游、连江境内的长久、七星坑雨量站一带,中心过程总雨量达1 080 mm;其他三个次暴雨中心分别位于:连州市境内山区,中心过程总雨量达726 mm;潭岭水库暴雨区,中心过程总雨量790 mm;佛冈暴雨区,中心过程总雨量821 mm。北江流域6月8~18日降雨总量175.71亿 m^3,100 mm以上的降雨面积为4.50万 km^2,其中,降雨超400 mm的面积为1.97万 km^2,降雨超500 mm的为7 880 km^2。受暴雨影响,西江、北江并发超过50年一遇大洪水,且两江洪峰几乎同时到达思贤滘,两江洪水互相顶托,又接近大潮期,使西、北江及三角洲网河区水位迅猛上涨,造成这场特大洪水。

由于上游大面积的暴雨和特大暴雨,从6月8日开始,西江、北江水位急剧上涨。16日2时北江上游连州站出现95.22 m洪峰水位,超过1915年洪水位0.08 m,17日3时阳山站出现64.84 m洪峰水位。连州市、阳山县城及大片村庄、农田被洪水淹浸。上游浈江与武江也同时发洪,两江洪水汇合,韶关站洪水猛涨,18日5时出现洪峰水位57.06 m,横石站19日14时出现洪峰水位23.92 m。19日13时清远出现洪峰水位16.33 m,并持续9 h,清远市堤围告急,清新等围崩决。北江大堤上游堤段的石角站从6月15日8时起超出警戒水位,并以每小时0.1 m的涨速上涨,日涨率达1.67 m;17日8时水位达14.00 m,达到20年一遇防洪标准,19日3时水位达到14.58 m,当日22时出现洪峰水位14.8 m(超过50年一遇),比1982年高出0.78 m,超警戒水位4.3 m。沿堤各站洪峰水位是:大塘段19日23时13.96 m,超警戒水位3.96 m;芦苞段20日0时12.44 m,超警戒水位3.44 m;黄塘段20日1时11.97 m,超警戒水位3.97 m;河口段20日3时10.39 m,超警戒水位3.39 m;西南段20日3时9.36 m,超警戒水位2.86 m;狮山段20日4时8.84 m,超警戒水位2.74 m。

芦苞水闸20日0时最大分洪流量为788 m^3/s,西南水闸22日4时最大分洪流量为507 m^3/s。各站的洪峰水位出现后,20日5时,洪水开始缓慢下降,到25日7时全堤退出警戒水位。

韶关市8县(市)3区遭受1931年以来的特大洪灾。韶关站6月18日5时出现洪峰水位 57.21m，为中华人民共和国成立以来最大洪水。据统计，全市 142 个乡镇 129 个受灾，受灾人口 98.5 万人，32.4 万人被洪水围困，死亡 28 人、失踪 16 人、受伤 58 人；8 万间房屋受淹，其中 2 万间倒塌，3 100 户、1.53 万人无家可归；受灾农田 4.7 万 hm^2，其中失收 1.6 万 hm^2；毁坏小水电站 79 座、电灌站 367 座，冲毁陂头 1 600 座、水圳 600 余处、塘库 288 座；渠道决口 2 360 处，河堤崩塌 205 处。其中：

乐昌受灾人口 25 万多人，12 万多人被洪水围困；乐城镇水位高达 90.23m，较 1968 年洪峰水位高 0.20 m；农作物受浸 23.6 万亩；房屋倒塌 3 230 间、损坏 14 428 间。

曲江受灾人口 18.2 万人，4.76 万人被洪水围困，死亡 13 人、失踪 2 人、受伤 6 人；冲毁农田和经济作物 11.116 万亩，其中绝收 8.4 万亩；房屋损坏 8 836 间、倒塌 7 964 间；冲毁水陂 136 座、山塘 14 宗、灌渠 328 km，损坏电排站 25 宗、水电站 6 宗、河堤 13.5 km。犁市镇鸡公水库溃坝，决口上宽 35 m、下宽 20 m、深 8 m。

南雄 19~20 日遭遇暴雨袭击，降雨量达 190~220 mm，倒塌房屋 4 021 间；死亡 3 人、失踪 2 人、受伤 11 人；受淹农作物 12.33 万亩；冲毁陂头 354 座、山塘 3 口，河堤、水圳 44 km；毁坏小水电站 3 宗、电排站 32 座。

翁源有 61 个村庄、7 835 人被洪水围困，房屋倒塌 450 间、损坏 9 608 间。

仁化有 45 个村受灾、5 984 人被困；房屋受淹 739 间、倒塌 410 间、损坏 433 间；受损农田 40 851 亩，其中受淹 36 690 亩、毁坏 4 160 亩；水稻失收 2 317 亩；损坏水陂 632 座、河堤 87 处、山塘水库 19 宗、水电站 23 宗。

乳源 18 个乡镇不同程度受灾。

始兴有 15 个乡镇受灾，损坏房屋 538 间、10 700 m^2，倒塌房屋 27 间；受浸农作物面积 35 000 亩，失收作物 2 500 亩；冲坏堤防 8.7 km，损坏护岸 6 处，渠道决口 142 处、12.92 km，损坏渡槽 6 处、水电站 2 宗、电排站 2 座，冲崩水陂 140 座。

清远市损坏山塘水库 120 宗，堤防 293.35 km，决口 970 处，受灾乡镇 143 个，人口 210.05 万人，被洪水围困 75.93 万人，死亡 113 人，损坏房屋 25.91 万间，倒塌房屋 7.69 万间，农作物受灾面积 166.80 万亩。

据统计两广地区农作物总受灾面积近 1 875 万亩，水库损坏 332 宗（中型 21 宗），堤围损坏长达 1 502 km，水闸损坏 2 060 座等。受灾人口 1 319 万人，被洪水围困近 257 万人，死亡 371 人，倒塌房屋 26 万间。

7. “2005 · 6”洪水

2005 年 6 月 9~25 日，受低涡、切变线、高空槽、地面静止锋、西南季风等天气系统的影响，暖湿气流和冷空气一直在珠江流域活动，造成珠江流域持续暴雨。整个降水过程，珠江流域面平均降雨量 233.2 mm。西江面雨量约 198.4 mm，暴雨中心位于象州县一带，降雨量达到 400~500 mm。北江面雨量约 267.4 mm，暴雨中心位于韶关至清远。

受降水影响，珠江流域西江、北江及珠江三角洲发生不同量级的洪水，西江中下游出现超 100 年一遇的特大洪水，北江出现约 10 年一遇的洪水，西江、北江洪水进入珠江三角洲后，恰逢天文大潮，造成珠江三角洲发生特大洪水，马口、三水洪峰流量都为中华人民共和国成立以来历史最大，中大等潮位站出现超历史最高潮位。北江干支流在 19~20 日左右相继开始涨水，23~24 日各干支流都出现最高水位，大多数小于 5 年一遇。下游控制站石角站洪峰流量为 13 500 m^3/s,接近 10 年一遇。受西江、北江来水及潮汐顶托的影响,西北江三角洲测站洪水 20 日开始起涨,马口站 24 日 17 时出现 8.92 m 洪峰水位,洪峰流量 52 100 m^3/s,北江三水站 24 日 17 出现 9.19 m(珠江基面)洪峰水位,洪峰流量 16 400 m^3/s,马口、三水的洪峰流量都为历史最大,重现期超过 100 年一遇,中大潮位站 23 日 12 时 18 分最高潮位 2.68 m,超过历史最高(2001 年,2.61 m)0.07 m。

本次降雨过程造成局部地区山洪暴发,河水迅速暴涨,西江、北江、东江流域遭受严重的洪涝灾害,农作物受淹,房屋倒塌,交通、水利设施遭到严重破坏。主要受灾地区是广西、广东两省(自治区),广西的梧州、柳州、南宁、桂林、百色、河池、来宾、贺州及广东的广州、韶关、河源、梅州、惠州、汕尾、肇庆、清远等市受灾比较严重。

广东全省共有 94 个县(市、区)799 镇(乡)445.972 万人受灾,倒塌房屋 5.409 8 万间,因灾死亡 65 人,其中山地灾害死亡 48 人,农作物受灾面积 325.521 万亩,成灾面积 191.206 5 万亩,减收粮食 14.827 万 t,被洪水围困群众人数达 13.5 万人,停产工矿企业 2 532 个,公路中断 822 处 2 198.01 km,铁路中断 3 条次 1.35 km,损坏中型水库 5 座,小型水库 110 座,损坏堤防 3 181 处 406.77 km,堤防决口 1 069 处 47.355 km,损坏护岸 3 014 处,损坏水闸 1 557 座,损坏水文测站 27 座,损坏水电站 189 座,直接经济损失 47.72 亿元,其中水利损失 10.466 8 亿元。

5.1.1.2 北江上游洪灾

乐昌峡、湾头水利枢纽未建成之前,北江上游的洪水给当地及下游的韶关市区带来严重的灾害。

1."2002·8"洪水

2002 年 8 月 5~9 日,受第 12 号热带风暴"北冕"带来的强降雨和南下弱冷空气、西南气流共同影响,韶关市普降暴雨到大暴雨。过程雨量为乐昌 293 mm、新丰 218 mm、乳源 206 mm、仁化 182 mm、韶关市区 178 mm、曲江 136 mm、南雄 105 mm、始兴 104 mm、翁源 42 mm、乳源大布 314 mm、乐昌白石 272 mm。

8 月 6 日中午,暴雨中心九峰水九峰站两小时降雨量达 113 mm,致使九峰水山洪暴发,洪水直袭乐昌市区。8 月 7 日,暴雨中心移至武江上游湖南境内的临武和宜章地区,8 月 8 日湖南境内雨势有所减弱,而乐昌全境仍持续降暴雨(8 月 7 日 8 时至 8 日 8 时莽山站降雨量达 178 mm),由于九峰地区的暴雨汇流形成的洪水和湖南地区的暴雨汇流形成的洪水叠加,沿武江而下,在乐昌市附近与南部地区暴雨汇流形成的洪水叠加,从而使乐昌市和武江沿岸遭遇特大洪水。乐昌站 8 月 8 日 21 时出现有实测资料以来的最高水位 91.11 m,超警 4.11 m,高于 1877 年、1915 年、1968 年、1994 年的洪峰水位,达到 100 年一遇。另外,由于受乐昌南部地区暴雨汇流形成的洪水叠加顶托和上游洪水的不断补充影响,乐昌市的洪水水位在 91 m 以上维持达 8 h,洪水消退缓慢,规模历史罕见。武江洪水至韶关市区时,遭遇浈江洪水,韶关水位站出现 54.2 m 的洪峰水位,超警 1.2 m。

洪水造成河水猛涨,沿河城镇相继受淹,乐昌、乳源、曲江、仁化县及市区遭受严重的洪涝灾害,其中乐昌市区及长来、河南、九峰、两江等镇和乳源桂头镇受灾最为严重,为韶关历史上罕见。乐昌市区 90%的街道被洪水浸淹,最深处达 4 m 多。韶关市区部分街道受浸。南雄水渠决堤 12 处、库塘出险 11 宗,河堤塌方 3 处,5 800 亩农田受灾减产,185 亩农田被冲毁,直接经济损失 560 多万元。

据韶关市三防办统计,韶关境内的乐昌市、乳源县、曲江县、浈江区、北江区、武江区等地合计有 31 个乡镇、22.75 万人受灾,10 万群众被洪水围困,死亡 6 人、失踪 3 人、受伤 14 人;受灾农作物 16.5 万亩,其中 5 000 多亩完全被毁;倒塌房屋 7 214 间。

2. "2006 · 7"洪水

2006 年 7 月 14~27 日,韶关市连续遭受强热带风暴"碧利斯"和台风"格美"的袭击,其中"碧利斯"带来普遍性的强降雨,且降雨集中。从 14 日晚 8 时至 17 日上午 8 时,全市普降大到暴雨,局部连续降 10 多个小时的特大暴雨,武江上游的湖南省宜昌、临武县在短时间内降雨量创历史最高记录,韶关市坪石地区短历时降雨量达 469.5 mm,乐昌市区 310.4 mm,其他地区降雨量均达 200 mm 以上,引发了超 100 年一遇的特大洪涝灾害。武江沿岸的乐昌市、乳源桂头、韶关市区被淹,其中乐昌受灾最为严重。

韶关市区中心街道大部分受浸,市委门前水深近 2 m。7 月 15~21 日,韶关自来水厂因灾停止向市区供水。浈江区受灾人口 16.94 万人,被洪水围困群众 1 232 人;武江区受灾人口 8.17 万人,被洪水围困群众 461 人。

乐昌市 34 万多人受灾,3.7 万人无家可归,市区一片汪洋,低洼处水深达 6 m 多,武江、长来两座大桥被洪水冲垮,京广铁路于 15 日晚 8 时中断,大批旅客滞留。

据统计,韶关全市被洪水淹没范围近 730 km^2,有 10 个县(市、区)、109 个乡镇受灾。全市受灾人口 73.12 万人,约占总人口的 70%,被群众围困群众 37 万人。

5.1.2　旱灾

北江流域本来是降雨量丰富的地区,但因为降雨量年内分配不均匀,在 11 月至翌年 3 月,降雨量较小,容易造成干旱。粤北石灰岩地区[包括阳山、连县、连南、乐昌、英德、乳源等县(市)],遍地是裸露的岩石,山高林稀,石多土少,地下溶洞暗河多。雨天,除部分雨水以径流形成汇入江河外,其余潜入暗河溶洞,形成"下雨水汪汪,雨停全跑光"的状况,保水性能差,地表水奇缺,农业灌溉无保障,甚至人畜食水也有困难,是广东省的重点干旱地区。乐昌市西部的沙坪、云岩、梅花、秀水等 4 镇,是粤北地区典型的石灰岩山区镇,也是干旱缺水最严重的地区之一。

北江有史料可查的旱灾,最早于南北朝宋元徽元年(473 年)记:"曲江旱",这也是广东省最早的旱灾记载。从记载相对完整的 19 世纪中叶至 1949 年的 100 年中,韶关的旱灾记载年份有 45 年。中华人民共和国成立后共有大旱年(农田受旱面积超过 90 万亩)17 年,其中 1954 年、1955 年、1956 年、1960 年、1962 年、1963 年、1966 年、1967 年、1991 年、1998 年、2004 年为秋、冬、春连旱;中旱年(农田受旱面积为 30 万~89 万亩)6 年。

5.1.2.1　大旱年

1. 1953~1956 年大旱

1953 年:6 月中旬以后,韶关各县出现夏秋连旱,农作物成灾面积达 165 万亩,其中 100 万亩水稻受旱减产或失收。受灾人口 16.2 万人,因灾死亡 48 人。粤北行署所辖 19 个县(市)中,受旱严重的有曲江、清远、花县、连县、始兴、英德、乐昌、南雄、阳山、佛冈等。其中曲江春旱面积 10.46 万亩,夏秋又旱,全县晚稻受旱面积 2.6 万亩。南雄夏旱持续

70 d,受旱面积 31 万亩;连县有 96 个乡农作物受旱,面积 64 427 亩;始兴 7 月下旬至 8 月初旱情严重,农作物受旱面积 3. 8 万亩;乳源秋旱,受旱农作物 3. 5 万亩,其中水稻受旱面积 6 725 亩,失收 2 500 亩。

1954 年:7~8 月,南雄受旱,125 个乡中的 71 个乡受旱面积 11. 33 万亩。

8 月,始兴部分干旱地区旱情持续 60 d,受旱农田面积 5. 32 万亩,其中减产 2. 68 万亩、完全失收 2 200 亩。

乳源秋旱,78 个乡受旱,农作物受旱面积 2. 1 万亩。大桥等石灰岩地区 80%农作物受旱,群众饮水困难。

9 月 3 日至 10 月 13 日,韶关连旱 49 d,全区农作物受旱面积 140 多万亩、失收面积 8. 99 万亩。旱情较重的有清远、花县、英德、南雄、曲江、仁化等县。

9 月中旬至 11 月 16 日,韶关缺乏雨水、气候干燥,旱情在各地相继逐日扩大发展,情况更加严重。根据清远、南雄、英德、花县、曲江等 20 个县统计,农作物受旱面积共达 100. 4 万余亩,全部失收的 89 800 多亩,其中受灾严重的清远农作物受旱 25 万亩,全部失收的 22 000 亩;花县农作物受旱 11 万多亩,全部失收 15 000 亩,全县减产五成以上的有 3 万亩、减产二成的有 4 万亩,晚稻减产 1 000 万 kg;英德农作物受旱 15 万亩,4 个区 30%的农田旱至龟裂;南雄农作物受旱 84 000 亩,全部失收的 8 000 亩,减产二至五成的有 3 万亩、减产一至二成的有 2 万亩;曲江农作物受旱 83 000 多亩;始兴 3 个区受旱的 15 800 多亩农作物中,有 1 万亩龟裂、4 800 亩禾苗被晒死;乳源 8 个乡有 3 700 亩农田受旱,其中全部失收 984 亩。

9 月至翌年 5 月,新丰连续 8 个月未下过雨,农田无水无法开耕,全县受旱面积 6. 377 万亩,属 10 年一遇的大旱灾年。

12 月至翌年 5 月,乐昌长达 166 d 干旱,农作物受旱面积 7 万亩。

1955 年:早春至夏初,粤北行政区发生严重旱情,雨量比正常年份同期少 431. 9 mm,全区农作物受旱面积 231 万亩,其中南雄 30 万亩、曲江 17 万亩、翁源 11. 5 万亩、乐昌 11 万亩、始兴 6 万亩、英德 32 万亩、阳山 17. 6 万亩、连县 6. 3 万亩、连山 1. 8 万亩、连南 2 000 亩。入秋以后,各县又受旱,农作物受旱面积达 53 万亩。

乳源从 1954 年 9 月至 1955 年 5 月秋冬春连旱 200 多 d,全县 93 个乡有 11. 498 万亩稻田受旱。1955 年夏、秋又旱,早稻受灾面积达 7. 6 万亩,其中失收 3. 5 万亩。石灰岩山区人畜饮水十分困难。

新丰冬连春大旱,从 1954 年 11 月至 1955 年 4 月共 172 d 无雨,受旱面积 9. 71 万亩,粮食减产。

仁化春旱,谷雨已过仍未下过透雨,城关、董塘农田普遍受旱,无水开耕,受旱面积 2. 2 万亩。

翁源春旱持续 100 d,农作物受旱面积 15. 4 万亩。

始兴 4 月 23 日至 5 月 4 日出现大旱,全县农作物受旱面积 5. 95 万亩。

1956 年:韶关地区继续出现农作物大面积严重干旱,其中重灾 225 757 亩、轻灾 1 274 122 亩;受重灾人口 103 546 人、轻灾人口 481 699 人。

韶关 6 月底至 10 月初久旱不雨,13 个县受灾,全区 370 万亩晚稻有 170 万亩严重受旱,其中 21.5 万亩全部失收。南雄、仁化、连县、阳山、英德、清远等县和韶关市区旱情最重。

乳源春旱 100 多 d。6~11 月夏秋又大旱,农作物受旱面积达 8.85 万亩,晚稻受旱 8.6 万亩,减产 398.5 万 kg。

新丰 4 月春旱,农作物受旱面积 3 万亩。9~10 月又发生秋旱,农作物受旱面积 6.81 万亩。

南雄 7~10 月连旱 85 d,受旱农田 23 万亩,占播种面积的 30%,失收的有 7.4 万亩。

仁化 7~9 月连旱,水稻受旱 4.46 万亩,占播种面积的 33.4%。

始兴 8 月秋旱成灾,持续 87 d,受灾农田面积 5.15 万亩。曲江农作物受旱 12.7 万亩,乐昌农作物受旱 1.8 万亩,翁源农作物受旱 3.5 万亩,连县农作物受旱 6.4 万亩,连山农作物受旱 6 000 亩,连南农作物受旱 8 000 亩,英德晚造农作物受旱 18 万亩,其中全部失收的 5.4 万亩,减产粮食 650 多 kg;受灾农户达 3.7 万户、17 万多人,阳山农作物受旱 10.8 万亩,旱死玉米 8.5 万亩,清远因旱粮食减产 850 万 kg。

2. 1963 年四季连旱

韶关地区发生大旱,旱情从 1962 年秋延续到 1963 年秋。

由于韶关地区近 10 个月未下过透雨,许多地方不但稻田龟裂、山塘干涸、溪涧断流,甚至饮水和用水都极度困难。全区水库原正常蓄水量为 4.9 亿 m^3,到 6 月中旬蓄水量只有 0.3 亿 m^3;11 827 座山塘水库中只有 160 座有水;3 289 个生产队、25 万人饮水极为困难。全区早稻实插 293 万亩,受旱达 110 万亩(其中旱死 26 万亩)。

8 月,韶关地区晚稻受灾严重,农作物受旱面积扩大到 157.8 万亩。旱情严重的有翁源、新丰、英德、连县、南雄、乐昌、曲江等县和韶关市郊。南雄从 1962 年 12 月至 1963 年 8 月共 270 多 d 未下过透雨。全县农作物受旱面积 46.15 万亩。翁源从 1962 年 8 月至 1963 年 8 月未下过透雨。全县农作物受旱面积 19.8 万亩,失收 5.13 万亩。新丰从 1962 年 10 月至 1963 年 5 月连续 8 个月无透雨,大小山塘、水库全部干涸,全县早稻受旱面积 6.55 万亩,晚稻受旱面积 6.09 万亩。仁化春至秋旱,至 9 月底,董塘河几乎断流,丹霞、石塘、董塘大部分农田受旱、减产或失收。

乐昌春夏连旱,旱期 92 d,农作物受旱面积 9.8 万亩,全县 21 座蓄水工程总库容由 750 万 m^3 下降至 115 万 m^3,北部石灰岩 85 个自然村的群众要到 4 km 以外挑水。始兴 4 月春旱,农作物受旱面积 5.198 万亩。秋季续旱,受旱农田面积 8.38 万亩。乳源 5~11 月大旱,农作物受灾面积 7.2 万亩,其中失收 1.3 万亩。连县从 5 月 16 日至 10 月 31 日共 165 天无雨。

3. 1966 年秋旱

韶关地区出现秋旱,东南部连续 60 多 d、西北部连续 80 多 d 未下雨,其中连县最为严重,7 月 7 日至 10 月 31 日连续 117 d 无雨。各县均受旱,9 月下旬,全区受旱水稻达 70 万亩,至 10 月 9 日水稻受旱面积扩大到 115.38 万亩,后旱情急剧扩大,水稻旱死 5 万多亩,旱作晒死 15 万亩以上。旱情严重的有:乳源 8 月 15 日至 10 月 13 日秋旱,2~3 个月滴雨未降,山区河流干涸,农作物受灾面积 7 万亩。南雄 8 月 9 日播完晚稻后 48 d 无雨,全县 14 个重点水库干涸 4 个,受旱水稻达 12.5 万亩,其中旱死 2.5 万亩。翁源 8 月 21

日至 11 月 13 日连续秋旱 85 d。新丰冬春连旱，长达 93 d 未下过透雨。8 月又出现秋旱，56 d 无雨，粮食减产。英德 8 月 31 日至 10 月 13 日连旱 44 d，不少水库、山塘干涸，北江下游及其支流水位接近 1963 年大旱同期水位。早稻受旱 24 万亩；晚稻受旱 12.5 万亩，旱死 2.5 万亩；玉米旱死 90%。阳山江英公社插下的 3 000 亩水稻和 7 000 亩旱粮全部旱死。连县水稻受旱 10 万亩，旱死 2.7 万亩，其中晚稻受旱 4 万亩，旱死 1 万亩；玉米、红薯旱死 50%。

4. 1979 年干旱

韶关地区上半年持续久晴不雨，1～6 月降雨量比 1978 年同期偏少 20%，101 万亩农作物严重受旱。

从 4 月起，韶关地区各县降雨量偏少。4～12 月降雨总量仅为 723.4mm，比正常年份偏少 45%以上。据统计，始兴和韶关市区上半年总降雨量比 1978 年同期偏少 45%以上；乳源、南雄、阳山、连山、连南、佛冈等县偏少 20%～40%；乐昌、翁源、连县偏少 10%以上。全区山塘、水库库容 11.4 亿 m^3，至 11 月灌溉库容储水量只有 6.4 亿 m^3，比 1978 年同期减少 5 亿 m^3。

乐昌从 6 月开始旱情持续数月，全县 2 万多亩晚稻无水插秧。韶关地区晚稻受旱 90 多万亩，其中水稻 40 多万亩，旱死作物 3 万多亩。曲江和韶关市郊晚稻受旱 9 万多亩，旱死作物 3 万多亩。

5. 1986 年秋旱

1986 年，韶关发生 1963 年以后 20 多年未见的严重秋旱。进入 8 月，各地持续 2 个月基本无雨，加上长时间高温，全市 15 个县（区）均受旱，受影响人口达 157 万，不少地方塘干井枯、溪水断流，大面积的稻田龟裂，禾苗枯死，是中华人民共和国成立以来受旱较严重的一年，农业生产和经济发展受到严重威胁。尤其 9 月中旬到 10 月中旬，降雨量较历年同期减少 40%～80%，干旱蔓延。

8 月上旬，旱情在南雄、始兴和乐昌北部等地出现；8 月底旱情迅速扩展，全市农作物受旱 8 月底为 5 万亩，9 月中旬达 30 万亩，下旬达 77 万亩，10 月 1 日达 126 万亩，10 月 8 日达 138 万亩，占播种面积的 37%，失收 17.7 万亩。据 11 月统计：全市晚造农作物受旱面积 235.4 万亩，成灾面积 102.67 万亩，因旱失收面积 61.86 万亩。

旱情较严重的有乐昌、南雄、乳源、英德、阳山、连南、连县和浈江、北江、武江等 11 个县（区）。连县晚稻实插面积 18 万亩，受旱面积达 15 万亩，全部枯死绝收的有 2 万亩。全县早、晚稻因旱损失粮食 1 300 万 kg。乐昌 19 个区、镇有 17 个受旱，其中受旱面积在 50%以上的有 8 个，占全县区镇数的 42%。翁源 8～10 月连旱 75 d、10～12 月连旱 38 d、12 月至次年 2 月连旱 74 d，全县受旱农作物面积达 12.75 万亩。南雄 7～9 月长达 80 d 未下过透雨，9 月 7 日至 10 月 17 日连续 43 d 滴雨未下，全县晚稻受旱面积 14.3 万亩，严重受旱 7.1 万亩。新丰 8 月 14 日至 10 月 26 日共 74 d 无雨，农作物受旱面积 2 万多亩，曲江农作物受旱 9 万亩，乳源农作物受旱 6.87 万亩，始兴农作物受旱失收 2.21 万亩。连南除少量的红薯有收成外，水稻、黄豆等粮食作物全部枯死，颗粒无收。英德 48 万亩晚稻中有 25 万亩受旱，因旱失收的有 2.6 万亩。全县有 14 个区旱死晚稻千亩以上。阳山 28.6 万亩晚稻受旱的有 27 万亩，其中全部失收 6.8 万亩，许多村庄出现饮水困难现象。

6. 1989 年百年大旱

1989 年 6 月入夏以来，由于持续高温少雨，韶关地区发生了历史罕见的严重夏秋连旱，农业生产受到严重威胁，尤其是石灰岩山区群众生活用水极度困难，粮食生产和农村经济建设遭受严重损失。

旱灾造成乐昌、乳源石灰岩地区群众生活十分困难。乳源有 649 个自然村受灾，重灾人口达 2.25 万人，石灰岩地区半数人口饮水困难。全县受灾面积近 5 万亩，占插种面积的近一半，旱作物受灾 3 万多亩，失收粮食 1 300 万 kg。

乐昌自 7 月中旬后近 3 个月无雨和持续高温，受旱面广，为乐昌历史上罕见。农作物受旱面积达 14.34 万亩，其中晚稻 7.34 万亩、旱粮作物 7 万亩，水稻、旱粮失收面积 1.63 万亩，减产二到四成的有 2 万亩，石灰岩地区 4.12 万人饮水困难。

始兴春旱过后又出现夏秋连旱，6 月 23 日至 9 月 7 日 76 d 几乎未降雨，受旱面积 6.7 万亩，其中水稻受旱面积 3.167 万亩，旱死水稻 0.7 万亩、其他作物 3.33 万亩，影响晚稻适时插秧面积 2.064 万亩。南雄水稻受旱 8.1 万亩，其中严重受旱 3.3 万亩，损失稻谷 200 万 kg。仁化 8~9 月旱，受旱农田面积 2.16 万亩。

据当年 11 月统计：全市农作物受旱面积 73 万亩，5 万亩水稻因严重受旱枯死、失收，近 1 万亩农田因缺水插不下晚稻。32 万亩旱作受旱，农作物成灾 21 万亩、失收 6 万亩。

7. 1990 年秋旱

据韶关民政局调查记载：乐昌、乳源河水断流，山塘干涸，水库基本无水可放，部分地区出现连片千亩稻田干旱、晒白、龟裂、禾苗枯死现象。乐昌下受旱面积 1.2 万亩，晒白、龟裂的就有 8 000 亩，禾苗被晒死的达 2 100 亩。乳源县桂头镇塘头管理区 1 130 亩水稻田有 900 亩受旱，严重龟裂的有 840 亩，大部分水稻基本失收。

此次韶关地区出现的春秋连旱是继 1989 年“百年大旱”之后的又一次严重干旱，受灾较严重的地区是：乐昌的北乡、河南、长来、梅花、老坪石；乳源的龟头、杨溪；曲江的重阳、梨市、梅村等乡镇。这些地区受旱水稻面积在 50% 以上，减产严重。受灾严重的乐昌 7~9 月降雨少，旱情严重，全县 2 352 宗山塘、水库蓄水量仅有 461 万 m^3，为正常蓄水量的 9.64%；北乡受旱水稻面积高达 75%，失收面积达 20%。乳源桂头受旱水稻面积超过 53%，失收面积达 16%。

截至 9 月 10 日，韶关市农作物受旱面积达 124.2 万亩(其中晚稻受旱 74.2 万亩、成灾 21.75 万亩、旱死失收 3.01 万亩；旱地作物受旱 50 万亩、成灾 27.1 万亩、旱死失收 1 505 万亩，仅红薯就有 10 万亩旱死失收)。旱情受 9 月 8~13 日 18 号台风带来的降雨及采取抗旱行动后虽得到缓解，但因干旱时间持续了两个月，全市因灾减产粮食 0.5 亿 kg 以上。

由于旱情严重，受灾地区的群众出现粮食紧缺现象，缺粮人口 38.1 万人。

8. 1991 年春夏秋连旱

1990 年韶关市出现了严重干旱，直至冬季基本无雨，而 1991 年入春后又持续少雨，加上气温高、蒸发量大，因此继 1990 年后，1991 年又出现了严重干旱，从 4 月开始部分地区出现旱情。4 月底统计：全市受旱农作物 45.5 万亩，其中早稻受旱 30 万亩，中稻受旱 5 万多亩，春种作物受旱 10 万亩。到 6 月降雨量同比偏少一至五成，致使旱情继续蔓延，全市受旱农田 75 万亩，其中早稻 45 万亩，经济作物 30 万亩。至 6 月中旬，全市早造作物受旱面积达 92 万亩，其中水稻 56 万亩、经济作物 36 万亩。7 月降雨持续偏少，旱情进一步扩大，农作物受旱面积高达 104 万亩，其中中晚稻受旱 60 万亩、经济作物受旱 44 万亩。由于旱情的延续，农作物病虫害也相继发生，给农作物的收成造成重大损失。受旱面积较大、旱情严重的有南雄、翁源、新丰、乐昌、乳源等县。

9. 2003 年夏秋连旱

2003 年降雨严重缺少造成了韶关、清远干旱，8 月中旬，地处石灰岩山区的乐昌市秀水镇，旱情十分严峻，大片即将成熟的水稻枯死在田里。韶关市农作物受旱面积 50 多万亩，其中重旱面积 17. 8 万亩、干枯面积 4. 35 万亩。水田缺水 20. 61 万亩、旱地缺水 25. 86 万亩。乐昌、南雄、翁源等地 4. 57 万亩群众连基本饮用水都出现了困难。

10. 2004 年大旱

2004 年韶关市遭遇了 50 年一遇的大旱，全市各地降雨量严重偏少，上半年平均降雨量 1 165 mm，是正常年份平均降雨量的 60%。9 月以后，全市各地仍持续高温少雨天气，致使部分地区大小河流水量明显减少，部分河流还出现了断流现象，一些长期处于低水位运行状态的山塘水库存量锐减，干塘见底的情况迅速蔓延，使旱情加剧。据统计，全市大中型水库蓄水量仅占正常库容的 57%，大部分小(二)型以下塘库无水可放，部分已经干枯。严峻的旱情，给全市农业生产造成了严重的影响。全市受旱农田面积达 89. 9 万亩，其中水稻受旱面积 42. 2 万亩。

乳源入秋尤其进入 9 月以后，一直维持高温少雨，14 个乡镇农作物受旱面积 10. 65 万亩，因干旱造成的经济损失达 1 000 万元以上。境内的小山塘水库全部没有水源，塘底、库底龟裂严重；有 100 多个自然村、约 3. 2 万人饮水困难。

曲江干旱严重。9 月以后，降雨量仅 11. 8 mm，有 10 个镇受旱，农作物受旱面积达 6 万多亩，失收 1 万多亩，直接经济损失 2 000 多万元。

南雄入秋以来降雨量严重偏少，几乎没有下过一场透雨。截至 10 月 8 日，该市 13 宗重点水库蓄水有效库容仅为 3 300 多万 m^3，同比减少 3 400 万 m^3，其中孔江、中坪、大源、横江、杨梅和罗田等水库库容接近历史最低水位，189 口山塘干枯。农作物受旱面积 16. 4 万亩，其中严重受旱达 5 万亩、失收 1 万亩。

乐昌小型水库蓄水不足，仅为正常蓄水量的 20%，部分小(二)型水库已放空。据统计，该市农作物受灾总面积 13. 87 万亩，其中粮食作物 10. 05 万亩、蔬菜 1. 95 万亩、果树 1. 11 万亩、其他农作物 7 600 亩，农业直接经济损失达 1 612 万元。

翁源通过全党动员、全民参与，抗旱成效显著，旱情得到缓解。全县新挖抗旱水井 199 口，修复水陂 205 座，水圳 150 多 km。近 10 万亩水稻、蔬菜、花生等农作物通过抗旱降低了损失，5 000 多人的生活饮用水困难问题得到了缓解。

新丰全县受旱面积 34. 6 万亩，其中较严重的 1. 8 万多亩；受“寒露风”影响面积约 3. 6 万亩，因旱、寒影响，全县各地农作物经济损失较大。始兴农作物受旱面积 5. 1 万亩，其中轻旱 3. 2 万亩、重旱 1. 5 万亩、失收 3 500 亩。浈江区 10 月出现干旱天然，农作物受旱面积近 2 万亩。

5.1.2.2　中旱年

1. 2005 年

2005 年清城区、清新县和佛冈县出现旱情。佛冈县的旱情最为严重,因 2005 年特大洪水冲毁的部分水利设施没有完全修复好,滘江水位低,造成河两岸农作物出现旱灾,其中重旱的农作物有 4 800 亩,750 亩农作物基本失收。清城区沿北江、大燕河两岸的横荷、东城、洲心、石角等 3 镇 4 街道由于河道水位低出现不同程度的旱情,重旱地区只能用从北江、大燕河挖渠抽水、田头打井的方法抗旱,重旱面积达 5 800 亩。清新县旱情较重的是飞来峡镇和太平镇,受旱面积分别为 3.7 万亩和 2 万亩。清远全市共投入 3.45 万人组织抗旱,投入设备 2 065 套,动用机电井 1 320 眼;全市共投入资金 188.73 万元,开挖引水坑土沙方 6 500 m^3。

2. 2006 年

2006 年 10 月由于持续的干旱少雨,北江清远水位出现历史新低,清远市清城区横荷街道发生较严重的旱情,当地晚造种植面积 3.6 万亩,受旱面积 1 万亩,其中旱情较重的有 3 000 亩,旱情较严重的农田主要集中在离水源较远的大有村委会。

5.2　北江流域防洪工程建设情况

北江流域洪水来势凶猛,沿河一带城镇、土地常遭洪水威胁,特别是飞来峡与下游三角洲平原接壤的地区,耕地集中,人口稠密,是广州、佛山等重镇所在,北江洪水一旦成灾,损失将非常巨大。

北江的主要防洪对象为:中游韶关至英德段的韶关市、英德市等城镇及众多的工矿企业、农田经常受洪水危害;各主要支流的山间盆地和各江沿岸洪患频繁;北江飞来峡以上洪水对下游广州市、沿岸城镇及农田构成威胁等。

5.2.1　北江干流防洪工程体系

为解决北江中上游,特别是解决以韶关市为中心区域的防洪问题,北江上游的武江建成乐昌峡水库,浈江建成湾头水库,通过两库联合调洪,可将韶关市 100 年一遇洪水降为 20 年一遇,将乐昌市 50 年一遇洪水降为 10 年一遇,并减轻中游洪水的压力。

北江中游孟洲坝、濛里、白石窑、长湖均为径流式电站,加上上游体系对下游作用有限,所以北江中游的防洪仍主要靠堤防。

北江下游由飞来峡水利枢纽、滘江蓄滞洪区、芦苞涌和西南涌分洪河道及下游堤防工程形成蓄、滞、控制行洪兼施的防洪工程体系。北江大堤按 100 年一遇达标加固(结合芦苞、西南两涌整治),经飞来峡水利枢纽的调节及滘江蓄滞洪区的运用,可将石角 100 年一遇洪水削减为 50 年一遇,300 年一遇洪水削减为 100 年一遇。

5.2.1.1　北江上游防洪工程体系

北江干流上游由武水乐昌峡水利枢纽、浈江湾头水利枢纽和韶关市城区堤防工程组成堤库结合的防洪工程体系(见图 5-1)。

图 5-1　北江中上游防洪工程体系

1. 乐昌峡水库

乐昌峡水库位于广东省韶关市乐昌大源镇的北江支流武水乐昌峡河段内，坝址位于坪石至乐昌之间的京广旧铁路（坪乐支线）塘角火车站附近，距下游的乐昌市区约 14 km，距韶关市区 81.4 km。坝址以上集水面积 4 988 km^2，约占武江流域的 70%。水库正常蓄水位为 154.5 m，相应库容 2.02 亿 m^3；设计洪水位 162.2 m（100 年一遇），相应库容 3.27

亿 m^3；校核洪水位为 163.0 m（1 000 年一遇），总库容为 3.44 亿 m^3。

1959 年 10 月，《珠江流域综合利用规划报告》（珠江流域规划办公室）提出兴建北江流域控制性工程——乐昌峡水利枢纽；2006 年武江发生“7・15”特大洪灾，次年 7 月 6 日，广东省水利厅召开工程建设现场会，推进工程立项建设；2008 年 2 月 2 日，乐昌峡水利枢纽项目建议书获得批准；2009 年 6 月 26 日，主体工程开工；2013 年 6 月 26 日，机组并网发电，工程竣工。

乐昌峡水利枢纽工程的开发任务是以防洪为主，结合发电，兼顾航运和灌溉。工程等别为Ⅱ等大（2）型，主要建筑物的级别为 2 级，次要建筑物级别为 3 级，临时性建筑物为 4 级。枢纽主体工程主要由拦河坝、左岸引水系统及地下厂房组成。乐昌峡水库主要指标见表 5-1。乐昌峡水库水位—库容关系曲线见表 5-2、图 5-2。

表 5-1　乐昌峡水库主要指标

1. 拦河坝	
拦河坝坝型	碾压混凝土重力坝
拦河坝坝顶高程	164.2 m
最大坝高	84.2 m
拦河坝坝顶长度	256.0 m
坝顶宽度	7.0 m
2. 发电厂房	
装机总容量	132 MW
单机设计流量	118 m^3/s
3. 水库运行参数	
正常蓄水位/相应库容	154.5 m/2.02 亿 m^3
防洪限制水位/相应库容	144.5 m/1.16 亿 m^3
P=0.1%校核洪水位/相应库容	163.0 m/3.44 亿 m^3
P=1.0%设计洪水位/相应库容	162.2 m/3.27 亿 m^3
死水位/相应库容	141.5 m/0.98 亿 m^3
厂房下游校核洪水位	113.3 m（P=0.5%）
下游设计洪水位	107.9 m（P=1.0%）
正常尾水位	99.4 m
4. 坝址处全年洪水重现期洪峰流量	
坝址多年平均流量	138.28 m^3/s
坝址以上集水面积	4 988 km^2
1 000 年一遇（P=0.1%）	8 470 m^3/s
500 年一遇（P=0.2%）	7 800 m^3/s
100 一遇（P=1%）	6 040 m^3/s
50 年一遇（P=2%）	5 340 m^3/s
20 年一遇（P=5%）	3 820 m^3/s
10 年一遇（P=10%）	3 220 m^3/s
5 年一遇（P=20%）	2 600 m^3/s

表 5-2　乐昌峡水库水位—库容关系

水位(m)	库容(万 m^3)	水位(m)	库容(万 m^3)
110	817	147	13 245
115	1 485	148	13 989
120	2 357	149	14 775
125	3 473	150	15 664
130	4 936	151	16 550
135	6 779	152	17 512
136	7 187	153	18 520
137	7 611	154	19 597
138	8 047	155	20 743
139	8 505	156	21 977
140	9 030	157	23 299
141	9 529	158	24 725
142	10 069	159	26 260
143	10 641	160	28 026
144	11 243	165	38 631
145	11 880	170	53 374
146	12 541		

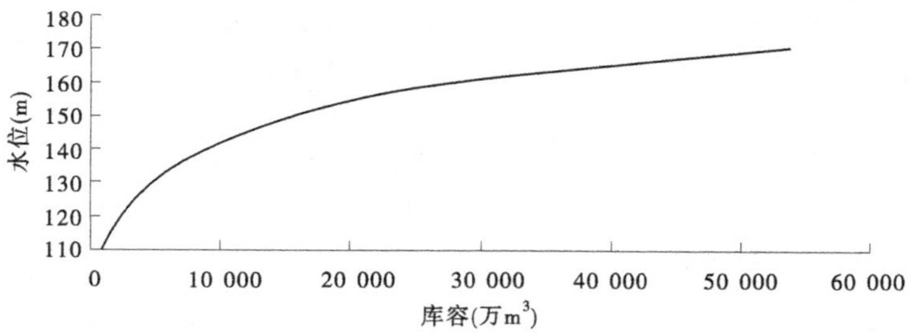

图 5-2　乐昌峡水库水位—库容曲线

2. 湾头水库

湾头水库位于韶关市浈江区及仁化县，跨越一区一县，坝址位于浈江区十里亭镇湾头村附近，距韶关市区 13 km。坝址以上集水面积 6 799 km^2，占浈江流域的 90%。水库正常蓄水位为 65. 0 m，相应库容 3 111 万 m^3；设计洪水位和校核洪水位均为 70. 85 m，相应库容(总库容)9 628 万 m^3。

1997 年 5 月，《韶关市防洪规划报告》(广东省水利电力勘测设计研究院)提出修建浈江湾头低坝水库方案,与武江乐昌峡水库联合使用,配合韶关市 20 年一遇洪水标准的堤围,使韶关市区的防洪标准达到 100 年一遇洪水标准;2008 年 12 月 9 日湾头水利枢纽工程破土动工;2010 年 11 月 24 日,湾头水利枢纽竣工。

湾头水利枢纽工程的开发任务是以防洪为主,结合发电,兼顾航运、灌溉等综合利用。工程等别为Ⅲ等,工程规模为中型。主要建筑物级别为 3 级,次要建筑物为 4 级,临时性建筑物为 5 级。枢纽主体工程主要由拦河水闸、电站厂房、两岸连接段与船闸上闸首组成。湾头水库主要指标见表 5-3。湾头水库水位—库容关系曲线见表 5-4、图 5-3。

表 5-3　湾头水库主要指标

1. 拦河坝	
坝顶高程/闸顶高程	73.0 m
土坝长度	335.0 m
泄水闸形式	带胸墙平底闸
堰型	宽顶堰
闸孔数(孔)	10
每孔净宽(m)	12.5
2. 发电厂房	
装机总容量	30 MW
单机设计流量	171 m^3/s
3. 水库运行参数	
正常蓄水位/相应库容	65.0 m/3 111 万 m^3
死水位(防洪起调水位)/相应库容	63.0 m/1 933 万 m^3
校核洪水位(设计洪水位)/相应库容	70.85 m/9 628 万 m^3
4. 坝址处全年洪水重现期洪峰流量	
坝址多年平均流量	
坝址以上集水面积	6 799 km^2
2 000 年一遇(P=0.05%)	9 260 m^3/s
1 000 一遇(P=0.1%)	8 640 m^3/s
100 一遇(P=1%)	6 510 m^3/s
50 年一遇(P=2%)	5 860 m^3/s
20 年一遇(P=5%)	4 950 m^3/s
10 年一遇(P=10%)	4 240 m^3/s
5 年一遇(P=20%)	3 500 m^3/s

表 5-4 湾头水库水位—库容关系

水位(m)	库容(万 m^3)	水位(m)	库容(万 m^3)
58	367	67	4 703
59	583	68	5 611
60	799	69	6 870
61	1 120	70	8 129
62	1 442	71	9 884
63	1 933	72	11 640
64	2 424	73	13 927
65	3 111	74	16 213
66	3 797		

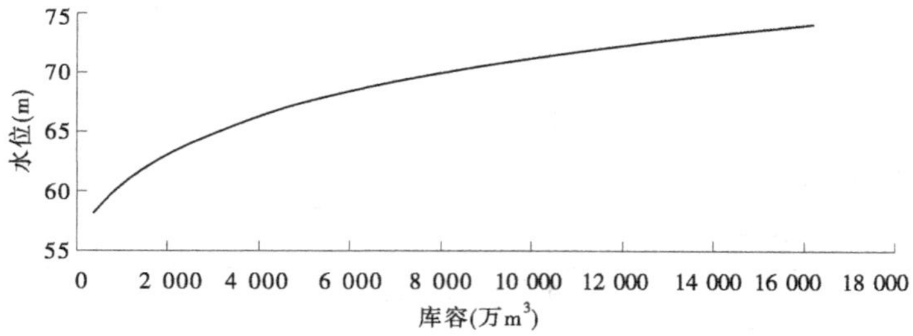

图 5-3 湾头水库水位—库容曲线

3. 韶关市防洪堤

依据韶关市的城市防洪体系和防洪标准,韶关市的城市堤防标准为 20 年一遇,在堤库结合下达到 100 年一遇的防洪标准。韶关市区划为小岛、西河、东河、韶南、十里亭、西联 6 个组团,堤防工程涉及“三江六岸”,分期实施。

韶关市一期防洪堤已于 2004 年底竣工,防洪范围覆盖市区规划的小岛、西河、韶南组团,具体位置自北江孟洲坝至武江十里亭龟山及浈江帽子峰附近的铁路桥,下端与孟洲坝闭合,上端与龟山、帽子峰及相应构筑物闭合。两岸堤身为浆砌石圬工堤。

韶关市二期防洪堤已于 2011 年完工,防护对象为西联组团及东河组团,总长 26. 253 km。北江河段自八角坑(京珠高速跨北江河处)至北江孟洲坝坝址(含车头洲中心岛防护),堤线布置长度为 5. 608 km,包括新建河堤左岸 2. 332 km,右岸 3. 276 km。浈江河段自风采楼铁路桥至湾头水库坝址处,堤线布置长度为 20. 645 km,包括新建河堤左岸 9. 094 km(其中黄浪水支流段堤线长 1. 355 km),右岸 11. 551 km(其中太贵河支流段堤线长 2. 265 km)。韶关市二期防洪堤堤身形式设计主要为土堤与埋石混凝土堤两种形式,北江段河堤基本为土堤堤型,浈江段河堤为土堤与埋石混凝土堤两种。

十里亭组团的防洪堤归入韶关市区防洪排涝第三期工程,目前正在实施。

4. 乐昌峡、湾头水库联合调度原则

两库联合调度原则如下：

当乐昌、韶关发生 10 年一遇洪水时，由于乐昌堤围标准为 10 年一遇洪水（3 124 m^3/s），韶关堤围标准为 20 年一遇洪水，则乐昌峡水库、湾头水库均按天然来量泄放。

当乐昌、韶关发生 20 年一遇洪水时，乐昌峡水库控泄 2 995 m^3/s，下泄量与坝址至乐昌市小区间来量之和不大于乐昌市安全泄量 3 124 m^3/s（P=10%），湾头水库按固定泄量 3 500 m^3/s 控泄，至蓄满 6 429 万 m^3 防洪库容后敞泄。经两库控制运用使韶关洪水小于 20 年安全泄量 8 782 m^3/s。

当乐昌、韶关发生 50 年一遇洪水时，乐昌峡水库分级控泄，泄量 2 995 m^3/s、2 973 m^3/s，下泄量与坝址至乐昌市小区间来水量之和不大于乐昌市安全泄量 3 124 m^3/s，湾头水库按固定泄量 3 500 m^3/s 控泄，至蓄满 6 429 万 m^3 后敞泄。经两库控制运用使韶关洪水小于 20 年安全泄量 8 782 m^3/s。

当乐昌、韶关发生 100 年一遇洪水时，乐昌峡水库先按 20 年、50 年分级控泄，泄量 2 995 m^3/s、2 973 m^3/s，当库水位超过 50 年时，按韶关市安全泄量的要求与区间凑泄；湾头水库按固定泄量 3 500 m^3/s 控泄，至蓄满 6 429 万 m^3 后敞泄。经两库控制运用使韶关洪水小于 20 年安全泄量 8 782 m^3/s。

当水库水位超过 100 年一遇洪水位后，考虑水库安全，按来量尽泄，并逐渐加大泄量以腾出防洪库容，但不得大于最大天然来量，以免加重下游防洪负担。

北江中游孟州坝、濛里、白石窑均为径流式电站，电站主要特性见表 5-5。电站都属日调节或无调节，加上上游体系对下游作用有限，故北江中游英德市的防洪主要靠堤围。英德城区西岸大堤按 50 年一遇防洪标准进行加固建设，东岸按 30 年一遇进行堤防建设。

表 5-5　北江中游梯级电站基本特性

工程项目	孟洲坝	濛里	白石窑
集水面积（km^2）	14 720	16 750	17 740
多年平均流量（m^3/s）	417	509	532
正常蓄水位（m）	53.086	45.0	37.086
调节库容（亿 m^3）	0.068	0.675	1.084
调节性能	无调节	日调节	日调节
装机容量（MW）	48.00	50.00	72.00
保证出力（MW）	6.30	6.70	9.70
年发电量（亿 kW · h）	1.920	1.975 6	2.776

5.2.1.2　北江中下游防洪工程体系

北江中下游已基本形成了由飞来峡水利枢纽为骨干防洪水库、北江大堤等堤围、潖江天然滞洪区和芦苞涌、西南涌分洪所组成的库、堤、滞、分相结合的北江中下游防洪工程体系（见图 5-4）。

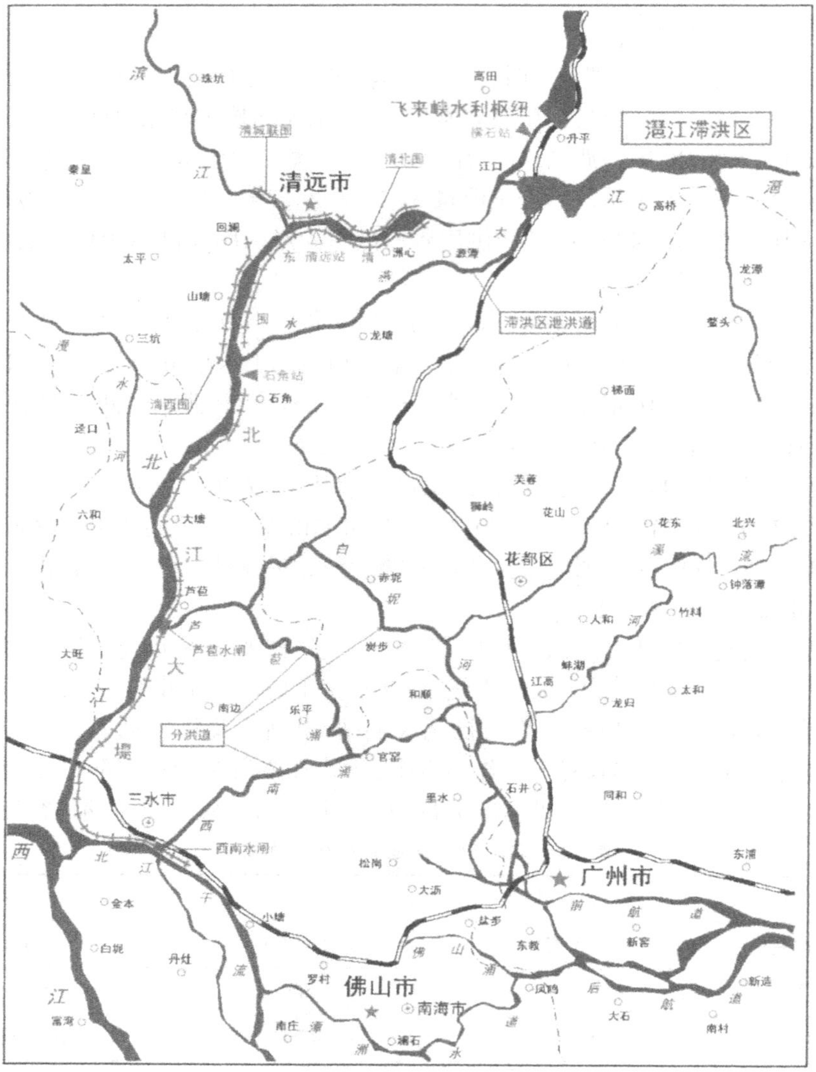

图 5-4　北江中下游防洪工程体系

1. 飞来峡水利枢纽

飞来峡水利枢纽位于北江干流中游的清远市境内，上距英德 50 km，下距清远市 33 km，坝址控制流域面积 34 097 km^2，占北江流域面积的 73%。飞来峡水库正常蓄水位为 24 m，相应库容 4.32 亿 m^3；设计洪水位 31.17 m(500 年一遇)，相应库容 14.45 亿 m^3；校核洪水位为 33.17 m(5 000 年一遇洪水校核，主土坝和副坝按 10 000 年一遇洪水校核)，总库容为 19.04 亿 m^3。

1986 年《北江流域规划复查报告》提出北江中游段布置飞来峡水利枢纽；1992 年，国务院批准兴建飞来峡水利枢纽；次年，飞来峡水利枢纽工程建设总指挥部成立；1994 年 10

月 18 日动工兴建，1998 年大江截流；1999 年 3 月 30 日水库蓄水，10 月，全部发电机组并网发电，工程全部完成。

飞来峡水利枢纽工程的主要任务是防洪，同时兼有航运、发电等综合利用效益。工程为Ⅰ等工程，挡水建筑物为 1 级。枢纽建筑物由主坝、船闸、厂房和副坝等组成，根据地形、地质、施工等条件，从左岸向右岸依次布置为船闸、厂房、溢流坝和土坝等。飞来峡水库主要指标见表 5-6。飞来峡水库—水位库容关系见表 5-7、图 5-5。

表 5-6　飞来峡水库主要指标

1. 拦河坝	
坝体形式	混凝土重力坝
坝顶高程	34.8 m
坝顶长度	2 952 m（主坝、副坝总长）
泄洪形式	16 个溢流孔 （15 个带胸墙的泄洪孔，1 个排漂表孔）
每孔净高（m）	12（泄洪孔）、12.2（排漂孔）
每孔净宽（m）	14
2. 发电厂房	
装机总容量	140 MW
3. 水库运行参数	
正常蓄水位/相应库容	24.0 m/4.32 亿 m^3
汛期限制水位/相应库容	18.0 m/1.09 亿 m^3
设计洪水位/相应库容	31.17 m/14.45 亿 m^3
校核洪水位/相应库容	33.17 m/19.04 亿 m^3
4. 坝址处全年洪水重现期洪峰流量	
坝址多年平均流量	1 100 m^3/s
坝址以上集水面积	34 097 km^2
实测最大流量（1982 年 5 月 13 日）	18 000 m^3/s
调查历史最大流量（1915 年 7 月 10 日）	21 000 m^3/s
10 000 年一遇（P=0.01%）	28 700 m^3/s
5 000 年一遇（P=0.02%）	27 400 m^3/s
500 年一遇（P=0.2%）	22 700 m^3/s
300 年一遇（P=0.33%）	21 600 m^3/s
100 年一遇（P=1%）	19 200 m^3/s
50 年一遇（P=2%）	17 700 m^3/s
20 年一遇（P=5%）	15 500 m^3/s
10 年一遇（P=10%）	13 800 m^3/s
5 年一遇（P=20%）	11 900 m^3/s

表 5-7　飞来峡水库水位—库容关系

水位(m)	库容(万 m^3)	水位(m)	库容(万 m^3)
18	1.09	26	6.10
19	1.53	27	7.15
20	1.97	28	8.35
21	2.42	29	9.65
23	2.98	30	11.35
24	3.60	31	13.00
25	4.32	32	15.00

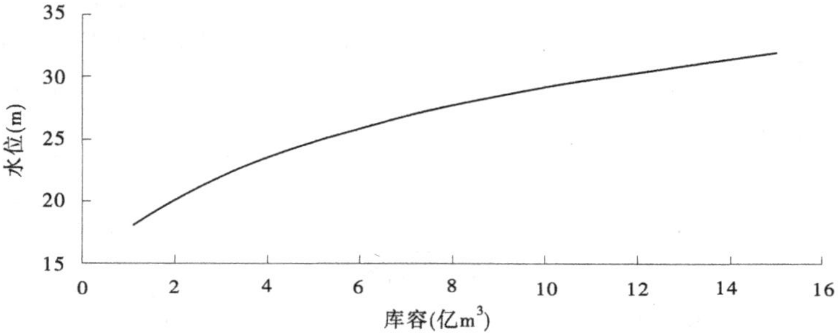

图 5-5　飞来峡水库水位—库容曲线

2. 滘江蓄滞洪区

蓄滞洪区基本情况：滘江蓄滞洪区位于飞来峡水利枢纽下游约 10 km 的左岸，区内地势低洼，由围内和围外两部分组成，一般地面高程为 12～15 m。

据 2016 年统计，区内工业产值 5.44 亿元，农业产值 2.38 亿元，粮食产量 4.69 万 t，固定资产 4.2 亿元。区内沿滘江两岸 17 条堤围形成狭长的大小不一的独立蓄滞区，可以实现分仓滞洪。蓄滞洪区隶属清远市管辖范围，涉及清远市清城区和佛冈县的多个村镇。由于滞洪区内的滘江河口位于北江干流飞来峡峡谷进口附近，受飞来峡峡谷的束水顶托，当北江干流流量大于 2 000 m^3/s 时，北江一部分水流即可倒灌流入滞洪区，再经长布天然分流口，注入大燕水(源潭河)，在石角附近复归北江，因此滘江蓄滞洪区历来是北江下游天然的洪泛区，对北江洪水有分流和滞洪作用，可减轻下游地区的防洪负担。

蓄滞洪区内堤围情况：滘江蓄滞洪区现有堤围 17 宗，清远市清城区 12 宗，佛冈县 5 宗。总长约 57.768 km，分别是清城区的高桥围、果园围、松塘围、天吉围、长布围、踵头围、大厂围、江嘴围、饭店围、叔伯塘围、独树围、林塘围，佛冈县的下岳围、凤洲围及西排堤、良塘围、白沙塘围、官路唇围。除江嘴围外各堤围均闭合，形成了各自独立的保护区。

堤围多建于 20 世纪 50～60 年代，近年来多次堤围进行了维护加固，部分堤围现有情况与原规划设计有很大不同，主要区别是在于堤顶高程普遍加高，堤身有所培厚，防洪能力有所提高，大部分的堤围堤顶高程达到 10～20 年一遇的防洪标准。各围基本情况和保护耕地情况见表 5-8。

表 5-8　滘江滞洪区堤围现状情况

序号	名称	耕地（万亩）	人口（万人）	现状堤围级别及防洪标准	堤长(km)
1	饭店围	0.07	0.15	4 级/20 年一遇	1.421
2	江嘴围	0.08	0.13	4 级/20 年一遇	1.16
3	大厂围	2.08	0.99	4 级/20 年一遇	10.662
	大厂围子堤				0.522
4	林塘围	0.62	1.05	4 级/20 年一遇	0.253
5	下岳围	0.37	0.20	5 级/10 年一遇	3.561
6	凤洲围	0.86	1.38	4 级/20 年一遇	14.3
	西排堤			截洪沟堤围	0.55
7	果园围	0.29	0.21	5 级/10 年一遇	1.255
8	天吉围	0.1	0.04	5 级/10 年一遇	0.19
9	长布围	0.1	0.16	5 级/10 年一遇	0.64
10	松塘围	0.37	0.16	5 级/10 年一遇	0.146
11	叔伯塘围	0.4	0.06	4 级/20 年一遇	0.982
12	独树围	0.47	0.13	5 年一遇	4.362
13	踵头围	0.16	0.14	5 级/10 年一遇	2.696
14	高桥围	0.63	0.80	5 级/10 年一遇	5.131
15	良塘围	0.35	0.37	5 级/10 年一遇	4.628
16	白沙塘围	0.15	0.15	5 级/10 年一遇	1.947
17	官路唇围	0.29	0.26	5 级/10 年一遇	3.362
合计		7.39	6.38		57.768

蓄滞洪区调度运用：根据国家防总 2014 年 9 月批复的《珠江洪水调度方案》，北江洪水调度方案中，滘江蓄滞洪区采取如下调度方式：当滘江江口圩水位超过 19.00 m，且北江大堤或清远市区堤围出现严重险情时，启用滘江滞洪区的独树围和叔伯塘围分滞洪水；当滘江江口圩水位超过 20.80 m 时，酌情启用滘江滞洪区全区分滞洪水，充分发挥蓄滞洪区调洪滞洪作用。

依据《珠江流域蓄滞洪区建设与管理规划报告》，规划滘江蓄滞洪区安全建设工程：建设外迁安置区 23 处、安全区 1 处、新建撤退道路 29.42 km、现有公路改造 70 km、新建撤退桥涵 2 座、临时安置帐篷 5 000 顶、配备通信预警系统 2 台(套)等。

广东省水利电力勘测设计研究院于 2018 年 5 月完成了《滘江蓄滞洪区建设与管理工程可行性研究报告》(下称《可研》)的编制工作。其在已有规划成果的基础上，对蓄滞洪区范围复核、调度运行方式进行了优化，最终确定设计蓄滞洪水位为 21.88 m，相应总面积为 87.95 km^2，其中安全区面积 5.35 km^2、淹没面积 82.6 km^2，包括围内淹没面积 52.86 km^3，围外河道面积 29.74 km^2。相应总库容 4.5 亿 m^3，其中围内 2.6 亿 m^3，围外 1.9 亿 m^3。

总体布局：17 条堤围中将饭店围、江嘴围、白沙塘围、官路唇围等 4 个堤围设为安全区。对 17 条堤围及其穿堤建筑物进行达标加固及重建，一般堤防设计工程标准为 20 年一遇，安全区堤防按浛江天然 50 年一遇设计，对于江口圩不封闭的堤段进行新建延长，涉及堤围总长 58.017 km。新（重）建或加固穿堤建筑物 44 座，其中重建分洪闸 14 座（包括松塘闸站）、排涝水闸 4 座，重（新）建电排站 17 座（不含松塘闸站），加固灌溉用电排站 4 座，加固穿堤引水涵管 5 座。安全设施建设包括撤退道路和临时避洪点，设计利用现有道路，对部分现有道路进行改造以满足使用要求，共 20.6 km；临时避洪点主要利用现有设施，共布设 26 个点。

3. 北江下游防洪堤

北江下游防洪堤主要包括：清远市城市防洪堤（清东围、清城联围、清北围）、清西围、北江大堤。

清远市城市防洪堤：清东围位于清城东南面、北江区境段左岸与大燕河右岸之间，干堤防北江干流洪水，支堤防大燕河洪水。清东围全长 44.37 km，其中干堤 28.12 km，支堤 16.25 km。干堤自飞来峡口起，沿北江左岸经洲心、小市、横荷至大燕河口。支堤自三棵竹起，沿大燕河右岸经三丫海、二岭、高新技术开发区（原扶贫开发试验区）、龙沥至大燕河河口。围内有大小涵闸 23 座，建有七星岗、鸡蛐岗、沙塘、龙沥、明眼塘等 5 座电排站，总装机容量 5 885 kW。大小山塘水库 8 宗，总库容 562 万 m^3。围内集雨面积 117.7 km^2，捍卫人口 17 万人，捍卫耕地面积 7.6 万亩，围内社会总产值 50 亿元。清东围现状防洪标准：堤防为 50 年一遇，堤库结合为 100 年一遇。

清城联围主要由北江干堤、滨江支堤、笔架支堤、黄坑截洪渠、清新隔堤等连接而成。堤线总长 11.06 km，其中北江干堤长 2.91 km（其中已达标 1.22 km），采用衡重式防洪墙，墙顶高程 16.9 m，加 1.2 m 防浪墙，墙身采用 M7.5 浆砌石；滨江支堤长 2.45 km，建筑物形式为土堤，堤顶高程 17.70～17.60 m，加 0.8m 防浪墙，堤顶宽 7m，外坡 1∶2.75，内坡 1∶2.5。笔架支堤长 4.50 km，其中桩号笔 0+000～笔 2+681 建筑物形式为土堤，堤顶高程 18.50～20.57 m，加 0.8 m 防浪墙，堤顶宽 7 m，外坡 1∶2.75，内坡 1∶2.5。笔 2+681～笔 4+500 段，建筑物形式为衡重式浆砌石挡水墙，堤顶高程加 1.2 m 防浪墙；隔堤长 1.20 km，建筑物形式为土堤，堤顶高程 17.75 m，加 0.6 m 防浪墙，堤顶宽 7 m，外坡 1∶2.75，内坡 1∶2.5。清城联围现状防洪标准：堤防为 50 年一遇，堤库结合为 100 年一遇。

清北围位于清远市旧清城的东北面，北江干流飞来峡出口下游的右岸。清北围东面为文洞河，与白庙围隔河相对；南面为北江干流，与清东围隔江相对；西面为笔架河，与清城联围隔河相对；北面为笔架山和大帽山。该堤围起于文洞河猪仔峡出口，沿文洞河、北江干流（平塘、大塱、澜水）、笔架河至石板截洪渠出口为止，现堤围总长 14.22 km，其中文洞河险段长 1.05 km，北江干流堤段 10.42 km，笔架河堤段 2.75 km。清北围现状防洪标准：堤防为 50 年一遇，堤库结合为 100 年一遇。

清西围:清西围由秦皇河支北江干堤、威井河支堤组成,总堤长 37.25 km,其中北江河干堤长 12.4 km,秦皇支堤长 9.1 km,威井河(漫水河)支堤长 15.75 km。清西围现状防洪标准:堤防为 50 年一遇,堤库结合为 100 年一遇。

北江大堤:北江大堤是国家一级堤防,是广东省最重要的堤防,是广州市及珠江三角洲地区北面的防洪屏障,设计洪水标准为 100 年一遇。其位于北江下游的左岸,北起清远市清城区石角镇的骑背岭,沿北江支流大燕河出北江干流南下,经佛山市三水区的大塘、芦苞、黄塘、河口、西南镇,到佛山市南海区小塘的狮山止,干堤全长 64.346 km,沿线分布有穿堤涵闸 15 座,其中包括芦苞和西南两座大型分洪水闸。

北江大堤 1949 年后,先后经历了三次规模比较大的建设,但限于当时的社会经济条件和大堤本身形成历史的复杂性,北江大堤的防洪能力还没有达到国家Ⅰ级堤防安全标准,为此从 2001 年开始进行北江大堤加固达标工程,对 63 km 北江干堤按Ⅰ级堤防、100 年一遇洪水标准进行培厚加高,对长约 30 km 的强透水地基进行基础处理,对 20 km 长的深槽迫岸、迎流顶冲、堤岸冲刷和崩岸险工险段进行整治,对 30 座穿堤建筑物进行重建、加固和封堵。加固达标工程于 2008 年完工,标志着由飞来峡水利枢纽、北江大堤、湛江蓄滞洪区及芦苞涌、西南涌分洪河道组成的北江中下游防洪工程体系基本形成。通过库、区、堤、分洪河道联合运用,可防御北江 300 年一遇洪水。

4. 芦苞涌、西南涌

芦苞涌起于北江大堤芦苞分洪闸,设计分洪流量 1 200 m^3/s。流经三水市的乌石岗、经长歧管理区的鱿鱼岗分为南北两支。北支注入九曲河,流向白坭河。南支经三水市的虎爪围、花都曲的炭步镇、大涡、文岗,在南海市官窑附近汇入西南涌。芦苞涌全长 32.33 km,流域面积 264.6 km^2,河道平均坡降 1‰。

西南涌起于北江大堤西南分洪闸,设计分洪流量为 1 100 m^3/s,向东流经三水市高丰、南海的官窑、里水、和顺等镇,在广州市白云区老鸦岗附近与芦苞涌、流溪河汇合后注入西航道。西南涌全长 38.855 km,流域面积为 393 km^2,河道平均坡降 1.02‰。

2004~2006 年,作为北江大堤加固达标工程内容的一部分,对西南涌、芦苞涌进行两涌整治,西南、芦苞两水闸也前后实施重建。从而实现了两涌由单一分洪功能向改善水环境、减轻防洪压力双重功能的转变。

5. 北江中下游防洪体系调度规则

当发生 50 年一遇及其以下洪水时,飞来峡不控泄。

当发生 50~100 年一遇洪水时,飞来峡限泄 15 000 m^3/s,至江口镇分流,部分进入湛江加上湛江来水,经湛江滞洪后,入源潭河出大燕口进北江,再加上区间洪水及滨江来水,控制石角洪水为 17 600 m^3/s(50 年一遇),芦苞、西南两涌相应根据需要(珠三角洲河网区)分洪不超过 1 200 m^3/s、1 100 m^3/s。

当北江发生 100~300 年一遇洪水时,飞来峡限泄 16 000 m^3/s,在江口镇分流,部分进入湛江加上湛江来水,经湛江滞洪后,入源潭河出大燕口进北江,再加上区间洪水及滨江来水,控制石角洪水为 18 800 m^3/s(100 年一遇),芦苞、西南两涌相应分洪流量为 1 200 m^3/s、1 100 m^3/s。

5.2.2 北江支流防洪工程体系

由于北江流域地处粤北山区,肥沃的土地大多沿江河两岸分布,而修建高标准的堤围需占用大片良田,因此在河道上游适当位置兴建水库是控制洪水较适宜的方法。规划在北江中上游的墨江兴建罗坝、冷水迳水库(可减轻始兴县城及墨江盆地3万多亩耕地的防洪压力)、凌江兴建里洞、潭溪水库(可减轻南雄市区的防洪压力)等具有一定防洪作用的大、中型水库,与境内已建的南水水库、锦江水库等组成局部的堤库结合的防洪体系。

北江流域集水面积超过1 000 km^2 的支流有墨江、锦江、武江、南花溪、南水、滃江、烟岭河、连江、青莲水、滃江、滨江、绥江、凤岗河共13条河流,对上述各支流的防洪体系规划简述如下。

5.2.2.1 墨江

依据流域内地形地貌和防洪需要,规划在罗坝水兴建中型水库罗坝水库,在墨江上游清化水兴建大型水库冷水迳水库,结合已建花山水库(中型)和下游已建,规划续、扩、新建的堤防共同组成堤库结合的防洪体系,其防洪重点是始兴县城和始兴盆地。

始兴县城位于浈江一级支流墨江下游,墨江与罗坝水在县城上游交汇,县城主要受墨江洪水威胁。县城防洪采取"上蓄、中防"的措施。县城防洪堤规划按20年一遇洪水标准进行达标建设,目前始兴县城在墨江河两岸已修建了防洪堤一期工程,防洪标准为20年一遇,结合上游的冷水迳、罗坝水库,可将防洪标准提高到50年一遇。随着始兴县城向浈江两岸扩展,江口工业区将成为始兴县工业发展的重心,现有的防洪堤一期工程已无法满足县城防洪需要,根据广东省城乡防灾减灾总体规划,建设始兴城市防洪工程势在必行。

始兴城市防洪工程规划堤防总长度约23.7 km,可分为浈江左岸及墨江左岸、浈江右岸、墨江入口处浈江左岸及墨江右岸3个独立段。浈江左岸及墨江左岸拟建堤防8.52 km,浈江右岸拟建堤防4.92 km,墨江入口处浈江左岸及墨江右岸拟建堤防2.27 km,另外对浈江及墨江河道进行疏浚整治,再考虑兴建5座电排站,装机9台共251 kW。

5.2.2.2 锦江

锦江流域已建有1宗大型水库锦江水库,2宗中型水库,分别是位于黎屋水的高坪水库和位于董塘水的赤石迳水库,结合下游已建,规划续、扩、新建的堤防共同组成堤库结合的防洪体系,其防洪重点是仁化县城及减轻下游的防洪压力。

仁化县城仁化镇位于浈江一级支流锦江中游河段,主要受锦江洪水威胁。仁化境内有著名的旅游胜地丹霞山,为了防洪、结合交通、旅游业的发展,规划对县城按堤库结合50年一遇洪水标准进行堤防的达标建设(堤防建设标准20年一遇),堤防长度16.67 km(其中右岸7.67 km,左岸9.0 km),保护人口8.8万人,保护面积36 km^2。同时疏浚河道8.4 km,新建排涝闸5座及泵站3处。

5.2.2.3 武江

武江流域已建有4宗中型水库横溪、东洛、龙山、西牛潭水库,1座以防洪为主的大型水库乐昌峡水利枢纽,结合下游已建,规划续、扩、新建的堤防共同组成堤库结合的防洪体系,其防洪重点是乐昌市、下游韶关市。西坑水及廊田水上的万亩以上的堤围西坑水堤、廊田水堤按20年一遇设防。

乐昌市区位于武江中游，武江流经城区，县城主要受武江洪水威胁。县城防洪采取“上蓄、中防”的措施，通过乐昌峡水利枢纽的调洪，将乐昌市区50年一遇洪水降为10年一遇。

乐昌市区上游段至武江大桥段为乐昌市区一期防洪堤工程。

乐昌市区二期防洪堤工程布置在武江大桥下游至林科所往下400 m间河段左岸，全长4 km。

乐昌市防洪堤三期工程设计范围从乐昌市武江大桥下游260 m起至昌山电站的右岸段，全长5 km，采用浆砌石挡墙和混凝土防护拦墙进行设防，三期工程建设完成后，可使乐昌市区堤围防洪标准达到10年一遇（结合乐昌峡水库建成后可提高到50年一遇）。

5.2.2.4 南花溪

南花溪为武江支流，集水面积主要位于湖南省境内，流域内的零星耕地主要靠堤围设防。

5.2.2.5 南水

南水上游已建有1宗中型水库泉水水库、1宗大型水库南水水库拦蓄上游洪水，结合下游已建，规划续、扩、新建的堤防共同组成堤库结合的防洪体系，其防洪重点是乳源县城。

乳源县城位于南水中游，南水流经城区，县城主要受南水洪水威胁。县城防洪依靠堤库结合，按50年一遇洪水标准设防。

乳源县城防洪堤工程基本沿原河道走向布置，左岸防洪堤始于南水河上坝电站上游家私厂附近，终于下游新民河口，堤线总长8.68 km；右岸防洪堤自南水河上游附城镇新桥桥台处始，至下游鹰嘴石电站坝前止，堤线总长4.24 km，左右两岸堤线总长12.93 km。

5.2.2.6 滃江

滃江下游已建有1宗大型水库长湖水库，总库容1.55亿 m^3，防洪库容4 071万 m^3；已建有6宗中型水库空子、上空、泉坑、跃进、桂竹、岩庄水库，规划兴建牛牯栋中型水库。长湖水库在滃江下游，各中型水库的集水面积、调洪作用有限，仅对下游局部河段起调蓄作用，因此滃江沿岸的防洪在上游水库的调蓄下，仍以堤防为主，防洪重点是翁源县城。

翁源县城位于北江一级支流滃江上游，滃江支流龙仙水流经城边，县城主要受龙仙水、滃江洪水威胁。龙仙水发源于勒离岭，于龙仙牛鼻沟汇入滃江，集水面积217 km^2，河长36 km，平均比降13.1‰。在龙仙水支流已建有一宗中型水库—跃进水库，控制面积28.8 km^2，总库容1897万 m^3，调洪库容1 495万 m^3。

翁源县城防洪标准规划为堤库结合50年一遇洪水标准，防洪堤按10年一遇洪水标准达标建设。

翁源市县城一期防洪工程由防洪堤、龙仙河河道清淤疏浚、穿堤排水涵及配套设施等组成，其中滃江两岸共8.18 km，龙仙河两岸共14.41 km，另外还包括增设配套管理设施，结合旧城改造进程，权衡轻重缓急，将工程分为三期进行施工，第一期为滃江左右岸，长8.18 km；第二期为龙仙河右岸，长约7.25 km；第三期为龙仙河左岸，长约7.17 km。

翁源县城二期防洪工程需修建堤防13.26 km。

5.2.2.7　烟岭河

烟岭河为滃江的支流，规划在其上游兴建 1 宗中型水库放牛洞水库，其集水面积仅 11.6 km^2，因此烟岭河受地形限制，防洪主要靠堤防设防。

5.2.2.8　连江

连江是北江流域集水面积最大的一级支流，集水面积达 10 061 km^2，流域内已建有 7 宗中型水库上兰靛、板洞、曹田坑、茶坑、沙坝、桥莆、大潭水库；大型水库锦潭水库 2009 年建成，规划新建 3 宗中型水库鹿鸣关、爬船洞、白石水库。连江上游的连州、连南、阳山县城是防洪重点，由于其属于山区，规划支流建库，干流沿岸的防洪则在上游水库的调蓄下，以堤防为主。

5.2.2.9　青莲水

青莲水是连江的支流，位于阳山县境内，在青莲水上游规划新建白石中型水库，在支流黄坌水已建有中型水库曹田坑水库，流域中下游耕地的防洪任务除利用上游水库的调蓄洪水外，仍以堤防为主。

5.2.2.10　滃江

滃江流域设有滃江天然滞洪区，堤围的设防标准严格按国家《防洪标准》、北江流域防洪体系的需要设防。在滃江支流鳌头水已建有中型水库茂墩，规划兴建中型水库沙迳水库，对下游局部河段起调蓄作用。

5.2.2.11　滨江

滨江是北江流域的暴雨高区，在滨江上游黄洞水建有中型水库龙须带水库，由于该水库集水面积、调洪作用有限，且滨江是北江流域的暴雨高区，因此滨江中下游的防洪仍以堤防为主。

5.2.2.12　绥江

绥江流域内已建有 7 宗中型水库江谷、下竹、湖朗、三坑、高塘、长调、新湾水库，依据地形特点，规划在其上游的怀集县境内新建以防洪发电为主的中型水库 8 宗，分别为水下、太来、七星、中洲、麻地、腾铁、永固、建丰水库。绥江中下游干流的防洪除利用上游水库的调蓄洪水外，仍以堤防为主。

5.2.2.13　凤岗河

凤岗河是绥江的支流，上游是北江流域的暴雨高区，已建高塘、长调、新湾 3 宗中型水库，规划新建 1 宗中型水库麻地水库。凤岗河中下游的防洪除利用上游水库的调蓄洪水外，仍以堤防为主。

5.3　北江流域抗旱工程建设情况

5.3.1　备用水源工程

备用水源主要是为了应对特殊干旱引起供水水源衰减及突发性水污染事故造成的供水紧张。

在韶关市储备的水源中，市区应急水源主要依靠锦江水库中和孟洲坝水库；曲江以小坑、苍村和濛里水库为主要应急水源；始兴县以尖背、花山水库为应急水源；仁化以锦江水库为应急水源；翁源以跃进、泉坑和桂竹水库为应急水源；南雄、乳源的应急水源为南水、孔江水库；乐昌的应急水源是东洛、龙山水库；三坑、湖朗水库为怀集的应急水源，并规划竹下水库作为另外的应急水源点；广宁的应急水源是花山水库；四会主要以江谷、水迳水库为主要应急水源。

位于乳源县的南水水库是一座大型水库，总库容为 12.43 亿 m^3，兴利库容为 7.14 亿 m^3，目前水库主要担负发电功能，为实现水资源合理利用，粤水资〔2002〕71 号文曾向省政府提出调整南水水库以防洪、供水为主要功能的请示，当时省政府办公厅粤府办〔2002〕82 号文明确“暂不调整”。但随着经济不断发展，人口不断增加，韶关市区现状的用水已不能适应社会发展的需要，而且韶关市还未有应急备用水源，急需发掘其他水源，为此省政府〔2010〕9 号文提出“建议调整南水水库功能，并由省水利厅牵头进行调研后提出方案”的要求，南水水库调整功能的问题有待深入研究。

在清远市储备的水源中，市区应急水源主要依靠干流的飞来峡水库，并规划市域内迎嘴、银盏水库为其第二备用水源；佛冈以烟岭河和放牛洞水库为应急水源；阳山以茶坑、曹田坑、沙坝水库为应急水源；连山和连南的应急水源是太保水库和板洞水库；清新的第一应急水源是飞来峡水库，第二水源点是龙须带水库和大秦水库；英德的应急水源有白石窑、长湖、上空、空子、枫树坪水库；连州的应急水源主要是潭岭水库和上兰靛水库。

《广东省北江流域综合规划修编报告》(2012 年 3 月)提出备用水源地规划(见表 5-9)，设计总库容 7.93 亿 m^3，引提水规模共 9.14 m^3/s，为各地方供水 7.33 m^3/s。

5.3.2　石灰岩地区农村饮水工程

石灰岩地区的农村饮水问题是遭遇旱年的一大难题。近几十年，广东省对粤北韶关、清远石灰岩地区群众用水困难实行重点扶持，省财政厅、省发展计划委员会、省水利厅通力合作，支持石灰岩地区的农村饮水解困工程建设，共解决饮水困难人口 949 万人。

结合石灰岩地区的特点并根据多年来治理该地区缺水问题的经验，当地提出了一条较为有效的治理途径，即兴建蓄水池(又名“水柜”)将雨水集蓄起来的措施。近年来，韶关、清远等地的部分石灰岩地区均在大力兴建蓄水池，并取得了较好的效果。

清远市为确保石灰岩地区饮水困难的群众能够饮用基本安全的水，印发了《清远市石灰岩地区建造旱地田头和食用水蓄水池实施办法》，该办法对石灰岩地区建设饮水工程提出了明确的要求和规定，对石灰岩地区建设农村饮水工程起到很好的指导作用。清远市市委、市政府在蓄水池系统建设中，成立了由副市长任指挥长的“清远市石灰岩地区田头水池建设指挥部”，各级政府也成立了相应的领导机构，统一思想、统一行动。在 2000~2004 年底解决农村饮水困难人口 32.28 万人，其中按田头水池解决人数 12.28 万人，按面上食水解决人数 20 万人，至 2005 年，清远市 33 个石灰岩乡镇已投入资金 8 500 多万元，已建蓄水池蓄水量 66 万 m^3，铺设引水管道 2 139 km。

粤北韶关、清远两市的石灰岩地区虽然干旱期间该区域地表水较为短缺，但地下赋存有丰富的岩溶地下水。粤北石灰岩地区拥有地下水可采资源量为 74.4 亿 m^3/a，大部分水质良好，2005 年开采量仅 4.1 亿 m^3，开采程度仅为 5.51%，开采潜力仍然相当大。

表 5-9　北江流域备用水源地工程规划

市	县	工程项目情况												
		项目名称	工程规模	水源类型	工程分类	所在河流名称	所在地行政区名	水源水质	设计总库容（万 m^3）	兴利库容（万 m^3）	引、提水规模（m^3/s）	本城市供水量（m^3/s）	供水保证率（%）	管网配套情况
韶关市	韶关市	沐溪水库	中型	水库	引	沐溪水	市区	Ⅱ	1 093	826	1	0.1		需新建配套管网
	曲江县	大坑仔水库	小型	水库	蓄	马坝河	马坝镇	Ⅰ	56	50	1.2	1.1	80	需新建配套管网
	始兴县	流田水库	小型	水库	蓄	流田水	始兴县	Ⅱ	120	100	0.5	1	95	需新建配套管网
	仁化县	墩仔取水工程	小型	河道	提	董塘河	仁化镇	Ⅱ			1.5	1	95	需新建配套管网
	翁源县	贵东水	中型	河道	提、引	贵东水	龙仙镇				0.3	0.26	90	
	乳源县	白桥坑水库	小型	水库	引	白桥坑水	乳源县	Ⅱ	30	25	0.5	0.5	95	需新建配套管网
	乐昌市	乐昌张滩	中型	河道	引	张溪河	乐昌	Ⅱ			0.34	0.57	96	需新建配套管网
	南雄市	珠玑供水工程	中型	河道	蓄、调	下洞水	南雄市珠玑镇		1 350	1 280	1.8	0.8	90	需新建
	小计								2 649	2 281	7.14	5.33		
清远市	市区	龙须带水库	中型	水库	蓄	黄洞河	市区	Ⅱ	8 845	6 418	30		90	需新建配套管网
	清城区	迎嘴水库	中型	水库	蓄	迎嘴河	清城区	Ⅱ	7 265	5 029	7 109		90	需新建配套管网
	清城区	黄腾峡水库	小型	水库	蓄		清城区	Ⅱ					90	需新建配套管网
	佛冈县	五洞水库	中型	水库	蓄	潖江	佛冈县	Ⅱ	1 762	1 175	1 400		90	需新建配套管网
	连南县	鹿鸣关水库	中型	水库	蓄	太保河	连南县	Ⅱ	1 500	436	298		90	需新建配套管网
	英德市	锦潭水库	大型	水库	蓄	黄洞河	英德市	Ⅱ	24 900	9 400	9 400		90	需新建配套管网
	连州市	潭岭水库	大型	水库	蓄	潭源洞水	连州市	Ⅱ	17 680	13 690	7 346		90	需新建配套管网
	阳山县	曹田坑水库	中型	水库	蓄	钟鼓水	阳山县	Ⅱ	1 804	1 029	3 309		90	需新建配套管网
	小计								63 756	37 177				
肇庆市	四会市	江谷水库	中型	地表水	蓄、引	绥江	四会市	Ⅱ	6 860	3 270	0.6	0.6	97	需新配套
	广宁县	长安、金泽、赛洞等 3 座水库	中型	地表水	蓄、引	南街河	广宁县	Ⅰ	641	152.76	0.3	0.3	100	需新配套
	怀集县	下竹水库	中型	地表水	蓄、引	马宁水	怀集县	Ⅱ	5 390	4 645	0.8	0.8	100	需新配套
	小计								12 891	8 068	2	2		
合计									79 296	47 526	9.14	7.33		

5.3.3　灌溉工程

5.3.3.1　蓄水工程

北江流域现有大型水库 12 座：飞来峡水利枢纽、乐昌峡水利枢纽、南水、孟洲坝、锦江(仁化)、潭岭、长湖、锦潭、小坑、白石窑、濛里、清远水利枢纽，总库容 55.626 9 亿 m^3，兴利库容 17.665 9 亿 m^3，除濛里水库外其余 11 座均有灌溉任务，设计灌溉面积 9.3 万亩，有效灌溉面积 8.61 万亩。现有中型水库 55 座，总库容 17.93 亿 m^3，设计灌溉面积 99.96 万亩，有效灌溉面积 71.4 万亩。全流域现有蓄水工程 2 593 宗，总库容 74.6 亿 m^3，设计灌溉面积 158.49 万亩。

5.3.3.2　引水工程

北江流域内引水工程大部分为有坝引水，陂头有木石陂、浆砌石陂。万亩以上引水灌溉工程有 37 宗，设计引水流量 86.4 m^3/s，灌溉面积 75.3 万亩。全流域现有引水工程共 11 073 宗，设计引水流量 346 m^3/s，设计灌溉面积 173.4 万亩。

5.3.3.3　提水工程

北江流域内现有电灌装机容量 30 341 kW，有效灌溉 35.08 万亩。

现有灌溉工程及灌溉设备供需平衡情况见表 5-10、表 5-11。

表 5-10　现有灌溉工程情况

项目	单位	合计	蓄水 (万 m^3)	引水 (m^3/s)	电灌 (kW)	机灌 (HP)	井灌 (kW)	喷灌 (kW)	水轮泵 (台)
工程规模	—	—	252 312	346	30 341	8 594	1 279	0	196
设计灌溉	万亩	392.14	158.49	173.40	31.05	18.15	0.60	0	10.45
有效灌溉	万亩	444.71	205.64	198.51	34.86	2.34	0.69	0.44	2.23
保证灌溉	万亩	391.80	165.24	187.79	33.75	2.02	0.59	0	2.00
2005 年实灌	万亩	368.50	163.57	170.02	30.11	1.97	0.57	0.39	1.87

表 5-11　现有灌溉设备供需平衡情况

县(市、区)名	耕地(万亩)		需水量 (亿 m^3)	设计供水量 (亿 m^3)			设计可灌 水量(亿 m^3)		可灌面积 (万亩)		有效灌溉 面积(万亩)		2005 年实灌面积 (万亩)		
	水田	旱地		小计	蓄水	引水	提水	水田	旱地	水田	旱地	水田	旱地	水田	旱地
合计	376.2	139.1	42.3	38.9	13.9	19.6	5.4	294.6	93.6	362.4	178.7	327.7	117.0	284.7	83.7
韶关市	136.0	40.63	14.8	11.6	4.9	5.7	0.9	94.4	12.0	111.6	22.3	105.8	12.0	105.2	11.1
清远市	148.6	76.89	15.6	17.6	4.9	9.3	3.4	112.1	66.2	155.7	105.8	136.7	88.0	95.3	56.3
肇庆市	75.9	16.72	10.0	8.5	3.7	4.2	0.6	65.1	11.2	71.9	46.4	71.7	13.3	71.6	12.7
河源市	2.5	0.724	0.3	0.2	0	0.1	0.1	1.2	0.1	1.3	0.1	1.3	0	1.1	0
佛山市	4.0	2.67	0.7	0.6	0	0.2	0.4	15.7	3.2	15.7	3.2	6.3	2.9	6.3	2.9
广州市	9.2	1.42	0.8	0.4	0.3	0.2	0	6.2	1.1	6.2	1.1	6.0	0.9	5.2	0.8

5.4　北江流域防洪抗旱非工程措施

2006年8月21日,广东省编办《关于成立东江、北江流域管理机构的函》同意在广东省北江大堤管理局基础上组建广东省北江流域管理局,正处级单位,由广东省水利厅管理。

2007年6月28日,广东省北江流域管理局正式挂牌成立。2009年10月9日,根据事业单位分类改革精神,广东省北江流域管理局(广东省水利厅水利水政监察局北江分局)为省水利厅管理的事业单位,副厅级,行政类。

北江流域管理局的成立,克服了堤河管理条块分割的弊端,能够有效地协调解决北江流域防洪抗旱安全问题,增强了北江流域特别是北江下游城市防灾抗旱减灾能力。

5.4.1　防洪非工程措施

5.4.1.1　水雨情监测系统

北江水情遥测预报调度系统是监测北江流域水情的自动化系统,监测控制流域面积46 686 km^2,有水文自动站72个,其中雨量站30个,水位站7个,雨量水位站35个,建有广州、飞来峡、韶关3个中心站。采用超短波通信、卫星通信、移动网络通信组网,自动收集北江流域水文信息并进行综合处理,为工作人员做出合理的防洪、发电、日常运行调度提供依据,有助于减少北江流域的洪灾损失。

5.4.1.2　标准内防洪调度方案

北江上游由武江乐昌峡水利枢纽、浈江湾头水利枢纽与堤防工程组成堤库结合的防洪工程体系,使韶关市100年一遇的洪水降为20年一遇,乐昌市50年一遇的洪水降为10年一遇,并纾缓中、下游防洪压力,北江中游以堤防为主。

北江下游由飞来峡水利枢纽、潖江滞洪区及芦苞涌和西南涌分洪河道、下游堤防工程形成蓄、滞、控兼施的防洪工程体系。北江大堤按100年一遇达标加固(结合芦苞、西南两涌整治),经飞来峡水利枢纽的调节及潖江滞洪区的运用,可以抵御北江300年一遇洪水。

1. 北江上游调度方案

当乐昌、韶关发生10年一遇洪水时,乐昌峡水库、湾头水库均按天然来量泄放。

当乐昌、韶关发生20年一遇洪水时,乐昌峡水库控泄2 995 m^3/s,下泄量与坝址至乐昌市小区间来量之和不大于乐昌市安全泄量3 124 m^3/s($P=10\%$),湾头水库按固定泄量3 500 m^3/s控泄,至蓄满6 429万m^3防洪库容后敞泄。经两库控制运用使韶关洪水小于20年一遇安全泄量8 782 m^3/s。

当乐昌、韶关发生50年一遇洪水时,乐昌峡水库分级控泄,泄量2 995 m^3/s、2 973 m^3/s,下泄量与坝址至乐昌市小区间来水量之和不大于乐昌市安全泄量3 124 m^3/s,湾头水库按固定泄量3 500 m^3/s控泄,至蓄满6 429万m^3后敞泄。经两库控制运用使韶关洪水小于20年一遇安全泄量8 782 m^3/s。

当乐昌、韶关发生100年一遇洪水时,乐昌峡水库先按20年、50年分级控泄,泄量2 995 m^3/s、2 973 m^3/s,当库水位超过50年一遇时,按韶关市安全泄量的要求与区间凑泄;湾头水库按固定泄量3 500 m^3/s控泄,至蓄满6 429万m^3后敞泄。经两库控制运用使韶关洪水小于20年一遇安全泄量8 782 m^3/s。

当水库水位超过100年一遇洪水位后，考虑水库安全，按来量尽泄，并逐渐加大泄量以腾出防洪库容，但不得大于最大天然来量，以免加重下游防洪负担。

充分利用河道泄洪，加强低标准堤围的巡查、排除隐患，密切关注水情趋势，并视天气变化情况，做好低洼地带人员财产转移。

严格要求干支流上的水库（如锦江、小坑水库）和梯级电站（孟洲坝、濛里及白石窑等电站）按规程调度，防止人为灾害。

2. 北江下游调度方案

当发生50年一遇及其以下洪水时，飞来峡不控泄；当发生50~100年一遇洪水时，飞来峡限泄15 000 m^3/s，至江口镇分流，部分进入潖江加上潖江来水，经潖江滞洪后，入源潭河出大燕口进北江，再加上区间洪水及滨江来水，控制石角洪水为17 600 m^3/s（50年一遇），芦苞、西南两涌相应根据需要（珠三角洲河网区）分洪不超过1 200 m^3/s、1 100 m^3/s。

当北江发生100~300年一遇洪水时，飞来峡限泄16 000 m^3/s，在江口镇分流，部分进入潖江加上潖江来水，经潖江滞洪后，入源潭河出大燕口进北江，再加上区间洪水及滨江来水，控制石角洪水为18 800 m^3/s（100年一遇），芦苞、西南两涌相应分洪流量为1 200 m^3/s、1 100 m^3/s。

5.4.1.3　超标准防洪调度方案

1. 北江上游调度方案

当充分发挥水库防洪调控潜力后，韶关（二）站仍超过20年一遇水位时，加强水雨情观测预报，加强低坝巡查监测，做好更大范围人员转移的准备，在放弃上游乡、镇级及县级堤围20年一遇及以下标准堤围临时滞洪后，水位仍继续上涨，相机逐段弃守城区堤围，努力降洪灾损失。

2. 北江下游调度方案

当充分发挥水库防洪调控潜力后，石角站水位涨至或超过100年一遇洪水位（或流量超18 800 m^3/s）时，科学合理地运用各种措施降低北江大堤保护区洪灾损失，尽量减少其他堤围保护区防洪安全。

对于潖江滞洪区及芦苞和西南水闸，按既定方式运用；飞来峡水利枢纽，可视剩余防洪库容及下游区间洪水情况，合理控泄，最大限度发挥其拦洪削峰作用。

堤围运用。大旺围：当芦苞水位上涨至100年一遇水位（约12.79 m）时，或洪水漫顶，在大旺围的正隆堤段破堤200 m，尽量降低芦苞水位。清西围：当石角水位回涨至100年一遇水位（14.98 m）或洪水漫顶时，在清西围的恒平堤段破堤200 m，临时滞洪。清东围：石角水位超过100年一遇洪水位（14.98 m）或洪水漫堤时，在清东围得泰昌寮堤段破堤150 m，临时滞洪，降低石角水位。

5.4.2　抗旱非工程措施

当北江出现流域性旱情时，广东省防总应及时召集水利、气象、水文、供水等有关部门和专家进行会商，分析研究旱情的发展趋势，确定干旱的等级，研究防旱抗旱措施。

广东省气象、水文、农业部门负责干旱灾害的预报监测工作。依据江河来水量、水库的可用水量、连续无透雨日数、受旱面积等主要指标,并考虑降雨量距平率、土壤相对湿度等参考指标,经综合分析论证后判定干旱等级。

广东省流域管理局严格履行流域水量调度职责,组织水文和水利枢纽管理部门分析可能持续发展的旱情形势,结合流域当前水雨情、水库蓄水和区域用水情况,算清流域辖区水账,充分发挥水库"蓄丰补枯"作用,尽量满足下游生活、生产、生态用水,确保石角等控制断面下泄水量和流量符合控制指标要求。

5.5　北江流域防洪抗旱面临的新形势及对策

北江流域防洪抗旱面临的新形势主要是防洪抗旱体系和非工程措施尚未完善。

5.5.1　防洪体系

北江上游防洪体系由乐昌峡、湾头水利枢纽和堤防组成,中游主要依靠堤防防御洪水,下游防洪体系由飞来峡水利枢纽、北江大堤、潖江蓄滞洪区、西南和芦苞两涌分洪通道及下游堤防工程组成。由于潖江蓄滞洪区工程尚未建设,未能有效发挥削峰滞洪作用,且中下游险工险段难以根治,北江中下游防洪工程体系有待完善。北江干流中游望埠镇等镇区河段及下游的白庙围、飞水围现状防洪标准较低,只有10~20年一遇,不能满足区域社会经济的发展,亟须提高北江干流英德市区段等的防洪排涝标准,保障防洪排涝安全。河口行洪通道部分遭受挤占,"94·6""98·6""5·6"等多场洪水出现下游三角洲腹部洪水位异常壅高。

为了尽可能降低洪灾损失,需要提高堤防防洪标准,完善流域防洪工程体系。潖江蓄滞洪区既要承担蓄滞超额洪水的防洪任务,又是区内居民赖以生存和发展的基地,长期以来,由于投入不足、蓄滞洪区建设滞后、工程设施不全、安全设施不足,区内居民的生命财产得不到有效保障,是北江中下游防洪工程体系建设中的明显短板,加快潖江蓄滞洪区建设势在必行。

5.5.2　抗旱工程体系

北江流域抗旱工程体系不够完善,兴利库容不足,部分抗旱工程设施年久失修,配套设施不全,抗旱能力有待提高。因此,为减少北江流域旱灾损失,加强蓄、引、提和调水工程及备用水源工程建设,是非常必要的。

5.5.3　非工程措施

已建的湾头、乐昌峡、飞来峡等枢纽工程缺乏防洪和抗旱的联合优化调度方案,与潖江蓄滞洪区、北江大堤、芦苞涌、西南涌分洪道等组成的防洪工程体系未实现防洪减灾整体效益最大化。流域应对超标准洪水和旱情能力不足,措施有待落实。水文站网体系及其功能尚不完善,尚需加强和优化调整。

为完善流域防洪抗旱非工程体系，实现防洪与水资源的科学调度，可以从建设流域防洪与水资源联合调度中心、加快防汛抗旱指挥调度系统建设、完善超标准洪水防御预案、抗旱预案和完善防洪抗旱政策法规体系等几个方面加强。

第 6 章　北江流域环境污染问题

广东北江是珠江三大支流之一，干流长 468 km，流经韶关市、清远市、英德市，在佛山市三水县与西江相通，于广州市番禺区出珠江口。北江既是沿河城市的主要水源，也是城市生活废水和工业废水的收纳河。工业废水主要来源于有色金属的采选、冶炼及处理，废水中包含大量的铅、锌、锰、铜等常量重金属元素及少量稀有金属铊。这些金属元素通过沉降作用在水体底部沉积物中富集起来，使沉积物中重金属元素浓度增高，污染环境。

6.1　工业源污染

6.1.1　工业污染

北江流域经济发展迅速，纺织、陶瓷、电子家电、塑料皮革、建材、食品六大行业成为了主要的经济产业。众多工业企业选择分布在北江流域周围，如纺织业、陶瓷业、冶炼厂、金属制造业等，这些工厂不仅每天产生的废水都含有大量的有毒有害物质，而且仓库储存的化学物质多数含有汞、氟、六价铬、铅、砷、酚、氰化物等。流域内有大量的工矿企业，分布在市区的工矿企业所排放的废水主要是收集到污水处理厂，经处理达标后排放至北江。而沿江分布的工矿企业生产的废水是经企业自身简单处理后直接排放至北江，有时候存在偷排现象或者发生企业生产事故，这样对北江存在较大的影响。

6.1.1.1　冶炼厂对流域环境污染状况

有色金属行业如铜、铅、锌、镍、钴、锡、锑和汞等冶炼过程中，会产生重金属污染，其中又以铅冶炼污染最为严重，特别是采用落后的冶炼工艺对周围环境产生的危害更为严重。据估算，在 2009 年，我国铅冶炼污染物排放情况：废水约 1 587 万 t，废气 1 015.6 亿 m^3，废渣 118.6 万 t。其中，铅 9.75 万 t，锌 1.08 万 t，砷 6 900 t，镉 1 000 t，汞 60 t。近年来，随着国家对环保要求的日趋严格，我国加大了重金属污染整治力度，包括禁止和淘汰烧结机、烧结锅工艺，对年产量单系列小于 5 万 t 的冶炼厂停厂整并等一系列措施，从源头控制污染物的产生和排放，减轻对环境造成的危害。

土壤中重金属主要分为两类：母质风化后残留物，即内源污染；人类活动造成的重金属的累积，也称为外源污染。土壤是由地壳中的岩石和各种沉积体经风化过程和成土作用形成的，因此土壤母质的分布及土壤类型不同，必造成土壤背景值的差异。铅冶炼产生的废水、烟粉尘及冶炼渣等都是冶炼区土壤环境的重要污染源。

铅冶炼过程中，很多操作环节能产生大量含有重金属的气体和粉尘，而废气中除汞元素外，重金属污染物基本上是以气溶胶的形态进入大气，它们主要以工矿烟囱、废物堆为中心向四周扩散。各种重金属进入环境的难易程度不同，通过自然沉降和雨水淋洗等进入土壤中。铅锌冶炼中产生的废水一般为含有重金属的酸性废水，富含锌、铅、氟、铜、汞、砷等多种金属。废水中重金属以离子态、络合态、聚合态或其他结合态等多种形式存在。无序堆存的冶炼渣等固废经过风化、氧化、淋滤等作用将会造成重金属元素的逐渐释放，造成水体和土壤的污染。

国内外对冶炼厂周边土壤中重金属元素的空间分布进行研究，发现重金属污染物的含量主要受风向和距离的影响。大气沉降是冶炼厂周围土壤重金属污染的主要原因，污染距离会因烟囱的高度、当地气象条件不同呈现出不同的规律。污染物的分布空间一般是以大气污染源为中心呈环状或带状分布，沿主风向伸长呈长轴状。大气中气溶胶形态污染物，经自然沉降和雨水淋洗进入土壤，土壤固相中胶体物质首先对其进行吸附，之后经过各种物化和生物作用以多种形态累积在土壤中。同时，地区地貌和地表径流也是影响污染物分布的主要因素，地势较低地区重金属积累相对严重，有时会出现与径流走向一致的特征。

重金属浸出是指可溶性的组分通过溶解或扩散的方式从固体废物中进入浸出液的过程。当填埋或堆放的废物和液体接触时，固相中的组分就会溶解到液相中形成浸出液。重金属的浸出毒性或迁移性与许多水化学平衡反应有关，在水中的溶解过程会发生复杂的物理化学反应，如溶解沉淀、螯合及离子交换，最终达到平衡。目前的浸出/提取方法被应用于各类型固体废物。研究表明，土壤中重金属元素在不同 pH 的浸提剂作用下，重金属浸出量大为不同。当提取液 pH 小于 2.25 时，微小的改变就会造成提取液最终的 pH 发生巨大影响，从而导致重金属浸出率的显著变化；当提取液 pH 为 2.25～3.20 时，提取液的最终 pH 和浸出率都稳定，一般 pH 都在 7 左右，浸出率都在 1%以下。同时土壤的 pH 不同，浸提剂对土壤的浸出量影响也不同：土壤为中性时，浸提剂的 pH 对浸出量影响不大；土壤为碱性时，重金属浸出量不随浸提剂 pH 的变化而变化，金属元素几乎没有溶出。

由于在酸性环境中金属形成可溶性氧化物，因此重金属在酸性条件下溶解性强，这与废物中金属的浸出趋势一致。部分金属如 Zn 和 Pb 等能形成可溶性烃基金属化合物，有些金属如 Cr 和 As 等具有形成含氧酸阴离子的能力，这些金属在极碱性环境中溶解度会重新增高。以硝酸、硫酸为浸提剂，浸提液的酸性有助于金属的浸出，但是硝酸、硫酸产生的这种酸性不具有缓冲能力，浸出后混合液的 pH 反映的是废物的酸度，金属的浸出量非常低。研究土壤中重金属铅的浸出性时发现，以醋酸和柠檬酸缓冲溶液作为浸提剂时，土壤前后 pH 变化较稳定，铅的浸提效果最好；以硫酸硝酸法对土壤中铅进行浸出，浸提液 pH 均上升至近中性，土壤中的铅难以浸提出来。

韶关位于南岭多金属成矿带上，矿产资源丰富，种类繁多，是全国著名的“有色金属之乡”，也是我国主要的重工业城市之一。以韶关某冶炼厂周边环境为研究对象，通过对其周边土壤中 Cr、Pb、Cd 和 As 四种重金属的污染状况进行系统调查，来介绍北江流域冶炼厂对周围环境的影响。该研究在气候条件下，充分考虑研究区污染特征，以随机布点法在冶炼厂周边荒地或山坡上采集土壤样品。通过对 Pb、Cr、Cd、As 四种重金属的含量分析和风险评价，结果表明，冶炼厂周边土壤在一定程度上已经受到了严重的重金属污染，Pb、Cr、Cd、As 四种重金属的平均含量分别为 211.44 mg/kg、116.99 mg/kg、2.77 mg/kg、44.83 mg/kg，均超过了我国土壤环境背景值和广东省土壤环境背景值。其中，Cd、As 超过了国家土壤环境二级标准限值，而 Pb 和 Cr 虽未超过国家二级土壤标准限值，但局部累积明显，其含量已远超过国家土壤二级标准。运用内梅罗污染指数法和地累积指数法进行生态风险评价，结果表明，Pb、Cr、Cd、As 四种重金属均存在不同程度的污染，其中 Cd 的污染最为严重，达到重污染程度，其次是 As，其污染也达到中度污染以上。而两者均是环境中的有害元素，对人体的危害不容忽视。

6.1.1.2　纺织业对流域环境污染状况

我国染整行业控制环境污染，实现环保目标，一要保证污染治理的技术科学、先进、高效；二要保证治理后的污染源长期、稳定、达标排放。要实现这两个目的，必须切实解决目前无技术可用、有技术不用、技术含量不高、污染治理设施低水平重复建设、企业排污不能稳定达标等突出问题，其核心是要改变目前环境管理缺乏技术支撑的现状，建立符合我国当前和今后一定时期内的环境保护形势和环境管理各环节相配套的技术管理体系，使企业、环保部门能够方便、快捷地从公开渠道了解污染防治的技术状况、适用范围、效果、环境及经济效益等，正确选择、使用先进、高效的技术或装备，从染整生产工艺全过程考虑，实现资源节约和有效利用，以减少资源投入，实现废物减量化，对废物进行综合利用达到资源化和循环利用，实现我国染整行业节能降耗、污染减排的目标。

纺织工业的环境问题主要涉及废水排放及污染负荷、能源消耗、大气污染物排放、固体废物产生和恶臭排放。

（1）大气污染物通常都在源头进行收集，并且在欧盟不同国家得到了很好的控制，拥有良好的历史数据。

（2）排放废水通常由来源于不同工艺的多种废水混合到一起，受加工处理的纤维种类、生产工艺、所使用的化学品和助剂不同而呈现出复杂特征。有关具体工艺排放废水的数据不是很充分，实践证明适宜的做法是划定的纺织厂类别范围不要宽泛，以便于对同类工厂的总质量进行比较，从而得到初步的粗略评估，验证既有数据，分辨出不同活动间的宏观差异。

纺织工业 BAT 包括通用 BAT、洗毛 BAT、织物精整和毡毯工业 BAT。通用 BAT 包括管理、化学品计量确定和配制、化学品选择和使用、进厂纤维原材料选择、水和能源管理方面内容；洗毛 BAT 包括水洗和有机溶剂洗技术；织物精整和毡毯工业 BAT 包括预处理、染色、印花、精整、清洗、废水处理方面的技术。

废水处理遵循 3 个战略：在厂内生物废水处理装置进行集中处理；在厂外城市废水处理厂进行集中处理；对每种不同性质的废水在厂内（外）有选择地进行分散处理。废水处理 BAT 在含有不可生物降解化合物的浓缩液单独预处理前提下，在低食微比条件下，采用活性污泥法处理废水；分流含有不可生物降解化合物、高负荷的废水，采用化学氧化方法进行预处理，这类废水分别为半连续或连续性染色和精整的扎染液、退浆液、印花浆、用过的染色和精整池废液。

6.1.2　矿业污染

北江流域开发利用矿产以铁、铅锌、石灰岩、陶瓷土等为主。在开发的矿山中，除凡口铅锌矿、大宝山铁多金属矿属于大型矿山外，其他金属矿山均为中小型规模，部分矿山开采量甚至达不到最低开采规模。多数小型矿山企业开采工艺落后，资源综合利用效率低，导致矿产资源不能得到有效利用，并造成严重污染。在北江流域矿山开采及冶炼企业中，除部分大型矿山拥有完善的尾矿及废渣堆放场所外，大部分小型矿山对尾矿及废渣处理方式不当，导致废石堆场产生的酸性废水中溶解较多的重金属元素，对区域的土壤和水体产生严重的污染。特别是由于历史原因存在的非法民采民选，大量矿渣随意堆放，雨水冲刷导致北江重金属超标现象屡屡发生。

大部分矿山采取露天开采，生态破坏严重。除个别矿山是地下开采矿山，大部分矿山均为露天开采。部分露天开采的矿山在开采完矿产资源后，未能对采矿区域及时进行修复，导致大面积植被和表土受损，水土流失现象严重，生态系统功能退化，生物多样性下降。矿产资源开发导致土壤、水体被污染，并通过食物链在人体中累积，对人民群众的身体健康造成严重的威胁。近年来，北江流域接连发生十多起环境污染事故，特别是2005年的镉污染、2010年的铊污染、2011年的锑污染等重金属污染事故的发生，使北江沿岸人民群众暴露在重金属污染环境风险之中，居民饮用水安全不能得到有效保障。同时，矿产开发区域周围重金属含量超标，并通过食物链在人体中累积，从而对人民群众的身体健康造成严重影响。

由上述三个过程，在生态系统层次上采矿地生态破坏有三个特征：景观型破坏，对采矿地地貌的影响；环境质量型破坏，对所在地区土质、水质，甚至大气质量的影响；生物型破坏，对原有生物群落的摧毁，及对当地生物群落的严重破坏甚至摧毁。

一般可以认为，冶金矿山引起的环境质量型破坏及由此导致的生物型破坏要比非金属矿山更严重；露天开采矿山引起的景观型破坏和生物型破坏，要比地下开采矿山更严重。

通过对广东省矿山开发的分析发现，其矿山开发的生态环境影响具体体现在以下几方面：

(1)水文地质环境的破坏。

井巷开掘、矿床排水疏干所形成的降压漏斗的水力影响半径有时可达数十千米之外，可形成区域性的水文环境的破坏，使农牧业缺水受损。不但如此，采矿使矿区水均遭受破坏，产生各种水环境问题。

另外，疏干碳酸盐围岩含水层时，其岩溶和溶洞会成为地面塌陷下沉、地面设施被破坏的隐患；而当塌陷区或井巷地表贮水体存在水力的沟通时，则会酿成淹没矿井的重大事故；当岩层疏干影响的设计计划不周时，还可导致露天边坡、台阶的滑动和变形从而出现相应的灾害后果。在采矿诱发的地质灾害中，地面塌陷灾害的危害不可低估。由于隐伏岩溶和地下采矿，造成的矿坑疏于排水和地下矿山采矿区塌陷屡见不鲜。化州市官桥丰村铅锌矿、紫金县龙窝利坑瓷土矿、广宁县高田坑瓷土矿等采矿时，均未进行矿山地质环境评估及安全工作，酿就突发性地质灾害，曾在一年内造成8人死亡、4万m^2地面塌陷的恶果。

(2)水体污染严重。

所有类型的矿山，不论是广东省的或是省外的，不论是露天开采的还是地下开采的，都将产生两种主要废物：废石和选矿尾渣。随着对矿产资源需求的不断扩大，矿山废物的排放量大幅度增加。采矿废石和选冶尾矿中含有一定量的硫化物，由于氧化作用，暴露于大气中的硫化物矿物（如黄铁矿和磁黄铁矿）就氧化形成酸性矿山排水（AMD），导致金属的释放速度大大快于自然的风化过程。在较低 pH 条件下，水体明显地富集可溶性的 Fe、Mn,、Ca、Mg、Al 、SO_4^{2-} 及重金属元素（如 Pb、Cu、Ni、Co、As、Cd 等）。如果对其不能妥善处理，必将成为一个在一定时空下的稳定的水污染源。

特别的，对于废矿堆尾矿库长期处在氧化、风蚀、溶滤过程中，使各种有毒矿物成分或有害物质（主要为重金属物质）随水转入地下、地表水体和农田、土壤之中，造成地下、地表水体长期不断的化学污染。

而对于露天开采大量的剥离表土，废矿渣堆放在地表，不但破坏了地表的植被，而且矿渣中的有害物质还进入水体和土壤，造成水土污染，河道淤积、滑坡和泥石流等。韶关大宝山的金属矿无序开采严重，对大宝山地区及下游的环境造成极其严重的破坏，使下游生态环境大受其害。选矿废水流经的翁源县横石河已失去灌溉功能，上坝村地下水严重污染，成为全国有名的癌症村。还有广东凡口铅锌矿含氰污水污染农田事故，也都是典型的水污染案例。

（3）土地的占用与破坏。

矿山开采后，将会产出大量的废石、排土和尾砂（露天开采 1 t 矿石通常削离 5～10 t 覆盖的岩土），堆存它们将需占用大量的地表面积。例如，广东省内的几乎所有矿山都需要不止一个的尾砂库来堆积其每日排除的废石、尾砂等。

此外，放眼我国来看，采矿活动破坏了大量耕地和建设用地。因采矿及各类废渣、废石堆置等，全国累计侵占土地达 586 万 hm^2，破坏森林 106 万 hm^2，破坏草地 26.3 万 hm^2。地表植被破坏和大量堆放的尾矿，导致严重的水土流失和土地荒漠化。

地下开采时，地面下沉虽然是在受控状态下和圈定的范围内发生的，不致造成人身安全和建筑物破坏事故；但在下沉区内的土地却会受到严重破坏，位置及安全状况都无查考的废弃老矿洞对地表的突然坍陷，人身安全和财产的损害都可造成严重的潜在威胁。如 2005 年发生在广东省梅州兴宁大兴煤矿“8·7”透水事故，就是一场以 123 条生命为代价的特大矿难事故，震惊全国，国务院为此专门成立了“兴宁大兴煤矿特大事故”调查组来调研此次事故的整个过程，以找出出事之源；此外，在 2003 年 3 月 25 日乐昌市北乡镇麒麟采石场违章开采石料，致使边坡失稳产生崩塌，造成 3 人死亡，4 人受伤，直接经济损失达 70 万元；2003 年 12 月 1 日，蕉岭县广福镇铁坑村因周边三个采石场工作面抽水而产生地面塌陷，诱发该村农田形成 15 个大小不等的塌陷坑，27 户 108 人房裂受灾，直接经济损失达 180 万元。

而对于大型尾矿坝或废石堆场设置不当或管理不严，也都会造成严重的滑坡或泥石流事故，使大面积的土地受到破坏，水体污染危及人身和财产的安全。2003 年，连日来不断的降水，造成广东韶关大宝山多金属矿床矿尾矿坝坝头山体出现裂痕和滑坡，使得大宝山尾砂库告急，硕大的尾砂储藏沟面临溃决之险，危及大坝及大坝下游沙溪镇凡洞村上千民众和万亩良田的安全，情况十分紧急。最后由广东省政府要员亲临大宝山矿主持现场会，确定了抢险施工和转移民众的实施方案，从 6 月 11 日下午 6 时起，大宝山矿铜铁生产系统停产，集中各方面力量抢险，到 11 日晚上 8:30 开始，由曲江县各级政府和有关部门官员组成的现场动员、安置保障、治安保卫三个工作组,在雨夜中挨家挨户动员大坝下游的村民撤离。另外,在险情预警期,大型施工机械及时开进现场,为减少库容而铺设了 30 条大口径虹吸管,在溢洪道位置也铺设了 3 条大型溢洪管,即时跟进了预防的工程措施。才止住了这粒“尾砂库”化学定时炸弹的引爆。

其次,矿区的建设也将不可避免地改变地形、自然景观和植被状况等。

一般而言,土地破坏的后果是:水土流失加剧,淤塞污染水体,增加扬尘,严重影响生态环境。

(4)对大气的严重污染。

矿山开采中废气、粉尘、废渣排放,产生大气污染和酸雨。煤炭采矿行业废气排放量占全国工业废气排放量的 5.7%,其中有害物排放量为每年 73.13 万 t,主要是烟尘、二氧化硫、氮氧化物和一氧化碳,使矿山地区遭受不同程度的污染。

在矿山生产中,氧化、风蚀作用可使废石堆场、尾矿库形成一个周期性的尘暴源。此外,主要尘源还有矿石破碎、筛分和选矿等工序。矿山对大气的污染还有公路运输时形成的大量扬尘。冶金矿山生产、粉尘污染是大气污染物的一种主要类型。

(5)采矿破坏自然地貌景观,影响整个地区环境的完整性。

矿山的开采在很大程度上改变了矿山原有的环境。矿山开采耗费过量的土地资源;开采后破坏的土地,既丧失原有的自然生态系统,又难以直接成为进一步服务于某种社会经济目的的用地。

矿山废弃物堆置场是周围环境的严重污染源;当矿山位于城市、河流或交通干线附近时,采矿地的破坏性发展将成为干扰城市和区域经济规划和实施的主要障碍之一。

6.1.2.1 大宝山矿区污染概况

1. 矿山和矿体概况

大宝山矿地处广东省韶关市曲江区和翁源县的交界处,流域影响范围为东经 113°40′~113°43′,北纬 24°30′~24°36′。该区位于亚热带季风气候温暖潮湿多雨,表层岩石风化强烈。大宝山矿是一座大型铁铜多金属硫化物伴生矿床,矿区主矿体上部为褐铁矿体,下部为铜硫矿体,并伴生有钨、铋、钼、金和银等有色金属矿(见图 6-1),其主要矿物成分概述如下:

上部褐铁矿体:呈铁帽状产于桂头群地层中,铁矿石的主要矿石矿物为褐铁矿和针铁矿,含少量的赤铁矿、软锰矿、黄钾铁矾、铜蓝、孔雀石、赤铜矿、白铅矿和菱锌矿等,矿石伴生有 Au、Ag 等元素。

中部菱铁矿矿体:位于褐铁矿体之下,与下部的铜多金属矿体呈过渡关系,主要由菱铁矿和少量石英组成。

下部层状铜铅锌多金属矿体:产于英安斑岩岩墙上盘的棋子桥组底部,包括黄铁矿矿石、磁黄铁矿矿石和铜铅锌矿石等。矿石矿物主要有黄铁矿、磁黄铁矿、黄铜矿、闪锌矿、方铅矿、毒砂、白钨矿、黑钨矿及少量碲金矿、自然金、辉银矿、碲银矿、银黝铜矿等。

2. 矿区污染现状

大宝山矿床已历经了长期矿产开采。在本区除大宝山矿业公司外,还有较多的民采点。这些民采点基本没有对矿山废水采取任何措施。因此,该地区因矿山废水的排出对

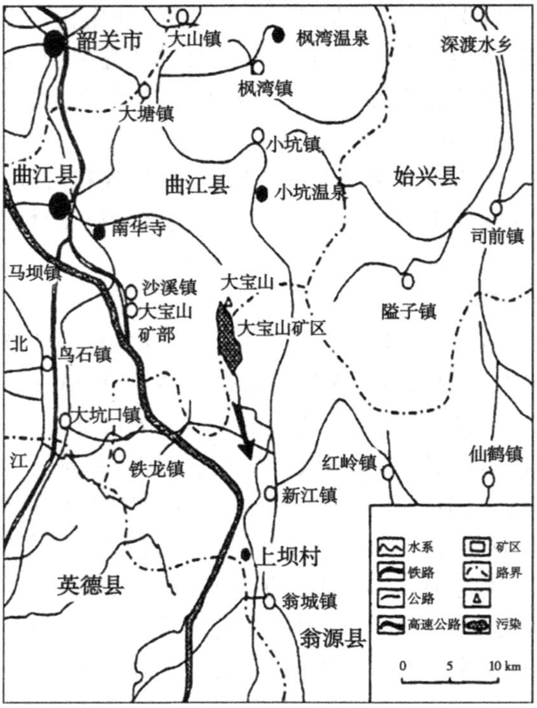

图 6-1　大宝山多金属矿区地理位置

地方河流水质造成了严重的影响，在矿区和民采点附近甚至相当长的一段河流中，河水都呈一种褐黄色的混浊状态，而且有刺激性气味。

参照中华人民共和国国家标准《地面水环境质量标准》(GB 3838—2002)，下面列出该地区内 Cr、Cd、Co、Ni、Cu、Zn、As、Sb、Hg、Pb 共 10 种重金属元素的分布特征及污染现状。

镉元素分布特征。镉元素在大宝山大部分地区已经超标[《地面水环境质量标准》(GB 3838—2002)Ⅲ类标准]，其分布有两个浓集中心，分别位于梅子坑东南的民采隆洞排放地段、大宝山矿区—西沟(矿山露天开采剥离的废石堆)。大宝山矿区—西沟一带镉元素的最大浓集值达 600 mg/L，达到《地面水环境质量标准》(GB 3838—2002)Ⅲ类标准(≤0.005 mg/L)近 120 000 倍水平。在梅子坑和废石堆一带的浓集值达到 100 mg/L，超过《地面水环境质量标准》(GB 3838—2002)Ⅲ类标准(≤0.005 mg/L)20 000 倍。镉元素在大宝山矿区的浓集主要是矿区镉元素的自然存在及露天开采造成的镉元素外露。在梅子坑的浓集原因主要是民采点的无序开采和无治理排放，浓集中心主要分布在矿产开采及废石堆积地段，可见镉元素的浓集主要与矿产的开采有密切的空间依存关系。

铬元素分布特征。铬元素在大宝山地区有一半的部位超标，在矿区内形成一个巨大的浓集中心，在范围上也包含了大宝山的西沟废石堆。区域铬元素最大浓集值达 0.25 mg/L，达到《地面水环境质量标准》(GB 3838—2002)的Ⅲ类标准(≤0.05 mg/L)5 倍水平。铬元素的浓集也主要与矿产的开采关系密切。

钴元素分布特征。钴元素在大宝山地区没有超标，但其在矿区内具有一个 SN 向的浓集中心,主要集中在矿区开采区和大宝山西沟(废石堆区)。

镍元素分布特征。镍元素的超标区段范围不到大宝山地区总面积的 20%,具有一个浓集中心,主要浓集中心分布在矿区开采部位和大宝山西沟。区域范围内镍元素的最大浓集值达 2.1 mg/L,达到地面水最高允许浓度(0.5 mg/L)近 4 倍水平。其浓集主要是由于矿山露天开采及废石长期堆积而造成镍元素的富集。

铜元素分布特征。铜元素在大宝山地区超标地段面积较大,几乎占评价区总面积的一半。空间上铜元素具有一个浓集中心,在铜铁多金属矿床开采区。区域铜元素最大浓集值近 40 mg/L,达到《地面水环境质量标准》(GB 3838—2002)Ⅲ类标准(≤1 mg/L)40 倍。其浓集主要由于矿床中铜元素的自然存在,开采过程中释放而形成。

锌元素分布特征。锌元素在大宝山地区超标地段面积也比较大,几乎占评价区总面积的一半。空间上锌元素具有三个浓集中心。浓集比较强的分布在大宝山西沟和矿区开采部位,较小的一个浓集中心分布在尾矿池下游的凡洞区。区域锌元素最大浓集值近 90 mg/L,达到《地面水环境质量标准》(GB 3838—2002)Ⅲ类标准(≤1 mg/L)90 倍。其浓集原因主要是矿床开采造成的锌元素外露及尾矿中残存锌元素的扩散。

砷元素分布特征。砷元素在大宝山地区具有三个浓集中心,沿矿区呈 SN 向分布,但没有超标。矿区范围的浓集达到 0.01 mg/L,矿区以南的最大浓集值达到 0.015 mg/L,但尚未超过《地面水环境质量标准》(GB 3838—2002)Ⅲ类标准(≤0.05 mg/L)。主要浓集部位包括尾矿池、大宝山西沟,主要是由砷元素的自然存在所引起;较小的一个浓集部位分布在梅子坑,主要由民采点的无序开采造成。矿区以南的大面积密集可能是矿区和废石堆中砷元素顺水系而下形成。

锑元素分布特征。锑元素在大宝山地区没有超标,但在大宝山地区具有一个浓集中心,分布在矿区西北的生活区一带,区域锑元素最大浓集值达 0.000 9 mg/L,尚未达到地面水最高允许浓度(0.05 mg/L),矿区内反而密集不明显。锑元素在人口密集的生活区的浓集,可能是由人为的生活污染造成的。

汞元素分布特征。汞元素在大宝山矿区超标面积不大,约占评价总面积的 10%。在矿区东部的凡洞和矿区南部各有一个浓集中心,两个浓集中心向外扩展发生联合形成一个大的浓集带,呈 NEE 向展布。区域汞元素最大浓集值达 0.000 4 mg/L,达到《地面水环境质量标准》(GB 3838—2002)Ⅲ类标准(≤0.000 1 mg/L)4 倍。主要是由于尾矿坝中携带了大量的汞元素,在常年的风化淋滤过程中迁移到下游的河流中,造成尾矿坝以南的河流遭到汞元素污染。

铅元素分布特征。铅元素在大宝山地区超标面积占评价区总面积的 40%左右,其浓集中心主要分布在大宝山西沟废石堆,以及矿区开采部位,在凡洞地区也有反映。区域铅元素浓集值达 1.8 mg/L,达到《地面水环境质量标准》(GB 3838—2002)Ⅲ类标准(≤0.05 mg/L)36 倍。这主要是由于尾矿坝中存在的大量铅元素,从坝堤渗透到下游凡洞河流中,再顺流而下造成尾矿坝以东河流遭到了严重的铅元素污染。

3. 生态环境污染原因

大宝山矿山周围的生态环境污染原因,概括起来,主要有以下几个方面:

(1)长期非法民采(见图 6-2)和尾矿不合理堆放,不但破坏了原有的铅锌等矿石储量,而且引发滑坡、水土流失等地质灾害。

图 6-2　非法民采

(2)矿山采选过程中,来自矿石、废石堆和尾矿坑中的硫化物矿物,经氧化后形成了大量酸性水(见图 6-3),即酸性矿山废水(AMD),其中含有高浓度的重金属元素。AMD 的形成原因,概括起来主要是由于矿山采冶过程中,黄铁矿(FeS_2)和其他硫化物矿物(如磁黄铁矿 Fe_nS_{n+1}、黄铜矿 $CuFeS_2$、方铅矿 PbS、闪锌矿 ZnS、毒砂 FeAsS 等)暴露后,受到氧气和水的双重作用快速氧化而产生的,其中氧气和三价铁是重要的氧化剂。在 AMD 中,广泛存在的原核微生物,如在嗜酸化能自养菌(如 Thiobacillus ferrooxidans 和 Lep tospirillum ferrooxidans 等)的作用下,硫化物矿物的氧化速度大大加快,特别是在 $pH<4$ 的情况下,以生物化学氧化过程为主。而硫化物矿物是大宝山矿床下部矿体的主要成分,而且在大宝山铁龙拦泥坝已废弃的民选铅锌矿的尾矿(现在被农民打捞出售给水泥厂)中,也含有大量的黄铁矿等硫化物。这些暴露在空气中的硫化物矿物氧化,以及选矿过程中产生的酸性水,是 AMD 的主要根源。

图 6-3　大宝山尾砂坝矿废水

(3)AMD 引起周围的水体严重酸化。2005 年 4 月 13~15 日对矿山环境调研期间,在铁龙拦泥坝入口处(见图 6-4)实地测得 pH 为 2.94,上坝村农田水 pH 为 3.2,上坝村村民饮用的井水 pH 为 4.2~4.3,上坝桥横石河两边水系受污染的一侧黄泥水 pH 为 4.2,而另一侧清水测得 pH 为 6.2。说明 AMD 导致了下游水体严重酸化,直接影响农田和村民食用水的质量。AMD 引起下游水体和土壤中富集可溶性 Cu、Pb、Zn、As、Cd 等重金属，使生态环境退化，直接危害有关村民。

图 6-4　铁龙拦泥坝矿水奔流

6.1.2.2　凡口铅锌矿区污染概况

1. 凡口铅锌矿区概况

凡口铅锌矿属著名的密西西比河谷型复成因铅锌矿，是广东省骨干矿山，稀有稀土分布范围广，储量大，离子型稀土保有储量列国内前三名，铀矿资源量可观，南海海上石油天然气丰富，地热和矿泉水资源在国内仅次于云南和台湾，是广东省重要矿产资源，铁锰有一定储量但后备基地严重不足，煤炭及农用非金属十分短缺，硫铁矿、石膏、瓷土、水泥用灰岩、饰面用大理岩是广东省传统优势非金属矿产，瓷土和饰面用石材是本省重要建筑材料、陶瓷和建筑板材的主要原材料，涂布级高岭土、硅藻土、硅灰石是近 10 多年查明资源十分丰富的非金属矿产。自 1956 年开始勘探至今，先后探明了水草坪、铁石岭、富屋及凡口岭 4 个矿床，其中水草坪矿床为矿区的主体，是凡口铅锌矿目前开采的主要对象，探明的资源储量占全区总储量的 80%左右。凡口铅锌矿采用盘区机械化中深孔采矿法、大直径深孔采矿法等进行硐室采矿。矿区位于广东韶关仁化县境内，206 国道从其南部通过，交通便利。仁化县地处南岭山脉南麓，以山地丘陵为主，其中山地约占 70%，丘陵约占 20%，小平原占 10%。凡口矿区位于董塘盆地北缘，矿区面积约 8.8 km^2，汇水面积约 277 km^2，区内地形相对平坦，略向东南倾斜，地面标高一般为 100～150 m，属中亚热带季风气候，冬春冷，夏秋热，年平均气温为 19.7 ℃，年平均降雨量为 1 858.6 mm。

2. 矿区污染现状

凡口铅锌矿是目前亚洲最大的特大型铅锌金属生产矿山。从 1968 年投产时 1 000 t/d 的原矿生产能力发展到如今的 4 500 t/d，年产铅锌金属量达到了 1.5×10^8 kg，每年产生的尾矿由投产初期的 2.0×10^8 kg 增加到目前的 6.0×10^8 kg。30 多年来，共产生尾矿 1.0×10^{10} kg，除部分用于井下充填和前期进行少量的综合利用外，其他均堆存在离矿区 13 km 的尾矿库。由于尾矿数量的不断增加，从 1990 年到 1995 年，每年投入 40 多万元加高加固尾矿坝，5 年增加尾矿池有效容积 20 多万 m^3，1996 年又花巨资新建一个占地 6 万

多 m^3 的尾矿库。如此巨大的尾矿已对周边环境造成严重污染，每年雨季都可能引发尾矿坝泄露溃决事故，造成人员财产的重大损失。大量尾矿已成为制约矿山可持续发展、危及矿区及周边生态环境的重要因素。

凡口铅锌矿在 1978 年就废弃了，由此产生的 20 个尾矿堆需要进行稳定化处理。在修复处理的过程中最主要的问题就是重金属（铅、锌、铜、镉）的毒性和尾矿的营养元素低。该研究使用河流沉积物和生活垃圾分别以 30%、60 %、90%的比例混合，然后加入四成左右的 NPK 肥料。以这种混合物来种植柱花草并对相应的影响效果进行研究，结果表明河流沉积物和生活垃圾的配比明显促进了干草产量，但有机肥料对此并没有影响。在尾矿上的生长在 30%河流沉积物上的柱花草累积铅、锌、铜、镉等重金属最多。有研究主要以广东铅锌矿附近的稻田土及水稻的铅含量作为研究对象。研究发现，这一区域土壤中铅的总量和 DTPA 交换态的平均值分别为 1 486 μg/g 和 268 μg/g。相关的提取过程主要发生在残渣态、有机态和可交换态的铅含量（分别为 30.2%、26.7%、19.1%）。GJST 提取的铅含量为 1 068 μg/g，占到总富集量的 75.4%。在水稻不同的部位铅的富集量是不同的，在根部为 419 μg/g，整株的含量为 6 901 μg/g，水稻秸秆含量为 51.0 μg/g，水稻茎含量为 44.9 μg/g，谷壳含量为 21.9 μg/g，未脱壳的稻米含量为 13.2 μg/g，脱壳的稻米含量为 4.67 μg/g。不论是土壤还是水稻中的铅含量都远远高于可耐受水平。铅在这一地区居民的人均每日摄入量为成人 2.6 mg，儿童 1.2 mg，这些远高于可允许水平。因此，这一地区的铅污染很可能会对当地居民健康产生不利影响。

6.2　流域源污染

随着人类社会经济的迅速发展，水环境污染问题已经成为全球性环境问题之一。传统上按照污染发生类型，把水环境污染分为点源污染（Point Source Pollution, PSP）和非点源污染（Non-point Source Pollution, NPSP），点源污染主要指工业生产与城镇生活中产生的污染物进入水环境所造成的污染，通常有固定的排污口集中排放。与点源污染不同，非点源污染（也称面源污染）是指污染物从非特定地点，在较大的范围内，在降雨径流的淋溶和冲刷作用下，大气、地面和土壤中的污染物通过地表径流进入地表水和地下水，并在水体中大量富集而导致水环境污染。农业面源污染（Agricultural Non-point Source Pollution, ANPSP）是非点源污染的重要组成部分，也是非点源污染影响范围最为广泛的污染类型，主要包括农药污染、化肥污染、畜禽养殖污染、农村生活污染（包括生活污水、人粪尿）、作物秸秆污染、农村生活垃圾污染、农膜污染、土壤本底侵蚀及水产养殖污染等方面的污染。随着工业和城镇生活点源污染逐步得到有效的控制与治理，而农业面源污染因其具有来源复杂多样性、分布广泛性、位置与途径不确定性、危害性大等特征，已经成为导致国内外区域水环境污染的重要原因。从全球范围来看，农业面源污染已导致 30%～50%的地球水环境受到不同程度的影响，引起约有 1.44 亿 hm^2 耕地不同程度的退化；在欧美、日本等发达国家，农业面源污染的贡献率达到 50%以上，不仅造成约 40%的河流、湖泊和水库等水体污染，还造成地下水质下降和湿地系统失衡与退化。而在我国，农业面源污染已经成为区域水体富营养化和水质恶化的重要原因。据相关研究报道，太湖流域、海河流域、山东莱州湾、三峡水库、北京密云水库等区域也受到农业面源污染不同程度的影响。研究表明，在我国水环境污染比较严重的流域，农田化肥污染、农村畜禽养殖污染和农村生活污染是造成区域水体氮、磷负荷偏高及水体富营养化和水质恶化的主要因素，其贡献率高于点源污染（包括工业废水和城镇生活污水）。根据国家环保部发布的《第一次全国污染源普查公报（2010）》显示，农业面源（包含畜禽养殖、水产养殖和种植业）污染物 C 排放量占总排污量的 43%以上，N 和 P 占 50%以上，已经成为我国水环境污染的重要来源。

农业面源污染问题是我国普遍存在的环境问题，也是制约北江流域农业生态环境健康发展的重要障碍因素。然而，关于北江流域农业面源污染问题的研究报道主要侧重于污染现状分析、模型模拟和防治策略研究，未能对北江流域农业面源污染问题进行综合性的深入探究，给整个流域农业面源污染的源头控制带来一些困难。北江流域现仍有不少规模的养殖业，而这些养殖场一旦发生疫情，将对附近的水资源造成严重的污染。另外，还有许多非法种植业也会对水源带来农药和化肥的污染。养殖业造成水体中氮、磷等营养物质浓度过高，种植业造成水体中杀虫剂、除草剂等农药的富集，这样直接影响水厂处理工艺的净水效果，威胁到水源安全。

6.2.1　居民生活污染

随着近几年我国经济社会的发展，农村问题越来越多，特别是农村生活垃圾越来越多，严重威胁着农民的生存居住环境，对农村村民的身心健康带来不良的影响。农村垃圾污染环境的现象屡见不鲜，不仅污染着农民赖以居住的生活环境，而且农村垃圾还阻碍着社会主义新农村的建设和发展，不符合我国建设社会主义新型农村的基本思路，如果对待这种垃圾污染的问题置之不理，很有可能我国在建设新农村时误入“先污染后治理”的歧途，背离我国坚持生态文明可持续发展的基本理念，因此抓紧对农村生活垃圾的治理成为当前建设新农村急需解决的问题。随着改革的深度继续推进，经济发展的速度进一步提升。现在的农村生活水平已经和传统的农村生活方式完全不一样了，随着农民生活水平的提高，使农村生活垃圾的数量、种类和材质等方面都与传统农村的生活垃圾不同，这无疑会对人体健康安全的极大威胁，也对农村的生态环境造成严重的危害。

北江流域居民多数在流域两岸居住，由于居民的生活习惯及环保意识薄弱，生活废水采取直接排入水源地。部分居民甚至开垦两侧河堤种植农作物，使得水土流失严重，导致水体浊度增加。以飞来峡库区流域为例：

飞来峡库区流域地处广东南方湿润地区，属于亚热带季风气候，雨量充沛。库区流域控制面积为 2 450 km^2，横跨英德市及清城区两个县级行政区，包括飞来峡镇、黎溪镇、连江口镇、大站镇、望埠镇、英红、英城镇、石灰铺镇、西牛镇及水边镇 10 个镇级行政区，流域内人口约为 29.5 万人。库区流域内年平均降水量 1 853.3 mm，降水多以锋面雨和地形雨为主，同时受到台风雨影响。降水量年内分布不均，汛期 4～9 月的降水量占全年降水量的 70%～80%，其中 4～6 月占年降水量的 40%～50%。流域年均气温 20.8 ℃，夏季最高气温超过 30 ℃。地形地貌上分为两段，自英德市区至盲仔峡段河谷宽阔，沿河多以冲积平原为主；盲仔峡段至飞来峡段则多为低山丘陵区。

2009 年飞来峡库区流域总 GDP 达到 91.6 亿元,较 2003 年增长约 3 倍,流域内总用水量亦从 2000 年的 909.4 万 m^3 急剧上升到 2009 年的 7 250 万 m^3。自 2009 年以来,库区流域经济持续增长,总用水量不断攀升。伴随着经济的快速发展,库区水质呈现逐年恶化趋势,非点源污染的潜在威胁日趋严重。据广东省水利水电科学研究院 2010 年编制的《广东省飞来峡水利枢纽库区污染源普查报告》显示,飞来峡库区接纳的污染物主要由两部分构成,即上游流域进入库区流域的污染物及库区流域自身产生的污染物。库区流域内产生的污染物 70%以上由非点源污染贡献,且非点源污染所占比例呈现逐年增大的态势,说明非点源是飞来峡流域内的重点污染源。此外有研究结果显示,飞来峡库区流域 85%的 COD、71%的 GODS、80%的 TN、84%的 TP、72%的油脂及全部的铜和锌均由非点源污染贡献,也表明库区流域的非点源污染贡献率远远高于点源污染。

6.2.2　农业面源污染

面源污染(Non-point source pollution),是指溶解性或固体污染物在大面积降水和径流冲刷作用下汇入受纳水体而引起的水体污染。

面源污染是相对于点源污染而言的,也称非点源污染。面源(非点源)污染是指溶解的或固体污染物(包括泥沙、养分、细菌、需氧物质、重金属、微量有机物等),从非特定的地点随着暴雨产生的地面径流汇入受纳水体,给水体功能带来负面影响,或是指地面的各种污染物质如城市垃圾、农田中的化肥、农药、重金属及其他有害、有毒物质及大气悬浮物质随地面径流或经土壤、地下水系统淋滤、循环进入地表水造成的污染。

农业面源污染主要是指农业活动所引起的各种污染物(沉淀物、营养物、农药、盐分、病菌等)以低浓度、大范围的形式缓慢地在土壤圈内运动和从土壤圈内向水圈扩展的过程。

在全球范围内,农业面源污染正在成为水体污染的主要原因。特别是随着对点源污染控制的逐步加强,在水体污染中农业面源所占的比重不断增加。

6.2.2.1　面源污染类型

1. *土壤侵蚀*

土壤侵蚀是规模最大、危害程度最严重的面源污染源之一,对水体产生的影响主要是悬浮颗粒物。土壤侵蚀损失了土壤表层的有机质层,但随着土壤侵蚀,许多污染物进入水体,形成面源污染。据估计,自人类开展农业生产活动以来,全球有 413 亿 hm^2 土地因遭受严重的土壤侵蚀而遗弃,现在全世界每年遭受土壤侵蚀而弃耕的土地达 500 万 hm^2。美国大陆每年因土壤侵蚀进入河流的泥沙量达 10 亿 t,造成的直接经济损失达 60 亿美元。

2. *农田化肥农药施用、农村家畜粪便与垃圾*

农药、化肥、家畜粪便和垃圾堆放是另外一个重要的面源污染源。农药和化肥的使用是造成水体污染和富营养化的最主要来源。美国每年生产约 5 亿 t 的农药,其中 70%用于农田,由此引起的地表水和地下水体污染的事例非常多。USEPA 把农业列为全美河流和湖泊污染的第一污染源。此外,农村家畜粪便和垃圾随意堆放,在降雨季节随着地表径流也会进入水体形成大面积污染。

3. 农田污水灌溉

污水灌溉是利用土壤对污染物的自然净化作用和农作物对营养元素的吸收作用净化污水。污染灌溉虽然可以让农作物吸收污水中的营养元素，但如果施用量过多或者使用的时间不恰当，会让许多污水直接进入水体，从而导致土壤、地表水及地下水体的污染。

4. 城镇地表径流污染

城镇地表径流污染主要指在降雨过程中雨水及废弃物所混合形成的污染源，流经城镇地面时聚集一系列污染物，如固体废物碎屑、城市垃圾、化学药品、空气沉降物和车辆排放物，随之进入河流或湖泊，污染地表水或地下水体。

5. 矿区、建筑工地地表径流污染

矿区、建筑工地地表径流污染主要是由人类活动引起的，一方面由于不合理的人为活动，破坏了原来的土壤结构和植被面貌，使得土壤表层裸露，导致水土流失增加；另一方面，在降雨条件下，散落在矿区地表的泥沙、盐类、酸类物质和残留矿渣等污染物，会随着地表径流进入水体，形成非点源污染。美国有5%的地表水污染是由建筑工地的地表径流引起的。

6. 林区地表径流污染

林区地表径流污染主要指在降雨过程中所发生的地表侵蚀，使地表的植物残枝、落叶及形成的腐殖生物随地表径流进入水体，在一定程度上也可以形成非点源污染。由于林区人为活动强度相对较低，地表植被覆盖率较高，与其他非点源污染相比，林区地表径流形成的非点源污染负荷一般较低，但在森林采伐区，由于对地表植被的破坏，可以增加地表径流和土壤侵蚀，因而增加区域的非点源污染。

7. 大气干沉降与湿沉降

大气中的有毒物质直接降落在土壤或水面，或随同降雨或降雪降落在土壤或水体表面。酸雨形成的污染已经成为世界上公认的环境灾害之一，不仅对建筑物和植被造成直接的破坏，还会对土壤和水体形成污染。美国著名的五大湖第一大污染源就是大气污染。

6.2.2.2 面源污染的特性

面源污染具有随机性和不确定性、广泛性和不易检测性、潜伏性和滞后性、发生机制的复杂性等特性。

1. 随机性和不确定性

从面源污染的起源和形成过程分析涉及随机变量和随机影响。面源污染与区域的降水过程有着密切的关系，降水的随机性和不确定性因素决定了面源污染形成的随机性。面源污染的形成与土壤结构、农作物类型、气候、地质地貌等密切相关。

2. 广泛性和不易检测性

由于面源污染涉及多个污染源，在给定的区域内，它们的排放是相互交叉的。随着社会经济的快速发展，许多自然环境无法接受的化学物质逐年增多，并广泛分布在地球表层，随着径流进入水体，从而对生态环境产生的影响很广泛，加之不同的地理、气象、水文条件对污染物的迁移转化影响很大，因此很难具体检测到单个污染源的排放量。

3. 潜伏性和滞后性

面源污染的发生时机具有潜伏性和滞后性。面源的潜伏性和滞后性是指污染物的形成和污染发生并不是同步进行的。农药和化肥施用造成的面源污染在很大程度上与降雨、径流和农药化肥的施用量有着密切的关系。

4. 发生机制的复杂性

面源污染的发生与传输机制涉及了多个学科的研究领域，其中包括气象学、水文学、水力学、土壤学、土壤侵蚀学、土壤化学等，其复杂性远远超过了点源污染。面源污染发生机制的复杂性给面源污染的监测、面源模型的建立和面源污染的控制提出了巨大的挑战。

6.2.2.3　北江流域面源污染状况

北江流域面积几乎占广东面积的1/3，是连接珠江三角洲与粤北的重要黄金水道，也是广东省重要的供水源头。大布镇位于北江流域上游，地处粤北山区岭南山脉深处，属亚热带季风型气候，暴雨集中，径流年内分配极不均匀。大布镇共有7个行政村，根据土地利用图统计农用地面积共计1 755.82 hm^2。另据《2007，2008年度大布镇农村基层统计年报》，2007年、2008年全镇化肥施用量分别为1 469 t和1 478 t，各类肥料中氮肥的用量占化肥总量的45.27%，每公顷用量达到844.12 kg，磷肥的用量占化肥总量的19.10%，每公顷的用量为356.25 kg。大布河发源于大布镇东北部的三磨友，于埋头村出境英德县永安寮汇入连江大布河，流域内农业生产以种植水稻、玉米、花生、大豆、油菜籽、薯类等作物为主。英明村、夹水村及埋头村等三个大布河沿岸的行政村面积仅占全镇面积的50.45%，而化肥施用量却占全镇的64.95%。

在北江上游农业典型集水区大布河流域内，某些时段存在一定程度的氮污染，三个时段采集的15个水样中，Ⅲ类水标准以下的水样占93.3%，磷污染较为轻微，Ⅱ类水标准以上的水样占水样总数的80%。

氮素输出强度随时间变化明显，在旱季无雨、雨季降雨前、雨季降雨后三个时段的氮素输出强度依次增大，而磷素的输出与降雨密切相关，在旱季无雨、雨季降雨前两个时段磷素输出强度差异不大，雨季降雨后的磷素输出强度远大于旱季无雨、雨季降雨前。

非点源污染的"源"地类对地表径流氮、磷流失强度具有重要影响，农业用地、居民地所占比例与旱季无雨、雨季降雨前、雨季降雨后三个时段的TN/TP的输出强度的相关系数分别为0.956、0.871、0.764、0.824、0.546、0.737，具有较好的正相关关系。

非点源的"源""汇"地类是相对的，其"源""汇"作用取决于不同地类的空间布局。某些传统意义上的"汇"地类，在不同的地类空间格局下，仍然有可能扮演出"源"的角色。在非点源污染的治理过程中，要重视各种地类的空间布局。地形、地类因素均对非点源污染具有重要影响，且地类因素对非点源污染的影响程度要大于地形因素。

6.3　突发性污染

北江是珠江流域第二大水系，流经韶关、清远、佛山3市，流域面积达46 710 km^2，干流总长为468 km。随着该地区的城市化和工业化进程，人口密度增大，增加了北江流域发生突发性水污染事件的概率。

北江流域部分河段2003~2014年共发生22起突发性水污染事件，各年份发生突发性水污染事件次数分布见表6-1。

表 6-1　北江流域发生突发性水污染事件次数分布(2003～2014 年)

年份	2003	2004	2005	2006	2007	2008
次数	2	1	1	1	1	5
年份	2009	2010	2011	2012	2013	2014
次数	3	5	2	2	0	0

将以上 12 年突发性水污染事故原因进行整理,可以看出,所占比例最高的是企业排污,占 36%。说明企业偷排现象仍然存在;其次为交通事故,占 27%。2003～2014 年北江流域突发性水污染事故原因类型及所占比例见表 6-2。

表 6-2　北江流域突发性水污染事故原因类型及所占比例(2003～2014 年)

主要原因	类型	件数	占比(%)
安全生产事故	企业安全生产泄露、饮用水管网污染、施工引起的污水外溢	2	9
企业排污	企业违规偷排、废液废渣非法倾倒	8	36
交通事故	道路交通事故泄露、航运泄露	6	27
污水直排	地区污染直排、污水处理厂溢流事故	3	14
自然事故	自然灾害等	3	14

6.3.1　水污染事故影响因子分析

6.3.1.1　突发致灾影响因子

自然致灾因子是由于自然环境异动从而导致污染物泄漏至水体中的突发事件,如暴雨、洪水、滑坡、泥石流、台风等自然灾害引起的污染物泄漏事件,该类事件随着灾害预防及预警预报技术的逐步成熟,发生的概率也正在逐年降低,就北江流域而言,自然致灾因子引起的较严重突发性水污染事件并不常见。

人为致灾因子是指由于人类活动而造成的污染物泄漏至水体的突发事件,如操作管理失误、交通事故、人为破坏、机械故障、技术失误、能源危机等引起的污染物泄漏事件。该类事件是目前北江流域突发性水污染事件的主要致灾因子。

6.3.1.2　水环境影响因子

北江突发性水污染事件中的水环境影响因子,可分为两类:一类是常规因子,另一类是特征因子。

常规因子主要包括 COD、BOD、SS、氨氮、总氮、总磷、pH 等,由该类因子超标造成的污染事件往往是由于生活污水、养殖场污水等处理不当排放至北江从而造成的水体污染,污染事件发生后,随着时间的推移,常规污染因子会在水体中逐渐扩散、稀释、衰减。因此,由常规因子造成的污染事件相对影响不大,造成的危害也相对较小。

特征因子主要包括汞、镉、砷、铅、锑、锰等重金属及油、硫酸、盐酸、氯化物等危险品。

由该类因子造成的水体污染事件一般是由于工业废水超标排放、交通事故等突发性事件造成的。特征因子在水体中衰减速度慢,甚至不衰减,污染水体对人体及水中生物危害巨大,一旦发生处理不当将造成极大的社会影响。如北江的镉污染和铊污染事件,都是由于特征因子超标排放从而给当地人民群众和财产安全造成了重大影响。

6.3.1.3　受体影响因子

水体在突发性水污染事件中起到的作用主要是输移(包括扩散、稀释和溶解)污染物,而影响污染物在水中输移的主要因子是水动力条件,另外还有水温、含沙量等次要因子。

径流供水:北江流域多年平均径流深为 1 104 mm,多年平均径流量为 477.5 亿 m^3。与年降水量的地区分布趋势大体一致。径流年内分配不均衡,汛期径流量占全年径流量的 75%~80%。

北江洪水主要来自横石以上地区,一次较大的降雨过程几乎可以笼罩整个流域,加之流域坡降较陡,主要支流与干流的交汇口相距较近,因此横石以上的干、支流洪水常常遭遇。据统计:上游浈、武两江洪峰遭遇和基本遭遇的机会为 62.5%;浈、武两江汇合后的北江干流与连江、滃江洪峰遭遇和基本遭遇的机会均约为 2/3。下游支流滨江、绥江虽同时降雨,因其洪水先行下泄,一般与干流洪峰遭遇的机会较少(但 1982 年 5 月特大洪水时,则与干流洪峰遭遇)。流域中下游地区是暴雨常发地区,干支流洪峰多在横石河段遭遇,出现峰高量大的洪水,带来严重灾害。北江下游防洪控制断面石角站调查历史洪水的最大归槽洪峰流量为 22 000 m^3/s(1915 年 7 月洪水),实测洪水序列中,最大归槽洪峰流量为 19 000 m^3/s(1982 年 5 月洪水)。

枢纽调控:北江干流梯级工程有 5 座,分别为孟洲坝水电站、濛里水电站、白石窑水电站、飞来峡水利枢纽和清远水利枢纽。其中,孟洲坝水电站洪水调节起调水位为正常蓄水位,按来水控制泄流,当洪水流量大于全开泄流能力时,闸门全部开启,自由泄流;濛里水电站和白石窑水电站对洪水无调节作用;清远枢纽工程任务是航运、改善水环境、灌溉、供水、发电、反调节和旅游,洪水期间枢纽闸门全开敞泄洪水。

飞来峡水利枢纽是北江干流洪水调节的主要工程,飞来峡水库对 100 年一遇以下洪水,控泄最大流量为 15 000 m^3/s;对 100~300 年一遇的洪水,控泄最大流量为 16 000 m^3/s;对大于 300 年一遇的洪水,按入库流量控泄。设计洪水泄洪流量为 21 800 m^3/s,校核洪水泄洪流量为 28 700 m^3/s,为全省泄洪量最大的泄洪建筑物。水库与港江滞洪区联合运用,可将北江下游防洪控制断面石角站 100 年一遇的洪水削减为 50 年一遇,300 年一遇的洪水削减为 100 年一遇。

下游顶托北江干流经韶关、清远、肇庆,至三水区的思贤滘与西江相通,注入珠江三角洲河网区,通过西南涌与广州片网河沟通,再由潭洲水道、顺德水道等汇入北江片、广州片网河区,最后从东四口门出海,网河区内受潮水顶托必然会引起水位的增高,从而对北江干流水动力条件产生一定的影响。

6.3.1.4　经济社会影响因子

经济社会影响因子主要体现在水污染事件发生后,对事件的风险评估或损失评估。北江干流从源头至思贤滘全长为 468 km,流经韶关、清远、肇庆、顶托佛山 4 个地级市,仅干流沿线规模以上取水口就有 42 个;河道两岸情况复杂,有人员密集的工业重镇,也有人烟稀少的天然峡谷,突发性水污染事件造成影响程度大小与事件所涉及河段的经济社会情况密切相关。在其他影响因子相同的条件下,经济社会发达地区受到的水污染事件要远大于经济社会欠发达地区,其预警指标的值设定亦有不同。

6.3.2　潜在水污染事故分析

6.3.2.1　危险源类型与分布

北江上游湖南省与韶关市交界地区的采矿及生产企业,成为韶关市区武江西河桥饮用水源地污染的主要危险来源;另外,由于管理体制不完善,沿河排污口存在超标排放隐患,将严重污染水源,因此水源保护区(一级与二级水源保护区)范围内排污口分布是水源地主要危险源之一;北江沿岸路网纵横交错,航运发达,危险品的水陆运输等也存在突发事故进入水源地的危险。

1. 上游水源地污染

经排查,北江上游存在 18 个主要危险排污口,19 个重点危险源。其中,武江西河桥水源地一级与二级保护区范围内存在 5 个排污口,19 个重点危险源涉及 8 个行业性质,分别是电厂、电子、化工、炼铸、食品、印染、造纸及市政污水(见表 6-3)。

表 6-3　重点危险源行业性质组成情况

行业性质	电厂	电子	化工	炼铸	市政污水	食品	造纸	印染
危险源数量(个)	2	2	1	1	10	1	1	1

2. 北江干流排污口

北江干流(韶关—河口)沿岸设置了 30 个规模以上排污口,韶关市最多,占 2/3,由于韶关在北江干流上游段,因此其潜在突发性污染事故影响最严重。

道路车辆运输风险:北江干流研究河段目前已建(在建)桥梁 26 座(不完全统计),来往车辆众多,存在运输危险化学品车辆因交通事故导致泄漏的可能性,一旦运输车辆发生事故,化学污染物进入水体,将会严重影响到饮用水源地的供水安全。

航道船只运输风险:研究河段共有港口企业和码头单位 47 个,泊位长度为 9 278 m,泊位设计年通过能力为客运 353 万人、散装件杂货物 1 935 万 t、集装箱 28 万 t,标准箱 151 万 t,增大了航运事故发生的概率。

6.3.2.2　危险源污染特性分析

北江干流潜在污染源主要是冶炼、市政污水、电厂、化工行业、印染行业、造纸行业、食品行业、采矿业等,这些危险源对水环境的污染风险主要来自工艺过程用水、非正常工况泄漏、原料泄漏、贮所爆炸、设备检修排液及生产废液等,污染形式包括生产废液、残渣及部分原料、半成品、副产品等,成分极其复杂,污染物含量变化也很大。另外,水陆运输事故也是重点潜在污染源(见表 6-4)。

表 6-4　北江流域主要污染源特性统计

行业类型	污染物种类	主要特点
冶炼	铜、铅、镉、锌及铝等金属离子和盐类	重金属污染物质最多
市政污水排放	化学需氧量、总氮、总磷等有机污染物	水量大，污染性强
电厂	化学需氧量、氨氮、石油类等	热污染
化工	过氧化氢、硫酸、氰化钾、氨水	有剧毒，不宜净化，对生物有一定的积累作用，具有明显的耗氧性质
印染	染料、助染药剂、淀粉、洗涤剂等有机物，以及碱、硫化物等各种盐类	污染性强、水量大
造纸	木质素糖类、纤维素、挥发有机酸等	污染性极强、水量大
食品	化学需氧量、细菌、病毒、寄生虫等	污染水体、传染疾病
采矿	锑、镉等重金属	涉及跨省治理防治问题，其危害性大，预防与预警难度大
危险化学物品运输	油类、有害化学品	有突发性、不确定性、复杂性等特点

6.4　自然灾害源污染

虽然自然灾害源带来的水质污染可能行较小，但是自然灾害一旦发生，对水源地的破坏程度更大、持续时间更长、造成的污染更严重、后续处理起来更困难。地震可造成水源地取水措施、地表净水厂处理工艺的破坏，如取水井坍塌、清水池和沉淀池等裂损、构建筑物地基受损等。地震还可能引起地表水源的水质污染，因为地震可能导致大量的氰化物、重金属等有毒物质流入水体。并且地震可能引发次生灾害如暴雨、泥石流等，暴雨会将生活、农业生产中产生的氮磷及固体废弃物带入水源，使水源水质急剧下降。夏季暴雨发生率高，降雨量大，并处于台风多发地区，每年均有台风发生。而暴雨时地表径流水量大，泥沙率含量高，使水源水的浊度明显升高，而且地表径流含有大量的磷、氮、重金属、有毒有害的化合物，这些污染物都将增加地表净水厂的处理负荷。

6.4.1　暴雨灾害污染

北江是珠江三大支流之一，北江流域主要包括清远市和韶关市绝大部分县市及湖南省的临武、宜章两县部分地区。由于广东省地形北高南低的特点，北江的洪水直接威胁珠江三角洲的安全，所以历来是广东省防汛的重点。

暴雨是造成江河水位上涨的最主要原因。但流域内某个或某几个地方（站点）出现暴雨，对江河的水位贡献有多大呢？这就必须使用面雨量的概念。因为面雨量是整个流域内单位面积上的平均降水量，能较客观地反映整个流域的降水情况。重金属非点源负荷主要由降雨产生的地表径流冲刷、淋溶汇集的溶解态重金属，泥沙携带的吸附态重金属及降雨天然背景负荷（湿沉降）构成。降雨或地表径流淋失的重金属以可交换态（包括可水溶态）为主，径流负荷与土壤重金属含量、降水量及降雨 pH 等因素有关。

造成北江流域暴雨常见的西风带系统有：亚洲两槽一脊情况下的 500 hPa 东亚大槽、中低纬平直环流或贝加尔湖低压情况下中低纬的短波槽、500 hPa 西南到两湖地区的低涡和长江流域的切变、850 hPa 的华南强西南风和江南到南岭之间的切变线，以及地面华南锋面低槽。地面西南低槽强烈发展并伴有南海北部西南季风云团爆发的情况下，即使无冷空气到达华南，也可能造成北江流域暴雨。

北江流域后汛期出现的暴雨都与热带气旋有关。热带气旋在珠江口到闽南一带登陆后北江流域或其邻近地区最容易造成北江暴雨。在粤西和广西沿海登陆后移到桂东或北江流域（特别是与西风槽相遇时），也出现暴雨。

下面以 2012 年 6 月 25 日北江最大暴雨径流过程为对象，简单介绍在极端暴雨条件下北江流域重金属污染状况：

2012 年 6 月 21~26 日，北江流域普降暴雨，由于雨量大、历时短，北江水位快速上涨，导致干流及武江等主要支流均出现超警戒水位，形成 2012 年最大的一次洪水过程，降水量与流量过程如图 6-5 所示。6 月 25 日，北江主要流量控制站——石角站出现 10 年一遇洪水，峰值流量接近 14 500 m^3/s。

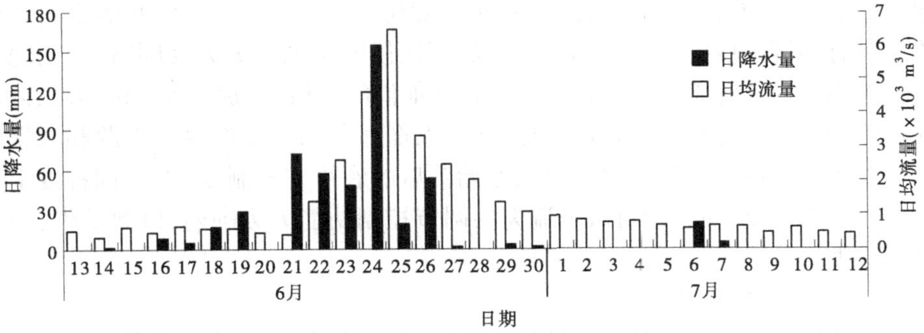

图 6-5 2012 年 6 月 13 日至 7 月 12 日北江上游日降水量和日均流量过程

从降雨强度及水文水质变化过程上看，“6 · 25”暴雨过程可分为 4 个典型阶段：第Ⅰ阶段（6 月 13~21 日）为局部产流期，该阶段为洪水前期，虽偶有降雨（平均降水量约 22 mm/d），但未形成明显的地表径流，河道流量（523±108） m^3/s，波动不大，各重金属质量浓度也处于相对较低水平。第Ⅱ阶段（6 月 22~29 日）为以地表径流为主的全流域产流期，该阶段为暴雨径流期，雨量集中，最大日降水量达 156 mm，平均降水量达到 48 mm/d，导致河道流量为（3 046±1 740）m^3/s 迅速攀升，并在 25 日达到峰值（6 457 m^3/s）；同时，各重金属质量浓度也相应升高，平均值分别为第Ⅰ阶段的 1.2~2.7。第Ⅲ阶段（6 月 30 日至 7 月 8 日）为以浅层地下水径流为主的全流域产流期，该阶段虽然强降雨过程已经结束，但洪水仍未散去，河道流量为（805±168） m^3/s 较峰值明显下降，属于洪水消退期；除 ρ(Pb) 高于第Ⅰ阶段外，ρ(Zn)、ρ(Cu) 及 ρ(Cd) 均有所下降。第Ⅳ阶段（7 月 9~12 日）为深层地下水产流期，该阶段为河道恢复期，流量为（512±84）m^3/s 逐步降至洪水期前水平；除

ρ(Pb)外,ρ(Zn)、ρ(Cu)大幅度降至检出限以下,而ρ(Cd)平均值较洪水前也下降了35.4%。

2012年"6·25"暴雨径流期间,北江上游重金属质量浓度与通量大幅度增加,以地表径流为主的全流域产流期尤为严重。暴雨径流前后30 d内,溶解态Pb、Zn、Cu和Cd的通量分别达到24.1 t、91.4 t、14.6 t和3.4 t。其中,洪峰期间污染负荷最大,Pb、Zn、Cu和Cd日均通量较洪水前分别增长了29.6倍、42.6倍、11.6倍和15.4倍。

北江Pb、Zn、Cu和Cd的基流负荷分别约为13.6 kg/d、202.2 kg/d、48.2 kg/d和8.1 kg/d,"6·25"暴雨径流期间非点源污染负荷约为791.1 kg/d、2 844.1 kg/d、438.3 kg/d和103.8 kg/d,占绝对优势。但洪水消退后,Zn、Cu和Cd的非点源污染负荷较洪水前有所下降。

6.4.2 水土流失

水土流失,也就是地球陆面土壤或其母质在内外营力引起的侵蚀作用下,受降雨的击溅、分散和地面径流移运、堆积的过程。这是陆地上存在着高低差异而又有大气降水过程的情况下发生的自然现象。

远在人类及生物在地球上出现之前,就已有过割裂的侵蚀流失过程,地史上的古代侵蚀并塑造了现有的基本地貌。随着生物的出现及它们分化繁衍,特别是各种高等植物和森林植被的形成,与其他生物类群组成各种自然生态体系(或系统),并随之而产生了对水土流失具有不同程度的调节、控制功能,从而使侵蚀流失现象大为削减,一些地方甚至完全得到控制。但是随着人类在地球上出现和他们的繁衍,特别是人口的激增,除部分森林土地资源开发利用比较科学合理的地区外,大都为获取必要的生活资源和频繁的不合理社会经济活动(如掠夺式的滥垦滥伐,原始落后的农耕方式制度)在不同程度上破坏了陆地上各种生态系统,使它们对水土流失的调节控制功能大为削弱,以致消失,使水土流失又日趋严重。

6.4.2.1 水土流失的现状

土壤或其母质的流失,都是经受侵蚀的基础上发生的,而流失过程往往又会加重侵蚀的程度。土壤学上所说的侵蚀,是指固结成整体的土壤或母质,在各种营力(如水力、重力等)的作用下而发生崩裂解体、分散及移运等过程,它可以是单一或多种营力同时在作用,也可以是单一或多种过程同时在发生,侵蚀是流失的原因,流失是侵蚀的结果,难以绝然分开,但从环境生态学上考虑,以水土流失统称整个过程,对于水及土这些重要生态因子来评价生态环境的优劣,似乎意义更为深刻。以下按侵蚀流失的形态或机制,分类加以说明。

1. 无明显侵蚀流失型

这是指天然植被或人工植被生长茂密,覆盖度在90%以上,并且乔灌草复式结构,地面受到良好的保护,土壤没有明显的侵蚀流失,年土壤流失量小于500 t/km^2 的类型,一般剖面上部淋溶层(A层)保持比较完整,厚12~16 cm甚至更厚一些,地表有枯枝落叶层覆盖,另外谷地周围低丘台地的平缓地段或工程修筑管理较好的农耕地和水田,它们可以分属各类基岩母质,及其上形成的各类土壤。

2. 面蚀流失型

面状流失一般只限于发生在土壤表面，是片状或鳞片状侵蚀，没有明显的侵蚀沟。这一侵蚀发生在植被受到破坏，灌木、草丛间出现裸露地面，由于雨滴击溅或地表片状径流冲击，运移被分散了的土粒或土壤团聚体，形成了土壤鳞片状侵蚀；没有植被的地段或耕地，就形成了土壤片状侵蚀。因此，按照植被覆盖情况或土壤剖面受蚀，发生层保留程度分为轻度面状流失（植被覆盖度 50%～90%，A 层尚存 6～8 cm）；中度面状流失（植被覆盖度 30%～50%，A 层尚存 2～5 cm）和强度面状流失（植被覆盖<30%，B 层保存 1/2 或全部冲失）。考虑到本区细沟侵蚀，其沟槽时隐时现的不连续性，以及细沟没有明显的沟槽，沟道两侧无明显的转折等特性，治理措施上也与治理面状流失相同，因此将细沟侵蚀划归面状流失型。面状流失是本区广泛而普遍分布的侵蚀类型，面积 777. 27 km^2，占总土壤流失面积的 67. 1%，年平均流失量 1 200～5 000 t/km^2，主要分布于 200～300 m 以上的高丘山地，原生植被经破坏，形成次生疏林灌草坡地段，常见的阴坡、半阴坡有马尾松（*Pinus massoniana*）橙木（*Lorope talun ehinense*）—芒箕（*Dieranop teris dicho to ma*）群落，荷木（*Schima supevba*）—岗松（*Baeckea frutescens*）—芒箕群落；阳坡、半阳坡则有马尾松—岗松—鹌鸽草（*Eriachne pallescens*）群落或马尾松加荷木—桃金娘（*Rnodomyrtus topetalum, chinense*）—鹌鸽草群落，以及工程不善管理不周的坡耕地上。

3. 沟蚀流失型

面蚀严重的地区，也是沟蚀流失严重的地区，当降雨量和集流面积增大，地表薄层径流转变为股状径流时，径流冲力增强，被水带走的土壤已不限于分散的土块，径流集中流量和流速增大，冲刷力增强，水路上形成了沟槽，并不断加深、加宽，出现疏密深浅不同的侵蚀沟，便形成沟状流失。按侵蚀沟发育的深度，进一步分浅沟侵蚀（沟深 30～50 cm）和切沟侵蚀（沟深>50 cm）两种类型，并按侵蚀沟占地面积的量来划分侵蚀强度，沟状流失型面积 343. 67 km^2，占总土壤流失面积的 29. 7%，年平均侵蚀模数 8 500～13 300 t/km^2。它主要发生于面状流失严重、植被稀疏、相当一部分地区是光山秃岭，母质属花岗岩、砂页岩风化壳深厚松散的地方，南雄巾子岭周围一些地方可见。第四纪红土和紫色页岩风化壳上形成的沟状流失型，沟槽口宽底窄，沟坡长，坡度陡，沟道两侧无明显转折，形似黄土高原瓦背式浅沟，但不及其规整，这种现代侵蚀地貌产沙量较大。

4. 溶蚀流失型

这主要发生于石灰岩为主要基岩的岩溶山丘地区，是以石灰为胶结物的土体或母质，受含碳酸水流长期作用溶解失去胶结能力而分散流失的类型，通常只表面为面蚀，基岩裸露，石骨嶙峋，露岩间小块洼地残积有薄层土壤，俗称石坷垃土，是群众旱耕地，面积很小，群众形容一个草帽就盖上的地，溶蚀流失型在本流域内分布甚为普遍。

5. 崩岗流失型

崩岗流失型主要发生在厚层花岗岩和松质砂岩风化壳上，从崩岗流失型的土壤侵蚀营力、发生发育规律来看，类似于广泛分布在韩江上游、东江和西江（德庆）流域等地的水蚀—重力型崩岗，只小面积发现于南雄盆地边沿丘陵区；北江上游崩岗流失主要为重力侵蚀型，发生于薄层或中层滑坡与滑塌，灌草植被茂密，并散生有稀疏的乔木，缺乏密度较大的成熟林乔木树种，表层土壤渗透性好，没有面蚀和沟蚀现象，这类崩岗英德县分布比较集中,而且大部分是茂密的灌木草地。土壤剖面发育良好,具有明显的 A、B、C 层,腐殖质层厚 30 cm (A+AB 层达 1 m 以上),有机质含量 2.97%,团粒结构好,根系密集,土壤疏松,淀积层有明显的铁锰胶膜和黏粒淀积,土质黏,很紧实,孔隙少,透水性差,大强度降水形成的下渗水流,于淀积层上形成了临时潜水层,土壤含水量骤增,减小了内摩擦角,产生了滑坡面。库仑提出的关于土体抗剪强度最简单的解释为:

$$s = C + Q\tan\varphi$$

式中:s 为抗剪强度,kg/cm^2;C 为黏结力,kg/cm^2;Q 为法向应力;φ 为内摩擦角。

另外,上层土壤毛细管孔隙尚未充分饱和的状态下,由于毛管水的引力作用,产生内聚力,土壤处于稳定的平衡状态,当毛管水饱和后,不仅毛管水失去引力作用而失去了土体的内聚力,反而产生了孔隙水压,出现内外分力,降低了上层土体的稳定性;加上土壤上层吸水增重,增加了土体位能,重力下沉力相对增大,当滑动力矩超过抗滑力矩时,块体便向薄弱的临空面下滑。滑坡(或滑塌)发生后,滑坡(或滑塌)面往往成为陡壁,陡壁前缘失去负荷,谷坡侧压力不断递减,垂直向应力不断增大,当坡顶物质达到弹性变形的极限后,在临空面处随即产生与坡面平行的减压裂隙,降雨径流流入土壤含水饱和产生的孔隙水压,黏土矿物膨胀产生的外向应力,以及土体吸水增重的重力作用等,均能增大土体的切应力,增加土壤含水量降低抗剪强度,使滑坡和滑塌不断进行。厚 2 m 左右,几平方米到数十平方米的块体下滑,滑坡面上溯常常到达分水岭,当地群众称之为“蛇退皮”,低山丘陵一面坡常被蚀殆尽。滑坡形成后滑坡体滚翻坡麓或暂时留在滑坡面下,或下滑至半坡(称塌站),滑坡(滑塌)堆积锥疏松,细沟、浅沟密布还有少量切沟,堆积锥被径流割切移运,使滑坡(滑塌)面的陡壁下部不仅失去支撑,而且不断加高陡壁,为下一次产生更深的张裂隙创造了条件,土壤重力侵蚀转变为滑塌(崩塌)为主,崩岗迅速形成和扩展。对于土体崩塌(滑塌)的机制,许多学者从土力学角度出发进行了大量的研究,从而得到了谷坡张裂隙的临界深度 Z_c 和激发谷坡块体运动的沟谷临界下切深度 H_c 之间的关系。

$$Z_c = \frac{2C}{\gamma}\tan(45^\circ + \frac{\varphi}{2})$$

$$H_c = 2Z_c$$

式中:C 为土的黏滞力;φ 为土的内摩擦角;γ 为土的容重。研究谷坡临界下切深度和临界张裂隙深度的变化关系,对谷坡、岸坡稳定性的预报具有重要意义。

北江上游崩岗流失型面积 37.2 km^2,占总土壤流失面积的 3.2%,年侵蚀模数 15 000~30 000 t/km^2,必须指出北江上游花岗岩分布广泛,具有类似上述滑坡(滑塌)重力型崩岗流失,发生的自然条件者甚多,未发生崩岗的原因,主要是过去生长着比较茂密的森林,而近代植被破坏的时间也不算过长。根据日本学者研究,乔木砍伐 8~10 年,树根逐步腐烂之后将失去对土壤的固结能力而发生滑坡和滑塌。北江上游发生严重的崩岗流失,也就是在 1982 年和 1983 年大暴雨之后,这和本区以至全广东省 1976~1978 年出现的最后一次森林大砍伐,森林遭受毁灭性劫难的时间相符。问题在于它具有很大的隐蔽性,这类崩岗并不发生在植被稀疏或光板地上,而在乔木森林砍伐后,茂密的草灌植被群丛下,还散生有马尾松树,只有在这种植被条件下土壤渗透能力强,蓄水量大,而又缺乏一定密度的、成熟深根性树种的根系机械固结,才会形成如此频繁的滑坡(滑塌)现象。因此,北江上游广大的花岗岩地区,由于森林消失,潜伏着严重的重力侵蚀型崩岗流失危害,令人十分担忧,必须及早加以预防。

6.4.2.2　水土流失原因

土壤侵蚀流失状况,往往取决于地面径流的强度,而径流强度却受地面状况、降雨分布和土壤上层的覆盖情况,以及土层内部水分物理化学性质所制约,后者又常为基岩母质的风化程度、土壤发育,团粒及植被生长和土地经营利用方式所决定,因而自然地理条件和社会经济活动状况对水土流失的发生及强度都有密切的关系。

1. 自然地理条件

1)降雨

降雨超渗径流是形成土壤侵蚀的主要动力,径流冲刷能力取决于径流量和流速,与降雨量和降雨强度直接相关,北江上游年降雨量为 1 300~2 400 mm,英德南部是集中降雨区,年雨量大,暴雨多,降雨强度大是造成土壤强烈侵蚀和触发崩山严重的诱因,英德县年雨日 167 天,年雨量却最多,高达 1 880 mm,而雨日最多的连山县 192 d,雨量比较少,只有 1 699 mm,因此暴雨是形成强度侵蚀的主要原因。1982 年和 1983 年暴雨造成英德大洞乡无山不崩的现象,就是大强度暴雨引起的结果,本区降雨强度一般为 8.5~11.3 mm/d,年雨量多于 1 800 mm 的南部,降雨强度超过 10 mm/d,暴雨多出现在春夏之交的 5~6 月,一日最大降雨量都超过 100 mm,1 h 最大降雨量都在 40 mm 以上,10 min 最大降雨量在 25 mm 以上。根据广东省水文总站以全省 187 个站点 1964~1983 年统计短历时暴雨资料,整理得不同历时雨量,见表 6-5。

表 6-5　广东省短历时暴雨

历时	雨量(mm)		离势系数 C_v		10 年一遇雨强(mm)
	均值	级差	均值	级差	
10 min	20~25	5	0.3~0.35	0.05	51.8
30 min	36.5				84.08
60 min	40~75	35	0.3~0.4	0.1	132.5

2)地面针坡特点

地面斜坡特点除坡度越大,越易产生径流招致流失外,还有凸形坡利于径流分散,而凹形坡利于径流汇集,导致径流侵蚀强度各不相同外,本区处于亚热带季风气候,北坡向阳降雨量少,南坡背阴降雨量多。向阳坡接受的热能辐射量较大,它们的散发量也较快,冷热干湿交变较剧烈而频繁,基岩母质风化和裂隙节理的发育程度都较阴坡明显,土壤干燥、疏松,雨滴击溅分散和径流冲刷量都比较高,裂隙节理多又有利于重力侵蚀作用;而阴坡水热比较均衡稳定,植被生长也较好,土壤团粒结构好,抗蚀能力比较强,良好的植被根系发达,加强了对土壤的机械固结能力,提高了土壤的抗冲性。另外,雨滴对土壤的冲击力一方面取决于雨滴的质量(雨滴大小),雨滴运行方向与地面的交角和雨滴落下的速度。本区雨季优势风为南风和东南风,南坡雨降落的方向垂直于坡向,雨滴击溅力最大,而风速又加速了雨滴降落的重力加速度,增加了对土壤的击溅力;而北坡与雨滴运行的方向呈一定的夹角,击溅力比较小,而风力的作用不仅是加速雨滴重力降落的速度,而且分散了雨滴重力下降速度,击溅力减弱,因而暴雨季节阳坡受到雨滴打击溅蚀和产流能力都较高,一般易遭侵蚀流失,这是本区较强烈的侵蚀过程如沟蚀、崩岗、滑坡(滑塌)多在阳坡发生的原因。

坡度与产生径流及对土壤侵蚀的影响已为大量研究资料所证实。有关研究还表明,有时即使坡度不大(<15°)但长度(坡长)较长,土壤也会发生较大的冲刷流失,这是因为沿斜坡运动的径流量,随着斜坡延长而不断增大,对地面的冲刷侵蚀力也越来越大,其中侵蚀量与坡长不是一般的比例相关而是指数相关,这只是理论值,与坡长的关系并不是无限度的,只局限在一定的坡长范围内,并且与降雨量和降雨强度有关。广东省丘陵沟壑和沟间地之间没有明显的波折,坡面长度都比较大,而且广东省降雨的特点,往往过程雨中,前期降雨强度大,后期降雨强度小,特别是短历时的暴雨比较多,坡面或沟槽中的径流,在一定的坡长情况下越来越大,土壤侵蚀营力越来越强,但是超过一定坡长范围后,随着径流流程的增长和径流挟带的泥沙越多的情况下,又出现了径流退化现象,这已为韩江上游坡面侵蚀沟调查所证实。另外,坡度越陡,水力坡降大,径流流速快土壤侵蚀力强,凸形坡和直形坡转折处容易发生重力侵蚀滑坡、滑塌现象等,这些都已为山地丘陵坡地合理利用和垦耕农地上、修筑合适的防护工程提供了理论和实践的依据。

3)母岩类别和土壤发育程度

基岩母质种类不同,风化程度和风化体性状及其抗性能也各异。北江上游土壤侵蚀严重发生的地区,主要是花岗岩、紫色页岩分布区,其次是砂页岩和第四纪红色黏土上,在这里我们着重论述花岗岩和紫色页岩风化壳及其土壤侵蚀的关系。

花岗岩是构成北江上游山地的主体,主要为中生代燕山运动期入侵的岩体,花岗岩的种类繁多,但造成严重土壤侵蚀的有中粗粒黑云母花岗岩和伟晶花岗岩。其主要成分是石英、长石、云母,石英含量占40%~45%,长石占45%~50%,云母较少,石英晶体2~10 mm,长石1~10 mm,这些矿物由于吸热性、导热性、热容量及膨胀收缩系数不同,石英膨胀收缩系数为3×10^{-5},长石1.7×10^{-5}。在气温影响下,矿物晶体受热膨胀,遇冷收缩过程中,产生晶粒之间的挤压、错动而发生碎裂,物理风化作用产生的风化裂隙,又有利于水分的渗透,加速了化学风化过程,从而扩大了岩石风化层的厚度,促进岩石分解。母岩在化学风化过程中K^+、Na^+、Mg^{2+}、Ca^{2+}等易溶元素大量淋失,SiO_2迁移,Fe^{3+}、Al^{3+}富集黏土矿物以高岭石为主,这种富铝风化壳呈酸性,膨胀收缩性能小,对土壤抗蚀性能和重力侵蚀作用都有影响。风化壳厚度一般为20 m,有的厚达80 m,但是土温的影响一般50 cm以下开始变化较小,而花岗岩形成的风化壳比其他母岩都深厚的原因,与花岗岩体具有较多的构造裂隙有关。姚清尹、陆兆熊认为:“岩体中裂隙对风化作用,首先它破坏岩体的完整性,使岩体碎裂,降低岩石的强度,给物理和化学风化创造了条件;第二岩体裂隙成为风化介质进入基岩的通道,风化介质进入岩体内才能产生各种风化作用;第三在裂隙带风化作用最强,离裂隙带愈远,风化作用愈弱”。这一论述做出了精确的回答,无须多加叙述,至于空间条件和时间条件与其他母岩都是一致的。同时,也道出了花岗岩风化壳上形成的侵蚀由于风化壳内部风化程度不同,硬度不一,沟槽宽窄不均,沟底多跌水的原因。

花岗岩形成的土壤,黏粒含量较高,<0.001 mm物理黏粒含量30%~34.5%,<0.01

mm 物理黏粒含量可达 47%~60%，黏粒接触面大，吸附力强，具有很强的黏结力，在抵抗雨滴击溅和径流营力的阻力方面有重要的作用，抗蚀力比较强。土壤的抗冲性与土壤的渗透和结构性有很大的关系，具有良好的水稳性团聚体的土壤，渗透性能比较高，抗冲性强。但是影响土壤团聚体水稳性的因素很多，主要因素是胶结物质，其中有机物腐殖质胶结的土壤团聚体，水稳性比较好，无机物质 Ca^{2+} 胶结的土壤团聚体仅次于腐殖质。二、三氧化铁、铝胶结的土壤团聚体水稳性比较差。本区的花岗岩风化壳形成的侵蚀赤红壤和侵蚀红壤，有机质含量少，团聚体胶结物质主要是二、三氧化铁、铝和氢氧化物，胶结力弱，团聚体水稳性差，团聚体分散度达 42.56%。随着土壤含水量增加，土壤团聚体胶结能力下降，最后松弛而解体成为单粒；同时因吸水膨胀时产生不均匀的应力而促使其解体，干燥的团聚体在淹水时，团聚体内的闭塞空气外逸时，所产生的压力，也容易使团聚体受到破坏；降雨雨滴击溅加速了团聚体的分解，土壤团聚体崩解后的单粒结构，容易为地表径流分散移运，同时分散在径流中的土壤单粒随着水分下渗，堵塞土壤孔隙，降低土壤渗透率，增加地表径流对土壤的冲刷。

花岗岩风化壳形成的土壤层下又可以分为砂土层、碎屑层和球状风化体。砂土层质地粗，砾质含量可达 30%~40%，黏粒含量少（<10%），土壤颗粒往往以单独分散的矿物形式存在，砾质和砂粒为主，原生矿物分解形成的次生黏土矿物少，成土作用弱，又缺乏有机物质，颗粒之间黏结力小，团聚能力弱，稳定性团聚体<10%，虽然具有少量的团聚体，但水稳性很差，遇水容易崩解，土体松散，结持力很弱，抗冲性能很差。当红土层被侵蚀沟切穿之后，发展迅速侵蚀量增大，侵蚀模数大，当砂土层裸露地表时，浅沟、切沟非常发育。碎屑层气化程度更弱，黏粒含量只有 20%~50%，砂石含量高达 50%~60%，土壤松散，结持力弱，抗冲性差，土壤膨胀收缩性能小，裂隙少，垂直结理比较强，崩塌比较少。

紫色页岩在北江上游水土流失区占有庞大的领域，主要分布在南雄盆地和星子盆地，组成矿物石英、长石等，砂粒比重较大，颗粒细，组织致密，无构造裂隙，但物理风化作用使紫色页岩形成大量纵横交错的裂纹，间距数厘米或数毫米，含有 CO_2 的降水，对岩石胶结物 $CaCO_3$ 的溶解作用促进了基岩层片状剥落，又散碎成 1 mm 到数毫米大小的碎屑物。这种风化壳从大块到小块机械分解到粉粒和黏粒之前，就被冲失到了坡麓和河系，也正是由于紫色页岩风化碎屑物颗粒间缺乏黏粒和胶结物，下层透水性极弱。在降雨特别是暴雨冲刷下，极易被地表径流冲刷流失，往往径流和碎屑物混合一起呈泥流状滚落坡下，既没有雨滴击溅的分散过程，悬移质也廖廖无几，据南雄县太和水保站径流小区测定，推移质达 95%以上。

紫色页岩吸热性强，昼夜温差大，白天土温容易上升，特别是无植被覆盖的光板地，据南雄太和水保站资料，夏季地表最高温度可达 70 ℃，而夜间迅速降至 30 ℃左右，昼夜温差 40 ℃。紫色页岩导热性差，易受热胀冷缩影响，基岩片状剥落，形成碎片状物质，物理崩解强烈。据南雄县绿化水保办资料，60 cm 直径的紫色页岩岩块，一经暴露空间旧晒雨淋，40 d 后便大部分分解为碎屑物；当年冬季基岩爆破，翌年岩块便解体成碎片，地埂土崩瓦解。由此可见紫色页岩物理风化速度之快，但由于风化碎屑物流失快难以残积，所以风化壳又很薄。

紫色页岩风化物容易流失的原因，还在于化学风化弱，目前土壤的发育尚处于脱钙阶段,基岩表面及其风化物,碳酸钙的淋溶加强,但仍不同程度地含钙,风化物具石灰性反应,pH 中性微碱性。由于黏粒形成少、颗粒粗,钙的胶结作用也无济于事,遇水流失快。原生矿物分解次生矿物的形成过程,仅存在于坡麓或梯田、比较稳定的残积或坡积物上,黏粒含量较高,次生黏土矿物以伊利石、蒙脱石为主,膨胀收缩性能较强,黏粒硅铁铝率一般在 3 以上,甚至高于 4,土壤黏粒受 Ca^{2+} 的胶结,团聚体水稳性较好,土壤抗蚀性能较强,土层一般厚 1 m 以上。

紫色页岩风化壳坡地土层薄,一般几厘米到 10 cm,下部为基岩,透水性极差,渗透系数只有 0.02 mm/min,每小时仅可透水 1.2 mm 深的水层。降雨强度超过这一数值,则足以发生地表径流,实际上本区每年雨季 3~9 月,时雨强不足 1.2 mm 者为数极少,雨季产生地表径流极为普遍。据测南雄县太和水保站无植被光板地,紫色页岩碎屑 10 cm 内达到水分饱和时的储水量为 11.8 mm,每厘米厚度只能储水深 1.18 mm,每年雨季 3~9 月过程雨 11.8 mm 者非常普遍,当土壤含水量超过饱和水含水量时即发生泥流现象,土壤侵蚀严重。

4)植被因素

植物的地上部分树冠枝叶可减少或防止雨滴对地面的直接撞击溅蚀;它们凋落到地面的枯叶,不但起覆盖作用,还滋养大量的昆虫微生物,它们的分解合成作用过程,又改善了土壤的孔隙结构状况,利于水流的分散和入渗,加强了水源的涵养,它们在地下广布的根系纵横交织,大大增加了土体的固着和结持力。从而由乔木、灌木、草本多种植物组成的植物体系,起到了保持水土资源防止水土流失的独到功效。在自然条件下本区宜于众多种类植物的生长繁殖,在山高林木植被繁茂的地方,一般都没有明显的水土流失过程发生,而比较强烈的水土流失过程,大都发生于自然植被遭到破坏或重建而被覆度尚差的地方。表 6-6 为各地统计的流失土地面积百分率与森林覆盖率的对照比较,大致可以说明这种情况。显然,加速植被的恢复和重建,提高覆盖率,也就成为当前整治水土流失的重要途径和措施。

表 6-6　森林资源、覆盖率与水土流失关系

县域	活立木总蓄积量（万 m^3）	森林覆盖率（%）	总流失面积（万 hm^2）	流失占总面积（%）
南雄	286.3	51.94	6.0	26.1
始兴	838.1	63.75	1.6	7.1
连县	293.6	41.10	6.4	24.0
阳山	287.8	29.65	14.6	44.0
英德	316.2	27.43	14.3	25.1

森林是生态系统中最敏感的部分,森林的屏障,本区代表性自然植被类型为亚热带常绿阔叶林,主要由壳斗科、樟科、茶科、金缕梅科、木兰科、山矾科和冬青科等常绿树种组成。近百年来由于人口激增,木材过度采伐,毁林开荒、烧炭、砍木养菇及发生山火等的影响下常绿阔叶林面积仅占现有林地 20%左右,而且都是次生林。其他已被常绿落叶阔叶

混交林、针阔叶混交林、针叶林、竹林及稀树灌木草坡等自然植被和人工植被类型所代替，以稀树灌木草坡和马尾松林所占面积大，稀树灌木草坡的主要植被类型如上述。紫色砂页区常绿落叶混交林演替为草坡，常见有臭根子草（*Botnriochloa inlerncedia*）、扭黄草（*Heteropobron contortus*），野古草（*Arundinella hirta*）、白茅（*Imperata cylindrica var major*）、兰香草（*Coryopteris incana*）、龙须草（*Eulaliopsisbina ta*）；灌木有黄荆（*Vitex negundo*）、六道木（*Abelia chiuensis*）、火棘（*Pyracnfha for tuneana*）、小果蔷薇（*Rosy cynosa*）、胡枝子（*Lespedeza bicolor*）、紫薇（*Lagerstroemia indica*）、豆腐木（*Premna microphylla*）等，其中很多是有刺的种类。植被类型的逆向演替，拦蓄天然降雨、涵养水源、保持水土的功能越来越弱，导致水土流失越来越强烈。

2. 人们的社会经济活动

（1）过量樵采、伐刈对植被严重破坏。

北江上游广大农村人民生活用能源主要是薪柴、山草和作物秸秆，据调查估算 1983 年本区拥有生物能源资源实物量 783.5 万 t，折合标准煤 403.6 万 t，占当年能源资源总量的 44.7%，仅柴草就占当年全部能源消费的 54.4%，生活用能 276.2 万 t，占标准煤的 93.3%，达 257.7 万 t。山草除用于生活燃料外，每年全区 7 个县造纸厂均用芒秆做原料，用量共计 3 万 t 左右，此外尚有不少民间烧制砖瓦的土窑亦用山草做燃料。可见柴草在本区能源中占有重要地位。

本区山地面积大，森林覆盖率 44.2%，人均面积 0.3 hm^2，均超过全省和全国平均水平，且生物能源总的说来是丰富的，但是生物能源分布不均，而有些地方因过量樵采已引起生态环境恶化。随着人口增长，农村生活能源矛盾日趋尖锐，盆地区及许多低丘陵台地区生活能源已十分紧缺，例如南雄盆地、星子盆地一些农村，农民打柴割草的活动半径已超过 18 km 的路程，村庄附近植被稀疏。砍柴挖根的樵采方式，加速了光山秃岭化，破坏附近山区生态环境，加剧了水土流失。

（2）不合理的垦殖利用土地资源。

本区有着较长的社会发展和农耕历史，旧社会或更远久时期，随人口繁衍增长和相应对粮食的要求，毁林垦耕，缺乏对环境效果的考虑是可以理解的，但是过去原始落后的耕种方式，如“炼山”“制火土”等至今还在流传。山林种杉、种竹、改植经济果木时，还是要全面伐光，烧除植被，种后每年铲草皮培育，这种大量铲除植被，破坏固结力较好、抗冲抗蚀性能较强的表土层的做法，往往是酿成加速水土流失的主要原因。

紫色页岩地区土壤富磷、钾、钙，适宜烟叶生长，烟叶质量特别好，南雄黄烟一向驰名中外，经济价值高，种烟历史悠久。但是紫色土上种烟大多沿用顺坡耕作，为了便于操作和提高质量与产量，有利于排水，据南雄县水土流失调查及水土保持综合区划，古市区古市大队一块顺坡耕作的耕地，原有 28 cm 厚的土层，经过 11 年只剩余 14 cm，平均每年减薄 1.27 cm。根据规划资料在坡度 110 紫色土山头，日降雨量 42.1 mm，坡式梯田上横耕种植每公顷土壤冲刷量为 8.1 kg，而顺坡耕的每公顷土壤冲刷量 113.1 kg，相差近 14 倍；另外，历史上遗留下来的铲草皮，“烧土灰”作基肥的现象，形成的习惯也严重破坏了植被和表土层，加剧了土壤冲刷，据南雄县初步统计，每年因种植黄烟和垫牛圈而铲草皮面积约 0.2 万 hm^2。此外，烟叶产区沿用铲光地表晒烟的习惯，也促进了烟区的水土流失。

粗放(不做任何防护措施)的坡地耕种,也还普遍存在,特别是农村实行生产责任制后开垦荒坡往往忽视了长远利益,造成了水土流失,初步统计北江上游 25°以上的陡坡开荒约 1.33 万 hm^2,对水土保持是非常不利的。

(3)采矿修路工程善后不周。

北江上游是我国南岭多金属成矿带上,有矿床、矿点近 2 000 处,其中非金属矿产地 729 处,在广东省已找到的 117 个矿种中,本区占 2/3,并具有悠久的开采和冶炼的历史,远在唐宋时期,本区采矿业和冶炼技术就已达到了一定的水平。唐代在连县、阳山一带,已有铜、铁、银、汞的开采。北宋时期,韶州是我国的铜冶中心,铜产量居当时全国之冠。明清以后,阳山南部的白莲、牛鼻一带是明代 13 个铁矿开采和冶炼中心之一。经过多年来的努力,以矿业开采和冶炼为中心的重工业已建立一定的基础。但是 20 世纪 80 年代初期内地煤矿部门提出国家办交通,群众办矿的风也吹到了这里,各级政府部门,集体仍至个人投资开采者甚众,开采民工大多数是外省人,既没有钻探资料,也没有采矿规划设计,没有完善的水土流失防护措施,更不需水保部门的审批,矿区周围满山到处挖,大搞"搬山运动",把山头挖得千疮百孔,肆意破坏地面,矿道修造、铜坑挖矿工程的土石方,以及弃除的矿渣随意堆放,甚至推入沟谷、河道,导致泥沙严重冲刷流失的现象普遍存在,同时造成了环境污染。有些虽有水土保持措施,但管理不善,例如大宝山矿区等蓄沙库经常溢流,造成水土流失。

修筑铁路、公路的施工,同样多未善后处理,松土、砂石随意堆置,京广线乐昌峡段的改线隧道工程,几年来已向河床弃土 1 亿 m^3,诸如此类也常导致大量泥沙的冲刷流失。

第 7 章　北江典型河道水电开发与生态环境保护

改革开放以来,随着各地水电开发的持续推进,我国已基本完成了中型河流梯级水电站的规划与开发。梯级水电站能充分考虑上、下游梯级间紧密的水力、电力联系,充分发挥流域内调节水库的调节性能,减少弃水,增加发电水头,提高流域水能利用率,大大提高梯级整体发电效益;通过调蓄洪水,进行削峰、错峰,能有效提高流域整体防洪能力。梯级水电站的运行增加了流域整体的防洪、发电和供水等综合效益,但同时梯级水电站建设加剧了河流的阻断效应,使得天然径流更为坦化,改变了河道水量变化过程,干扰了河流生态。武江是北江的一级支流,水电开发程度较高,在武江干流乐昌峡上游广东省境内已开发有五级电站,从上游往下依次为三溪、浪头、石村、武阳司、石灰冲,乐昌峡塘角坝址以下的武水干流河段,有张滩、昌山(茶亭角)、长安(白糖宁)、七星(七星墩)、厢廊(塘头)和靖村(下坑)等 6 级梯级工程。

7.1　武江概况

7.1.1　区域概况

武江,发源于湖南省临武县三峰岭,干流流经湖南省的临武县、宜章县、郴县、桂阳、汝城等五县,广东乐昌县、乳源县、武江区、浈江区等县(区),在韶关市浈江区与浈江汇合为珠江水系北江干流。主流两岸支流众多,集水面积 100 km^2 以上支流有 13 条,其中在 1 000 km^2 以上的仅南花溪 1 条,流域面积为 1 188 km^2。武水是北江上游一级支流,北江第二大支流,干流长 260 km,其中湖南省境内河长 92 km,在广东境内为 152 km;集水面积 7 079 km^2,其中 3 734 km^2 在广东境内,湖南境内 3 480 km^2。在临武县境,称武水(武水河),起于武源乡西山山脉的三峰岭,流经县城区、武水镇、汾市乡等地,入宜章县。县内全长 63.5 km,流域面积 1 138.89 km^2,平均坡降 2.4‰。在宜章县境,武江干流从浆水乡龟爻村入境,经浆水乡、麻田镇、梅田镇岑水村出境,入广东省乐昌市。流经县境 30 km,落差 19 m,平均坡降 6.55‰,流域面积 331.6 km^2。武江乐昌市坪石镇莲塘村段在乐昌市境,从西北部的三溪入境,经坪石往东南穿流于大瑶山武江峡的大源,出泷口过张滩、乐城、长来和安口,下接乳源县。市内长 112.8 km,境内流域面积 2 421 km^2,平均坡降为 0.91‰。在乳源县境,由广东省乐昌县武阳司及长来镇进入乳源县桂头镇杨溪、东岸、均村、大坝、桂头墟,由塘头村出境流入韶关市区。在乳源县境内长 16.25 km,河段平均坡降 1.23‰,集雨面积 749 km^2,占全流域面积的 10.5%。在韶关市武江区(原曲江县、曲江区辖地)境内,武江位于县北部,俗称西河。由乳源县桂头入境,经重阳镇,入浈江区境。在境内河段长约 20 km。县内流域面积 441.4 km^2,河床坡降 0.906‰。

武江属山区性河流。上游(坪石至临武)为紫色砂页岩丘陵地区,河床弯曲大,坡降较为明显。中游(坪石至乐昌市区)属山区河流,两岸高山屏障,河床窄小坡降陡崎,水流急泻,水力资源丰富。罗家渡至市区之间的乐昌峡河段,亦称"九泷十八滩"。随着武江的开发,为建造水力发电站,沿河筑起了许多河坝,武江河床堆积物逐年上升,河床阔面有所缩窄,是北江水电资源开发条件较好的河段。上游河段距乐昌市约为 14 km 的乐昌峡水库已于 2013 年并网发电,乐昌峡塘角坝址以下的武江干流河段,将张滩(扩建)、昌山(茶亭角)、长安(白糖宁)、七星(七星墩)、厢廊(塘头)和靖村(下坑)进行 6 级梯级工程开发。武江流域可开发水电资源装机容量约 40 万 kW,而以干流坪石至乐昌峡段最为集中。

武江流域多年平均年降水量约 1 450 mm,年内分配不均,汛期(4~9 月)约占 72%。流域年径流总量为 60.8 亿 m^3,在广东境内为 32.0 亿 m^3,年内分配基本与降雨相同,70%~80%集中于汛期。洪水对乐昌县、韶关市存在威胁,沿江两岸则主要是山洪。流域内除少数石灰岩地区外,植被尚好,水土流失不大,犁市站 1956~1979 年实测年平均含沙量为 0.16 kg/m^3。石灰岩地区主要分布在乐昌、乳源两县的 11 个区内,林木稀少,怪石、溶洞多,水源奇缺,有些地方人畜食水也存在困难。

7.1.2 水文水资源概况

7.1.2.1 武江地表水资源量概况

1. 地表水资源总量

地表水资源量是指河流、湖泊等地表水体中由当地降水形成的可以逐年更新的动态水量,用天然河川径流量表示。

1)单个水文站年径流量

通过 1956~2000 年同步期实测年径流系列,经过还原计算和天然年径流量一致性分析与处理,得到系列一致性较好、反映近期下垫面实际情况下的天然年径流量系列(见表 7-1)。

表 7-1 武江各水文站天然年径流量特征值(1956~2000 年系列)

水文站名称	所在		集水面积(km^2)	天然年径流量							
	河流	水资源四级区		最大		最小		多年平均		C_v	C_s/C_v
				径流量(亿 m^3)	出现年份	径流量(亿 m^3)	出现年份	径流量(亿 m^3)	径流深(mm)		
坪石	武江	武江	3 567	52.05	1973 年	11.52	1963 年	31.61	886.2	0.32	2.00
赤溪	田头水		396	6.286	1975 年	1.241	1963 年	3.620	914.1	0.36	2.00
犁市	武江		6 976	107.4	1973 年	23.26	1963 年	61.64	883.6	0.33	2.00

2)武江水资源四级区的年径流量

分区年径流量为经过还原后的天然径流量,还原水量主要为水库蓄水变量,其次是农业灌溉耗水量,最后是工业和城镇生活耗水量(见表 7-2)。分区同步期的水库蓄水变量是调查收集流域控制站以上(区间)的水库的蓄水变量资料;农业灌溉耗水量是以流域控制站的农业灌溉耗水量为依据按面积比或灌溉面积比值放大求得;工业和城镇生活耗水量利用最近工业和城镇生活用水定额调查的成果估算调查年份的工业耗水量和城镇生活耗水量,并分别与工业产值和人口建立关系来估算其余年份的工业耗水量和城镇生活耗水量。

表 7-2　武江水资源四级区多年平均年径流量(1956~2000 年)

水资源四级区	年径流深(mm)	年径流量(亿 m^3)	变差系数 C_v	不同频率天然年径流量(亿 m^3)						
				10%	20%	50%	75%	90%	95%	97%
武江	912.7	33.67	0.35	50.06	43.61	32.73	25.55	20.05	17.18	15.39

注:表中数据来自《韶关市水资源综合规划总报告》。

3)武江河道年径流量和出入境水量

多年平均(同步期)年降水量用流域内主要雨量站资料以算术平均法或泰森法计算;多年平均(同步期)年径流量则用该河控制水文站的多年平均(同步期)年径流量与水文站以下未控制区的径流量相加而得,水文站以下未控制区的径流量可用面积比或降水径流综合比法计算。武江干流年降水量、径流量见表 7-3。

表 7-3　武江干流河道年降水量、径流量

河名	面积(km^2)	河长(km)	多年平均					不同保证率年径流量(亿 m^3)							
			年降水量(mm)	年径流深(mm)	年降水总量(亿 m^3)	年径流量(亿 m^3)	年平均流量(m^3/s)	10%	20%	50%	75%	90%	95%	97%	年径流 C_v
武江	7 097	260	1 460	883.7	103.6	62.7	199	90.49	79.26	60.42	47.68	37.91	32.78	29.71	0.33

注:表中数据来自《韶关市水资源综合规划总报告》。

武江年入境水量约 29.75 亿 m^3,入境地点为湖南省宜章县入乐昌市。

2. 地表水资源可利用量

地表水资源可利用量是指在经济技术可行及满足河道内生态环境用水的前提下,通过地表水工程措施可能为河道外用户提供的一次性最大水量(不包括回归水的重复利用)。武江河流地表水资源可利用量成果见表 7-4。

表 7-4　武江河流地表水资源可利用量成果　(单位:亿 m^3)

河流	地表水资源量	非汛期河道内生态需水量	汛期难以控制利用的洪水量	地表水资源可利用量	地表水可利用率(%)
武江	62.71	4.306	44.06	14.34	22.9

注:表中地表水资源量为河流的多年平均年径流量,数据来自《韶关市水资源综合规划总报告》。

由于各河流汛期难以控制利用的洪水量只是根据目前已掌握的蓄水工程调蓄能力来分析确定的，如果再充分考虑未来规划建设的蓄水工程调蓄能力，各河流汛期难以控制利用的洪水量应该更小，相应的地表水资源可利用量应该更大。

7.1.2.2　河流水质与底质概况

随着工业化和城市化程度的不断加快，工矿企业和城市生活向邻近水体排放大量的含有重金属等各类污染物的废水、废物，使水道的水污染日趋严重，水环境状况日益恶化。为全面了解研究范围内的水质情况，广州市建环环境监测有限公司在乐昌峡以下已建各梯级坝址上游 500 m 处布设一个取样断面，取样时间为 2014 年 12 月 11～13 日，连续 3 d 取样，监测指标为：pH、DO、BOD_5、COD_{Cr}、氨氮、SS、石油类、总磷、总氮、氟化物、硫化物、挥发酚、水温、砷、铅、锰、铬（六价）、汞、铜等 20 项。经检测，所有 5 个监测断面本次取样的水质均达到《地表水环境质量标准》（GB 3838—2002）中Ⅱ类水的要求，研究河段水质良好。广州市建环环境监测有限公司在乐昌峡以下已建各梯级坝址上游 500 m 处及武江汇入北江交汇处上游 500 m 处各布设一个底泥取样点，共 6 个底泥监测点采取底泥进行分析。监测指标为 pH、镉、汞、铜、铅、总铬、锰、砷等 8 项。

目前，所颁布的环境质量标准中尚无河流底泥的质量标准。对于底泥的评价标准，通常情况下可借用临近区域的数值，或与研究范围的环境条件相近似区域的数值，或直接采用《土壤环境质量标准》（GB 15618—1995）中的数值。评价标准即采用国家标准《土壤环境质量标准》（GB 15618—1995）中的二级标准。根据监测结果，各监测断面底泥均呈酸性，各监测断面底泥中铜、铅、总铬等指标均为达标，但是武江桥断面底泥的镉、砷、汞等监测指标超标，七星墩断面底泥中的汞出现超标，长安断面底泥中的砷出现超标。

由于韶关市武江流域内没有矿山开采项目，也没有重金属直接排入武江，而北江上游湖南境内有相关矿山开采项目，因此可以判断本次研究河道部分底泥中部分重金属超标应该为上游湖南境内相关矿山或企业排入河流，在底泥中富集所致。

7.1.3　生态环境分析

7.1.3.1　水生态环境现状分析

1. 鱼类组成及区系

1981～1983 年，农业部曾组织过珠江水系渔业资源调查；2001 年，广东省海洋与渔业局立项资助了北江水系韶关江段鱼类产卵场的调查。2005 年 10 月至 2008 年 3 月，广东省科技厅和广东省海洋与渔业局联合组织了广东省淡水鱼类资源调查，结合广东省淡水鱼类资源调查的工作，华南师范大学生命科学学院在乐昌市坪石镇、乐昌市区、黎市镇、十里亭等地进行了调研、鱼类采集工作，并于 2008 年 3 月对武江干流张滩至罗家渡段、于 2008 年 6 月对乐昌峡库尾和支流九峰水、田头水、白沙水、廊田水等进行了实地考察。

河道共计鱼类 66 种，分属于 7 目 18 科 55 属，鱼类名录见表 7-5。该水域鱼类种类以鲤形目最多，40 种，占总数的 60.6%；其次是鲈形目，11 种，占总数的 16.7%；再次是鲇形目，10 种，占总数的 12.1%。在所有的科中，以鲤科最多，34 种，占总种类数的 51.5%；其次是鲿科，5 种，占总种类数的 7.6%；再次是鳅科，4 种，占总种类数的 6.1%。该水域鱼类种类组成以鲤科占显著优势，其次种类较多的依次是鲿科、鳅科，这与珠江水系鱼类

1989 年的区系组成一致。

表 7-5　武江鱼类分布情况

鱼类	历史记录		2014 年调查	
	乐昌市	黎市镇	桂头镇	黎市镇
一、鲤形目				
(一)鲤科 *Cyprinidae*				
1 宽鳍鱲 *Zacco platypus*	+	+	+	+
2 马口鱼 *Opsariichthys bidens*	+	+	+	
3 青鱼 *Mylopharyngodon piceus*	+			+
4 草鱼 *Ctenopharyngodon idellus*	+	+	+	+
5 赤眼鳟 *Squaliobarbus curriculus*	+		+	+
6 海南红鲌 Erythroculter		+	+	+
7 翘嘴红鲌 *Erythroculter alburnus*	+	+	+	+
8 三角鲂 *Megalobrama terminal*	+			
9 团头鲂 *Megalobrama amblycephala*				+
10 餐 *Hmiculter leucisxulus*	+		+	+
11 半餐 *Hmiculter sauvagei*	+	+		
12 南方拟餐 *Pseudohemiculter dispar*	+		+	+
13 线细鳊 *Rasborinus lineatus*	+	+		
14 银鲴 *Xenocypris argentea*	+		+	+
15 鳙 *Aristichthys nobilis*	+		+	+
16 鲢 *Hypophthalmichthys molitrix*	+		+	+
17 大鳍骨 *Hemibarbus macracanthus*	+			
18 唇骨 *Hemibarbus labeo*	+		+	+
19 花骨 *Hemibarbus maculatus*	+		+	
20 麦穗鱼 *Pseudorasbora parva*	+		+	+
21 小鳈 *Sarcocheilichthys parvus*	+			+
22 黑鳍鳈 *Sarcocheilichthys nigripinnis*	+			
23 银色颌须鮈 *Gnathopogon argentatus*	+	+	+	+
24 银鮈 *Squalidus argentatus*	+		+	+
25 棒花鱼 *Abbottina rivularis*	+		+	+
26 乐山棒花鱼 *Abbottina kiatingensis*	+			
27 片唇鮈 *Platysmacheilus exigums*	+			

续表 7-5

鱼类	历史记录		2014 年调查	
	乐昌市	黎市镇	桂头镇	黎市镇
28 似鮈 *Pseudogobio vaillanti vaillanti*	+			+
29 蛇鮈 *Saurogobio dabryi*	+		+	
30 短须鱊 *Acheilognathus barbatulus*	+			+
31 越南鱊 *Acanthorhodeus tonkinensis*	+		+	+
32 大鳍刺鳑鲏 *Rhodeus macropterus*	+			
33 兴凯刺鳑鲏 *Rhodeus chankacensis*	+			
34 中华鳑鲏 *Rhodeus sinesis*	+		+	+
35 条纹二须鲃 *Capoeta semifasciolata*	+	+	+	+
36 光倒刺鲃 *Spinibarbus caldwelli*	+	+	+	+
37 倒刺鲃 *Spinibarbus denticulatus denticulatus*	+		+	
38 北江光唇鱼 *Acrossocheilus beijiangensis*	+	+		
39 珠江虹彩光唇鱼 *Acrossocheilus zhujiangensis*	+			
40 细身光唇鱼 *Acrossocheilus elongatus*	+			
41 长鳍光唇鱼 *Acrossocheilus longipinnis*	+			
42 侧条光唇鱼 *Acrossocheilus paralleus*	+	+	+	+
43 南方白甲鱼 *Varicorhirius gerlachi*	+		+	+
44 白甲鱼 *Varicorhirius sima*	+			
45 卵形白甲鱼 *Varicorhirius ovalis ovalias*	+			
46 稀有白甲鱼 *Varicorhirius rarus*	+			
47 小口白甲鱼 *Varicorhirius lini*	+			
48 瓣结鱼 *Tor brevifilis brevifilis*	+	+		
49 纹唇鱼 *Osteoichilus salsburyi*	+			
50 鲮 *Cirrhina moitorella*	+		+	+
51 麦瑞加拉鲮 *Cirrhina mrigola*			+	+
52 桂华鲮 *Sinilabeo decorus*	+			
53 异华鲮 *Parasinlabos assimilis*	+			
54 唇鲮 *Semilabeo notabilis*	+			
55 东方墨头鱼 *Garra orientalis*	+		+	+
56 三角鲤 *Cyprinus multitaeniata*	+			+
57 鲤 *Cyprinus carpio*	+	+	+	+

续表 7-5

鱼类	历史记录		2014 年调查	
	乐昌市	黎市镇	桂头镇	黎市镇
58 鲫 *Carassius auratus*	+		+	+
59 南方长须鳅鮀 *Gobiobtia longgibarba meridionalis*	+			+
60 海南鳅鮀 *Gobiobtia kolleri*	+			
(二)鳅科 *Cobitidae*				
61 横纹条鳅 *Nemacheilus fasciolatus*	+	+		+
62 花斑副沙鳅 *Parabotia fasciolata*			+	+
63 沙花鳅 *Cobitis arenae*	+		+	+
64 泥鳅 *Misgurnus anguillicaudatus*	+	+	+	+
(三)平鳍鳅科 *Homalopteridae*				
65 平舟原缨口鳅 *Vanmanenia pingchowensis*	+		+	+
66 广西华平鳅 *Pseudogastromyzon fangi*				+
67 刺臀华吸鳅 *Sinogastromyzon wui* Fang	+	+		
68 贵州细尾爬岩鳅 *Beaufortia kweichowensis gracilicauda*	+		+	
二、鲇形目 *Siluriform*				
(四)鲇科 *Siluridae*				
69 鲇 *Silurus asotus*	+		+	+
(五) 长臀鮠科 *Cranoglanididae*				
70 长臀鮠 *Cranoglanididae bouderiusbouderius*			+	
(六)胡子鲇科 *Clariidae*				
71 胡子鲇 *Clarias fuscus*	+	+	+	+
(七)鲿科 *Bagridae*				
72 黄颡鱼 *Pelteobagrus fulvidraco*	+	+	+	+
73 瓦氏黄颡鱼 *Pelteobagrus vachelli*	+	+	+	
74 粗唇鮠 *Leiocassis crassilabris Gunther*	+	+	+	+
75 纵带鮠 *Leiocassis argentivittatus*	+			
76 细身拟鲿 *Pseudobagrus gracilis*	+			+
77 斑鳠 *Mystus guttatus*	+	+	+	+
(八)鮡科 *Sisoridae*				
78 福建纹胸鮡 *Glyptothorax fokiensis*		+		+
三、合鳃鱼目 *Synbranchiform*				

续表 7-5

鱼类	历史记录		2014 年调查	
	乐昌市	黎市镇	桂头镇	黎市镇
(九)合鳃鱼科 *Synbanchidae*				
79 黄鳝 *Monopterus albus*	+	+	+	+
四、鳉形目 *Syprinodontiformes*				
(十)鳉科 *Oryziatidae*				
80 青鳉 *Oryzias latipes*	+			
五、鲈形目 *Perciformes*				
(十一)鮨科 *Serranidae*				
81 大眼鳜 *Siniperca kneri*	+	+	+	+
82 斑鳜 *Siniperca scherzeri*			+	+
(十二)丽鱼科 *Cichlidae*				
83 莫桑比克罗非鱼 *Tilapia mossambica*			+	+
84 尼罗罗非鱼 *Tilapia niloticus*		+	+	+
(十三)塘鳢科 *Eleotridae*				
85 尖头塘鳢 *Eleotris oxycephala*			+	+
(十四)鰕虎鱼科 *Gobiidae*				
86 子陵吻鰕虎 *Rhinogobit giurinus*			+	+
87 溪吻鰕虎 *Rhinogobit duospilus*		+		+
(十五)攀鲈科 *Anabantiidae*				
88 攀鲈 *Anabas testudineus*		+		+
(十六)斗鱼科 *Belontiidae*				
89 歧尾斗鱼 *Macropodus opercularis*	+			+
(十七)鳢科 *Channidae*				
90 斑鳢 *Channa maculata*	+	+	+	+
91 月鳢 *Channa asiatica*	+		+	+
92 南鳢 *Channa gachua*	+			
(十八)刺鳅科 *Mastacembelidae*				
93 大刺鳅 *Mastacembelus armatus*	+	+	+	+
94 刺鳅 *Mastacembelus aculeatus*	+			
六、鳗鲡目 *Anguilliformes*				
(十九)鳗鲡科 *Anguillidae*				
95 鳗鲡 *Anguilla japonica*	+	+	+	+

1) 优势种群

研究区域内鱼类优势种以鲤、鲫、鲮鱼、黄颡鱼、餐条、银鮈、子陵吻鰕虎等占优势地位。

2) 珍稀特有及重要经济鱼类

国家二级保护动物有:唐鱼;列入中国濒危动物红皮书的有:长臀鮠;进入国家级水产种质保护品种有:黄颡鱼、斑鳢、青、草、鲢、鳙、赤眼鳟、日本鳗鲡、翘嘴红鲌、团头鲂、三角鲂、黄鳝、鳊、光倒刺鲃、倒刺鲃;广东省重点保护鱼类 3 种:桂华鲮、唇鱼、卷口鱼;珠江水系特有鱼类:海南红鲌、三角鲂、长须鳅鮀、侧条光唇鱼、北江光唇鱼、虹彩光唇鱼、桂华鲮、盆唇华鲮、直口鲮、异华鲮、卷口鱼、细尾贵州爬岩鳅、细身拟鲿、中间黄颡鱼等。

2. 浮游植物

1) 浮游植物种类组成和分布

浮游植物共 6 门 62 种,其中硅藻门 33 种,占种类总数的 53.23%;绿藻门 16 种,占种类总数的 25.81%;甲藻门和蓝藻门均为 2 种,占种类总数的 3.23%;裸藻门 5 种,占种类总数的 8.06%;隐藻门 4 种,占种类总数的 6.45%。浮游植物物种名录见表 7-6。

表 7-6　浮游植物物种名录

主要类别	采样点							
	张滩	西坑水	昌山	杨溪水	长安	靖村	七星墩	廊田水
硅藻 33								
广缘小环藻 *Cylotella comensis*	+	+	+	+	+	+	+	+
梅尼小环藻 *Cyclotella meneghiniana*	+	+	+		+		+	
具星小环藻 *Cyclotella stelligera*	+				+		+	
短小舟形藻 *Navicula exigua*	+	+	+			+		+
库津针杆藻 *Cyclotella kuetzingiana*	+							
两头针杆藻 *Synedra amphicephal*			+					
尖针杆藻 *Synedra acusvar*	+		+	+	+		+	+
肘状针杆藻 *Synedra ulna*			+				+	+
肘状针杆藻狭细变种 *Synedra ulna* var. *danica*			+					
近缘针杆藻 *Saffinis affinis*	+							+
羽纹脆杆藻 *Fragilaria pinnata*	+							
中型脆杆藻 *Fragilaria intermedia*				+				+
连接脆杆藻 *Fragilaria comstruens*								+
变异脆杆藻 *Fragilaria virescens*								+
钝脆杆藻 *Fragilaria capucina*			+			+		
近缘桥弯藻 *Cymbella cymbiformis*								+

续表 7-6

主要类别	采样点							
	张滩	西坑水	昌山	杨溪水	长安	靖村	七星墩	廊田水
小桥弯藻 *Cymbella laevis*	+							
极小桥弯藻 *Cymbella perpusilla*			+					
细小桥弯藻 *Cymbella gracilis*					+			+
新月桥弯藻 *Cymbella cymbiformis*		+						
拟菱形弓形藻 *Schroederia nitzschioides*	+		+		+		+	
颗粒直链藻 *Melosira granulata*	+		+	+		+	+	+
颗粒直链藻极狭变种 *Melosira granulata* var. *angustissima*		+	+		+			
卵形褶盘藻 *Frybioptychus cocconeiformis*	+							
粗壮双菱藻 *Surirella robusta*		+						
大羽纹藻 *Pinnularia major*				+				+
弯羽纹藻 *Pinnularia gibba*							+	
透明卵形藻 *Cocconeis pellucid*								+
扁圆卵形藻 *Cocconeis placentula*						+		
窄异极藻延长变种 *Gomphonema Parvulum* var. *productum*								+
纤细异极藻 *Gomphonema gracile*					+			+
尖异极藻布雷变种 *Gomphonema acuminatum* var. *brebissonii*								+
披针曲壳藻 *Achnanthes lanceolata*								+
绿藻 16								
被甲栅藻 *Scenedesmus armatus*		+				+		+
被甲栅藻博格变种双尾变形 *Scenedesmus armatus* var. *boglariensis f. bicaudatus*		+						
被甲栅藻博格变种 *Scenedesmus armatus* var. *boglariensis*		+			+			
双对栅藻 *Scenedesmus bijuga*			+					
二形栅藻 *Scenedesmus dimorphus*					+			+
爪哇栅藻 *Scenedesmus javaensis*			+					
四尾栅藻 *Scenedesmus quadricauda*		+						

续表 7-6

主要类别	采样点							
	张滩	西坑水	昌山	杨溪水	长安	靖村	七星墩	廊田水
杂球藻 *Pleodorina morum*		+						
扁鼓藻 *Cosmarium dichondrum*		+			+	+		
单角盘星藻 *Pediastrum simplex*		+						
卵囊藻 *Oocystis* sp.		+						
多芒藻 *Golenkinin radiate*			+		+			
衣藻 *Chlamydomonas* sp.			+			+	+	
小球藻 *Chlorella vulgaris*								+
单生卵囊藻 *Oocystis solitaria*								+
窗格平板藻 *Tabellaria fenestrata*					+			
甲藻 2								
裸甲藻 *Gymnodinium* sp.			+		+	+	+	
多甲藻 *Peridinium* sp.					+	+		
蓝藻 2								
颤藻 *Oscillatoria* sp.			+					
微小平裂藻 *Merismopedia minima*			+					
裸藻 5								
纺锤鳞孔藻 *Lepocinclis fusiformis*							+	+
椭圆鳞孔藻 *Lepocincilis steinii*					+	+	+	
变孢藻 *Astasia* sp.								+
带形裸藻 *Euglena ehrenbergii*					+			+
膝曲裸藻 *Euglena geniculata*								+
隐藻 4								
蓝隐藻 *Chroomonas* sp.					+			
具尾蓝隐藻 *Chroomonas caudate*		+	+					
卵形隐藻 *Cryptomonas ovata*			+	+			+	+
尖尾蓝隐藻 *Chroomonas acuta*	+					+		

2)浮游植物优势度、多样性和均匀度

目前,国内多使用信息多样性指数(Shannon-Weaver)来评价水体的营养状态。调查水域浮游植物的多样性指数采用 Shannon-Weaver 公式进行计算。其公式为:

$$H' = -\sum_{i=1}^{s} P_i \log_2 P_i$$

均匀度采用 Pielous 公式进行计算：

$$J' = \frac{H}{\log_2 s}$$

优势度计算公式为：

$$D = n_i/N$$

式中：H'为多样性指数；s 为种类数；$P_i = n_i/N$（n_i 为第 i 个物种的个体数，N 为全部物种的个体数）；J 为均匀度；D 为优势度。

各站位主要浮游植物优势种有广缘小环藻 *Cylotella comensis*、短小舟形藻 *Navicula exigua*、被甲栅藻博格变种双尾变形 *Scenedesmus armatus* var. *boglariensis f. bicaudatus*、微小平裂藻 *Merismopedia minima*、裸甲藻 *Gymnodinium* sp. 、椭圆鳞孔藻 *Lepocincilis steinii*、多甲藻 *Peridinium* sp. 等。武江水体中浮游植物的密度较低，整个水体浮游植物以硅藻的数量最多，其次为绿藻和裸藻，甲藻和蓝藻仅偶见。造成浮游植物密度较低一般是因为附近有采沙活动，可能影响了浮游植物的生长。由于河流的情况较静止水体复杂，同等情况下浮游植物的数量低于静止水体，因此河流中的浮游生物密度较低也从另一个方面反映该段水域富营养化程度不高。

各站点浮游植物优势种及其优势度详见表 7-7。各站位浮游植物丰富度为 1.618~4.403，均值为 2.628；均匀度指数为 0.314~0.969，均值为 0.738；Shannon-Weaver 指数为 0.926~2.864，均值为 1.878。物种丰富度以廊田站位最高，均匀度以杨溪水站位最高，Shannon-Weaver 指数以廊田站位最高。

表 7-7　各站位浮游植物优势种及其优势度

采样站位	浮游植物优势种及其优势度(*D*)
张滩	广缘小环藻 *Cylotella comensis* 0.435；短小舟形藻 *Navicula exigua* 0.172；近缘针杆藻 *Saffinis affinis* 0.115
西坑水	被甲栅藻博格变种双尾变形 *Scenedesmus armatus* var. *boglariensis f. bicaudatus* 0.205；四尾栅藻 *Scenedesmus quadricauda* 0.136；扁鼓藻 *Cosmarium dichondrum* 0.082
昌山	微小平裂藻 *Merismopedia minima* 0.972
杨溪水	尖针杆藻 *Synedra acusvar* 0.743
长安	尖针杆藻 *Synedra acusvar* 0.278；；椭圆鳞孔藻 *Lepocincilis steinii* 0.130；梅尼小环藻 *Cyclotella meneghiniana* 0.111
靖村	扁圆卵形藻 *Cocconeis placentula* 0.239；椭圆鳞孔藻 *Lepocincilis steinii* 0.239；多甲藻 *Peridinium* sp. 0.149；广缘小环藻 *Cylotella comensis* 0.090
七星墩	裸甲藻 *Gymnodinium* sp. 0.780；椭圆鳞孔藻 *Lepocincilis steinii* 0.068；纺锤鳞孔藻 *Lepocinclis fusiformis* 0.057
廊田	短小舟形藻 *Navicula exigua* 0.236；颗粒直链藻 *Melosira granulata* 0.086；变孢藻 *Astasia* sp. 0.064

根据比较通用的标准，$H'>3$ 时为清洁，$3>H'>2$ 时为轻污染，$DH'>1$ 时为中等污染，$1>H'>0$ 时为重污染。均匀度指数也可用于判断水体的营养状态，目前国内采用的标准为：$J'<0.3$ 为重污染，$0.3<J'<0.5$ 为中污染，$J'>0.5$ 为轻污染或无污染。由表 7-7 可见，武江水域的 Shannon-Weaver 指数均值大于 1，属于中度污染。均匀度指数亦很高，说明武江水域水体浮游植物的生物多样性较高，浮游植物的数量在各个种中的分布较均匀。从优势度来看，张滩站点和廊田站点存在的舟形硅藻为耐有机污染的指示植物，该水域其他站点如杨溪水站点和长安站点的优势种如针杆藻、直链藻也均为耐污染种类，且该水域未见典型清洁指示种出现，反映该水域水体特别是张滩站点、杨溪水站点、长安站点和廊田站点均存在一定污染。

3. 浮游动物

浮游动物是湖泊生态系统中重要的消费者，是湖泊生态系统中有机和无机能量交换、新陈代谢、演替更新、物质循环不可缺少的重要环节，它们对保持生态平衡、组成食物链（网）和调节水体的自净能力均起着重要作用。

1) 浮游动物种类组成和分布

如表 7-8 所示，共有浮游动物 48 种，其中原生动物门 3 种，占种类总数的 27.08%；轮虫 27 种，占种类总数的 56.25%；枝角类 3 种，占种类总数的 6.25%；桡足类 5 种，占种类总数的 10.42%。

表 7-8　浮游动物种类组成

动物种类	采样点							
	张滩	西坑水	昌山	杨溪水	长安	靖村	七星墩	廊田水
原生动物 Protozoa 13								
简裸口虫 *Holophrya simples*							+	
弯斜头虫 *Loxocejhalus plagius*							+	
武装尾毛虫 *Urotricha armatus*					+			+
草履虫 *Paramecium* sp.			+					
珍珠映毛虫 *Cinetochilum margaritaecum*			+		+	+	+	
大弹跳虫 *Halteria grandinella*					+			
王氏拟铃壳虫 *Tintinnopsis wangi*	+						+	
淡水筒壳虫 *Tintinnidium fluviatile*								+
针棘匣壳虫 *Centropyxis aculeata*								+
瓜形膜袋虫 *Cyclidium citrullus*		+						+
球形急游虫 *Strombidium globosaneum*	+		+	+	+	+		+
绿急游虫 *Strombidiidae viride*			+		+	+		+
旋回侠盗虫 *Strobilidium gyrans*			+			+		+
轮虫 Rotatoria 27								

续表 7-8

动物种类	采样点							
	张滩	西坑水	昌山	杨溪水	长安	靖村	七星墩	廊田水
长刺异尾轮虫 *Trichocerca longiseta*			+				+	
刺盖异尾轮虫 *Trichocerca capucina*								+
圆筒异尾轮虫 *Trichcoerca cylindrica*					+			
暗小异尾轮虫 *Trichocerca pusilla*	+				+		+	
韦氏同尾轮虫 *Diurella weberi*								
角突臂尾轮虫 *Brachionus angularis*		+						
曲腿龟甲轮虫 *Keratella valga*		+	+		+		+	
剪形臂尾轮虫 *Brachionus forficula*					+			
蒲达臂尾轮虫 *Brachionus budapestiensis*		+		+				
长三肢轮虫 *Filinia longiseta*		+						
卵形无柄轮虫 *Ascomopha ovalis*		+			+	+	+	+
蹄形腔轮虫 *Lecane ungulata*								+
十指平甲轮虫 *Platyas militaris*								+
精致单趾轮虫 *Monostyla elachis*					+			
囊形单趾轮虫 *Monostyla bulla*			+		+			
史氏单趾轮虫 *Monostyla stenroosi*							+	
罗氏腔轮虫 *Lecane ludwigii*					+			
月形腔轮虫 *Lecane lana*					+			
腔轮亚属一种 *Lecane* sp.			+					
大肚须足轮虫 *Euchlanis dilatata*			+					
梳状疣毛轮虫 *Synchaeta pectinata*					+	+	+	
前节晶囊轮虫 *Asplachna priodonta*					+			
长足轮虫 *Rotaria neptunia*								
截头鬼轮虫 *Trichotria truncata*					+		+	
台杯鬼轮虫 *Trichotria pocillum*						+		
棒状水轮虫 *Epiphanes clavulatus*					+		+	
针簇多肢轮虫 *Polyarthra trigla*							+	
枝角类 Cladocera 3								
矩形尖额溞 *Alonarec tangula*					+	+		
晶莹仙达溞 *Side crystallina*			+					

续表 7-8

动物种类	采样点							
	张滩	西坑水	昌山	杨溪水	长安	靖村	七星墩	廊田水
直额弯尾溞 *Camptocercus rectirostris*					+			
桡足类 Copepoda 5								
桡足类无节幼体	+	+	+	+	+	+	+	+
透明温剑水蚤 *Thermocyclops hyalinus*	+		+		+	+	+	
跨立小剑水蚤 *Microcyclops varicans*			+	+	+			+
大尾真剑水蚤 *Eucyclops macruroides*					+			
湖泊美丽猛水蚤 *Nitocra lacustris*			+					
同形拟猛水蚤 *Harpacticella paradoxa*							+	

注:"+"表示该物种在该样点被采集。

各站位浮游动物种类数为 3~24 种。从各站位分布来看,其中长安位点种类最多,为 24 种;七星墩位点次之,为 16 种;杨溪水位点种类数最少,仅为 3 种。从类群构成来看,原生动物、轮虫和桡足类在 8 个采样点均有所采集,各站位均以原生动物和轮虫为主要类群,枝角类仅在 3 个位点被采集到。

2)浮游动物密度、后生浮游动物优势种

与浮游植物的多样性指数和均匀度的计算方法一样,浮游动物的多样性指数和均匀度亦分别采用 Shannon-Weaver 公式和 Pielous 公式进行计算。

浮游动物的密度不高,各站位浮游动物密度为 62.88~1 603.92 ind/L,平均为 626.19 ind/L。一般来讲,河流等流水水域多细胞浮游动物如轮虫、枝角类和挠足类十分贫乏,而在湖泊、池塘等静水水域,特别是在富营养型水体这些多细胞的浮游动物数量十分丰富。从各站位分布来看,廊田水浮游动物密度最高,长安次之,杨溪水最低;就各类群的空间分布来看,原生动物密度为 60~1 600 ind/L,平均密度为 616.56 ind/L;轮虫密度为 0.24~7.50 ind/L,平均密度为 3.48 ind/L;枝角类密度为 0~1.76 ind/L,平均密度为 0.36 ind/L;桡足类密度为 0.19~22.17 ind/L,平均密度为 5.77 ind/L。

各站位主要后生浮游动物优势种有桡足类无节幼体、暗小异尾轮虫 *Trichocerca pusilla*、长刺异尾轮虫 *Trichocerca longiseta*、卵形无柄轮虫 *Ascomopha ovalis*、蒲达臂尾轮虫 *Brachionus budapestiensis*、梳状疣毛轮虫 *Synchaeta pectinata*、曲腿龟甲轮虫 *Keratella valga*、晶莹仙达溞 *Side crystallina*、透明温剑水蚤 *Thermocyclops hyalinus*、跨立小剑水蚤 *Microcyclops varicans* 等。在张滩和西坑水站位,第一优势种均为轮虫,在杨溪水站位,第一优势种为透明温剑水蚤 *Thermocyclops hyalinus*,在其他 5 个采样站位,桡足类无节幼体为第一优势种。各站位后生浮游动物丰富度为 0.805~3.455,均值为 1.938;均匀度指数为 0.515~0.906,均值为 0.743;Shannon-Weaver 指数为 0.246~0.884,均值为 0.612。物种丰富度以长安站位最高,均匀度以张滩站位最高,Shannon-Weaver 指数以昌山站位最高。轮虫类中的粤花臂尾轮虫、镰状臂尾轮虫、剪形臂尾轮虫、角突臂尾轮虫、壶状臂尾轮虫、长足轮虫、晶囊轮虫,枝角类中的近亲裸腹搔、蚤状搔和挠足类中的广布中剑水蚤,这些种类喜好在有机污染水体中生活,还极耐低氧,说明污染流域中存在有机污染源。

4. 底栖生物

1)底栖动物种类组成和分布

如表7-9所示,共有底栖动物3门5纲29种,其中环节动物门3种,均由寡毛纲组成,占种类总数的10.34%;软体动物门20种,占种类总数的68.96%,其中腹足纲15种,双壳纲5种;节肢动物门6种,占种类总数的20.69%,其中软甲纲4种,昆虫纲2种。

表7-9　大型底栖动物物种名录

动物种类	采样点							
	张滩	西坑水	昌山	杨溪水	长安	靖村	七星墩	廊田水
环节动物门 *Annelida*								
寡毛纲 *Oligochaeta* 3								
霍甫水丝蚓 *Limnodrilus hoffmeisteri*			+				+	+
多毛管水蚓 *Aulodrilus pluriseta*								+
管水蚓一种 *Aulodrilus* sp.							+	
软体动物门 *Mollusca*								
腹足纲 *Gastropoda* 15								
梨形环棱螺 *Bellamya purificat*			+		+	+		+
铜锈环棱螺 *Bellamya aeruginosa*							+	+
尖口圆扁螺 *Hippentis cantori*			+					
大脐圆扁螺 *Hippentis umbilicalis*		+						
多棱角螺 *Angulyagra polyzonata*			+				+	+
福寿螺 *Pomacea canaliculata*		+	+	+	+	+	+	
尖膀胱螺 *Physa acuta*		+		+				
瘤拟黑螺 *Melanoides tuberculata*		+				+		
静水椎实螺 *Lymnaea stagnalis*		+	+				+	+
狭萝卜螺 *Radix lagotis*				+			+	
钉螺 *Oncomelania hupensis*			+					
赤豆螺 *Bithynia fuchsiana*		+						
方格短沟蜷 *Semisulcospira cancellata*				+	+	+	+	
光滑狭口螺 *Stenothyra glabar*							+	
琵琶拟沼螺 *Assiminea lutea*							+	
双壳纲 *Bivalvia* 5								

续表 7-9

主要类别	采样点							
	张滩	西坑水	昌山	杨溪水	长安	靖村	七星墩	廊田水
河蚬 *Corbicula fluminea*	+	+	+		+	+	+	
闪蚬 *Corbicula nitens*							+	
淡水壳菜 *Melanoides tuberculata*	+		+		+	+		
背角无齿蚌 *Anodonta woodiana*								+
帝纹樱蛤 *Tellina timorensis*							+	
节肢动物门 *Arthropoda*								
软甲纲 *Malacostraca* 4								
广西沼虾 *Macrobrachium kwangsiensis*	+							
广东米虾 *Caridina cantonensis*		+		+				
日本沼虾 *Macrobrachiu mvenustum*								+
阳山束腰蟹 *Somanniathelphusa yangshanensis*								+
昆虫纲 *Insecta* 2								
隐摇蚊一种 *Cryptochironomus* sp.			+					
蜓科稚虫一种 *Naiad of Aeschniidae*		+						

注:"+"表示该物种在该样点被采集。

各站位大型底栖动物种类数为 3~13 种。从各站位分布来看,其中七星墩位点种类最多,为 13 种;昌山位点次之,为 10 种;张滩位点种类数最少,仅为 3 种。从类群构成来看,软体动物在 8 个采样点均有所采集,各站位均以软体动物门的腹足纲和双壳纲为主要类群,寡毛纲和昆虫纲种类均较少。

2)底栖动物密度、生物量、优势种

各站位大型底栖动物密度为 160.00~949.34 ind/m^2,平均为 426.00 ind/m^2。从各站位分布来看,西坑水由于采集到较多的腹足纲软体动物静水椎实螺 *Lymnaea stagnalis* 而高出其他采样站位较多,廊田密度最小,是因为软体动物密度较小,其密度主要由寡毛纲组成。就各类群的空间分布来看,寡毛纲密度为 16.00~154.67 ind/m^2,平均密度为 23.33 ind/m^2;腹足纲密度为 0~570.67 ind/m^2,平均密度为 140.00 ind/m^2;双壳纲密度为 0~474.67,平均密度为 222.67 ind/m^2;软甲纲密度为 0~138.67 ind/m^2,平均密度为 34.00 ind/m^2;昆虫纲密度为 10.67~37.33 ind/m^2,平均密度为 6.00 ind/m^2。

各站位大型底栖动物生物量为 94.67~537.28 g/m^2,平均为 200.98 g/m^2,各站位生物量组成均以软体动物门为主。从各站位分布来看,七星墩由于采集到较多的河蚬 *Corbicula fluminea*,生物量密度相较与其他采样站位高出较多。就各类群的空间分布来看,寡毛纲生物量为 0.48~3.41 g/m^2,平均生物量为 0.62 g/m^2;腹足纲生物量为 0~198.40 g/m^2,平均生物量为 83.46 g/m^2;双壳纲生物量为 0~499.52g/m^2,平均生物量为

113.80 g/m^2;软甲纲生物量为0~13.87 g/m^2,平均生物量为2.83 g/m^2;昆虫纲生物量为0~1.60 g/m^2,平均生物量为0.27 g/m^2。

各站位主要大型底栖动物密度优势种有淡水壳菜、静水椎实螺、河蚬、狭萝卜螺和霍甫水丝蚓等,主要生物量优势种有淡水壳菜、福寿螺、河蚬和背角无齿蚌等。在各站位的密度优势种组成中,在张滩和长安站位,淡水壳菜均为第一密度优势种且优势度较大;在昌山、靖村和七星墩站位,河蚬占据优势,为第一密度优势种;在西坑水和杨溪水站位,淡水腹足类静水椎实螺和狭萝卜螺分别为第一密度优势种;在廊田站位,寡毛类霍甫水丝蚓为第一密度优势种。在各站位的生物量优势种组成中,一些密度优势相对较小的物种,如福寿螺、背角无齿蚌由于体质量相对较大,分别为5个站位的第一生物量优势种;在张滩、长安和七星墩站位,第一密度优势种如淡水壳菜和河蚬仍然为第一生物量优势种。各站位大型底栖动物丰富度为0.443~2.042,均值为1.152;均匀度指数为0.192~0.788,均值为0.566;香农-维纳指数为0.281~0.749,均值为0.460;整体而言,本次调查各站位底栖动物多样性指数都不高。

7.1.3.2 陆域生态环境现状分析

1. 陆生植被现状

武江主要有维管植物518种,隶属142科396属,其中蕨类植物40种,隶属24科31属;裸子植物5种,隶属5科5属;被子植物473种,隶属113科356属。从维管植物组成来看有栽培植物78种,隶属48科69属,主要以与人类息息相关的禾本科(7属9种)、十字花科(4属4种)、蔷薇科(5属5种)等为代表。植物种数超过15种的主要科有禾本科(43属60种)、菊科(36属50种)、莎草科(11属21种)、豆科(19属20种)、大戟科(12属16种)、蔷薇科(8属15种),分别占整个项目植物总数的11.6%、9.6%、4.1%、4.0%、3.9%、3.9%,而这些科主要以草本植物占绝对优势。

因武江流域多居住区,人类干扰严重,原生和次生的南亚热带常绿阔叶林已不存在,现存植被基本为人工植物群落和野生的湿地草本植物群落,未发现珍稀濒危植物分布在区域内。人工植物群落主要以尾叶桉、马尾松、杉木群落为主,林下植物组成较为简单。其中,常见的人工栽培和野生植物群落建群树种主要有:里白科的铁芒萁 *Dicranopteris linearis*(*Burm. f.*) Underw.、乌毛蕨科的乌毛蕨 *Blechnum orientale L.*、松科的马尾松 *Pinus massoniana Lamb.*、杉科的杉木 *Cunninghamia lanceolata* (*Lamb.*) Hook.、樟科的山苍子 *Li tsea cubeba* (*Lour.*) Pers.、樟树 *Cinnamomum camphora* (L.) *Presl.*、芭蕉科的香蕉 *Musa acuminata cv. Dwarf Cavendish*、楝科的苦楝 *Melia azedarach* L.、漆树科的盐肤木 *Rhus chinensis* Mill.、桃金娘科的尾叶桉 *Eucalyp tus calophylla* R. Br.、桃金娘 *Rhodomyrtus tomen tosa* (Alt.) *Hassk.*、蓼科的酸模叶蓼 *Polygonum lapathifolium Linn.*、长刺酸模 *Rumex trisetifer Stokes*、藜科的苋科的空心莲子草 *Alternanthera philoxeroides* (*Mart.*) Griseb.、茄科的少花龙葵 *Solanum americanum Miller*、豆科的草木樨 *Melilotus officinalis* (*Linn.*) *Pall*、菊科的胜红蓟 *Ageratum conyzoides Linn.*、假臭草 *Eupatorium catarium Veldkamp.*、三叶鬼针草 *Bidens pilosa L.*、苦荬菜 *Ixeris denticulate* (*Houtt.*) *Stebb.*、翼茎阔苞菊 *Pluchea sagittalis* (*Lam.*) *Cabrera*、鼠麴草 *Gnaphalium affine D. Don*、白草 *Conyza japonica* (*Thunb.*) *Less.*、菊芹 *Erechtites valerianaefolia* (*Wolf.*) DC.、鸭跖草科的水竹叶 *Murdannia nudiflora* (L.)

Bren.、莎草科的藨草 *Scirpus triqueter Linn.*、*Kyllinga brevifolia Rottb.*、禾本科的类芦 *Neyraudia reynaudiana* (*Kunth*) *Keng ex Hitchc.*、粉单竹 *Bambusoideae cerosissima McClure*、白茅 *Imperata cylindrica* (*Linn.*) *Beauv.*、芒草 *Miscan thus sinensis Andr.*、鸭姆草 *Paspalum scrobiculatum Linn.*、双穗雀稗 *Paspalum paspaloides* (*Michx.*) *Scribn.*、撑篙竹 *Bambusa pervariabilis McCl.*、毛竹 *Phyllostachys heterocycla cv. Pubescens*、看麦娘 *Alopecurus aequalis Sobol.*、蔓生莠竹 *Micros tegium vagans* (*Nees ex S teud.*) *A. Camus*、麻竹(甜竹) *Dendrocalamus latiflorus Munro* 等。

2. 陆生植被类型

1) 陆生植被概况

区域内植被分布简单,大部分面积为农田,仅局部地区分布有自然植被群落,代表性群落为樟树风水林群落。研究范围分布有少量面积的马尾松、尾叶桉人工林群落。因人工活动频繁,植被干扰严重,河边附近现基本为湿地草本群落,群落种类较多,代表性群落主要有长刺酸模+酸模叶蓼+小飞蓬+少花龙葵群落、芦苇—空心莲子草+鸭跖草群落、藨草+酸模叶蓼群落等。

2) 主要植物群落特征分析

樟树+粉单竹—南丹参+鲫鱼胆群落,该植物群落广泛分布于武江流域内,为当地的风水林群落(见图7-1)。以七星墩电站坝址附近样地为例,样地调查群落面积100 m^2,群落高22~25 m,郁闭度较高,为70%~85%。群落分层明显,第一层以樟树占绝对优势,高20 m以上,第二层主要为粉单竹,高8~10 m;林下灌木种类稀少,而草本密集且丰富主要有臭茉莉、胡颓子、火炭母、水芹、南丹参、鲫鱼胆、九节龙、蔓生莠竹、糯米团、细齿叶柃、华南毛蕨、八角枫、华紫珠及藤本刺五加、何首乌、木防己、乌敛梅等。乔木层生物量约为365 t/hm^2,草本层约9.2 t/hm^2,群落总生长量约16.8 t/(hm^2·a)。

图7-1　樟树+粉单竹群落

马尾松—铁芒萁群落(见图7-2),该植物群落零散分布于河岸两边山头,郁闭度较低,为50%~65%,为马尾松单一优势群落。群落分层明显,共分两层,第一层以马尾松占绝对优势,高7~11 m,第二层主要是铁芒萁为优势的草本群落,高0.8~1.2 m;林下灌木种类稀少,零星分布有桃金娘、山苍子、野漆树,而草本密集,铁芒萁覆盖度达80%,其他种类还有黑莎草、三叉苦、狗脊、小叶海金沙、细齿叶柃等。群落乔灌木层生物量约为66.5 t/hm²,草本层约3.5 t/hm²,群落总生长量约13.1 t/(hm² · a)。

图 7-2　马尾松—铁芒萁群落

马尾松+樟树群落(见图7-3):该植物群落为砍伐山林后人工种植的植物群落,群落内零星残留一些马尾松,分布较为广泛。以七星墩电站坝址附近山坡样地为例,该群落结构简单,乔木层主要零散分布有少数马尾松外,种植的种类主要有樟树、银木荷、腺齿山矾等。林下草本稀疏,种类较少,主要有铁芒萁、山苍子、团叶鳞始蕨、假臭草和白背酸藤子等。群落乔木层生物量约为72.6 t/hm²,草本层约1.75 t/hm²,群落总生长量约13.9 t/(hm² · a)。

图 7-3　马尾松+樟树群落

马尾松+杉木群落(见图7-4),该植物群落分布广泛,研究群落为马尾松林改造的杉木林,林内残留少量马尾松,以杉木占优势,其他种类还有苦楝,乔木层高6~9 m,灌木种类较少,主要有山苍子、盐肤木等,乔灌木覆盖度为75%~80%。林下草本密集,主要以类芦占优势,覆盖度达50%,其他常见草本还有三叶鬼针草、少华龙葵、扇叶铁线蕨等。藤本主要有大花忍冬、玉叶金花等。群落乔木层生物量约为65.4 t/hm²,草本层约3.1 t/hm²,群落总生长量约12.8 t/(hm² · a)。

尾叶桉—乌毛蕨群落(见图7-5),该植物群落较广泛分布,为人工种植的经济木材林。该群落郁闭度约95%,尾叶桉平均直径约10 cm,高11~15 m。林下草本稀疏,常见有三叶鬼针草、乌毛蕨、铁芒萁等。群落乔木层生物量约为97.6 t/hm²,草本层约1.86 t/hm²,群落总生长量约18.4 t/(hm² · a)。

图 7-4　马尾松+杉木群落

图 7-5　尾叶桉—乌毛蕨群落

长刺酸模+酸模叶蓼+小飞蓬+少花龙葵群落(见图 7-6),该植物群落广泛分布于流域内河道两边的旱地,分布面积较广。群落高度为 0.5~0.8 m,覆盖度达 90%~95%。该群落物种组成丰富,主要优势种为长刺酸模、酸模叶蓼、小飞蓬和少花龙葵,其他种类还有虾钳菜、空心莲子草、繁缕、石龙芮、碎米荠 、蔊菜、蛇莓、酢酱草、韩信草、弯齿盾果草、醉鱼草、野甘草、旱田草、长蒴母草、大车前、石胡荽 、鼠麴草、苦荬菜、黄花蒿、鹅观草等。群落生物量约为 11.2 t/hm^2,群落总生长量约 7.5 $t/(hm^2 \cdot a)$。

图 7-6　长刺酸模+酸模叶蓼+小飞蓬+少花龙葵群落

类芦群落（见图 7-7），该植物群落分布较广，在农田边、路边、河两岸均有分布。群落高度为 1.5~2 m，覆盖度达 100%。类芦占绝对优势，群落中还零散分布有少量的苎麻、少花龙葵、苦荬菜等，样方调查面积为 1 m×1 m。该群落在项目区常成片分布，总分布面积约 3.5 hm^2。群落生物量约为 15.6 t/hm^2，群落总生长量约 4.8 t/(hm^2 · a)。

图 7-7 类芦群落

白茅群落（见图 7-8），该植物群落主要分布于两边河岸，群落高度约 0.8 m，覆盖度达 100%。白茅占绝对优势，群落中还零散分布有少量的酸模叶蓼、天胡荽、空心莲子草等，样方调查面积为 1 m×1 m。该群落群落生物量约为 5.6 t/hm^2，群落总生长量约为 2.6 t/(hm^2 · a)。

图 7-8 白茅群落

藨草+酸模叶蓼群落（见图 7-9），该植物群落主要分布于河中间湿地，群落较为简单，主要为藨草、酸模叶蓼组成的湿地植物群落，其他植物还主要有小眼子菜、空心莲子草、双穗雀稗等。群落生物量约为 2.8 t/hm^2，群落总生长量约 1.2 t/(hm^2 · a)。

芦苇—空心莲子草+鸭跖草群落（见图 7-10），该植物群落主要分布于河两岸旱地边上，群落明显分 2 层，第一层主要为芦苇，高 1.5~1.8 m；第二层主要为空心莲子草、鸭跖草、酸模叶蓼、长刺酸模为主的草本层，高 0.3~0.5 m，覆盖度 95%以上。群落生物量约为 13.8 t/hm^2，群落总生长量约 6.5 t/(hm^2 · a)。

草木樨+小飞蓬+长刺酸模群落（见图 7-11），该植物群落主要分布于河两岸的空地

图 7-9　蕉草+酸模叶蓼群落

图 7-10　芦苇—空心莲子草+鸭跖草群落

上，群落高 0.4~0.8 m，主要优势种有草木樨、小飞蓬、长刺酸模，其他伴生种还有酸模叶蓼、藜、醉鱼草、少花龙葵、鼠麴草、翼茎阔苞菊、金扭扣、光头稗、长蒴母草等。群落生物量约为 4.5 t/hm²，群落总生长量约为 2.6 t/(hm²·a)。

图 7-11　草木樨+小飞蓬+长刺酸模群落

鸭姆草+酸模叶蓼群落(见图 7-12)，该植物群落主要分布于河两岸岸边，群落以鸭姆草、酸模叶蓼占优势，其间还分布有少量的草木樨、空心莲子草、长蒴母草、黄花蒿等。群落生物量约为 3.2 t/hm²，群落总生长量约为 1.8 (t/hm²·a)。

水稻、油菜(小麦)为主的作物组合，农田植被在区域中面积较大。由于水源及灌溉条件的差异，水田一般可划分为灌溉水田和望天田，但两类水田的作物组合及群落的季相

图 7-12 鸭姆草+酸模叶蓼群落

层片结构均无明显差异，均为以水稻和油菜为主要作物组合。以水稻、油菜为主的一年一熟或一年二熟水田作物层片结构因作物组合而异，在少数水源条件较差的地段，多为望天水田，植被则为一年一熟的单季水稻，植被仅有一个建群层片，即夏秋建群层片。多数水水源较好的地段，则为一年两熟作物组合，植被具有两个建群层片。夏秋建群层片以水稻为主，冬春建群层片以油菜为主，或间有豌豆、胡豆等小季作物搭配，形成"稻—油""稻—豆""稻—芋"等多种类型。

玉米、油菜(小麦)为主的作物组合，旱地作物在区域中所占比重较小，以一年两熟的"玉—油""玉—薯"和一年一熟的玉米、马铃薯等类型为主。除上述类型外，一年两熟尚有"薯—薯""玉—豆"等类型，而且多有玉米间作豆类及"玉—麦""玉—薯"套作的习惯。

7.2 梯级水电站工程概况

武江是北江的一级支流，位于东经 112°23′~113°36′，北纬 24°46′~25°41′，发源于湖南省临武县三峰岭，流经湖南省的临武县、宜章县、郴县、桂阳县、汝城县等五县和广东省的乐昌县、乳源县、曲江县、韶关市，于韶关市沙洲尾注入北江。武江全河长 260 km，流域面积 7 097 km^2(其中湖南省境内河长 92 km，流域面积 3 480 km^2)，河床平均比降 0.906‰，天然落差 123 m。由罗家渡至韶关河长 74 km，落差 94 m。由乐昌峡塘角至韶关河口长 81.4 km，落差 44 m。

武江主流在广东境内比降较陡，平均比降 1.27‰，流速大，洪水传播时间快，流域地势高峻，植被较好，河流含沙量较少，是弯曲型的山区河流。乐昌峡河段位于武江中游，坪石镇与乐昌之间。峡谷段自罗家渡至张滩全长 41 km，天然落差 54 m，平均坡降为 1.31‰。乐昌峡河段属"V"形峡谷河段，河道曲折，河面狭窄，两岸沟壑纵横，且河道切割较深，滩多水急有"九泷十八滩"之称。乐昌至韶关河段较平缓、开阔，比降 0.59‰。

武江干流乐昌峡上游广东省境内已开发有五级电站，从上游往下依次为三溪(1.21 MW)、浪头(1.89 MW)、石村(1.25 MW)、武阳司(1.50 MW)、石灰冲(1.89 MW)，总装机容量 8.54 MW，年发电量 0.32 亿 kW · h，见表 7-10。

乐昌市上游规划第一级乐昌峡水库，乐昌峡水库坝址至韶关市河段长 81.4 km，落差 44 m；此河段规划共分 6 级开发，从上游起至下游依次是张滩(扩建)16 000 kW、昌山(茶亭角)12 000 kW、长安(白糖宁)12 000 kW、七星(七星墩)12 000 kW、厢廊 12 000 kW、靖村(下坑)16 000 kW,总装机容量 8.0 万 kW,年发电量 2.86 亿 kW·h。

表 7-10　武江干流乐昌峡上游广东省内梯级规划方案特性

项目	单位	三溪	浪头	石村	武阳司	石灰冲
坝址以上流域面积	km^2	800	1 423	1 400	1 800	1 470
多年平均流量	m^3/s	22	37.9	37		41
总库容	万 m^3	10	18.2	4	2	
设计水头	m	5.8	5.3	5.5	5.5	5.3
装机容量	MW	1.21	1.89	1.25	1.50	1.89
年发电量	万 kW·h	490	802.5	501	566	808.1

武江干流以乐昌峡为龙头调节水库,以下至韶关分 6 级开发,均为低水头径流式梯级,水头 5~7 m,自上而下依次为张滩一级(16 MW)、昌山(12 MW)、长安(12 MW)、七星墩(12 MW)、厢廊(12 MW)、靖村(16 MW),总装机容量 80 MW,年发电量 2.86 亿 kW·h,见表 7-11。目前除厢廊外,其余梯级已经建成运行。规划梯级布置原则要求梯级间上、下游水位衔接。

表 7-11　武江干流乐昌峡下游梯级规划方案特性

项目	单位	张滩	昌山	长安	七星墩	厢廊	靖村
坝址以上流域面积	km^2	5 060	5 265	5 718	6 200	6 400	7 090
多年平均流量	m^3/s	139	145	157	169	174	193
正常蓄水位	m	96.0	86.5	80.0	74.0	68.0	60.5
设计水头	m	7.3	5.5	4.9	5.3	5.3	7.1
装机容量	MW	16	12	12	12	12	16
保证出力	kW	1 395	1 073	990	1 035	1 225	1 680
年发电量	万 kW·h	5 085	4 000	3 355	4 760	4 085	7 275

注:表列指标均未考虑乐昌峡建库。

7.2.1　龙头梯级——乐昌峡水利枢纽工程

7.2.1.1　地理位置

乐昌峡水利枢纽位于韶关市乐昌境内、北江支流武江乐昌峡河段内,坝址位于旧京广铁路塘角火车站附近,下距乐昌市约 14 km,距韶关市 81.4 km。现场照片见图 7-13。

(a)乐昌峡拦河坝　(b)上游库区
(c)坝址下游河段　(d) 河道两岸

图 7-13　乐昌峡水利枢纽工程现场照片

7.2.1.2　工程特性及规模

(1)项目名称:乐昌峡水利枢纽工程。

(2)建设地点:旧京广铁路塘角火车站附近。

(3)控制河流:武江干流。

(4)建设性质:新建。

(5)工程等别:Ⅱ等大(2)型工程。

(6)工程规模:正常蓄水位为 154.5 m,水库总库容为 3.44 亿 m^3,电站装机容量为 132 MW。

(7)开发方式:坝后式开发。

(8)开发任务:防洪、发电为主,兼顾航运、灌溉。

(9)泄洪消能方式:在隧洞出口布置消力池消能,消力池长约 160 m,宽约 150 m,池深 7 m,右岸泄洪洞与导流洞结合。

2008 年 1 月,乐昌峡水利枢纽动工,2011 年 10 月 10 日,主体工程完工,2012 年 3 月 23 日,乐昌峡施工导流隧洞封堵,枢纽开始蓄水发挥防洪效益,2013 年 1 月底,首台机组并网发电。

7.2.1.3　建设征地及移民安置

1. 水库淹没区及影响区实物指标

乐昌峡水利枢纽水库正常蓄水位为 154.5 m,水库回水影响长度 61.69 km,淹没影响范围涉及乐昌市大源、两江、梅花及坪石四个镇共 23 个村(居)委会。

经过库区防护论证比选,拟定坪石镇有 8 片区域采用防护方案后,水库淹没损失实物指标主要有:

淹没面积:总淹没面积 1 306.72 hm^2,其中水域(原河道)面积 609.64 hm^2,陆地面积

697.08 hm^2(耕地159.89 hm^2、园地7.21 hm^2、林地375.84 hm^2、草地19.07 hm^2、工矿仓储用地9.12 hm^2、住宅用地11.58 hm^2、公共管理与公共服务用地8.65 hm^2、交通运输用地87.11 hm^2、水域及水利设施用地9.86 hm^2、其他用地8.75 hm^2)。

搬迁人口:水库淹没及影响范围内需要搬迁的总户数为1 346户,涉及搬迁总人口为5 864人,其中非农业人口2 556人,农业人口3 308人。

拆迁房屋及附属建筑物:水库淹没影响涉及拆迁房屋共342 050 m^2。

工企业迁建:乐昌市九泷十八滩漂流旅游公司等8家企业及库区影响的24处采砂场。

专项设施迁建:水库淹没影响涉及专项设施的有京广旧铁路坪乐支线、韶关市坪石救助管理站、韩泷祠;涉及学校改建的有坪石镇坪北小学、大源镇大源中学;涉及水利水电设施补偿的有水电站16座共14 340 kW、坪石水文站及其他抽水站1 255.5 kW;涉及道路淹没共31.78 km;涉及小码头(渡口)130座,小桥梁10座;涉及输电线路改建共96.80 km,通信线路共125.99 km。

2. 枢纽工程建设区实物指标

枢纽工程建设区分为对外交通左岸公路应急专项,对外交通右岸单车道公路应急专项,导流洞应急专项及坝址4部分。工程建设区永久及临时占地总面积176.27 hm^2(其中永久占地169.28 hm^2,临时占地6.99 hm^2)。

7.2.1.4　主要相关环保设施

1. 过坝设施

上游过木码头:上游过木码头布置于坝轴线上游约600 m的杀鸡坑水域,该水域较为开阔,大坝泄洪时不影响木排或船只停泊。码头为重力式码头,分为两级,较低一级地面高程为150 m,面积为40 m×60 m,较高一级地面高程为160.0 m,面积为60 m×60 m。

升船机:远期在枢纽布置中预留有过50 t级船舶的升船机方案位置。

2. 生态放水设施

根据环保要求,该工程设置生态流量放水管,其主要建筑物如下:

根据工程环保要求,为了满足下游需水要求,拟在挡水坝溢流坝段右边墩增设一条生态放水管。放水管直径为1.6 m,放水管中心线高程为135 m,长度为75 m,厚度为14 mm,在出口处布置锥形阀控制泄量。

7.2.2　张滩(扩建)水电站

7.2.2.1　地理位置

张滩闸坝枢纽工程属于改扩建工程,位于北江流域的一级支流武江上,位于乐昌峡水利枢纽工程下游约10 km处,离乐昌市区约3.0 km,是以灌溉为主、兼顾发电的综合利用水利枢纽。现场照片见图7-15。

乐昌市张滩水电站低水头径流引水式水电站,分为左、右两岸电站。右岸电站于1985年投产发电,装机容量为3×1 670 kW=5 010 kW,1996年扩建4#机组投产,单机容量为2 000 kW,2003年4月完成1#~3#机组的扩容工程,1#~3#机组扩容后容量为3×2 200 kW=6 600 kW,右岸装机容量为8 600 kW。左岸电站是由原来的抽水站改建,于1978年全部

(a)张滩库区　(b)原闸坝

(c)新闸坝处(原闸坝下移46 m)　(d)左岸现状引水渠

(e)左岸电站厂房　(f)张滩村(左岸)

图 7-14　张滩(扩建)水电站现场照片

改造完毕,装机容量为 8×125 kW=1 000 kW,厂房建筑面积为 270 m^2,引水渠全长 500 m。左岸电站正常发电流量为 32 m^3/s,在右岸电站扩容前左岸电站年均发电量为 267 万 kW · h,扩容后其年均发电量为 115 万 kW · h。目前,张滩水电站左、右岸总装机容量为 9 600 kW,全站多年平均发电量为 3 800 万 kW · h ,年平均利用时间为 5 181 h。

为充分利用水力资源,进一步提高张滩水电站的经济效益,2003 年 4 月张滩水电站右岸已进行了技术改造增容。右岸技术改造主要是对拦河坝、右岸引水渠进行加高处理,对部分设备进行技术改造,其余建筑物保持不变。右岸技术改造时已经考虑到上游乐昌峡兴建后,下游张滩水电站正常蓄水位发生变化,使上、下游电站水位衔接,故已对拦河坝、右岸水渠进行加高处理。

7.2.2.2　工程特性及规模

(1)项目名称:乐昌市张滩闸坝枢纽工程(重建)。

(2)建设地点:乐昌市城区上游约3 km。

(3)建设性质:改扩建。

(4)工程规模:工程主要建筑物包括拦河闸坝、左右岸抽水泵站、左岸电站扩容、两岸连接筑物等。本工程等别为Ⅱ等,工程规模为大(2)型;因张滩闸坝库容小,失事后对下游造成的损失不大甚至基本无影响,永久性水工建筑物的级别按要求通过征求相关部门意见后,降低一级设计,所以取主要建筑物为3级,次要建筑物为4级,水工建筑物防洪标准按30年一遇设计,按100年一遇校核。

乐昌市张滩闸坝取水灌溉面积3.29万亩(包括水田、旱地),其中左岸取水流量1.5 m^3/s,右岸取水流量2.5 m^3/s。

乐昌市张滩闸坝枢纽工程(重建)的建设,包括对左岸旧电站进行扩容重建,扩容后电站正常蓄水位采用97.00 m(珠基,下同),拆除原左岸电站,新建左岸电站装机容量增至12 000 kW,右岸电站装机容量维持现状为8 600 kW。扩容后张滩水电站总装机容量为20 600 kW,多年平均发电量为6 912.46万kW·h,年利用小时数为3 355.563 h。水库设计洪水位为97.26 m,校核洪水位为97.36 m。

(5)开发方式:低水头引水径流式水电站。

(6)工程任务:灌溉为主,兼顾发电。

(7)项目总投资:20 198.873万元。

(8)施工期:27个月。

7.2.2.3 水库淹没及工程占地

1. 水库淹没

本工程水库无新增人口迁移和房屋淹没、无新增耕地及园地征收,因此水库淹没区不涉及人口迁移和房屋搬迁、耕地征收的问题。左岸居民点房屋及建筑物在地表填高后就地重建。重建面积为:砖混结构房屋479.01 m^2、砖木结构115 m^2、简易房屋59.85 m^2、混凝土地坪47 m^2。

库区淹没在无防护的情况下,林地、草地淹没线按正常蓄水位的水平线确定。正常蓄水位时水库淹没长度干流为10.56 km,林地新增淹没区属河道管理用地,无须征收,故不存在新增淹没用地范围。

水库淹没区无迁移人口,无搬迁安置;未占用耕地,无生产性安置。

2. 工程占地实物指标

根据乐昌市水利局和张滩电站提供资料,张滩闸坝枢纽工程左岸电站原装机容量1 000 kW,已将建筑物占地和管理用地征用,主要为进水闸、引水渠道、厂房、升压站、管理用房等占地,征地面积为32.2亩;右岸电站装机容量8 600 kW,进水闸、渠道、厂区和办公区均已征地,征地面积为183.73亩。两岸合计已征地215.93亩。

经调查核实本闸坝枢纽工程(重建)无新增永久占地,只有临时占地。临时占地为左右岸工区及生活营区31.35亩,集中堆土区66.15亩,左岸填土区(需复垦)8.83亩,土料场5.2亩,施工公路5.77亩,总计临时占地117.29亩。

7.2.3 富湾水电厂(原名:昌山水电站)

韶关富湾水电厂原名为韶关昌山水电站,位于韶关乐昌市郊区长来镇昌山管理区内,地处粤北韶关市武水乐昌市河段,距乐昌市区2~3 km。韶关富湾水电站是低水头日调节径流式电站,以发电为主、兼有灌溉和美化城市环境等功能。电站装机容量为1.2万kW,主要由拦河闸坝、发电厂房与变电站、船闸、两岸连接段、防护堤、改河渠及灌溉取水口等组成。坝址以上流域面积为5 265 km^2,正常蓄水位为86.5 m,相应库容为525万m^3,多年平均流量为143.74 m^3/s,多年平均发电量为2 000万kW·h。富湾水电厂(昌山水电站)现场照片见图7-15。

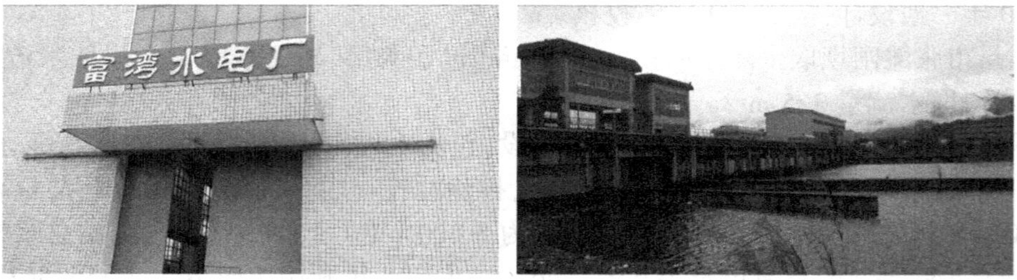

(a)发电厂房　　(b)拦河闸坝

图7-15　富湾水电厂(昌山水电站)现场照片

枢纽主要建筑物沿坝轴线布置从右至左:右岸土坝连接段、电站厂房、闸坝、船闸、左岸土坝连接段。本工程为Ⅳ等小(1)型工程,相应主要建筑物为4级。按照50年一遇洪水标准进行设计,相应最大下泄流量3 652 m^3/s;按照100年一遇洪水标准进行校核,相应最大下泄流量4 788 m^3/s。

拦河闸共布置12孔泄洪闸,每孔净宽8 m,闸墩宽1.2 m,边墩宽1.0 m,最大泄洪流量4 788 m^3/s($P=1\%$),闸室内设有检修门槽两道和液压翻板门一扇。拦河闸采用宽顶堰,为底流式消能形式,闸基置于弱风化基岩上。

厂区布置位于河床右岸靠下游侧。主厂房的平面尺寸(长×宽)为41.8 m×18.28 m,厂房内装有3台ZTF08-WP-410型水轮机组,单机容量为4 MW,总装机容量为12 MW;安装间位于主厂房的右侧,长度为21.5 m;副厂房紧靠主厂房的下游侧的尾水流道上方,平面尺寸为41.8 m×16.1 m(长×宽);110 kV变电站位于安装间的下游侧,平面尺寸为54 m×37 m(长×宽),站内布置两台主变压等。

本工程船闸等级为Ⅶ级,设计最大通航船舶(单船)吨位为50 t,单船标准尺寸为23 m×5.4 m×0.8 m(长×宽×吃水深),闸室有效尺寸为70 m×8 m×1.5 m(长×宽×槛上最小水深)。昌山水电站总投资为13 800万元。

7.2.4　长安水电站

7.2.4.1　地理位置

长安水电站工程位于广东省乐昌市长来镇安口管理区内北江一级支流武水河段上,上距乐昌市约15 km,下距韶关市约43 km。长安水电站是武江梯级开发中第四级电站,该工程以发电为主,兼有通航、灌溉等综合利用效益。现场照片见图7-16。

7.2.4.2　工程特性及规模

(1)项目名称:乐昌市长安水电站。

(a)发电厂房　(b)变电房

(c)泄洪闸坝　(d)溢洪道

图 7-16　长安水电站现场照片

(2)建设地点:北江一级支流武江河段上,上距乐昌市约 15 km,下距韶关市约 43 km。

(3)建设性质:新建。

(4)工程规模:工程主要建筑物包括发电厂房、泄洪闸坝、船闸。发电厂房的装机容量为 1.2 万 kW,船闸的通航等级为Ⅶ级,库区正常蓄水位 81.00 m,死水位 80.00 m。上游最高通航水位 81.00 m,最低通航水位 80.00 m,下游最高通航水位 79.60 m,最低通航水位 73.50 m。库容为 720 万 m^3。工程等级为Ⅳ等小(1)型工程,其主要建筑物如拦河闸坝、电站厂房、船闸等为 4 级建筑物,次要建筑为 5 级建筑物。4 级建筑物的洪水标准采用 20 年一遇洪水设计,100 年一遇洪水校核。5 级建筑物按 10 年洪水设计,20 年一遇洪水校核。

(5)开发方式:低水头日调节径流式电站。

(6)工程任务:以发电为主,兼有通航、灌溉等综合利用效益。

(7)项目总投资:13 894 万元。

(8)施工期:22 个月。

7.2.4.3　水库淹没及工程占地

长安水电站工程正常蓄水位 81.00 m,相应库容 720 万 m^3,水库沿干流回水长约 9.45 m。根据初步设计阶段的水库淹没实物指标调查成果,长安电站土地淹没主要集中在距坝址 1~2 km 的左岸贝坑村、西牛潭村及右岸王坪水两岸的拐泥塘处,水库淹没实物指标如下:淹没水田 13.03 亩,淹没旱地 1 821.55 亩,淹没草地 85.46 亩,淹没竹地 103.54 亩,无房屋淹没和人口迁移。为减少库区淹没量,两岸采用修建防护堤等措施进行保护,左岸贝坑村—西牛潭村的防护堤长 2.16 km,右岸王坪水两岸防护堤长 2.11 km。防护堤修建后,水库淹没实物指标如下:淹没水田 13.03 亩,淹没旱地 56.74 亩,淹没草地

12.83 亩，竹地无淹没，无房屋淹没和人口迁移。

长安电站工程规划征地包括工程永久占地及施工临时用地，工程永久占地 125.84 亩，施工临时占地 127.92 亩，主要为旱地和草地。

7.2.5 七星墩水电站

7.2.5.1 地理位置

七星墩水电站工程位于广东省韶关市乳源瑶族自治县境内，武江干流中下游，是武江梯级规划六级开发的第四级电站。坝址下距乳源县桂头镇 4 km，桂头镇有公路分别通往乳源县城、韶关市、乐昌市，距离分别为 31 km、29 km、26 km。现场照片见图 7-17。

图 7-17 七星墩水电站现场照片

7.2.5.2 工程特性及规模

（1）项目名称：武江七星墩水电站。

（2）建设地点：位于武水干流中下游，坝址上距乐昌水位站约 24 km，下距犁市水文站约 24.6 km，距韶关市约 40 km。

（3）建设性质：新建。

（4）工程规模：七星墩水电站工程的总库容为 1 320 万 m^3（校核洪水位以下库容），电站总装机容量为 1.17 万 kW，工程等别为Ⅲ等，工程规模为中型工程。水库正常蓄水位 75.00 m，库容 830 万 m^3。挡水坝、泄水闸、电站厂房及船闸上闸首设计洪水标准为 20 年一遇，校核洪水标准为 100 年一遇。泄水闸泄洪规模按宣泄 10 年一遇洪水上游水位较天然水位壅高不超过 0.30 m 选定；船闸下闸首、闸室及引航道等按现行船闸设计规范执行。泄水闸消能防冲按 20 年一遇洪水标准设计。

（5）开发方式：低水头径流式电站。

（6）工程任务：以发电为主，兼顾航运，并结合旅游、养殖等综合效益。

（7）项目总投资：13 462.32 万元。

（8）施工期：30 个月。

7.2.5.3 水库淹没及工程占地

根据水库淹没设计补偿曲线，利用 2002 年 12 月测绘的 1/2 000 地形图实地调查确定的水库淹没实物指标为：淹没农用土地 126.7 亩，其中耕地 107.7 亩，其他土地 19 亩，但库区淹没不涉及人口。

工程占地包括电站主体工程永久设施和工程管理范围的占地及施工临时占地。利用1/1 000进行工程占地面积量算，共占用农用地501.6亩，其中耕地326.7亩，其他土地174.9亩。

工程永久占地220.6亩，其中耕地148.1亩，其他土地72.6亩；施工临时占地281.0亩，其中耕地178.7亩，其他土地102.3亩，可复耕面积126.2亩。

7.2.6　溢洲水电站(靖村水电站)

7.2.6.1　地理位置

溢洲水电站(靖村水电站)工程是武江梯级开发的最下游一级电站，下游同北江梯级开发的第一级孟洲坝水电站相衔接。该水电站位于韶关市北郊十里亭靖村，地理位置为东经113°32′16″，北纬24°50′57″，距韶关市8.0 km，距武江汇入北江的河口11.2 km。现场照片见图7-18。

(a)发电厂房、升压站　(b)上游库区
(c)下游河段　(d)坝顶交通桥
(e)左岸船闸　(f)溢洪道

图7-18　溢洲水电站(靖村水电站)现场照片

7.2.6.2　工程特性及规模

(1)项目名称：韶关市溢洲水电站(靖村水电站)。

（2）建设地点：韶关市十里亭镇靖村。

（3）控制河流：武江干流。

（4）建设性质：新建。

（5）工程规模：溢洲水电站属日调节水库和低水头河床式电站。水电站坝址以上流域面积为 7 029.6 km^2，多年平均流量为 193 m^3/s，保证流量 40.3 m^3/s（$P=90\%$），相应下游水位 123.66 m，单机流量 205 m^3/s，满发装机流量 410 m^3/s。水库正常蓄水位 60.5 m。电站设计水头 5.7 m，装机容量 20 MW，多年平均发电量 7 403 万 kW · h。

（6）工程等级和防洪标准：本工程水库正常蓄水位时库容为 2 323 万 m^3，电站装机容量为 20 MW，根据《水利水电工程等级划分及防洪标准》（SL 252—2000）规定，工程规模为中型，工程等级为Ⅲ等，其永久建筑物属 3 级，次要建筑物属 4 级，相应防洪标准为 30 年一遇，200 年一遇洪水校核。

水电站武江河段为Ⅶ级航道，设计过船吨位为 50 t，年货运量 80 万 t。通航建筑物为 4 级建筑物。

（7）开发任务：以发电为主，结合防洪、航运等综合利用。

7.2.6.3　水库淹没及工程占地

1. 水库淹没范围

库区主要由武江干流和重阳河支流组成。水库正常蓄水水位 60.50 m（珠基）时，武江干流回水至 CS35 断面淹没长度为 15.7 km，回水位高度 62.49 m；重阳河回水位至 CS7 断面，距河口 3 km，回水为 61.75 m。水库淹没影响涉及的行政区域包括浈江区十里亭镇的靖村，武江区西河镇什石园、黄塱、塘寮村，曲江县犁市镇的犁市、群丰、莲塘、沙元村，重阳镇的黄岸、水口村等。实施防护工程后，库区淹没的主要实物指标为土地面积 212.75 hm^2（其中水田 35.96 hm^2，旱地 34.46 hm^2，园地 1.80 hm^2，水塘 4.10 hm^2，林地 49.25 hm^2，荒草地 87.18 hm^2）；车渡码头 1 处，10 kV1.45 km，低压线路 0.6 km，水文站 1 处。

2. 工程占地

土地总占地面积为 149.18 hm^2，其中永久占地 21.67 hm^2，主要包括枢纽工程的拦河闸坝、电站厂房、左岸连接建筑物、厂区建筑物和库区防护工程区的防洪堤、排洪渠及电排站等；水库淹没面积 212.75 hm^2，主要为库区正常蓄水位以下淹没的水田、旱地、园地、水塘、林地和荒草地等；施工临时用地面积 14.76 hm^2，主要包括施工辅企、土料场、弃渣场、施工道路等。

3. 移民安置

由于当地现有耕地资源较丰富，工程永久占有耕地的数量相对较少，各村的占地影响比重不大，生产安置人数不多，工程永久占地需要进行的生产安置人口为 10 人，通过在本村范围调整耕地的方式进行安置。从本村调剂耕地 0.77 hm^2，安置标准按本村剩余人均耕地数量计算。调剂耕地后，安置区村民人均耕地数量减少，但通过补偿资金的投入，当地村民可加强水利基础建设，改良中低产田，改善种植结构，引进优良品种和先进种植技术，提高耕地单位产量和产值，村民生活水平不会下降。

7.3　梯级水电工程水资源开发利用情况

7.3.1　水资源开发利用情况

7.3.1.1　已实施梯级工程水资源开发利用情况

武江干流以乐昌峡为龙头调节水库,以下至韶关分6级开发,均为低水头径流式梯级,水头5~7 m,自上而下依次为张滩一级(16 MW)、昌山(12 MW)、长安(12 MW)、七星墩(12 MW)、厢廊(12 MW)、靖村(16 MW),总装机容量80 MW,年发电量2.86亿kW·h,见表7-12。目前除厢廊外,其余梯级已经建成运行。

表7-12　武江干流乐昌峡下游梯级规划方案特性

项目	单位	张滩	昌山	长安	七星墩	厢廊	靖村
坝址以上流域面积	km^2	5 060	5 265	5 718	6 200	6 400	7 090
多年平均流量	m^3/s	139	145	157	169	174	193
正常蓄水位	m	96.0	86.5	80.0	74.0	68.0	60.5
设计水头	m	7.3	5.5	4.9	5.3	5.3	7.1
装机容量	MW	16	12	12	12	12	16
保证出力	kW	1 395	1 073	990	1 035	1 225	1 680
年发电量	万kW·h	5 085	4 000	3 355	4 760	4 085	7 275

注:表中所列指标均未考虑乐昌峡建库。

1. 张滩水电站

张滩水电站多年平均流量141.84 m^3/s,右岸装机容量8 600 kW,发电流量167.7 m^3/s,左岸装机容量12 000 kW,发电流量191.52 m^3/s;左岸取水流量1.5 m^3/s,右岸取水流量2.5 m^3/s;水库设计洪水位97.26 m,相应最大泄量3 574.3 m^3/s,校核洪水位97.36 m,相应最大泄量4 373.5 m^3/s;水库最小下泄流量14.2 m^3/s。

2. 昌山水电站

昌山水电站多年平均流量为143.74 m^3/s,多年平均发电量2 000万kW·h。设计洪水标准下(50年一遇)相应最大下泄流量3 652 m^3/s;校核洪水标准下(100年一遇)相应最大下泄流量4 788 m^3/s。

3. 长安水电站

长安水电站多年平均流量158 m^3/s,水库设计洪水位82.50 m,相应最大泄量3 850 m^3/s,校核洪水位83.84 m,相应最大泄量5 070 m^3/s;水库最小下泄流量57.7 m^3/s。

4. 七星墩水电站

七星墩水电站多年平均流量154 m^3/s,水库设计洪水位75.12 m,相应最大泄量4 100 m^3/s,校核洪水位76.22 m,相应最大泄量5 360 m^3/s;水库最小下泄流量26.7

m^3/s。

5. 靖村水电站

靖村水电站多年平均流量为 193 m^3/s，水库设计洪水位 61.22 m，相应最大泄量 5 230 m^3/s，校核洪水位 62.86 m，相应最大泄量 6 657 m^3/s；水库最小下泄流量 40.3 m^3/s。

7.3.1.2　武江支流(乐昌段)梯级开发情况

根据乐昌市水利局有关乐昌市水电站统计资料，2007 年年底全市支流上已建水电站共 254 座，总装机容量约 145 MW，在建水电站 3 座，总装机容量约 2 MW，见表 7-13。

表 7-13　乐昌市武江支流水电站情况

水电站情况	河流名称	所在镇	数量	与乐昌峡坝址关系	设计装机容量(kW)	电站投产时间(年)
已建	辽思水	沙坪、秀水	13	坝上	6 770	1978~2007
	南花溪	坪石	2	坝上	1 960	1980、2003
	宜章水	坪石	4	坝上	1 750	1976~2002
	白沙水	坪石	1	坝上	800	1973
	梅花水	梅花、沙坪、秀水、云岩	6	坝上	2 340	2001~2007
	田头水	白石、黄圃、两江、坪石、庆云	19	坝上	12 140	1979~2006
	太平水	大源、梅花、云岩	14	坝上	9 755	1978~2007
	墩子水	大源	2	坝上	1 440	2005
	九峰水	九峰、两江	39	坝上	27 490	1981~2007
	岐乐水	两江	2	坝上	720	2002
	大源水	大源、沿溪山	11	坝上	5 855	1975~2006
	滑石排水	大源	6	坝下	3 660	2003~2006
	西坑水	北乡、乐城	15	坝下	4 834	1962~2006
	龙山水	廊田	7	坝下	3 615	1980~2003
	廊田水	长来、廊田、五山	65	坝下	40 745	1976~2005
	王坪水	长来、乐城	11	坝下	5 180	1981~2005
	金鸡水	长来	1	坝下	100	1979
	张溪水	乐城	13	坝下	6 630	1983~2005
	大洞水	乐城	5	坝下	2 165	2001~2003
	武水小支流	大源、乐城、两江、梅花	18		7 075	2002~2007
	小计		254		145 024	

续表 7-13

水电站情况	河流名称	所在镇	数量	与乐昌峡坝址关系	设计装机容量(kW)	电站投产时间(年)
在建	田头水	黄圃	1	坝上	960	
	武水小支流	乐城	1	坝下	320	
	西坑水	北乡	1	坝下	500	
	小计		3		1 780	
合计			257		146 804	

乐昌市武江支流中建有水电站最多的分别为廊田水,已建电站多达 65 座,总装机容量达 41 MW;其次为九峰水,已建电站 39 座,总装机容量达 27 MW;田头水已建电站 19 座,装机容量 12 MW。上述 3 条支流水电开发程度甚高,总装机容量占全市支流电站总装机容量的 55%。

从水电站在支流的位置情况看,宜章水的三星坪电站离武水最近,仅为 0.2 km,其次为岐乐水的岐乐二级电站,约为 1.0 km。武江主要支流南花溪、白沙水、梅花水、田头水、太平水、九峰水、大源水、西坑水、廊田水中已建、在建电站离武江最近距离分别为 2.7 km、2.6 km、6.5 km、2.0 km、4.9 km、8.5 km、4.1 km、2.9 km、6.8 km,武江支流中的天然河段已很少。

7.3.2　梯级水电工程对水资源开发利用的影响

7.3.2.1　水文情势概况

主要河段位于乐昌峡水库坝址与靖村水电站坝址之间,河道长 68 km。

1. 乐昌峡水库坝址天然径流

乐昌峡坝址控制集水面积 4 988 km^2,上游有坪石水文站,控制集水面积 3 567 km^2,有 1964~2001 年实测径流资料;下游有犁市水文站,控制集水面积 6 976 km^2,有 1956~2001 年长系列实测径流资料。经统计,1956~2001 年系列多年平均流量为 138 m^3/s,多年平均径流量为 43.5 亿 m^3。

2. 靖村水电站坝址天然径流

靖村水电站坝址上游 3.88 km 有犁市(二)水文站,控制集水面积 6 976 km^2,占坝址的 99.2%,有 1956~2001 年共计 46 年实测流量资料,考虑犁市(二)水文站实测流量资料精度高,控制面积大,故靖村坝址天然径流直接采用犁市站成果。经统计,1956~2001 年多年平均流量为 193 m^3/s,多年平均径流量为 60.9 亿 m^3。

3. 乐昌峡—靖村水电站坝址区间天然径流

乐昌峡—靖村水电站坝址区间天然径流直接由靖村水电站坝址逐月平均流量减去乐昌峡坝址逐月平均流量推求。经统计,1956~2001 年系列多年平均流量为 55.1 m^3/s,多年平均径流量为 17.4 亿 m^3。

4. 年径流逐月分配

坪石水文站、乐昌峡坝址、靖村水电站坝址汛期 4~8 月的径流占全年的 66.3%,枯水期 10 月至翌年 2 月的径流占全年的 18.4%。年径流逐月分配见表 7-14。

表 7-14　武江流域多年平均流量年内分配情况

位置	项目	4月	5月	6月	7月	8月	9月	10月	11月	12月	1月	2月	3月	年平均
坪石水文站	平均流量（m^3/s）	182	207	205	87.7	94.4	72.2	53.6	38.2	30.4	39.2	67.9	113	99.1
	占全年（%）	15.1	17.7	17.0	7.5	8.1	6.0	4.6	3.2	2.6	3.3	5.3	9.7	100.0
乐昌峡坝址	平均流量（m^3/s）	244	282	288	135	137	106	75.1	53.5	42.2	52.5	88.6	150	138
	占全年（%）	14.5	17.5	17.2	8.3	8.4	6.3	4.6	3.2	2.6	3.2	4.9	9.2	100.0
靖村坝址	平均流量（m^3/s）	332	390	406	202	199	153	106	75.3	59.2	71.6	118	203	193
	占全年（%）	14.1	17.2	17.3	8.9	8.8	6.5	4.7	3.2	2.6	3.2	4.7	8.9	100.0

7.3.2.2　梯级工程对水文情势的影响

1. 已实施梯级工程水文特征

已实施梯级工程建成运行后，非汛期下泄流量小于或等于天然流量，汛期下泄流量等于天然流量。已实施梯级工程建成后，由于坝前水位抬升，预计流速将减小。水库在正常蓄水位运行时，从库尾至坝前水流逐渐趋于缓流。

2. 已实施梯级工程对水文情势的影响

由于已实施梯级工程调节库容较小，基本上按径流式电站方式运行，不参与调峰，径流式电站的特点是对河道的调节能力不强，基本不改变河道的水文情况。根据各梯级的运行方式，一般情况下，日均下泄流量与天然来水量相同，洪水来临时河道基本恢复天然流态，对水资源调度影响很小。此外，由于各梯级工程均考虑了最小下泄流量，因此正常情况下，下游河道枯水期径流量不少于建库前水平。

由于下游河道没有发生变化，因此其水位—流量关系建库前后也不会发生变化。变化较大的相应是在库区坝址处，表 7-15 为工程实施前溢洲（靖村）水电站坝址水位—流量关系。

表 7-15　溢洲（靖村）水电站坝址水位—流量关系曲线

水位（m）	52.5	53.0	53.5	54.0	54.5	55.0	55.5	56.0	56.5	57.0	57.5	58.0	58.5
流量（m^3/s）	20	78	200	350	545	775	1 030	1 340	1 660	2 000	2 340	2 700	3 070
水位（m）	59.0	59.5	60.0	60.5	61.0	61.5	62.0	62.5	63.0	63.5	64.0	64.5	
流量（m^3/s）	3 450	3 830	4 230	4 640	5 050	5 460	5 900	6 340	6 780	7 230	7 680	8 130	

3. 最小下泄流量合理性分析

河道生态需水量计算：

根据《水电水利建设项目河道生态用水、低温水和过鱼设施环境影响评价技术指南（试行）》，通过 Tennant 法计算河道内生态需水量。

河流流量推荐值是在考虑保护鱼类、野生动物、娱乐和有关环境资源的河流流量状况下，以预先确定的年平均流量的百分数为基础，根据水文资料以年平均径流量百分数来描述河道内流量状态。见表 7-16。

表 7-16　Tennant 法河流流量推荐值

流量的叙述性描述	推荐的基流（10 月至翌年 3 月）（平均流量百分数）	推荐的基流（4~9 月）（平均流量百分数）
最大	200	200
最佳范围	60~100	60~100
极好	40	60
非常好	30	50
好	20	40
中或差	10	30
差或最小	10	10
极差	0~10	0~10

根据武江的生态环境现状,河道生态需水量计算选用:

$$Q_{ec} = 10\%\ Q_{平}$$

式中:Q_{ec} 为生态流量,m^3/s;$Q_{平}$ 为多年平均流量, m^3/s。

计算结果见表 7-17。

表 7-17 各河段生态流量计算结果

位置	多年平均流量（m^3/s）	下游河道生态流量（m^3/s）	最小下泄流量（m^3/s）
张滩水电站坝址	141.84	14.2	14.2
昌山水电站坝址	143.74	14.3	
长安水电站坝址	158	15.8	57.7
七星墩水电站坝址	154	15.4	26.7
靖村水电站坝址	193	19.3	40.3

从表 7-17 可以看出,为维持各区间河段水生生态系统的稳定,张滩坝址处常年需下放 14.2 m^3/s 的生态流量,昌山水电站坝址处常年需下放 14.3 m^3/s 的生态流量,长安水电站坝址处常年需下放 15.8 m^3/s 的生态流量,七星墩水电站坝址处常年需下放 15.4 m^3/s 的生态流量,靖村水电站坝址处常年需下放 19.3 m^3/s 的生态流量。各梯级工程最小下泄流量基本满足河道生态需水要求。

7.4 水电开发与生态环境保护的关系

7.4.1 小水电开发的作用

7.4.1.1 水电生产是不产生严重污染的清洁性能源

水电生产主要是利用水流进行发电,所利用的是水的自然落差所产生的水能。目前的水电技术已经达到较高水平,除留守少量值班人员应急外,一般在机房较少有工人,在一些边远区域甚至可以实现无人值守,通过远程的计算机控制整个发电生产的过程。因而水电生产除在建设期产生一定的环境破坏和工程污染,对当地环境形成一定破坏外,在电力生产的营运期较少产生污染,与火力发电产生大量的二氧化碳、水蒸气及释放热能相比;与核能发电所产生的大量热能及可能会产生的辐射污染相比,水电生产被认为是一种绿色的清洁性能源,因而受到了大力提倡。例如最近德国和加拿大政府纷纷表示,将逐步放弃核能和火力发电,将以水力和太阳能等清洁能源作为主要的电能来源。

7.4.1.2 水电建设和生产为当地提供利税

当前各个地方争上水电项目的一个重要原因是水电生产能够为地方提供稳定而巨大的税收来源。这可以从临沧市的变化中得到例证。由于漫湾电站的建设和完成,小湾电站的开工建设,临沧市的经济和社会得到了促进和发展,从一个经济落后、财政收入较低的地区发展成为一个经济迅速发展、财政收入提高较快的地区。而在怒江电站修建的争论中,作为云南省地方经济最为落后的一个区域之一,当地政府最为强调的一点就是通过怒江干流电站的建设,将为当地培育出新的纳税税源,并因此极大地促进怒江地区经济和社会的发展。

7.4.1.3　水电为经济和社会发展提供充足的电力

据预测,到2020年中国要实现GAP翻两番的目标,对能源的需求将是2000年的2.2倍,电力总装机容量将达到9亿kW,水电装机将占到各种能源装机总量的1/4左右,预计为2.3亿kW,比2002年增加约1.5亿kW,平均每年需新增装机容量800万kW。电力资源短缺是目前全国各地遇到的重大问题。生产的发展所需要的主要能源就是电力,然而目前我国的电力供应远远不能满足生产发展的需要,拉闸限电已经成为各个地方司空见惯的现象。在赤日炎炎的夏日,空调已经成为人们生活日益不可离开的生活用品,按照新加坡资政李光耀的观点,对于热带地区的人而言,最大的发明就是空调。然而由于电力供应的短缺,许多地方对于空调也不得不采取了一些限制措施,如限定时间、限定温度、提高电价等。当前的电力供应首先是供应不足,但同时存在季节的差别。遇到干旱季节,河流水源不足,水电不能充分发电,电力供应不能满足需要;当雨季到来时,河流充足的水流为电力生产提供了足够的资源,也为经济和社会的发展提供了强力的支撑。

7.4.1.4　电力供应可以减少对森林的砍伐

电力的用途之一就是为居民提供照明、取暖及其他生活需要。我国西部地区及广东省一些偏远山区传统的生活方式是依靠燃烧木材而取暖和做饭,但是随着对丰富的水电资源的开发,传统的生活方式正在发生变化。由于气候寒冷,冬季漫长,村民除日常的烧水、做饭、煮牲口食料外,冬季取暖也需消耗大量薪材。随着这些年来经济的发展、人口的增长、生活水平的提高,当地居民对薪材的需求量也在不断扩大,植被的破坏情况越来越加剧,这就给当地的生态环境造成了巨大的负担,村寨附近森林受到了严重破坏,可以利用的木材越来越少,这样的恶性循环使得生物多样性面临巨大的危机。但如果当地居民能够使用上清洁的电能,使用电炊具和取暖用品,将极大地减少对森林的依赖和破坏。

7.4.1.5　水电建设具有防洪和发电的功效

水电建设需要建设拦水大坝,而大坝的建设往往具有多重功能。在通常情况下,大坝所起到的仅仅只是拦水发电的功能,而如果遇到汛期,水坝的功能就具有了防洪功能。可以通过大坝对水库水位的调节,缓解洪水对下游区域的影响和威胁,从而达到防洪的目的。

7.4.1.6　电力建设可以解决劳动就业问题

水电建设的施工需要大量的劳动力,在营运期也需要管理人员,这样可以为当地解决部分就业问题。

7.4.2　小水电开发对生态环境的影响

7.4.2.1　水质变化趋势分析

1. 流域水质变化趋势分析

选取典型指标(COD、NH_3-N、TN、TP),对开展常规监测的昌山变电站和武江桥两个断面近五年的水质变化趋势进行分析，昌山变电站断面 COD、氨氮、总磷平均浓度 2009～2012 年均呈轻微上升趋势，2012～2013 年略微下降，总氮平均浓度呈持续下降趋势，下降 0.5 mg/L 左右；武江桥断面 COD 和总磷平均浓度呈轻微上升趋势，COD 平均浓度上升 2.0 mg/L 左右，总磷平均浓度上升 0.01 mg/L 左右，氨氮和总氮平均浓度略有下降趋势。可见断面水质变化不大，水质状况基本保持稳定，水质类别不会改变。

2. 梯级工程建设前后水质变化分析

梯级工程建设前地表水环境质量：

从 2002 年韶关市对坪石、昌山水电站、武江桥的水质监测结果可以看出，三个断面水质良好，均达到Ⅱ类水质标准；十里亭饮用水源地水质监测结果表明，该段水域水质良好，大多数指标都属于Ⅰ类标准，部分属于Ⅱ类标准，符合集中饮用水的水源标准，但铅浓度年平均值属于Ⅲ类标准，主要是监测频次不足造成的，监测时段内可能有短时间的铅浓度增大，引起平均值的增大。纵观十里亭断面多年对铅浓度的监测，铅的年平均浓度都达到Ⅰ类标准，分析某些时段可能的浓度增大原因可能是矿物中铅的溶出在局部时段增多，但从全年时段看，铅浓度仍然达标。

从 2005 年水质监测结果来看，靖村水电站下游各断面水质良好，监测项目除总磷为Ⅲ类外，其他项目都基本符合饮用水源的Ⅱ类以上标准，总体上符合水质保护目标的要求。

现状地表水环境质量：

根据 2009～2013 年武江水质监测资料，昌山变电站和武江桥两个断面的水质状况良好，监测指标均达到地表水环境Ⅱ～Ⅲ类标准，满足水体的水环境功能要求。

综上所述，建坝前后，库区水体水质总体良好，绝大多数指标能够满足水体功能的要求，梯级工程建设对武江地表水环境影响不大。

3. 梯级工程库区富营养化分析

根据在乐昌峡以下已建各梯级坝址上游 500 m 处连续 3 d 的水质监测资料，选择典型指标（TN、TP），参照《中国湖泊富营养度划分标准》及《地表水环境质量标准》（GB 3838—2002）（见表 7-18），对已建各梯级工程库区富营养化程度进行分析。

表 7-18　氮、磷评价标准

（单位：mg/L）

中国湖泊富营养度划分标准			地表水环境质量标准（湖泊）		
营养程度	TP	TN	分类	TP	TN
贫营养	<0.01	<0.5	Ⅰ	≤0.01	≤0.2
中营养	<0.03	<0.6	Ⅱ	≤0.025	≤0.5
中—富营养	<0.05	<1.0	Ⅲ	≤0.05	≤1.0
富营养	<0.1	<1.5	Ⅳ	≤0.1	≤1.5
重富营养	>0.1	>1.5	Ⅴ	≤0.2	≤2.0

根据监测资料，张滩库区 TN 浓度 0.062<1.0，TP 浓度 0.037 <0.05，处于中—富营养水平；昌山库区 TP 浓度 0.037<0.05，处于中—富营养水平；长安库区 TN 浓度 0.075<

1.0，TP 浓度 0.049<0.05，处于中—富营养水平；七星墩库区 TN 浓度 0.068<1.0，TP 浓度 0.044<0.05，处于中—富营养水平；溢洲库区 TP 浓度 0.049<0.05，处于中—富营养水平。

根据湖泊水库富营养化的一般规律，当 N、P 比降到 7∶1时，N 可能成为浮游植物生长的限制因子，当 N、P 比大于 7∶1时，P 可能成为浮游植物生长的限制因子。根据监测数据，张滩库区、长安库区和七星墩库区 N、P 比值分别为 1.68∶1、1.53∶1和 1.55∶1，因此 N 是浮游植物生长的限制因子，藻类生长将受到 N 的限制。

由于库区周边以农村环境为主，主要为农业面源污染及生活污水，水库不具有调节功能，在现有情况下，水质不会发生较大的变化。因此，未来一定时期内，库区仍将处于中—富营养水平。

7.4.2.2　水生态环境变化趋势及分析

梯级水电开发在防洪、灌溉、供水和发电等方面起着重要作用的同时，其建设和运行对河流生态系统结构和功能、生活在此环境的鱼类产生多种影响。梯级工程蓄水运行后，江段被分割为“河流—水库（大坝）—河流”形式，天然状态河流的连续性受到破坏。库区水域生境将由河流型向湖泊型转变，其水文情势将发生很大的变化，主要体现在径流量、水位、流速、水质、泥沙和温度等因素的改变。同样，河段下游的水文情况也将发生很大的变化，也主要体现在径流量、水位、流速、水质、泥沙和温度等因素的改变。

由于水文情况各个方面都发生了变化，梯级水电开发对河段水生生境的影响，可以表现在以下两点：第一，筑坝对河段下游能量、物质输送产生影响；第二，河道结构和河流中各种组成元素成分的影响，如河道形态、泥沙淤积和河床冲刷等，再如河段中的磷含量变化等。这也就导致了河段水生生态环境结构和功能的变化，进而对所在生境中生存的生物造成负面影响，水域将由河道型变为湖泊型，使得水生生物的群落发生变化，库区内水动力减弱、透明度增加，使水生态系统由以底栖附着生物为主的“河流型”异养体系向以浮游生物为主的“湖沼型”自养体系演化。水利水电工程阻隔了洄游性鱼类的通道，影响物种的交流；水库蓄水、泄水淹没、冲毁鱼类原有产卵场地，改变其产卵水文条件；坝前的水位抬高导致上游水文水的水力学条件和河流地貌地形等发生变化，使得原有的多种河道形态被水淹没，水流的流速较坝建成前变缓，泥沙将会逐渐淤积在水库内，底质的变化也将影响底栖动物的结构组成。

1. 梯级工程实施后对浮游生物的影响

水坝建成后，库区中下游水域水位升高，浮游植物由原来的河流生态将变成河道型缓流水库生态，深度增加、水面扩大、容积增加、透明度扩大，被淹没区域植被、土壤内营养物质渗出，水中有机物质及矿物质将增加，加上水流速度减缓，泥沙沉降，导致营养物质的滞留和积累，这些条件都有利于浮游生物的生长繁殖。电站运行后，坝下近江段的浮游植物受下泄底层水的影响，浮游植物密度较原来会有所减少，但种类组成不会发生太大变化；浮游动物密度同样较原来会有所减少，同时清水下泄会导致坝下江段冲刷下切，浮游动物繁衍空间萎缩，水体总生物量有所下降。如在以张滩梯级库区浮游动植物种类、密度和生物量均较以前有明显下降趋势。

2. 梯级工程实施后对底栖动物的影响

在围堰施工时，部分底栖动物由于移动缓慢可能遭受施工伤害，导致施工区域附近水域生物量减少，并且大量鹅卵石和砂石被水利水电工程拦截，使得下游河床底部的无脊椎动物如昆虫、软体动物失去生存环境，同时会影响以底栖动物为食的鱼类，通常底栖动物资源破坏后恢复困难。

3. 梯级工程实施后对鱼类产卵场的影响

根据资料，武江梯级开发工程建设后将主要影响产漂流性卵鱼类产卵场，由于拦河坝建设、产卵场区域的水文变化，这些鱼类产卵场功能丧失。受影响的产卵场主要有三溪产卵场、明月滩产卵场、坪石产卵场、张滩产卵场、安口产卵场、桂头产卵场、东风山产卵场、犁市产卵场、黄田坝产卵场。根据历史数据分析，影响产卵规模达 358 000 万粒，其中四大家鱼 311 190 万粒，占 86.93 %。受影响的这类鱼还包括大眼鳜、斑鳜、鲮、赤眼鳟、三角鲂、鳡鱼等。另外，这也加重了阻隔鳗鲡、鲈鱼的洄游通道。

4. 梯级工程实施后对鱼类影响

工程建设期间破坏了河段生境、大江截流和围堰施工影响洄游性鱼类的迁徙，甚至直接造成鱼类的上网。工程运用后，在库区，栖息地流水条件依赖性鱼类、繁殖流水型环境的鱼类、产漂流性卵的鱼类受的影响大，觅食中、上层浮游动植物的鱼类受影响较大；产黏沉性卵鱼类、喜栖缓静水体生境的鱼类、生境广适应型鱼类、繁殖依赖静水条件的鱼类、繁殖条件广适应型的鱼类、食着生藻类和底栖水生动物的底层鱼类受的影响小。冬季温度较高，有利于鱼类过冬，夏季温度较低，会缩短鱼类产卵及卵发育时间，对产卵期跨度较小的鱼类不利。需要高氧生境、对水体污染敏感的大部分土著鱼类不利；对适应低溶解氧、耐污力强的鱼类有利；水体生物生产力提高，一定程度内有利于仔幼鱼和浮游生物食性鱼类的生长，若水体富营养化，会影响绝大多数鱼类的正常生长、发育和生殖，甚至直接导致疾病和缺氧死亡。底栖砾石、卵石和岩石的鱼类失去适应的生境，不利影响严重；吸附性鱼类也受到不利影响，产黏沉性卵鱼类的鱼卵无法孵化；洪、枯季变化敏感、繁殖期短、分布狭窄的特有种最容易受到影响。在坝下江段，电站调峰运行会导致水位和流速反复、大幅度地变化，对鱼类影响相对较大。低温下泄水使下游江段鱼类生长期缩短、生长速度减缓、个体变小、繁殖季节推迟、繁殖时期缩短，繁殖期跨度较长的鱼类受影响相对较小，跨度短的鱼类受影响较大。栖息地、产卵场或孵化场所为缓静水体型的鱼类受影响严重；径流量快速减少，水位和流速快速下降，使一些鱼类的栖息地和产卵场大量减少，而且可使一些黏沉性卵和个体较小的鱼可能被搁浅死亡。此外，底栖水生生物和小型鱼类的减少，大、中型个体鱼类数量也会因为缺乏食物而减少。底栖生境或产卵、孵化场所为砾食、卵石和岩石的鱼类受影响较小，穴居鱼类受影响较大。电站调峰运行和水库调度的频率越高，对鱼类危害越大。

根据《北江渔业资源调查》记载，武江乐昌段记录有鱼类 79 种，与历史资料比较，本次调查未采集的种类有：半餐 *Hemiculter sauvagei*、线细鳊 *Rasborinus lineatus*、大鳍骨 *Hemibarbus macracanthus*、黑鳍鳈 *Sarcocheilichthys nigripinnis*、乐山棒花鱼 *Abbottina kiatingensis*、片唇鮈 *Platysmacheilus exigums*、大鳍刺鳑鲏 *Rhodeus macropterus*、兴凯刺鳑鲏 *Rhodeus chankacensis*、北江光唇鱼 *Acrossocheilus beijiangensis*、珠江虹彩光唇鱼 *Acrossocheilus zhujiangensis*、细身光唇鱼 *Acrossocheilus elongatus*、长鳍光唇鱼 *Acrossocheilus longipinnis*、白甲鱼 *Varicorhirius sima*、卵形白甲鱼 *Varicorhirius ovalis ovalias*、稀有白甲鱼 *Varicorhirius rarus*、小口白甲鱼 *Varicorhirius lini*、瓣结鱼 *Tor brevifilis brevifilis*、纹唇鱼 *Osteoichilus salsburyi*、桂华鲮 *Sinilabeo decorus*、异华鲮 *Parasinlabos assi milis*、唇鲮 *Semilabeo notabilis*、海南鳅鮀 *Gobiobtia kolleri*、刺臀华吸鳅 *Sinogastromyzon wui Fang*、纵带鮠 *Leiocassis argentivittatus*、青鳉 *Oryzias latipes*、刺鳅 *Mastacembelus aculeatus* 共 26 种，鱼类种类减少明显。

第8章 北江航道规划及整治

北江是珠江水系第二大河流,位于广东省北部,是粤北地区连接珠三角及港澳地区的唯一水运通道,流经韶关、清远、佛山、肇庆四市,在三水思贤滘口与西江汇合进入珠江三角洲河网地区后注入南海,是广东省航道规划“一横一网三通道”中的三大水运主通道之一,航运地位十分突出。

北江1965~1976年陆续实施了航道整治工程,取得了较好效果,原有130多处浅滩航道条件大部分得到改善,基本可以航行50~100 t级船舶。“九五”期,北江下游(清远至三水河口段,长74 km)已按内河Ⅴ级通航300 t级船舶标准进行了整治建设,航道尺度为1.3 m×40 m×270 m。“十一五”期间,北江中游(韶关至清远段,长184 km)也已按内河Ⅴ级通航300 t级船舶标准进行了整治,航道尺度为1.3 m×40 m×260 m。“十二五”期间,在国家宏观经济快速发展和《珠江三角洲地区改革发展规划纲要(2008—2020)》深入实施的带动下,广东省政府大力推进北江干流1 000 t级航道扩能升级工程的实施,从2014年开始先后立项了北江曲江乌石至三水河口217 km段、北江百旺大桥至乌石约35 km段的航道扩能升级工程。目前,北江干流韶关百旺大桥至三水河口252 km扩能升级工程基本已完成,北江干流孟洲坝、濛里、白石窑、飞来峡、清远5座枢纽全部建成千吨级船闸,可为粤北经济发展提供强劲运力支撑。

8.1 北江航运现状

8.1.1 航道现状

北江干流自源头至三水河口全长约470 km,流域总面积4.67万km^2,占珠江流域总面积的10.3%,是珠江水系的第二大河流。北江有东西两源,东源(正源)浈水出江西省信丰县石碣大茅山,西源武水出湖南省临武县西,两源于广东省韶关市汇合后始称北江。韶关市以上为北江上游,韶关至清远为北江中游,清远至三水河口为北江下游。

(1)北江干流(武江河口至百旺大桥6.0 km)。

北江干流武江河口至百旺大桥6.0 km河道位于孟洲坝库区内,河道顺直,河宽约500 m,水深普遍在5.0 m以上,已建有百旺大桥和韶关北江大桥。

(2)武江段(桂头至武江口36 km)。

武江桂头至武江口36 km河段航道维护等级为Ⅵ级,通航100 t级船舶,航道维护尺度为1.0 m×30 m×180 m,通航保证率为90%。该河段已建和拟建9座桥梁,建有溢洲枢纽,拟建塘头枢纽,两座水库除库尾变动回水区未衔接,其他区域已回水衔接,未衔接河段也可通过工程措施实现全程渠化。

武江长来至桂头段航道维护等级为Ⅶ级,通航50 t级船舶,航道维护尺度为0.8 m×

24 m×130 m，通航保证率为 85%。该河段已建七星墩枢纽和长安枢纽。

(3) 浈江段（周田大桥至武江口 37 km）。

浈江周田大桥至武江口 37 km 河段航道等级为Ⅶ级，通航 50 t 级船舶，航道维护尺度为 0.8 m×24 m×130 m，通航保证率为 90%。该河段已建有湾头枢纽和周田枢纽，除了库尾变动回水区未衔接，其他区域已回水衔接，未衔接河段也可通过工程措施实现全程渠化。

随着航道水深条件不断得到改善，航道升级条件具备。

8.1.2　水运量现状

北江航道运输货种以水泥、煤炭、铁矿石、矿建材料等大宗散货为主，据不同阶段北江完成的水运量统计资料显示，1980 年北江完成水运量约 250 万 t，1985 年北江完成水运量为 294 万 t，1990 年北江完成水运量为 702 万 t，1994 年北江完成水运量为 890 万 t，货运量呈逐年递增趋势。

韶关港历年吞吐量（2005～2017 年）统计显示，自 2006 年起，因受到梯级枢纽建设的影响，韶关港港口货物吞吐量下降较为明显；2009 年受世界金融危机的影响，韶关港口货物运输需求急速下降，吞吐量随之下降至前十年的最低值。2010 年开始，世界经济开始缓慢复苏，珠三角外向型经济呈恢复性增长，对韶关港运输需求逐渐恢复，港口货物吞吐量实现了一定的增长。2017 年韶关港货物吞吐量为 54 万 t，港口货源以煤炭为主，其余货物为金属矿石、水泥。2005～2011 年韶关港吞吐量统计见表 8-1。

进港货物的来源主要来自广州港，出港输出主要流向为珠三角地区。其中，溢洲船闸运量为 0.4 万 t/年，湾头船闸几乎没有，每周仅有几艘零星的小渔船免费通行。航段条件远满足不了沿线地方货物水路运输的需求，无法充分发挥水运大运量、廉价、节能的优势吸引货源，北江上游航道的水运发展潜力巨大。

表 8-1　韶关港历年吞吐量统计

年份	2005 年	2006 年	2007 年	2008 年	2009 年	2010 年	2011 年
吞吐量（万 t）	117.69	64.96	62.04	69.5	32.96	39.94	52.6
年份	2012 年	2013 年	2014 年	2015 年	2016 年	2017 年	
吞吐量（万 t）	82.48	52.8	58.15	62.48	45.3	54.0	

2011 年北江完成水运量约为 1 447 万 t（包括韶关市港口吞吐量 52.6 万 t，清远市港口吞吐量 697.46 万 t，三水区北江河段泊位吞吐量 80 万 t 左右和马房港吞吐量 617 万 t 左右），而根据《广东省内河航运发展规划（2006）》预测 2010 年北江航道的货运量为 2 170 万 t，其中上水 920 万 t、下水 1 250 万 t，受航道通航等级低影响，北江航道实际货运量远小于预测值。

8.1.3　北江航运代表船型

8.1.3.1　珠江三角洲 1 000 t 级内河船船型现状

珠江三角洲内河多用途货船经过多年的发展，载箱量不断加大，可达到初期多用途船的 5 倍以上,其主尺度(船宽)、船型发生了较大的变化。船型有多种组合,首型有尖首、小球首和驳船型首,尾型有通常应用的双轴人字架、双球尾、双尾及带拖砂(舵托)双尾等船型。

1 000 t 级内河船舶基本上总长限制在 50 m 以内,但也有极少数船舶总长 60 m 左右;船宽已增至 15.6 m 以上,长宽比约为 3.2,方形系数 0.85 以上,且船舶大型化趋势明显。珠江三角洲内河航区营运船舶中,除有广东本省船舶外,还有广西、浙江、福建、江苏、海南等大量外省籍船舶。

8.1.3.2 北江代表船型

长期以来受香港作为国际主枢组港和外贸中转业务发展蓬勃的影响,珠三角内河港口主要作为其喂给港,外贸出口货物大多经香港运往世界各地,所以 1 000 t 级港澳线船舶普遍受 50 m 船长限制;加上珠江三角洲容易受台风影响及部分桥梁的净空高度的限制,造成珠江干线 1 000 t 级货船重心低或受风面积中心较高,主要是平底、方形,方型系数在 0.85 以上,形成了短、宽、深吃水的肥大船型(见表 8-2),而这种船型是比较符合珠江干线目前和未来发展趋势的。

结合《内河通航标准》《珠江干线货运船舶船型主尺度系列》《内河货运船舶船型主尺度系列》中研究的内河普通货船、驳船和珠江干线多用途集装箱船型(见表 8-2),以及北江现状 1 000 t 级运输船型,1 000 t 级多用途集装箱船型参考《珠江干线货运船舶船型主尺度系列》。对于 1 000 t 级散货和件杂货船,代表船型为《内河通航标准》(GB 50139—2014)驳船吃水 2.0 m 和技术要求上限值 2.2 m 的区间范围。

表 8-2 北江代表船型

序号	代表船型	船型尺度	备注
1	1 000 t 级内河干货船	67.5 m×10.8 m×(2.0~2.2)m	根据《内河通航标准》(GB 50139—2014)、内河货运船舶船型尺度系列驳船 JT/T 447.3—2001 综合选取
2	1 000 t 级多用途集装箱船	49.9 m×12.8 m×2.2 m	珠江干线货运船舶船型尺度系列 JT/T 559—2004

8.1.4 北江航运的塞船问题

北江航道经过前期多年的整治,通航能力明显提升,但受地理环境等客观因素和船舶发展等外部因素的影响,北江塞船仍时有发生,据统计,1999 年 4 月、2000 年 11 月、2003 年 10 月都出现过较大范围的塞船现象,至于小范围的塞船,更是屡见不鲜,一年中北江枯水不能跑运输的时间长达 7 个月以上,如果水位正常,货船一般 3 天左右就可到达广州,而当时常常在清远塞上半个月。其中,从 2003 年 10 月开始,北江中下游山塘浅段和洲心浅段多次发生塞船现象,最高潮时滞留在清远段的船舶有近千艘以上。为此,专门有人对北江塞船原因进行了分析,认为主要原因如下。

8.1.4.1　自然客观因素的影响

北江属于山区性河流，每年的 9 月至翌年的 2 月，北江流域降雨量少，水位下降，导致搁浅航段增多，如果遇天旱缺雨，情况会更严重。而飞来峡水利枢纽担负着防洪和发电的职能，控制着水流量的排放，以致下游的水位居低不高、浅滩淤积、航道狭窄。

8.1.4.2　北江船舶的大吨位发展，航道通航能力受制约

近年来，随着水运市场的发展，北江的船舶处在一个更新换代的时期。北江流域出现了一股造船热。有相当一部分的船舶从原来的 100 t 发展到 300 t，有的船舶发展到近 1 000 t，而这些新建造的船舶满载吃水都在 1.3 m 以上，而北江航道的维护标准不满足大型船舶通航要求，在枯水季节浅滩航段很容易搁浅，一旦堵塞航道，时间一长，就会形成大面积的塞船现象。北江的通航能力不能适应北江船舶发展的需要，成为制约北江水运发展的瓶颈。

8.1.4.3　船舶不服从管理，不按规定装载

北江枯水季节（下游航道浅滩水深不足 1.2 m 时），海事部门发出通航管制措施，船舶载运货物时限制吃水航行，但船方、货主只顾个人利益，不服管理，逃避监管，船舶装载吃水超出下游浅滩航道最低水深航行。结果，当有一条超吃水船搁浅堵塞航道时，其他的船舶也就不能通行，北江航道塞船也就在所难免。

8.2　涉及北江的广东省航道规划

中华人民共和国成立以来，广东省先后开展了几次航道规划工作，其中涉及北江流域的航道规划主要有五次。

8.2.1　中华人民共和国成立至 1990 年期间

中华人民共和国成立至 1990 年，广东省的航道规划工作断续开展，50 年代由原交通部派工作组到当时的珠江流域规划办公室，与广东省航道局共同编制《珠江流域开发治理方案》《珠江流域航运规划报告》（简称《报告》）。1977 年原交通部组织广东编写了《珠江水系（广东部分）航运规划报告》，该规划报告是当时比较完整的航运规划报告，其中包括经济、船舶营运、港口、航道、工业、导航和通信等专业。同年，水运规划设计院在此规划报告的基础上编写了《珠江水系航运规划要点报告》。

改革开放前的航道规划，受当时政治环境和经济条件等限制，总体上缺乏系统和综合考虑。广东省的河流绝大多数自然条件好，但由于缺乏有计划开发建设，大量的干、支流航道未能治理，处于季节性通航的自然状况，导致不少河流原有航道受到严重影响，甚至断航，通航里程不断缩短，严重影响航运事业的发展。通航河流的航道、港口、工业、船舶和通信导航等环节不能协调适应，彼此制约，影响效益发挥和航运的发展。优良的水运资源未能得到充分发挥，水运能力距国民经济发展要求差距越来越大，形成薄弱环节，之后国家总结吸取经验，在改革开放后逐步提出措施解决以上问题。

1981 年交通部以（81）交计字 25 号文件的通知要求，由水运规划院主办，云南、贵州、广东、广西、湖南、江西六省（区）交通厅和交通部广州航道局参加编制《珠江流域航运规划》。

此编制规划工作由 1982 年 3 月开始至 1984 年 10 月完成初步规划报告稿，此次进行了大量的航道测量和滩险测量、地质钻探、科研、水文测验等工作，于 1987 年 4 月完成修编稿。

广东省航道局根据规划工作分工，结合 1977 年交通部组织广东编制的珠江水系航运规划报告的基础上，根据航道现状调查的结果，并相应进行经济调查及效益分析，对各河流、河段按不同情况进行航道建设规划。该规划以 1990 年和 2000 年为规划水平年，提出航道规划报告。

其中，小北江（北江支流连江）梯级工程规划建设（此次规划主要是针对连江，提出规划西牛和连江口枢纽梯级建设、飞来峡水库枢纽建设）和北江干流（韶关以下）航运发展规划纳入了水系的航运发展规划。

此次珠江流域航运规划是自 1949 年以来规模最大、工作做得较细的珠江流域航运规划，规划的航运建设符合实际，能够真正解决航运问题。此规划对以后的广东省航道建设起了关键性作用，广东航道开始迎来建设黄金高峰期（1990~2000 年）。

8.2.2　广东省航道建设中长期规划报告（1992 年）

随着改革开放的不断深入，广东省同港、澳及国际间的经济合作将不断扩大，国民经济的发展对水上交通运输提出更大的要求，包括原料和燃料及外贸物资的日益增多。在新的形势下，为使广东省航道的开发建设，特别是出海航道的建设，充分发挥航运优势，更好地为现代化建设服务，实现中央提出广东省要用 20 年的时间国民经济赶上亚洲“四小龙”的宏伟战略目标。根据交通部（89）交计字 347 号文《关于进一步加强公路、水运交通建设前期工作的通知》及广东省交通厅粤交（1989）939 号文关于编制《广东省水运交通中长远期规划初步方案》有关问题的通知精神，广东省航道局于 1992 年编制完成了《广东省航道建设中长期规划报告》（简称《报告》），该《报告》第一次对广东省航道进行了比较全面、系统、科学的规划，并提出了不同时期航道规划建设的目标和任务。

其中，《报告》提出用几个 5 年的时间，在北江下游建成以千吨级航道为骨架，三五百吨级航道为基础，江海直达，干支相通的航道运输网络。经近 20 年的航道建设工作，已按规划目标建设，取得较好的航运效益。

8.2.3　广东省内河航道总体布局规划（2002 年）

2002 年省交通厅组织完成了《广东省内河航道总体布局规划》。《广东省内河航道总体布局规划》报告提出，从“九五”期开始，经过四五个五年计划的建设，形成以西江干流和珠江三角洲“三纵三横”三级及三级以上航道为骨干，四级航道为基础的三角洲航道网，并以该航道网为核心，构成与北江、东江等其他重要航道干支相通、江海直达的高标准的珠江水系内河航道体系。

8.2.4　广东省内河航运发展规划（2010—2020 年）

2011 年广东省发展改革委和省交通运输厅联合编制完成了《广东省内河航运发展规划（2010—2020 年）》，《广东省内河航运发展规划（2010—2020 年）》提出：到 2020 年，全面建成西江干流及珠江三角洲“三纵三横三线”高等级航道网，以及北江等干线航道和相配套的航道支持保障系统,基本实现内河航道管理现代化;全省运输船舶实现标准化、大型化;整合港口资源,建设一批集约化程度较高的专业化港区,形成现代化的内河集装箱、大宗货物运输系统。建立起以西江、北江、东江和珠江三角洲高等级航道网为核心,以粤东韩江和榕江、粤西的鉴江和漠阳江、珠江水系的泥湾门鸡啼门水道、东莞水道、倒运海水道等航道为基础的,与区域经济社会和综合运输发展需要相协调,能力充分、组织协调、运行高效、服务优质、管理科学的全省内河航运体系,为广东省率先全面建成小康社会、率先基本实现现代化和促进泛珠三角区域合作提供优质的内河运输服务。

《广东省内河航运发展规划(2010—2020 年)》提出,广东省形成以西江干线和珠江三角洲"三纵三横三线"高等级航道网为核心,以沟通粤北北江干流等 12 条地区重要航道为依托,以其他航道为基础的沟通西南、江海直达、辐射周边的内河航道体系。

《广东省内河航运发展规划(2010—2020 年)》编制过程中,由于影响航道规划等级因素较多,如航道自身条件、跨河桥梁、渠化工程、腹地经济发展状况、相关规划情况影响等因素均不可忽视,作为山区航道的北江等,河道各具特性,航道条件各不相同,历经多年整治后航道条件仍需进一步改善,对其航道条件能提升到何种程度和等级,存在一定的分歧和争议,因而该规划对其规划等级尚保留弹性空间,未完全明确。其中,北江的规划情况为:北江干流为地区重要航道,规划韶关—濛里 42 km 河段为Ⅲ~Ⅴ级航道,航道尺度为(1.3~2.5)m×(40~60)m×(270~480)m;濛里—三水河口 216 km 规划为Ⅲ级航道,航道尺度为 2.5 m×60 m×480 m;跨河、拦河建筑物通航尺度均按Ⅲ级控制。

8.2.5　广东省山区航道北江、东江、韩江等规划等级专题研究(2012 年)

为明确北江干流韶关—濛里 42 km 山区航道规划等级,适应船舶大型化发展,满足广东省产业转型升级和产业转移趋势发展需要,广东省交通运输厅开展了《广东省山区航道北江、东江、韩江规划等级专题研究(2012 年)》,对《广东省内河航运发展规划(2010~2020 年)》中相关未明确内容的进一步细化和补充。报告进一步对包括北江、东江和韩江在内的山区干流航运建设和发展目标开展深入研究,研究内容包括各山区干流航运资源开发条件与需求分析、航道规划发展与跨河桥梁适应性分析及航运建设与水利水电枢纽工程适应性分析等。

《广东省山区航道北江、东江、韩江等规划等级专题研究(2012 年)》将北江未明确航道等级的航道段等级确定为:北江韶关—濛里 42 km,规划为内河Ⅲ级航道,通航 1 000 t 级船舶,航道尺度:2.5 m×60 m×330 m。

以上规划报告和研究,分别在不同时期、不同角度,对北江航道现状和社会需求进行了深入分析,并对航道建设发展提出了规划目标和实施意见,为北江航道的发展提供了很好的依据。

8.3　北江航道整治

北江河道虽有天然节点及堤围控制洪水河势,但节点之间存在许多沙质河漫滩、边滩及江心洲构成的低河岸,此类河岸极不稳定,受水流冲刷崩塌速度快,为局部来沙提供大量的沙源,北江河床为沙质河床,可冲性及可塑性都很强,在水流作用下河道中容易形成大中型沙波及江心暗沙,造成水流动力轴线在中枯水河槽中频繁摆动,航槽很不稳定。北江有不少浅滩就是由于沙波的形成使航道短时间出浅,随着水流条件改变、沙滩消减,浅滩暂时又得以改善。

中华人民共和国成立后,为了提高北江航运能力,在国家有关部门助力下,先后对北江主要干支流进行了航道规划、治理,有力保障了北江干支流航道的畅通,本节根据北江干支流区域划分为北江干流航道整治、北江最大支流连江航道整治及北江上游武江和浈江的航道整治过程及措施进行描述。

8.3.1　北江干流航道整治

北江干流航道整治大致可分四个阶段:20 世纪 60 年代以前、20 世纪六七十年代、20 世纪末、21 世纪。

北江航道整治要追溯到 20 世纪 50 年代中期,当时,北江干流已开始少量的疏浚、导流、扒沙等简单的整治工作;在 20 世纪 60 年代后期至 70 年代,则对全线开始大规模整治,航道水深也从 0. 6 m 提高到 1. 0 m,同时在北江最大支流连江 133 km 的河段上修建了 11 座梯级电站,渠化了连江河道;自 20 世纪 90 年代开始,北江下游逐渐按国家内河四级标准进行全线航道整治,航道尺度为水深 1. 3 m、航宽 40 m、弯曲半径 260 m,同时在北江干流陆续修建了白石窑水电站、孟洲坝水电站、飞来峡水利枢纽、濛里水电站和清远水利枢纽,渠化了航道;“十二五”以后,根据北江航运的发展需求,北江乌石至三水河口航道开展扩能升级,航道按内河Ⅲ级、通航 1 000 t 级船舶标准建设,通航保证率 98%,其中大塘至三水河口 37 km 河段设计航道尺度为 4. 0 m×80 m×400 m,并进行了白石窑水电站、孟洲坝水电站、飞来峡水利枢纽、濛里水电站和清远水利枢纽的二线(三线)船闸建设,拉开了北江干流航道扩能升级大序幕。进入“十三五”后,结合地方需求及国家政策,广东省政府提出了北江航道扩能升级上延工程,将北江三级航道进行一步上提至武江和浈江,目前北江航道扩能升级上延工程正在开展相关的设计与专题研究工作。

8.3.1.1　1960 年以前

自宋代开始,北江开始筑堤,清远少了水患之忧,坐拥北江码头便利的清远,在北江水运的助力下逐步繁华起来。

清代至中华人民共和国成立前,清远进入鼎盛时期,川流不息的北江造就了盛极一时的清远街,它一度饮誉粤北和珠三角。北江支流众多,河水充足,为船只航行带来便利,而且船只南来北往多在北江沿岸停泊,补充给养,而逐步形成商埠。有人在此地方摆档摊做生意,后来便有人在这城廓下建屋居住,久而久之成了一条街市,逐渐繁华起来。

随着北江航运越来越发达,清远的上廓街和下廓街连接着东边的平安书院、西边的飞水街,全长有十多千米,共有十多个码头,长盛不衰。近至南海、番禺、顺德、中山、三水、花县、四会、连县、阳山、英德、从化、佛冈、韶关,远至云贵川陕,湘鄂闽赣,凡到粤北经商者,无不以“清远街”马首是瞻。清远街上,埠头千船蚁集,商铺万贾云来,舶来的洋货日杂、糖果饼干,外省的毛皮药材、海味山珍,本地的笔架茶、骆坑笋和清远鸡等清远特产更是样样不缺。清远仅仅是古代北江航运繁华的一个缩影,作为粤北地区连接湘、赣和珠三角入海口的水运通道，北江成为带动粤北地区经济的一条主动脉。北江各港口处因航运而繁荣兴起、经久不衰。北江逐渐成为广东沿海口岸与粤、湘、桂、赣四省毗邻山区食盐、机械、百货、水泥、矿产、柴炭等物资流通的主要通道，为粤北地区经济发展做出了极大贡献。

后期，受北江礁石密布，浅滩重重，航道既不整治又不疏浚，且沿河设卡抽税，致使北江航运濒于断航。

8.3.1.2　1960~1970 年

在 20 世纪 50 年代中期，北江已开始少量的疏浚、导流、扒沙等简单的整治工作，当时维持水深只能达到 0.6~0.8 m，每年要花费大量的木桩、芒草和大量的劳动力，而往往一次洪水到来就前功尽弃，直到 1959 年才开始以石坝的形式进行整治。

在党和政府的领导下，广大航道工人、干部、技术人员先后进行了大规模的航道普查，对北江及其 70 多条支流，共长 2 100 km 多的河道，做了全面、系统的调查和勘测，制定了航道整治规划。根据北江河床宽阔、水浅滩多，而其支流坡降大水、急礁险等不同特点，分别采用筑坝、炸礁、建造船闸等方法治理浅滩，清除暗礁，改善航道，先后在北江筑起了 540 多座导流坝，使北江七种不同类型、共长 50 km 的 136 处浅滩得到整治，增加了北江枯水季节航道水深。

以北江下游著名的中间洲浅滩整治为例，每年的洪水冲刷，中间滩浅滩段都会形成大量的泥沙淤积，水流分散紊乱、河道曲折摆动多变，水浅难航。船到这里，经常发生搁浅事故，需卸货扒沙，少则三四小时，多则一二天的时间才能通过。后经调查研究，掌握了泥沙淤积规律，制订了治理方案，先后在中间洲滩段筑起了 20 条不同方向的导流堤，堵塞汊道，束水集流，冲深航槽，固定了航道，使这个浅滩的航道水深从原来的 0.5 m 增加到 1.0 m 左右。

后续结合中间洲、老万山、红朱石、烂柴洲等浅滩整治的经验，1965 年真正开始了北江航道大规模的整治工作。考虑到北江中、下游主要是沙质河床，上游有部分区域为沙卵石河床，因此全线整治均采用了以石坝为主的整治方法，部分地方辅以挖槽。其中，石坝则以丁坝为主，占全部工程 95%以上，只有小部分地方采用顺坝和锁坝，个别地方采用了勾头丁坝，但效果并不理想。自韶关以下至河口，抛筑了石坝 820 多座，80 多万 m^3，石坝总长度 100 多 km。其中清远以下就建有大小石坝 233 座、共长 36 km，其中右岸 128 座、16 km，左岸 105 座、20 km。

通过航道整治，稳定了洪水期的河势，改变了原来汊道的易位状态，集中了枯水期的有限流量，在水流作用下，重新塑造床断面，提高了航道尺度，各滩通航水深提高 0.1~0.3 m。

据有关资料统计，随着北江航道的整治，北江水运事业迅速发展，客货运输船队穿梭往来，机动船只的数量比中华人民共和国成立前增加了 180 多倍，运输船舶大部分实现了机械化和半机械化。货运量和客运量分别比中华人民共和国成立初期增长 32 倍和 30 倍。

运输的日益发展，北江的港口和船厂建设也以崭新的面貌展现在人们面前。沿江各县城镇所在地都建有混凝土斜坡式适于洪、枯水的高、低平台；建有货物堆场、仓库；安装了吊机、皮带输送机、缆车等装卸运输设备。肩挑人背的落后装卸方式已一去不复返了，生产效率大大提高，劳动力得到解放。与此同时，北江上的船舶修造厂能建造 120 t 和 80 t 的铁质或水泥货船；有 200 多个卧位的客货轮和 240 马力的拖轮。

后期，由于航道维护经费严重不足，致使航道整治工程的维修保养工作跟不上，大部分整治建筑物残缺不全，影响了整治效果。至 1992 年，北江下游清远至河口 72.0 km 河段，航道维护尺度为航深 1.0 m、航宽 20.0 m、曲率半径 120.0 m，属Ⅵ级航道标准，常年通航吃水 80～100 t 机动驳顶推船队，即"一顶一"船组，中水可通航 300 t 级顶推船队。北江白庙至河口段航道浅滩见表 8-3。

表 8-3　北江白庙至河口段航道浅滩

序号	浅滩名称	浅滩距离河口(km)	浅滩类型	20 世纪 60 年代整治效果	浅滩现有水深(m)
1	大沙角	79.2	过渡段	良好	
2	洲心	77.6	过渡段	良好	1.5
3	七星岗	76.6	过渡段	较好	
4	葫芦岭	74.4	过渡段	较好	
5	小市南	72.6	过渡段	一般	1.0
6	文塔寮	69.0	过渡段	良好	1.4
7	篓角	67.2	支流河口	较好	1.0
8	正江口	64.2	过渡段	良好	1.5
9	中间洲	61.2	汊道过渡段	一般	0.8
10	大地	60.2	散乱	一般	1.1
11	石香炉	58.7	散乱	一般	0.7
12	榕树仔	57.6	过渡段	较好	1.3
13	汤屋洲头	56.8	汊道	较好	1.3
14	烂柴洲	54.8	汊道	较差	0.6
15	大岗头	53.4	过渡段	较差	0.5
16	红岗	51.4	过渡段	较差	0.5
17	回岐洲头	48.0	汊道洲头	较好	1.3
18	回岐洲尾	46.5	汊道洲尾	一般	0.7
19	舟山	44.7	过渡段	一般	1.1
20	湾刀	43.5	过渡段	较好	1.3
21	西沙洲头	42.5	过渡段	一般	1.0
22	梅花影	39.3	过渡段	一般	1.0
23	大塘洲头	38.3	汊道洲头	一般	1.1
24	四姓洲	29.6	汊道过渡段	一般	1.3
25	芦苞洲头	26.4	汊道洲头	一般	0.2

续表 8-3

序号	浅滩名称	浅滩距离河口(km)	浅滩类型	20 世纪 60 年代整治效果	浅滩现有水深(m)
26	芦苞洲尾	25.6	汊道洲尾	一般	0.7
27	蒋岸洲	23.6	汊道过渡段	一般	1.0
28	水蛇洲	21.5	汊道过渡段	较好	2.0
29	白沙	20.0	汊道过渡段	一般	1.1
30	黄塘	16.8	汊道过渡段	较好	1.5
31	正隆	12.2	过渡段	良好	1.6
32	南刀石	6.2	过渡段	良好	4.0
33	木棉	4.5	过渡段	一般	1.1
34	老鸦洲头	2.0	过渡段	良好	4.0

注:20 世纪 60 年代整治效果指 1965~1970 年北江全线整治后的工程效果。

8.3.1.3　1990~2000 年

20 世纪 90 年代以来,北江下游采砂规模越来越大,大量采砂,导致河床剧烈下切,枯水河床最大断面平均下切深度已超过 6 m,河床下切引起枯水面大幅度下降,导致局部河段枯水面比降陡增。加上 20 世纪 60 年代北江航道进行整治后,受后续维护资金不到位影响,原有的整治建筑物年久没有维修,导致航道淤积、整治措施失效,枯水塞船严重,影响了北江航运的发展。

当时资料显示,在正常情况下,北江丰水期与枯水期船舶通过量比例为 3:1。在 1994 年以后,北江航运业出现大萧条。其中,清远航运总公司原有 70 多艘内河运输船,后期作为包袱全部甩掉。清远水运公司(集体企业),挂靠船舶 600 余艘,但当时实际与公司有联系、交挂靠费的不足 10%。北江两岸曾辉煌一时、星罗棋布的造船厂,现已大都转产或关闭,余下的三两家,也主要靠维修船舶勉强维持生产。北江最大的港口——清远港,1993 年投资 5 000 余万元建成的第一期工程码头,设计年吞吐量 120 万 t,而 1997 年、1998 年实际吞吐量不足 50 万 t。枯水塞船的危害性不可低估。

为解决北江航道的碍航问题,广东交通水运部门先后开展了相关研究与规划,并在 20 世纪末重点对北江下游清远—河口按五级航道进行整治,水利部门也先后在北江干流修建了水利枢纽工程,渠化了河道,并配置了通航建筑物,通过整治北江下游航道及珠江三角洲航道网部分骨干航道,改善粤北山区航道,初步改变广东省航道建设明显滞后的局面。具体航道建设工程情况见表 8-4。

航道整治:根据北江各浅滩的碍航及各段船舶通航密度、船舶吨位情况,按照先急后缓、先下游后上游的原则,将工程分四段实施:第 1 段为碍航最严重的芦苞浅滩;第 2 段为下游的太监洲浅段;第 3 段为石角至芦苞浅段;第 4 段为上段清远至石角浅段。芦苞浅滩段因碍航特别严重而作为应急工程于 1991 年实施,1994 年完成;1997~1998 年底完成太监洲河段主体坝工抛筑;1998~1999 年年底完成石角至芦苞段整治主体工程;1999~2000 年年底完成清远至石角段整治及其完善工程。将使北江通航能力从维护水深 1.0 m 提高到 1.3 m。

表 8-4　北江干流梯级情况

项目	孟洲坝	濛里	白石窑	飞来峡	清远
开发任务	发电、灌溉、航运	发电、灌溉、航运	发电、灌溉、航运	防洪、发电、航运	防洪、航运、发电
平均流量(m^3/s)	417	532	532	1 100	1 340
正常蓄水位(m)	52.5	44.5	36.0	24.0	11.0
总库容(亿 m^3)	0.602	0.59	1.35	4.32	1.40
回水里程(km)	23		39	70.5	46
装机容量(万 kW)	4.4	4.6	7.5	14	3.6
年发电量(亿 kW · h)	1.55	1.77	2.46	5.54	1.59
平均水头(m)	5.6	5.7	7.3	9.3	
通航建筑物形式	100 t 船闸	300 t 船闸	100 t 船闸	500 t 船闸	500 t 船闸
工程总投资(亿元)	2.26	2.94	3.16	15.8	9.29
单位千瓦投资(元/kW)	5 142	6 380	4 218	11 289	25 792
建设情况	已建	已建	已建	已建	已建

1. 北江芦苞浅滩航道整治工程

按照北江流域经济发展和水运量的预测，北江下游航道现状很难满足水运的要求。广东省计划委员会于 1990 年 3 月以粤计交〔1990〕135 号文批准了《北江芦苞浅段航道整治工程设计任务书》，同意将芦苞浅段四姓洲头至太监洲 8.5 km 航道作为应急工程先行整治，将航道标准由Ⅵ级提高到Ⅴ级，航道尺度为 1.3 m×40.0 m×260.0 m。

芦苞浅滩整治前，在 4 km 的左汊航道中，其中水深不足 1.0 m 的航道约占 65%，进口段滩脊最小水深处的河底高程高于设计水位 1.2 m。航道整治主要采用改道易汊工程方案，在原通航右汊布置 1 座坝长 630 m 的锁坝，沿设计整治线布置 51 座建筑物（主要是丁坝）稳定边滩及保护左汊左岸的北江大堤。共完成坝工石方约 11 万 m^3，疏浚土方约 66 万 m^3。

北江芦苞浅滩段航道整治工程自 1991 年开工至 1994 年竣工，大致上可分为两个施工阶段，第 1 阶段为 1991 年及 1992 年两个施工年度，主要完成左汊进口段旧坝拆除，跨河电缆改建，沿岸抽水站改建，左汊左岸沿北汇大堤 28 座丁坝及护岸工程，左汊 4 km 新航道疏浚程等。第 2 阶段为 1993 年及 1994 年两个施工年度，主要包括右汊锁坝及太监洲 7 座丁坝工程，全线航道疏浚工程。

2. 北江（清远至河口）航道整治工程

在芦苞浅滩段航道整治的同时，广东省计划委员会要求全面开展北江清远至河口段航道整治工程可行性研究工作。根据此任务要求，1992 年 8 月，广东省航道勘测设计科研所编制了《北江（清远至河口）航道整治工程可行性研究报告》，按照流域的自然条件和当时的经济能力，将北江下游航道按Ⅴ级航道标准进行整治，达到在枯水期能够通行 300 t 级顶推船队的目的。

整治方案如下：

白庙段：避开伦洲浅滩，走右汊右槽，大有村及以上一带航线左移 50 m，右岸沿岸设护岸丁坝；设丁坝 41 座，总长 3 525 m。

清远大桥段：利用现有航道，青洲段航线右移 170 m，船走大桥第 3、4 孔，桥后航线左移 80 m；曲率半径为 510 m；大桥前后各设直线段 300 m，航线与大桥斜交 3°12′；青洲段开挖 78 240 m^3，桥后整治线内浅滩开挖至 5.74 m 高程，开挖量 51 200 m^3；设丁坝 12 座，总长 3 833 m，潜坝 2 座（坝顶高程 5.03 m），总长 345 m，底墙 1 组，共 22 条；丁坝最大平均坝高 4.6 m，最大坝高 6.36 m。

山塘至石角段：上临山塘，下傍大燕河口，即大改道，$B=250$ m，上段开挖学堂洲与芒洲之间的白石洲及大洲部分边滩，首期挖槽宽 50 m，深至设计水位下 1.3 m，下段开挖烂柴洲与大燕河口间的边滩，挖方 283.62 万 m^3，全线由 5 个弯段、3 个较长过渡段（$L=4B$）组成，设锁坝 3 座（坝顶高程为 8.0 m、7.74 m 及 7.65 m），丁坝 113 座，底墙 5 组。

芦苞浅段：整体方案避开芦苞洲头、洲尾浅滩，兼顾刘寨水闸引水要求，为芦苞镇港口码头建设提供优良岸线水域，同时远离北江大堤防洪段。

整治线宽度中段为 160～200 m，其余为 280 m，整治高度 1.8 m，锁坝与整治水位平齐。

绥江口段：绥江口右凸岸设主副 2 个丁坝，分别长 60 m 和 20 m，间距 134 m；左岸设短丁坝 3 条；整治线宽度 90 m；北江左侧榄岗洲设丁坝 2 条，分别长 120 m 和 50 m。

丁坝设计包括：坝顶宽度，一般取 1.0 m，坝头段 10 m 放宽到 2.0 m；坝顶纵坡：1:300，坝头向河坡 1:3；坝身边坡：迎背水坡均为 1:1；丁坝间距：一般取 1.5 倍上游坝长；坝根护岸：干砌块石护岸上游 5 m，下游 25 m；坝身结构：由于坝高一般为 2.0 m 左右，故全部采用堆石结构。

锁坝设计包括：坝顶宽度：2.0 m；坝身边坡：迎水坡 1:1，背水坡 1:2；坝底护坦：抛石护坦上游护 5 m，下游护 25 m；坝根护岸：坝根干砌块石护岸上游 30 m，下游 120 m。

坝身结构：下层抛石，上层浆砌。

底墙设计包括：坝身长：一般取 25.0 m；坝顶宽：1.0 m；坝身边坡：1:1；坝顶高程：一般与整治水位平齐；坝间距：50 m；坝轴线与水流夹角：45°~30°，一般取 30°。

通航建筑物：北江干流自上而下规划有孟洲坝水电站、濛里水电站、白石窑水电站、飞来峡水利枢纽和清远水利枢纽 5 座梯级电站。本时间段内先后建设了白石窑水电站、孟洲坝水电站和飞来峡水利枢纽。

（1）白石窑水电站：位于广东英德市上游 25 km 处，是北江干流梯级开发的第三个梯级，上游为濛里水电站和孟洲水电站，下游为飞来峡水利枢纽和清远水利枢纽。是一座以发电为主，兼顾灌溉、防洪、通航等功能的低水头径流式电站。工程于 1992 年 8 月动工，是北江干流第一个开工建设的水电站，1999 年 2 月 4 台机组全部建成投产，2004 年 2 月新增五号机组动工，2005 年 11 月建成并网发电。坝址控制流域面积 17 740 km^2，多年平均流量 532 m^3/s。总库容 1.08 亿 m^3。

主要建筑物有：泄水闸、电站厂房、船闸及非溢流坝等。泄水闸共 22 孔，孔口净宽 10 m，采用开敞式宽顶堰。电站采用河床式厂房，前缘总长 100.8 m，安装 4 台贯流式灯泡机组，单机容量 1.8 万 kW。

船闸布置在左岸。单线一级船闸，船闸尺度为 140 m×14 m×2.5 m，通航能力为 100 t 级，最大过闸船队吨位 2×100 t，单向年通过能力 465 万 t。上游最高通航水位为 36.50 m，最低水位为 34.00 m；下游最高通航水为 31.00 m，最低通航水位为 24.30 m。建成后改善航道 42.8 km。

（2）孟洲坝水电站：位于韶关城区下游 13 km 处，为北江干流梯级开发的第一个梯级，上距韶关市区 13 km，下距濛里水电站 26 km。是一座集发电、防洪、航运、美化市容为一体的综合性水利枢纽。工程于 1992 年 12 月 13 日开工，是北江干流第二个开工建设的水电站，1996 年 12 月第 1 台机组并网发电，1998 年 12 月 4 台机组全部投产。坝址以上控制流域面积 14 720 km^2，占北江全流域面积的 31.5%。

工程主要建筑物包括泄水闸、混凝土重力坝、土坝、厂房和通航建筑物。枢纽正常蓄水位为 53.32 m。坝顶长 491 m，最大坝高 33 m。电站水库总库容 2.04 亿 m^3。

泄水闸共 12 孔，每孔净宽 16.0 m。电站采用河床式厂房，布置左岸，安装 4 台灯泡式贯流机组，额定水头 5.3 m，总装机容量 4.8 万 kW，年均发电量 1.52 亿 kW · h。

通航建筑物布置在河床右岸，为Ⅴ级单级船闸，设计年货运量为 150 万 t，由上下游引航道、上下闸首和闸室组成。上闸首顶高程 61.0 m，宽 30.0 m，长 32 m，通航孔口净宽 14.0 m，门槛高程为 50.0 m；船闸尺度为 140 m×14 m×2.0 m（长×宽×门槛水深），底板高程为 42.0 m，闸墙顶高程为 54.0 m。上下游导航墙为混凝土重力式结构。船闸输水系统采用闸首集中输水方式。电站水库形成后，改善航道 25 km，常年通航船只由 50 t 级提高到 100 t 级。

水库贯穿韶关市区，建库后河道枯水位提高 3～3.5 m，槽蓄量比天然情况增加 3 倍多，韶关市市容及水环境进一步改善。

(3) 飞来峡水利枢纽：位于北江干流中游的广东省清远市境内，上距英德市 50 km，下距清远市 33 km。是以防洪为主，兼有航运、发电等多目标开发的综合利用工程。飞来峡水利枢纽于 1994 年 10 月动工，是北江干流第三个开工建设的水电站，1998 年大江截流；1999 年 10 月工程全部完成。

枢纽坝址控制流域面积 34 097 km^2，占北江流域面积的 73%。主要建筑物包括拦河大坝、船闸、发电厂房和变电站。拦河大坝高 52.3 m，主、副坝坝顶总长 2 952 m。

工程采用低水头径流式电站，厂房为河床式，安装 4 台单机容量为 3.5 万 kW 的灯泡贯流式水轮发电机组，总装机容量为 14 万 kW，多年平均发电量 5.55 亿 kW·h。

通航建筑物为单线一级船闸，船闸级别为Ⅳ级，按 500 t 级设计，设计单向年通过能力 475 万 t，船闸闸室有效尺寸为 190 m×16 m×3 m（长×宽×槛上水深）。船闸最大水头 14.5 m，采用分散输水系统，为闸底长廊道环孔出水形式，并在出水顶孔设置消能盖板。

在飞来峡枢纽建设前，北江通航船只吨位勉强维持在 50～100 t，船龄较大，船质较差。飞来峡枢纽建成后，可渠化库区干支流河道 116 km，将原来通航 50～100 t 级船舶提高到通航 100～300 t 级。坝址下游航道通航基流为 190 m^3/s，保证率为 95%，基本上可保证枯水季节的通航流量要求。另外，随着航道等级提高，船舶必将逐步向大型化、标准化发展，将为提高航运企业经济效益和竞争力，为北江航运和区域经济的腾飞打下良好的基础。

8.3.1.4　2000 年至今

1. 北江中游（韶关至清远）航道整治

北江中游（韶关至清远）河段是常年通航河流，全长 184 km，是广东省粤北地区沟通珠江三角洲经济发达区的重要水上运输通道。该段河道穿越广东省北部丘陵山区的峡谷和宽阔盆地之间，河道弯曲蜿蜒，平均比降 0.215‰。峡谷两岸岩土出露，川地平坦低矮，河道宽窄深浅变化较大，河床以沙质覆盖为主，间有细小卵石，床沙中值粒径为 15～25 mm。

该河段上段具有山区河流特性，下段具有平原河流特性，且具有枯水流量小、比降小、流速小、河床质粒径小的特点。同时，沿江水泵站多，跨河桥梁多，防洪堤围多且标准高的特点，是同类河流无法比拟的。

20 世纪 90 年代，河段内相继建成了孟洲坝、白石窑、飞来峡 3 座水利枢纽，濛里枢纽在建，且都设有通航建筑物。这些枢纽均为通流式的调节电站，其间水位也不完全衔接，将该河段航道分割成枢纽变动回水区段，常年回水段和枢纽下游天然河段（含近坝段）3 种类型河段，其中枢纽常年回水段长度约为 110 km，航道得到改善，航深、航宽、弯曲半径富足，通航条件优越；但余下的枢纽变动回水段和枢纽下游天然河段，航运条件仍较差。目前，航道维护标准：韶关至英德为水深 0.8 m、航槽宽度 15.0 m、弯曲半径 90 m；英德至清远为水深 1.0 m、航槽宽度 20 m、弯曲半径 120 m，是北江中游航道中的瓶颈航段。

北江中游运量充足，运输繁忙，但由于航道塞船现象时有发生，严重影响该地区经济发展。随着广东省粤北地区加快经济发展、脱贫致富和珠江三角洲经济区辐射能力的增强及船舶大型化的迫切需求，北江中游航道整治工程已迫在眉睫。广东省计委和交通厅在“工可”的基础上批准将该段航道建设成内河级航道，通航保证率为 95%，航道尺度达到水深 1.3 m、航宽 40 m、弯曲半径 260 m，通航 300 t 级自航机驳。

整治工程于 2003 年 4 月立项，四川省交通厅交通勘察设计研究院完成了《北江中游(韶关至清远)航道整治工程初步设计报告》。工程段航道按内河Ⅴ级标准建设，航道设计尺度为 1.3 m×4.0 m×260 m，通航 300 t 级单机动驳或 300 t 级机动驳顶推 300 t 级分节驳，并配布一类标。

工程措施主要包括：改善流态的整治工程、浚深拓宽航槽的疏浚工程、修整岸线的切嘴工程、确保岸壁不受水流侵蚀崩塌的护岸工程及炸礁工程、旧坝拆除、旧坝改造、航标工程、支持保障系统工程等。工程于 2012 年 9 月基本完工，2013 年 9 月竣工验收。

航道整治思路：工程设计需要充分考虑已建成的孟洲坝水电站、白石窑水电站、飞来峡水利枢纽的影响，枢纽下泄不稳定流变化，库区常年回水段、变动回水区和枢纽下游河段三种不同类型河床的演变，以及大量、无序地采砂导致的输沙不平衡等。

提出整治原则：根据河段自然条件变化，重新规划符合河势的整治线；通过整治建筑物束水归槽，引水导沙，稳定中枯水河势；重点保证变动回水区和枢纽下游河段达到航道尺度；适当地整治措施，控制急流滩的流速与比降在合适范围内。

工程方案以整治工程为主，划分为韶关至孟洲坝枢纽段，长约 12 km，为孟洲坝枢纽的常年回水区，段内没有滩险；孟洲坝枢纽至濛里枢纽，长约 28 km，在濛里枢纽未建成前尚有牛轭滩、南蛇洲、铜鼓洲等 17 处浅滩；濛里枢纽至白石窑枢纽，长约 38 km，其中尚需整治乌石电厂、乌石腩 2 处滩险；白石窑枢纽至飞来峡枢纽，长约 75 km，枢纽水位未衔接，需整治枢纽变动回水区段，两端总长 11 km，共有三板洲、灵牌石、量水井等 7 处主要浅滩；飞来峡枢纽至清远北江公路大桥，长 31 km，有伦洲、大沙角、洲心等 15 处滩险。

根据北江中游水流特性、河床演变特点，确定飞来峡枢纽以上河段以疏浚为主、筑坝为辅，稳定边滩、调整流向，配以护岸、炸礁、旧坝改造和拆坝清障进行整治；飞来峡以下河段以筑坝为主、疏浚为辅，配以适当护岸、旧坝改造和拆坝清障进行整治，从根本上改善本整治河段的航行条件。

整治方案调整：从工程可研开始到施工实施，设计重点不断优化调整。工程可研阶段提出整治工程应以筑坝为主、疏浚为辅；设计阶段研究后则是飞来峡枢纽以上河段以疏浚为主、辅以筑坝，飞来峡枢纽以下段则以筑坝为主、疏浚为辅。这个过程中，整治特征参数如设计水位及对应流量、整治水位及对应流量、整治线宽度等都有所优化调整。工程可研阶段未考虑在建的濛里枢纽，将孟洲坝枢纽至乌石腩段滩险亦列入整治范围，而后又因为濛里枢纽建成后该段滩险将成为枢纽回水区，能达到整治水深的要求而取消；设计阶段结合实际情况进一步研究分析，考虑到水位的消落问题，最终确定该段仍有 4 个滩险需要整治。筑坝工程、护岸工程与疏浚工程等在实施过程中根据地形变化进行了局部优化调整。

从整治过程看，造成设计方案调整的主要因素为地形的变化。地形引起变更的原因较多,主要是因为采砂造成河床变化,还有少数是汛后泥沙淤积、实际地形与原设计采用地形变化较大、原设计地形精度不够等。

整治效果分析:工程实施后,北江中游河道宽深顺畅,整治效果良好。

主要滩险刷深,航槽水深变深:整治后整个河段及各分段冲刷量均大于淤积量、冲刷面积大于淤积面积,河床以冲刷为主;整个河段河床平均刷深 0.83 m,年均刷深约 0.083 m,其中飞来峡至清远、孟洲坝至濛里、韶关至孟洲坝河段的刷深较大,平均刷深均在 1 m 以上。各整治滩段中,除江湾腩滩段有所淤积外,其余各滩段都以冲刷为主,且刷深基本可达 1 m 以上,局部甚至在 3 m 以上。整治工程前,北江中游(韶关至清远)河段不满足设计水深要求的浅段集中在各枢纽的下游河段与变动回水区段,共为 27 处滩险。整治工程实施后,各滩段航槽水深基本达到设计要求,总体上水深情况较好。

库区常年回水区回淤情况得到改善:整治工程前,北江中游的库区常年回水段末端和变动回水区河床普遍淤高,枯水河床有所缩窄;枢纽下游河段在近坝段均受冲下切,然后沿程出现冲淤交替现象。工程后,各枢纽回水区并未出现大范围的河床淤积情况,而枢纽坝下则有明显冲刷。

整治建筑物结构稳定,发挥了作用:工程共筑坝 165 座,护岸 750 m。实施后的筑坝工程结构稳定,达到了调整水流流态、畅通航槽的作用,旧坝改造与拆坝清障等辅助措施达到设计标准与使用要求。对不牢固易垮塌的伦洲滩实施了护岸工程,起到了岸坡守护作用。北江干流枢纽分布见图 8-1。

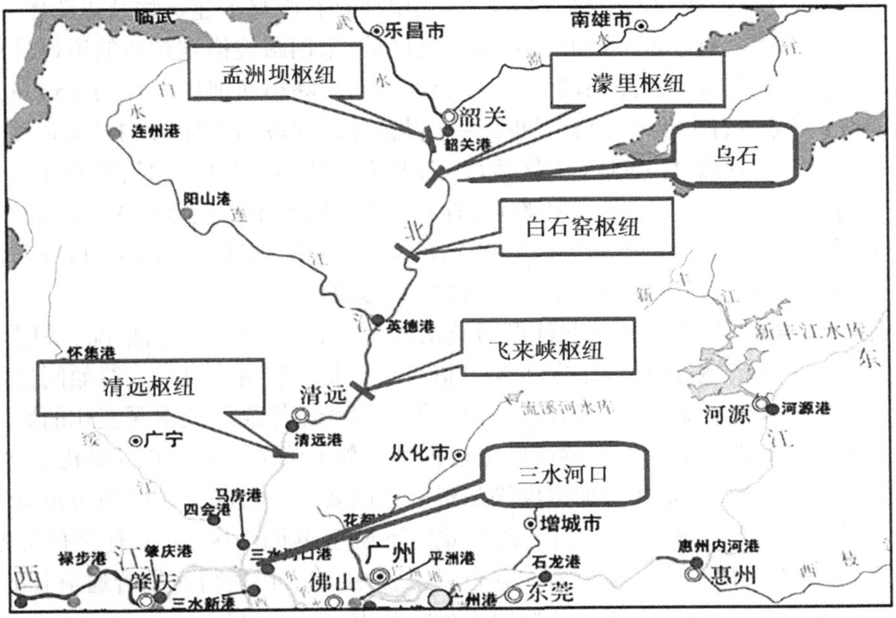

图 8-1　北江干流枢纽分布

2. 北江(乌石至三水河口)航道整治

广东省航道局于 2013 年 6 月组织完成《北江(乌石至三水河口)航道扩能升级工程可行性研究报告》的编制工作,项目以北江(乌石至三水河口)航道按内河Ⅲ级、通航

1 000 t 级船舶标准建设，通航保证率 98%。

建设内容主要包括航道工程、船闸工程、配套工程及专项工程等。

2015 年 10 月 28 日，总投资约 70 亿元的北江航道扩能升级项目全线开工仪式在清远市飞来峡镇举行。项目完成后将使北江升级为千吨级内河航道。工程分两个阶段推进：第一阶段为北江（乌石至三水河口）航道扩能升级先行工程，于 2014 年 12 月 17 日开工，里程约 145 km；第二阶段为北江濛里、白石窑、飞来峡、清远四处枢纽二线船闸的新建与重建工程。

航道整治工程：北江干流河段对枢纽坝下航道浅滩整治，采用疏浚为主、整治为辅的原则，通过疏浚工程提高航道水深，达到设计的航道尺度，再辅以整治建筑物调整河道的边界和局部流速分布，维护航槽稳定，减少航道回淤；对常年回水库区航道、下游平原航道整治以采用疏浚、炸礁为主，拓宽和加深航道尺度，并结合必要的切嘴等措施，调顺航道走线，保障航行安全。对于类似的山区航道，宜根据航道特性、水流特点和航运需求制定整治原则，设计相应的整治方案。

乌石—白石窑枢纽河段：河段全长约 39 km，根据乌石—高桥洲河段河床演变分析，目前该河段除乌石电厂—乌石腩、大坑口火车站河段等浅段外其余水深普遍达到 3.0 m 以上，较 2001 年测图反映的情况有较大改善，研究分析为河道自然演变和人为采砂的共同作用的结果，分析判断该河段河床未来预计会以下切为主，且因枢纽之间回水衔接，设计河段的渠化航道特性明显，工程措施主要考虑采用疏浚达到设计航道尺度要求，不布置新的整治建筑物，在枢纽回水衔接的情况下，利用现有右岸整治建筑物及边滩作为整治边界可达到整治作用。对于该河段其余水深不足区域，采用疏浚措施到达航道设计尺度。

白石窑枢纽—飞来峡枢纽河段：白石窑枢纽—飞来峡枢纽河段全长约 75 km，主要存在两个浅段，一是白石窑坝下 19 km（枢纽—猫儿石村）河段内合计约 11.7 km 长浅段，二是猫儿石至英德市河段 1.14 km 库区浅段，需要进行整治。其中，白石窑坝下 19 km 浅段，是北江航道整治工程中的重点和难点，存在 5 km 回水不衔接段（白石窑枢纽至观音岩）、4 km 变动回水区段（观音岩至大罗肚）、10 km 常年回水区段。由于白石枢纽最小下泄流量小，对下游水位未衔接Ⅲ级航道整治均有较大的难度。

白石窑枢纽坝下河段是本次北江航道整治的重点，结合历史整治情况，采用了筑坝、疏浚及炸礁等工程措施，航道线走向主要由整治线控制。航道线自一二线船闸口门区起，基本沿整治线中部向下游布置，观音洲河段根据右岸船舶停靠区及水深变化的影响，航道线略偏左岸。至海螺水泥厂物料输送廊道根据其通航孔布置，桥区采用双孔单向通航方式，廊道上下游布置直线段并增加宽度满足桥区通航要求。桥区下游航道宽度渐变为 60 m，在整治线范围内结合水深情况向下游布置。下游至英德市区，主要有包括英德三桥、浈阳大桥、英德人民桥等桥区航道需重点布置，其中英德人民桥桥区结合通航孔的变化进行桥区航道布置，满足桥区直线段和弯曲半径的要求。

白石窑坝下 19 km 河段整治设计：白石窑坝下 19 km 浅段是本航道整治工程中的重点和难点，对该河段设计充分利用原有整治建筑物，局部调整整治工程参数，完善该航段的整治建筑物，以达到稳定设计航道的目的。河段整治建筑物的整治高度为 1.0~1.5 m，整治线宽度 150~200 m，整治流量 500 m^3/s，设计流量 98 m^3/s，设计水位 23.82 m。

采用疏浚措施取得设计航道尺度，使飞来峡枢纽在正常蓄水位时，其库尾水位能与白石窑枢纽坝下设计最低通航水位衔接，实现枢纽航道上、下游航道连接通航，同时沿河段辅以整治建筑物稳定航槽。

猫儿石至英德市河段库区浅段整治设计：猫儿石至英德市河段存在约 1.14 km 浅段，其属于库区浅段，采用疏浚措施，达到设计航道尺度。由于下游飞来峡回水淹没，英德人民大桥通航孔原设计为单孔通航，现调整为上航与下航两个通航孔，由于大桥下游水域滃江口水域原有多座丁坝成为碍航潜坝，2012 年测图未能真实反映，为保证船舶航行安全，结合 2001 年测图资料，将该河段水域内原整治丁坝拆除共计 22 座。

飞来峡坝下至伦洲河段：河段全长约 20 km，其间经过飞来峡峡谷。清远枢纽正常蓄水后回水衔接至飞来峡坝下，考虑清远枢纽设计蓄水位消落至 10.37 m 的情况，根据 2012 年航道水深测图显示，该河段全线航道均能满足 2.5 m 水深要求，根据航道线布置拆除 3 座突出于位于整治线内的丁坝部分坝长。

伦洲至清远枢纽河段：河段全长约 27 km，属于清远枢纽库区航段，水深条件总体优良。由于清远回水淹没了原多数滩、洲和丁坝，河道水域变得宽阔，为保证船舶航行在枢纽发电泄流水位下调时的安全，对该河段内原整治丁坝存在航行安全隐患的坝体进行必要的拆除，共计拆除丁坝 8 座。另外，对清远伦洲大桥、清远凤城大桥、清远新北江大桥桥区水域的局部浅段采取疏浚工程，以达到设计航道尺度。

清远枢纽至三水河口河段：河段全长约 56 km，该河段 20 世纪 90 年代以来受人为采砂作用，水位全线下降，河床变化较为剧烈。20 世纪 90 年代末，北江下游实施了Ⅴ级航道整治工程，沿程布置了众多整治丁坝，其整治效果良好，但人为过度采砂水位下降，导致目前沿程丁坝高出设计低水位较多，普遍高出 4 m 左右。石角至大塘自 2007 年以来因人为采砂作用，水深基本达到 3.0 m 以上，大塘到三水河口 37 km 水深基本达到 4.0 m 以上，具有平原河道特性。对清远枢纽至三水河口的整治以疏浚工程措施为主，配合炸礁和切嘴等工程措施，达到设计航道尺度要求，充分利用原有整治丁坝，在满足设计航道尺度条件的情况下，保持原整治线不变，仅拆除丁坝 1 座。

通航建筑物工程：通航建筑物分包括濛里水电站和清远水利枢纽建设，以及后期的北江干流航道扩能升级二线船闸建设两部分。

濛里水电站建设：位于北江中上游河段的广东省曲江县境内，为北江干流梯级开发的第二级，上距韶关市区 39 km，距孟洲坝发电厂 26 km，下距英德市白石窑发电厂 43 km。是一座集发电、航运于一体的水利枢纽，工程于 2002 年 9 月开工，是北江干流第四个开工建设的水电站，2005 年建成投产。

坝址以上控制集雨面积 16 750 km^2，工程等别为Ⅱ等工程，水库正常蓄水位是 45.82 m（85 高程）。枢纽布置左到右分别是：左岸土坝、电站厂房（安装间+主机间）、13 孔泄水闸、船闸及右岸联接坝段。设计 4 台灯泡式贯流机组，电站总装机容量 5 万 kW。

通航建筑物为单级船闸，通航等级为Ⅴ级，船闸尺度为 140 m×14 m×2.0 m（长×宽×门槛水深），通行 300 t 级船舶。上游的最高通航水位 45.82 m，最低通航水位 41.32 m，最大设计水头 9 m，通航净空 8 m。船只上行、下行过闸为曲进直出的方式，上游引航道右侧主导航墙总长约 205.8 m，包括约 23.4 m 的扩展段和 182.4 m 的直线段，左侧副导航墙包括 80 m 长的直线导航墙段和 42 m 的圆弧墙段，上游引航道底面高程是 38. 82 m。

清远水利枢纽建设：清远水利枢纽是北江干流开发的第五个梯级，工程位于北江干流清远市大燕水河口上游约 1 km 处的观音洲，上距飞来峡水利枢纽约 46. 7 km，下距北江大堤石角水文站约 4. 8 km，坝址以上集水面积为 37 783 km^2，占北江流域集水面积的 80. 9%。是一宗具有航运、改善水环境、发电等多项功能的水利枢纽工程。枢纽正常蓄水位为 10 m，相应库容为 1. 4 亿 m^3，通航建筑物标准近期为Ⅳ级（500 t），远期为 1 000 t，设计洪水标准为 50 年一遇（14 700 m^3/ s），校核洪水标准为 200 年一遇（15 900 m^3/ s）。清远水利枢纽工程于 2009 年 10 月开工，2012 年 12 月完工。

清远水利枢纽船闸为单线Ⅲ级（1 000 t）船闸，上、下游均设有较长的引航道，引航道宽 52. 0 m。船闸紧邻 31 孔泄水闸左侧，布置在河床右岸岸边。船闸闸室有效尺度为 180 m×23 m×3. 5 m（长×宽×门槛水深），船闸由上、下游引航道，上闸首、闸室和下闸首组成。上游引航道底高程为 3. 0 m，底宽 52. 0 m，主导航墙全长 378. 0 m，其中直段长 336. 0 m，圆弧段长 42. 0 m；下游引航道底高程为-2. 8 m，底宽 52. 0 m，设长 913 m 隔流堤，堤顶高程 10. 0 m，坡度 1∶2. 5；上闸首宽 49. 0 m，长 44. 0 m；下闸首宽 49. 0 m，长 35. 0 m。

清远水利枢纽设计的最大通航流量为 12 000 m^3/s（P=20%），上游最高通航水位（P=20%）为 12. 41 m，最低通航水位 7. 34 m；其下游最高通航水位（P=20%）为 12. 33 m，最低通航水位为 1. 44 m。

工程的建成，渠化飞来峡水利枢纽至清远水利枢纽航道 46 km，将整个北江航道等级将由现在的 100～300 t 级提高至 500 t 级，未来提高到 1 000 t 级，通航时间由现在的 5～10 个月提高到全年通航。

扩能升级通航建筑物建设：北江扩能升级通航建筑物建设主要包括新建清远水利枢纽二线船闸、飞来峡水利枢纽二线船闸、飞来峡水利枢纽三线船闸、拆除重建白石窑水利枢纽一线船闸、白石窑水利枢纽二线船闸、濛里水利枢纽二线船闸。

孟洲坝枢纽二线船闸工程：工程位于北江上游、韶关城区下游 13 km 处，为北江航道扩能升级项目的起点。主要工程为右岸新建 1 000 t 级二线船闸及相应的航道工程、配套工程。拟建二线船闸等级为Ⅲ级，船闸有效尺度为 220 m×23 m×4. 5 m。船闸上、下游引航道长 640 m、385 m，宽 82 m。概算投资 13. 47 亿元。工程于 2017 年 1 月 8 日正式开工，2020 年 2 月底主体工程完工、6 月底通航。测算单向通过能力 1 393 万 t/年。

濛里枢纽二线船闸工程：工程位于北江上游、乌石镇韶关发电厂上游 1. 5 km，距上游孟洲坝枢纽 26 km。二线船闸拟建设等级为Ⅲ级，船闸有效尺度为 220 m×23 m×4. 5 m，可通航 1 000 t 级船舶。两线船闸同岸侧布置，轴线距离为 80 m，引航道宽度均为 50 m。

上游引航道右侧导航墙是总长 563. 8 m 的主导航墙，包括 148. 8 m 的直线导航段和 415 m 的靠泊段（含 15 个系船柱和 6 个靠船墩），左侧副导航墙（总长约 224. 5 m）采用半径为 52. 73 m、中心角度为 49°的圆弧扩展区段，后接长度是 160 m 的直线导航段，引航道的底面高程是 36. 82 m。概算投资 9. 88 亿元。工程于 2016 年 12 月 3 日正式开工，2018 年 12 月底主体工程完工，2019 年 10 月底试通航。测算单向通过能力 1 409 万 t/年。

白石窑枢纽一、二线船闸工程：工程位于北江上游、英德城区上游 24 km，距上游濛里枢纽 39 km。主要工程为左岸新建 1 000 t 级二线船闸，有效尺度为 220 m×23 m×4. 5 m；

拆除重建一线船闸，有效尺度为 140 m×23 m×4.5 m，以及相应的航道工程、配套工程。一、二线船闸上、下游共用引航道，宽 98.4 m；其中，一、二线船闸上游引航道长 395 m，一、二线船闸下游引航道长分别为 635 m、749 m。概算投资 19.01 亿元。工程于 2016 年 10 月 21 日正式开工，2019 年 7 月底二线船闸主体工程完工，10 月底试通航；一线旧船闸拆除重建工程 2019 年底开工、计划于 2022 年下半年完工通航。测算单向通过能力 2 420 万 t/年。

飞来峡枢纽二、三线船闸工程：工程位于北江中游、飞来峡镇黄洞村，距上游白石窑枢纽 73 km。飞来峡水利枢纽二、三线船闸是广东省"十三五"重点交通建设项目——北江（曲江乌石至三水河口）航道扩能升级工程的一个重要节点，建设地点为飞来峡水利枢纽右岸，全长约 4.2 km，建设规模为内河Ⅲ级船闸，通航 1 000 t 级船舶，闸室有效尺度为 220 m×34 m×4.5 m（长度×宽度×门槛最小水深），通航净空 10 m，最大设计水头 14.44 m，为单级双线船闸，并列布置同步建成，工程投资 16.84 亿元，是广东省目前规模最大的双线船闸工程。工程于 2016 年 6 月 1 日正式开工，2019 年 6 月底主体工程完工、10 月底试通航。测算单向通过能力 4 107 万 t/年。

清远枢纽二线船闸工程：工程位于北江下游、清远城区下游的石角镇，距上游飞来峡枢纽 50 km。主要工程为右岸新建 1 000 t 级二线船闸及相应的航道工程、配套工程。船闸有效尺度为 220 m×34 m×4.5 m，船闸上、下游引航道长分别为 510 m、480 m，宽 60 m。概算投资 15.54 亿元。工程于 2016 年 11 月 25 日正式开工，2018 年 12 月底主体工程完工，2019 年 7 月底试通航。测算单向通过能力 2 356 万 t/年。

连江航道整治：连江（也称小北江），是北江在粤北山区的一条重要支流，发源于湘粤边境的南岭山脉，大小支流共九条，流域面积 10 061 km^2，干流总长 275 km，流经连州、阳山、英德等五县，至连江口汇入北江。

连江具有一般山区河流的特性，连州至河口纵比降为 0.38‰，枯水期河面宽度 70~250 m，连州以下为峡谷平原盆地相间的地形，共有 10 个峡。总长度为 33.5 km，阳山以下则以小块平原盆地为主，间有峡谷。

连江的水文特性为水位暴涨暴落，阳山站枯洪水位变幅为 8.24 m，最小枯水流量为 12.1 m^3/s，最大洪水流量 3 480 m^3/s，连江航道因自然条件造成其特点为水浅、流急、狭窄、弯曲。由连县至连江口各种类型的大小滩险有 139 处，平均每 1.34 km 就有一处险滩，险滩总长 69.34 km，枯水期航道最小水深 0.4~0.7 m，航道宽度不足 10 m，最小曲度半径为 60 m。阳山以上黄牛滩的水面纵比降 2.27‰，表面最大流速达 2.8 m/s，由于航道条件的限制，只能航行 10 t 以下的木驳船，枯水期还要减载航行。连山县至连江口往返一个航次需要 20 余 d，船舶上行完全靠人力拉纤，因而每年完成的货用量仅 10 万 t，远远不能适应国民经济发展的需要。

8.3.2　北江上游航道整治

进入"十三五"，在北江大力推进扩能升级的背景下，韶关市从长远发展、产业布局、运输需求等发展战略高度出发，提出向上延伸北江千吨级航道至武江和浈江的要求，结合国家层面根据经济运行要求提出了供给侧结构性改革决策，率先提出北江航道扩能升级上延工程，即将北江干流武江河口至百旺大桥 6 km、武江桂头至武江口 36 km、浈江周田大桥至武江口 37 km 的航道规划等级提升至Ⅲ级航道。在此基础上，后期又提出北江航道扩能升级上延 21 km（武江长来至桂头段）工程，将北江 1 000 t 级航道进一步往粤北腹地的延伸。

8.3.2.1　现状基本情况

武江，又名武水，武水是北江上游一级支流，发源于湖南临武县三峰岭北麓，流经湖南省的临武县、宜章县、彬县、桂阳、汝城等五县和广东省的乐昌、乳源、曲江、韶关市区，于韶关市区沙洲尾与浈水合流，称北江，其中乐昌市坪石镇至韶关长 123 km，按 7 级梯级规划开发，从上至下依次为乐昌峡、张滩、昌山、长安、七星墩、塘头、溢洲。水电站以发电、防洪为主，兼有航运、灌溉等功能。

浈江全长 211 km，流域面积 7 554 km^2，平均坡降为 0.61‰，底质为沙卵石。浈水上游南雄至韶关段全长 123 km，规划共 9 级开发，从上至下依次为古塘（三枫）、古市、马市、车头坪（黄江）、江口（新家庄）、新庄、鸡笼、周田和湾头等，湾头枢纽以防洪为主，其余梯级均以发电为主，兼有航运、灌溉、渔业、旅游和改善沿岸城镇水环境的功能。

8.3.2.2　通航建筑物情况

1. 溢洲枢纽

溢洲枢纽位于韶关市北郊十里亭靖村，距武江汇入北江河口 11.2 km。坝址控制集水面积 7 029.6 km^2，是武江梯级开发的最下游一级电站，下游同北江梯级开发的第一级孟洲坝水电站相衔接。主要建筑物从左至右依次为船闸、闸坝段、主厂房、升压站和右岸与库区堤防连接段等。枢纽正常蓄水位为 61.32 m，回水长度 18.7 m。安装机组 2 台，总装机容量 2.0 万 kW，单机引水流量 205.0 m^3/s。枢纽于 2007 年全面投产，逐步开始正常运行。

已建的船闸布置在右岸，为单线一级，级别为Ⅶ级，船闸有效尺度为 80 m×8 m×2.0 m，设计通航船舶为 50 t，设计年单向过闸货运量 80 万 t，上游最高通航水位为 61.32 m，最低通航水位为 60.48 m；下游最高通航水位为 60.82 m，最低通航水位为 52.82 m。

2. 塘头枢纽（拟建）

拟建塘头枢纽位于武江桂头镇下游塘头村，为溢洲枢纽的上一级梯级，距离武江口约 31.5 km。坝址以上流域面积约 6 494 km^2，正常蓄水位 68.82 m，总库容 1 526 万 m^3，装机容量 20 MW，坝址多年平均流最 179 m^3/s。主要建筑物为左岸接头土坝、船闸、河床式发电厂房、9 孔泄水闸、右岸接头上坝。

船闸为单线一级，等级为Ⅵ级，设计通航船舶为 100 t，船闸方案设计尺度为 100 m×12 m×2.1 m，上、下游通航水头差 7.5 m。上游最高通航水位为 68.82 m，下游最高通航水位为 67.49 m；上游最低通航水位为 66.58 m，下游最低通航水位为 61.32 m。

枢纽调度方式：根据拟建塘头枢纽防御洪水预案：来水量≤450 m^3/s 时，库区上游水位控制在 68.82 m；来水量为 1 450～4 720 m^3/s 时，上游水位为 66.58～70.94 m；来水量≥4 720 m^3/s 时，停止发电，敞泄；洪水过后，逐步回蓄，恢复正常运行状态。

3. 七星墩枢纽

七星墩水电站位于广东省乳源瑶族自治县境内武江干流上，是韶关市武江梯级规划的七个梯级中的第五级，枢纽以发电为主，兼顾航运的综合利用水电工程，工程等级为Ⅲ级，水库正常蓄水位75.82 m，相应库容830万m^3，校核洪水位77.04 m，总库容1 320万m^3，电站为低水头径流式电站，不承担防洪任务，未设防洪库容，电站装机容量1.17 kW，船闸通航50 t级船舶。七星墩枢纽电站现状挡水建筑物由左岸土坝、右岸土坝、混凝土连接段、泄水闸、发电厂房等组成。坝顶高程为79.12 m。

船闸为单线一级，级别为Ⅶ级，船闸有效尺度为70 m×8 m×1.5 m，设计通航船舶为50 t，上游最高通航水位为75.82 m，最低通航水位为73.82 m；下游最高通航水位为73.32 m，最低通航水位为67.72 m。

枢纽调度方式：来水量小于277 m^3/s时，水库按正常蓄水位75.82 m运行，水量除满足船闸通航耗水外，来水量全部通过机组发电；来水量为277～1 800 m^3/s时，水库水位维持正常蓄水位75.82 m运行，部分闸门开启，宣泄发电弃水；来水量大于1 800 m^3/s时，电站停止发电，水库闸门逐步开启，库水位逐渐下降，直至闸门全面打开，敞泄洪水。

4. 长安枢纽

长安水电站位于广东省乐昌市长来镇内武水干流上，是韶关市武水梯级规划的七个梯级中的第四级，枢纽以发电为主，兼有通航、灌溉等综合效益。工程等级为Ⅳ等小(1)型工程。水库正常蓄水位81.82 m，相应库容720万m^3，校核洪水位84.66 m。电站为低水头日调节的径流式电站，调蓄能力差，电站装机容量1.2 kW，船闸通航50 t级船舶。

枢纽总体布置方案为：左岸船闸、左岸厂房、右侧河床布置15孔混凝土泄洪闸坝，闸坝堰顶高程为75.32 m。交通桥布设于下闸首，桥面高程为86.82 m。

船闸为单线一级，级别为Ⅶ级，船闸有效尺度为70 m×8 m×1.5 m，设计通航船舶为50 t，上游最高通航水位为81.82 m，最低通航水位为80.42 m；下游最高通航水位为80.82 m，最低通航水位为74.32 m。

枢纽调度方式：当入库流量小于400 m^3/s时，库区坝前水位原则上控制在正常蓄水位81.82 m，通过三台机组发电；当入库流量大于400 m^3/s且小于500 m^3/s时，库区坝前水位原则上控制在81.72 m，入库流量通过水轮机和闸门下泄；当坝前流量大于500 m^3/s小于或等于600 m^3/s时，坝前水位原则上控制在81.52 m，入库流量通过水轮机和闸门下泄；当坝前流量大于600 m^3/s小于或等于700 m^3/s时，坝前水位原则上控制在81.44 m，入库流量通过水轮机和闸门下泄；当坝前流量大于700 m^3/s小于或等于850 m^3/s时，坝前水位原则上控制在81.22 m，入库流量通过水轮机和闸门下泄；当坝前流量大于850 m^3/s时，按照上级三防指挥部的指示，将逐步全开弧形闸门泄洪至天然行洪状态。

5. 湾头枢纽

湾头枢纽位于韶关市曲江区与仁化县大桥镇交界处湾头村，坝址距韶关市约14 km。是浈江梯级开发的最下游一级电站，下游同北江梯级开发的第一级孟洲坝水电站相衔接。工程是以防洪为主，结合发电，兼顾航运、灌溉等综合利用的低水头径流式电站，正常蓄水位65.82 m，总库容0.962 8亿m^3。主要建筑布置从左至右依次为土坝、排涝渠、防洪堤围、左岸电站厂房、中间10孔泄水闸、右岸船闸等。工程于2010年建成发电。

船闸为单线一级，级别为Ⅶ级，船闸有效尺度为80 m×8 m×1.3 m，设计通航船舶为50 t，上游最高通航水位为65.82 m，最低通航水位为61.74 m；下游最高通航水位为

63.82 m，最低通航水位为 55.69 m。

枢纽调度方式：来水量≤4 950 m^3/s 时，水库按 65.82 m 运行；来水量为 4 950~8 640 m^3/s 时，水库水位为 63.82~65.82 m；来水量≥8 640 m^3/s 时，停止发电，敞泄；洪水过后，逐步回蓄，恢复正常运行状态。

6. 周田水电站

周田水电站位于仁化县周田镇的浈江河段上，坝址距韶关市约 25 km。是以发电为主的低水头径流式电站，Ⅳ等小（1）型工程。主要建筑物为拦河闸坝、电站厂房、船闸、两岸连接段和防护堤及升压站等，正常蓄水位为 72.0 m。

船闸位于坝址右岸，为单级船闸，等级为Ⅶ级，设计通航船舶为 50 t，闸室有效尺寸为 80 m×8 m×1.5 m（长×宽×槛上最小水深），航道最小水深 1.2 m。船闸最大通航流量标准为 2 年一遇洪水，Q = 1 943 m^3/s，上游最高通航水位为 72.00 m，下游最高通航水位为 71.30 m；上游最低通航水位为 72.00 m，下游最低通航水位为 65.00 m。

8.3.2.3　航道整治情况

根据武江（桂头至武江口 36 km）、武江（长来至桂头 21 km）、浈江（周田大桥至武江口 37 km）航道建设条件、建设标准、设计代表船型及营运组织方案，航道整治工程项目的建设规模为按内河Ⅲ级、通航 1 000 t 级船舶标准建设，通航保证率 98%。

1. 建设内容

建设内容包括疏浚工程、炸礁工程、整治工程、切嘴工程、切滩工程、航标工程、交叉工程及支持保障系统工程等。

2. 航道尺度

设计航道尺度为 2.5 m×60 m×270 m，满足 1 000 t 级内河干货船通航要求，船舶最大吃水控制在 2.2 m 以内。

（1）船闸工程：船闸工程主要包括濛洲枢纽二线船闸、塘头枢纽船闸、七星墩枢纽船闸、长安枢纽船闸、湾头枢纽二线船闸、周田枢纽船闸。

（2）船闸等级：武江濛洲枢纽二线船闸、塘头枢纽船闸、七星墩枢纽船闸、长安枢纽船闸及浈江湾头枢纽二线船闸、周田枢纽船闸均设计为Ⅲ级船闸，通过船闸最大船舶载重吨级 1 000 t。

（3）船闸尺度：根据货运量的需求及《内河通航标准》《船闸总体设计规范》要求，新建濛洲枢纽二线船闸、塘头枢纽船闸、湾头枢纽二线船闸、周田枢纽船闸四座船闸为单级船闸，船闸尺度为 220.0 m×23.0 m×4.5 m（有效长度×有效宽度×门槛最小水深）。新建七星墩枢纽船闸和长安枢纽船闸为单级船闸，船闸尺度为 190.0 m×23.0 m×4.5 m（有效长度×有效宽度×门槛最小水深）。船闸设计通航净空 10.0 m。

8.4　北江港口规划建设

8.4.1　港口布局规划

依据各内河港的区位条件、自身特点及发展方向，突出内河港口在集装箱及煤炭、矿建等大宗能源、原材料货物运输中的作用,将广东省内河港口划分为主要港口、地区重要港口和其他港口三个层次。其中,位于北江的清远港和韶关港均为地区重要港口。

1. 清远港

清远市位于广东省中部偏北,东邻韶关,南接广州、佛山,西连肇庆、广西,北界湖南,生物医药、建材、纺织、化工等产业初具规模。清远港是清远市货物进出口的节点之一,是沟通港澳及珠江三角洲地区的重要水运口岸。随着北江航道等级的提高,北江航运将重新焕发生机,清远港的发展潜力将得到发挥。清远港是清远市发展外向型经济及对外物资交流的重要依托,是清远市联系港澳市场的窗口,将发展成为具有运输组织管理、中转换装等功能的重要港口。

2. 韶关港

韶关市位于粤、赣、湘三省结合部,是粤北地区的中心城市和广东省重工业基地,水泥产业、冶金工业、电力工业和机械装备工业发达。韶关港是粤北、湘南、赣南地区水陆物资转运枢纽,是韶关市与珠三角、港澳地区间物资交流的重要口岸,将发展成为以能源、原材料为主,兼顾集装箱的,具有装卸仓储、临港工业、商贸及物流等功能的综合性重要港口。

8.4.2　港口发展规划

1. 清远港

清远港是清远市对外物资交流的水陆转运口岸,主要承担清远市对港澳物资运输和北江沿江企业原材料、产成品出口。清远港现辖清远、英德、阳山等 3 个港区,其中清远港区开展集装箱装卸。全港现有码头泊位 147 个,年综合通过能力 663 万 t。

清远港以非金属矿石、矿建材料等为主,兼有少量集装箱,2005 年完成旅客 185 万人次,货物 1 192 万 t。预测清远港 2010 年客货吞吐量分别为 275 万人次、1 400 万 t,其中集装箱 3 万标准箱,2020 年客货吞吐量分别为 450 万人次、1 700 万 t,其中集装箱 10 万标准箱。清远港将发展成为以清远港区为骨干,以北江的英德及连江的阳山港区为基础的港口布局。

清远港区位于北江干流,处于清远市政府所在地,目前 300 t 级船舶可直达港区。经过多年的基本建设,目前已拥有 60 个生产性泊位,年货物通过能力 270 万 t,主要承担清远市矿建材料、非金属矿石及湖南等地煤炭中转运输。北江航道等级提高后,1 000 t 级船舶可以直达清远港区,有利于发挥清远港区的区位优势,为清远市经济发展提供运输服务,降低货物运输成本,提高清远市产品竞争力。

2. 韶关港

韶关港主要承担韶关市煤炭、矿建材料、水泥等货物进出口,是韶关市与珠江三角洲地区物资交流的重要窗口。韶关港现有码头分布在北江、武江和浈江沿岸,辖有武江、浈江、新港、白土、乌石、大坑口等 6 个港区,共有码头泊位 69 个,年货物通过能力 618 万 t。

韶关港 2005 年货物吞吐量 542 万 t。预测韶关港 2020 年货物吞吐量为 900 万 t。韶关港将形成以乌石、白土、新港等 3 个港区为骨干,以大坑口、武江、浈江等港区为基础的港口布局。

乌石港区位于北江下游的乌石镇,距韶关市中心区 30 km。乌石港区主要依托韶钢、韶关电厂、韶冶等大型企业，是以煤炭、煤灰、铁矿砂等大宗散货为主的货运港区。

白土港区位于北江下游的白土镇，距韶关市中心区 15 km。白土港区主要依托粤北工业开发区、白土高科技园区和曲江工业园区等产业群，是以件杂货运输为主的货运港区。

新港港区位于北江上游、韶关市区以南 8 km。新港港区主要依托韶钢、韶冶、韶铸等韶关市的传统优势产业，是为这些企业的大型铸钢件、精铸、精锻、精密铸件等重件、大件货物运输服务的货运港区。

8.5　北江航运发展趋势

“产业共建”等一系列扶持粤北经济发展政策取得了一定成效。韶关市 10 个县(市、区)均已设立省产业转移工业园(或片区)。广清产业园重点围绕新材料产业、生物医药产业、高端装备制造产业、新一代信息技术产业、新能源产业、节能环保产业、新能源汽车产业等 7 大战略性新兴产业集群进行招商引资，发展势头良好。随着跨区域产业链的打造，与珠三角地区同等水平、优势互补的区域产业分工合作格局的形成，跨区域运输需求会越来越强烈，良好的运输条件将会是“产业共建”顺利实施的重要推手。水运作为一种低成本、大宗运输的运输方式，可以提供优越的运输条件。据预测，北江 2030 年将有 7 800 万 t 左右的水运需求，目前通航 20～300 t 级船舶的通航条件不能支撑水运需求，腹地企业采用陆路运输成本较水路运输每年增加成本数十亿元，而且给公路和铁路运输带来了巨大压力，很多公路被超载破坏严重，不堪重负。若不及时对北江扩能升级，将对腹地“产业共建”等一系列经济发展举措产生极大制约。

目前，广东省正在开展北江航道扩能升级建设，该项目是省委省政府立足当前稳增长，着眼长远调结构的重要战略部署，是广东省促进区域协调发展的重大民生工程，也是广东省水运史上最大的航道扩能升级工程，被列为广东省重点水运建设项目。北江航道等级提升对“振兴粤北经济”发展起着重要的推动作用。从宏观上将可以带动粤北主动融入“一带一路”和“粤港澳大湾区”国家战略，分享发展红利；直接提升综合交通运输网络，助力腹地经济发展，间接带动旅游产业发展，增加财政收入；延伸可产生衍生行业的连锁带动效应，并推动城镇化进程；远期为联通粤赣运河奠定基础，为粤北经济创造历史性发展机遇。

第 9 章 北江流域可持续发展问题

可持续发展是指既满足当代人的需求，又不损害后代人满足需要的能力的发展。换句话说，就是指经济、社会、资源和环境保护协调发展。可持续发展的战略是资源。水资源既是重要的自然资源，又是基本的环境要素，也是战略性经济资源，为综合国力重要的有机组成部分。联合国《世界水资源综合评估报告》指出：水问题将严重制约 21 世纪全球经济与社会发展，并可能导致国家之间的冲突。如何处理好水资源与社会经济发展和生态环境的关系，使水资源在整体上发挥最大的经济效益、社会效益和环境效益，关键在于搞好水资源优化配置。一方面应对天上水、地下水、主水、客水、调水等统筹考虑，开发上实现水资源的优化配置；另一方面应对工业、农业、人民生活、环境、生态等的用水需求加以区别对待，保证重点，优水优价，在使用上实现水资源的优化配置。

9.1 国内外典型流域可持续发展问题与对策

9.1.1 长江流域

长江流域地处我国中南部。干流经青海、西藏、四川、云南、重庆、湖北、湖南、江西、安徽、江苏和上海 11 省(市、自治区)，注入东海，全长 6 300 余 km。支流伸展到甘肃、贵州、陕西、河南、广西、广东、福建、浙江八省区(见图 9-1)。流域面积约占全国总面积的 1/5。流域内湖泊众多，占流域面积的 1.2%。长江水量巨大，多年平均径流量 9 560 亿 m^3，地下水资源 2 463 亿 m^3，约占全国径流总量的 35%，人均水量 2 460 m^3。它不仅是本流域可持续发展的保障，同时担负着通过南水北调缓解北方缺水问题的重任。但流域内水资源地区分布不均，单位面积年径流量鄱阳湖洞庭湖水系最大，金沙江、汉江水系及长江三角洲平原最小。水资源年内分配也极不均匀，汛期水量占全年水量的 70%~75%，最大、最小月平均流量可相差 12~20 倍。另外，流域人口增加，经济发展，城市化进程加快，在诸多自然和人为因素影响下，水文条件、资源与环境特征不断发生变化，产生了种种水环境问题，如水污染、洪涝灾害、泥沙淤积、水土流失、地下水污染及咸水入侵等。

长江流域的天然水质良好，是工农业生产和人民生活用水的良好水源，也是水生生物生长繁殖的理想生境。近年来，随着工农业生产和城镇建设的迅速发展，流域水污染，特别是中下游地区的水污染，已成为长江水环境的严重问题。据 1996 年度长江干流和 26 条支流及三个湖泊出口共 82 个代表河段，总河长 1 017 km 的全年水质进行评价，结果表明，枯水期Ⅱ类水河长占总评价河长 28.4%，Ⅲ类水占 54.4%，Ⅳ和Ⅴ类水占 17.2%；丰水期Ⅱ类水河长占总评价河长 39.6%，Ⅲ类水占 47.2%，Ⅳ和Ⅴ类水占 13.1%。主要超标污染物为耗氧、氨氮和挥发酚等。与 1991 年流域水质比较，枯水期Ⅲ类水体由 20.7% 增至 54.4%，Ⅳ和Ⅴ类水体由 11.0%增加到 17.2%，有明显的恶化趋势。下游河网地区

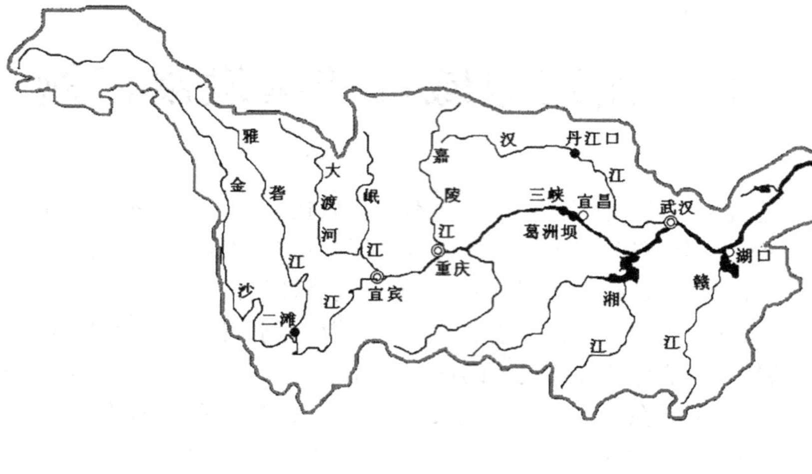

图 9-1　长江流域示意图

水污染防治措施滞后，骨干河道污染河长占 73%，江苏境内受污染河道为 85%，上海达 90%，而江南运河已被全程污染，并通过 200 余条平交河流向两侧扩散。多数城市水源地已受到不同程度的污染，嘉兴、常熟等城市难以找到适合的饮用水源地。区内水环境污染日趋严重，并已上升为与洪涝灾害同样严重的突出问题。水污染主要原因包括：无节制地排放废污水、经济发展与环境保护不协调、用水量加大及流域缺乏统一规划和管理。

近年来，由于排入湖库的氮、磷等营养物质不断增加，水体富营养化进程加快。“九五”期间国家重要点治理的“三湖”，即滇池、巢湖和太湖，全部都在长江流域；鄱阳湖、洞庭湖目前维持在中营养水平，但磷、氮含量偏高，正处于向富营养过渡阶段；近城郊的湖泊水库富营养化程度普遍较高，如杭州西湖、南京玄武湖及武汉东湖等均达富营养化程度。湖库富营养化的原因主要有：含磷化工用品、肥料和农药的大量使用，水产养殖、畜禽及生活服务行业污水的排放等。

椐 20 世纪 80 年代调查统计，长江流域水土流失面积 56. 2 万 km^2，年土壤侵蚀量 15. 68 亿 t。水土流失主要集中在金沙江下游，嘉陵江、沱江流域、乌江上游及重庆至鄂西的三峡库区，上游宜昌站多年平均输沙量达 5. 3 亿 t，其中金沙江来沙占 45. 3%，嘉陵江来沙占 27. 4%。长江上游水土流失的危害主要表现在三个方面：一是破坏土地资源，制约可持续发展；二是导致水源涵养能力降低，泥沙淤积，生态环境恶化，洪涝干旱灾害加剧；三是水土流失淤塞河道，湖泊及水库等水利设施，对长江中下游航运、水利工程效益发挥、水资源综合利用及防汛保安带来危害和不利影响。

三峡工程对水环境影响的问题：三峡工程对库区水质的不利影响主要表现在水位抬高，水流趋缓，不利于污染物的扩散，使现在排污染条件下的岸边污染范围扩大。水库初期正常蓄水位 156 m，对水质的不利影响范围主要集中在坝前至长寿县城附近，水库按正常蓄水位 175 m 蓄水运行，对水质的不利影响范围将涉及整个库区。尽管目前三峡库区总体水质良好，但据长江流域水资源保护局开展的调查，重庆江段有直接入长江排污口 79 个，另有嘉陵江汇入，据 1996 年统计，三峡库区年均接纳废污水量超过 10 亿 t，其中重庆年排废污水量 8. 50 亿 t；涪陵有排污口 22 个，年排废污水量 1. 35 亿 t，万州有排污口

22 个,年排废污水量 0.81 亿 t,宜昌在库区排污口主要集中在巴东,年排废污水量 0.06 亿 t。大量未经处理的废污水排入库区水域后,使沿江城镇的局部江段已形成了较严重的岸边污染带。建库后,流速减缓,复氧和稀释扩散能力下降,将加重三峡库区水体污染。

长江水资源是长江流域 4 亿多人口赖以生存的物质基础,也是经济社会发展的基础保证,为实现新时期长江水源保护战略目标,实现流域可持续发展,目前长江流域水资源保护提出对策有:

(1)提高水资源保护意识:长江流域水资源虽然相对比较丰富,但总量还是有限的,且时空分布不均匀,水又是一种十分脆弱的自然资源,极易受到污染和破坏。人们必须更新观念,提高保护水资源对实施可持续发展战略、推动社会全面进步重要性的认识。利用多种方式,加强宣传教育和舆论监督,使社会各界和公众了解和遵守水的各项法律,强化人们的水资源保护意识,特别是要提高各级领导干部环境保护的国策意识,增强紧迫感和危机感,使保护水资源变成全民的自觉行为。

(2)加强长江流域监督管理:条块分割的管理体制,人为地将系统、完善的水系分割开,"多龙治水",难以实现"统一规划、合理布局"。水资源保护应遵照流域水资源与水环境一体化、水量与水质并重的原则进行统一管理,实现宏观调控,制定和规划整个流域的水资源保护目标、措施和要求,理顺关系、健全机构,加强流域水资源保护和管理,加快水资源保护决策支持系统建设。

(3)加强法制建设,尽快制定长江水资源保护条例:环境保护是可持续发展战略的重要组成部分,因此环境保护法制在实现持续发展进程中具有举足轻重的地位。我国实行的"预防为主,防治结合""谁污染谁治理"和"强化环境管理"的三大政策,确立了我国环境立法的基本原则。应当根据长江水污染的特征和流域内经济发展的要求,尽快制定切实可行的水资源保护条例等有关法规,以有效地遏制长江水污染势头,保证长江水资源的可持续利用。

(4)改革排污收费制度:一是改进收费依据,由浓度收费过渡到排放总量收费。浓度指标与总量指标相结合,在排放浓度控制的基础上,实行总量控制,这不仅与我国"九五"期间实施主要污染物排放总量控制的环保主要任务相一致,还可从根本上解决空气、水对污染物稀释的问题,可有效削减污染排放。二是采用多因子叠加收费取代单因子收费。对于同一污染源中多种污染物叠加收费,污染者承担其污染行为的全部责任,这样才符合污染者付费原则。三是收费标准应根据经济发展、物价水平变化而做相应调整,使收费水平略高于设备运行费用,这可刺激企业运转设备治理污染。四是实施超标排污收费向排污收费的转变,无论是何种污染,排污即收费,超标即罚款,充分、合理利用资源,使环境污染程度控制在环境承载力之内。

(5)建立节水型经济和节水型社会,减少污水排放:随着水资源日益短缺,开发费用日益昂贵,为缓解水资源矛盾,有效保护水资源,节约用水确定为我国经济建设中一项长期的基本政策。长江流域经过多年水利建设,目前供水能力已有很大提高。但预计到 21 世纪末,长江流域城市和农业灌溉缺水仍将十分严重。解决水资源供需矛盾的办法,除继续建设新的水源工程外,必须大力开展节水宣传,实行全面节水战略,农业、工业、城市都要采取有效的节水措施,以减少污水排放。

(6)湖泊生态系统退化的上行控制途径：富营养化湖泊的恢复途径除采用常规的环境工程技术外,更应重视和采取生态技术。对于点源污染,通过截污分流,建立污水处理厂进行集中式处理等外部控制手段,湖内污染负荷通过营养物质沉淀、底泥疏浚和引清冲污等内部控制手段得以实施。对于引起湖泊富营养化主要因素的非点污染源,则可以采用加强水陆交错区及生态缓冲带建设的办法,使水陆交错区作为地表径流的主要载体以过滤来自陆地径流中所含的营养物质、化肥和农药等污染物。由于水陆交错区的景观界面效应使其中的生物种类繁多、生物量大、根系微生物活动强烈,径流中所携带的有机物较多地在这种环境中被降解、吸附、吸收。

(7)明确经费渠道,保证投入：为促进水资源保护管理工作,保证水资源保护机构经费、正常业务经费和专项经费的开支需要。培训和造就一支高素质水资源保护管理队伍,采用先进技术设备,加强地区间、区域间、国际间合作,充分利用各种渠道筹集和安排资金,保证投入。为保证水资源保护管理科学性,有利于制定引导政策,应加大对水资源保护科研的投入,为实现水资源保护可持续发展提供技术保障。

9.1.2　黄河流域

黄河流域是我国重要的能源重化工基地和粮棉基地,在我国经济建设中起着重要的作用。由于自然地理因素和人类活动两个方面的影响,黄河水资源严重短缺。黄河流域面积占全国土地面积的8%(见图9-2),而多年平均天然径流量为580亿 m^3,只占全国河川净流量的2%左右。黄河流域年平均径流深为77 mm,仅为全国平均径流深的27%,按全流域人均水量计算,每人约为700 m^3,仅为全国人均占有年径流量的26.5%。流域内每公顷土地平均水量4 500 m^3,只相当于全国的17%。由此可见,黄河流域的水资源是相当匮乏的。

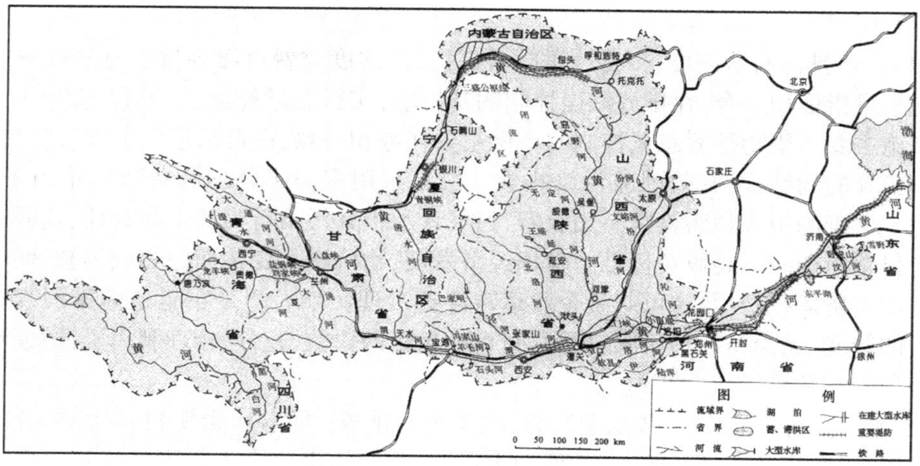

图9-2　黄河流域图

(1)水资源时空分布不均。黄河干流站汛期(7~10月)径流量占全年径流量的60%左右,在黄土高原区的一些中小支流,径流的年内分配更加集中,全年径流量不仅集中在汛期,而且多集中在几次大洪水中,汛期径流量可占年径流量的80%以上。黄河流域河川径流有显著的年际变化。全流域各地区年径流量差系数为0.11~0.53，干流的年径流极值比可达35，部分支流的年径流极值比可达40以上。黄河径流年际变化的另一突出特点是连续枯水年份持续时间长，在20世纪的百年内就出现过三次持续时间在10年以上的枯水时段。连续枯水年的出现，对十分匮乏的黄河水资源来说，无异于雪上加霜。黄河水资源的地区分布很不均匀。流域内相对多水区与少水区的径流深相差140倍以上。年径流系数最大为0.7，是全流域年径流系数的47倍；最小只有0.01，仅为全流域年径系数的7%。黄河干流兰州以上控制流域面积占全河的58%，是黄河径流的主要来源区，但这个地区的年耗水量只占全河年耗水量的6.3%。

(2)黄河含沙量高且水沙异源。黄河因含沙量高而世界闻名，而且黄河有水沙异源的突出特点，如兰州以上的上游地区和三门峡以下地区属于水多沙少区，而三门峡以上的中游地区则是沙多水少区。黄河含沙量高，给黄河水资源开发利用开发带来很多困难。为了减轻饮水渠道的严重淤积，中下游的引黄枢纽工程都需要建设大面积的沉沙池，因而占用了大量土地。引黄干支渠每年都有繁重的清淤任务，为此耗费了大量的人力、物力。为了保证每年把约12亿t的黄河泥沙输送入海，黄河需要200亿 m^3 的生态用水量，以满足排沙入海的要求。

(3)用水量急剧增加，供需矛盾日趋尖锐。黄河流域是我国重要的农业区，为了发展农业，引黄灌溉有着悠久的历史。中华人民共和国成立后，黄河流域进行了大规模的水利建设，在干支流建成大、中、小型水库3 183座，总库容583亿 m^3 引水工程0.98万处，提水工程236万处，机井37.8万眼；在黄河下游还修建了向海河、淮河平原沿黄地区供水的引黄涵闸、虹吸、提水站等122座，为发展农业灌溉提供了重要的基础设施。1950年黄河流域及其下游沿黄地带的灌溉总面积仅有80万 hm^2，而到20世纪90年代已发展到713.3万 hm^2，增长近9倍。相应的农业灌溉用水量也有了大幅度增长。黄河沿岸的一些城市，如兰州、包头、石嘴山、郑州、开封、济南、东营、滨州等地区，工业及城市生活用水20世纪50年代年均耗水量为0.23亿 m^3，80年代为10.2亿 m^3，90年代则达到13.63亿 m^3。在不到50年的时间里，引黄耗水量增长了近60倍，可见黄河流域城市工业、生活用水增长速度相当迅猛。用水量的急剧增加，使黄河流域水资源的供需矛盾日趋尖锐。

(4)水资源利用浪费严重。农业灌溉是黄河水资源的用水大户，同时是水资源浪费大户。据调查，目前引黄灌区灌水定额达6 000~9 000 m^3/hm^2；在干旱和半干旱的宁夏、内蒙古灌区，灌溉定额高达12 300~17 000 m^3/hm^2。更有甚者，银川地区的水稻灌溉定额高达22 500~27 000 m^3/hm^2。这些灌溉定额是正常用水量的2~5倍，说明农业灌溉用水的利用率极低。造成用水浪费的原因主要是黄河灌溉等粗放的灌溉方式，加之许多水利工程设施不配套，重建轻管，引水渠道年久失修，"跑、冒、渗、漏"严重，因此浪费了大量的水资源。据估算，仅渠系引水渗漏、灌溉工程不配套和灌溉方式落后，约造成全河段每年引黄用水100亿~200亿 m^3 的严重浪费。

(5)严重水污染加剧了水资源危机：黄河是我国华北和西北的重要水源，随着工业化和城市化的逐步发展，废污水的排放量大幅度增加，造成了严重的水污染。据调查统计，在20世纪80年代初期，黄河流域城市工矿企业和居民生活污水排放量约20亿t左右；到90年代后期，这一数值增长到50亿t，增加了1.5倍。目前，由于沿岸能源、有色金属及重化工基地的发展及城市人口的增加，向黄河排污量已占到黄河径流总量的 7%。先前水质污染主要发生在顶枯水季节，而目前，平水季节和丰水季节的水污染现象也在不断加重。氨、氮、石油、重金属、挥发酚等污染物质从支流扩展到干流；从上游兰州、包头河段蔓延到中下游，更严重的是部分水库的水质也遭受污染。

根据黄河流域入口、经济的增长，生态环境的恶化，以及水资源紧缺和贫乏等基本情况，决定了黄河水资源的开发利用必须走保护生态环境、保护水资源、合理利用和节约水资源的持续发展道路。解决黄河水资源紧缺的矛盾，既要从长远考虑，彻底根治，又要着眼当前，解决燃眉之急；既要兴建水利工程，增加流域“产血”“造血”功能；又要加强水资源的管理调配，厉行节约，合理利用，提高水资源利用率。提出了如下可持续发展对策：

(1)加强水资源的统一管理和统一调度。

2019 年，黄河干流已建与在建的水利枢纽 12 座(总库容达 563 亿 m^3)，有 667 hm^2 以上的引黄工程 200 余处，这些工程在用水调度上分别归属不同部门管理。由于各部门各自为政，追求目标不统一，按照各自的运行方式进行调度，造成枯水年份，枯水季节上中下流争水，从而增加了下游断流的机会。为使有限的黄河水资源发挥出最大的整体效益，对全河水资源实行统一管理河调度已势在必行。这就需要在黄河流域建立一套既有降水量时空预测、预报，水资源监测、预报，水库群的水资源管理制度，又有流域用水现状预测、控制和水资源开发治理、土地合理开发利用的流域网络综合管理系统，为强化水资源统一管理和统一调度创造良好条件。

(2)开源节流，科学合理地利用黄河水资源。

首先，扩建和增建蓄水工程，增加调蓄能力。黄河中下游干流调蓄能力较低，从而造成黄河一方面水资源不足，经常出现断流，另外又有汛期的大量弃水入海。在黄河下游特别是在中游修建几处综合利用工程可以增加水量调节能力。当前要充分利用已有的坑塘、湖泊、河道拦河闸、平原水库等工程；合理地拦蓄当地地表径流和调蓄黄河水，以便丰蓄枯用，为枯水期增加可用水源。其次，要合理开发利用地下水源。黄河宁蒙灌区和下游沿黄地区地下水资源丰富，具有很重要的开发利用价值。据统计，由于降水入渗、黄河侧渗和引黄渠系渗漏补给，下游引黄区地下水可开采量为 65. 11 亿 m^3，而大旱的 1989 年地下水仅开采 17. 8 亿 m^3，占可开采量的 27. 3%。再次，要加大污水资源化力度。污水不经处理直接排入河道，既浪费了资源，又污染了环境，贻害人民。目前，沿黄废污水排放量已达每年 50 亿 t 左右，如果把这些污水加以处理，达到环境允许的排放标准或污水灌溉的标准，使污水资源化，既可增加水源解决农业缺水问题，又可起到治理污染和改善生态环境的作用。最后，南水北调的东线和中线的建成，可为黄河下游提供 40 亿 m^3 的水源，这对缓解黄河水资源的供需矛盾也能起到重要作用。

(3)节约利用黄河水资源。

在黄河水资源的利用中，存在着十分严重的浪费现象，这同时意味着这里具有很大的节水潜力。要努力建立节水型生产体系，提高黄河水资源的有效利用率。目前在黄河水的开发利用中，农业灌溉用水占 80%以上。因此，农业节水是首要任务，从工程节水、生物节水、农艺节水等多方面入手，全面实施农业高效用水技术，可大量节约农业用水。据引黄灌区渠系工程配套的试验证明：从干渠到田间逐步实行渠道防渗，配齐测水量水建筑物，建造“U”形防渗渠系灌水体系，在不减少灌溉面积的情况下可节水 20%以上。水上田间实施节水工程建设，实施低压管道灌溉、喷灌和微滴灌等，可使用水量降至 750 m^3/hm^2。在工业用水方面，要将节水措施与企业技术改造相结合，重视工业用水的重复利用、循环利用，努力提高工业用水重复利用率，以减少水资源消耗。

(4)利用经济杠杆调节水价，建立合理的水价制度。

水作为不可或缺的自然资源在市场经济体制下理应完全商品化，水价应真正体现水资源的价值，从而促进人们节水意识的增强、节水技术的改进和节水措施的落实。利用水价调节人们的用水行为是实现可持续的用水方式的有效手段，但是这一手段在过去较长时期内并没有得到充分合理的使用。我国传统的水价制度带有较强的计划经济色彩，供水被视为无偿或低偿的公益福利事业，这直接或间接导致了用水效率的低下和水资源的污染破坏。目前要利用经济杠杆，适当地、逐步地提高水价，同时可根据黄河水资源的特点，按市场进行调节，实行浮动价格：枯水期高价，丰水期低价，超计划用水加价。可根据不同地区的经济发展水平，实行异地异价。要逐步改变目前价格偏低，水价单一的不合理现状，建立起河里的水检制度。只有这样才能唤起全社会对节水的关注，达到节约用水的目的。提高水价增收资金可适当返还当地水利部门，作为沿黄水利的基金，也可用于节水工程的建设，或可作为节水措施的奖励；调动沿黄各地可持续利用水资源的积极性。

9.1.3　太湖流域

太湖是我国五大淡水湖之一，流域面积 36 900 km^2，行政区划包括江苏省苏南地区，浙江省的嘉兴、湖州二市及杭州市的一部分，上海市的大部分。其中，江苏省占 53%，浙江省占 33.4%，上海市占 13.5%，安徽省占 0.1%。太湖流域河网密布，湖泊众多，水域面积 6 134 km^2，水面率达 17%，河道和湖泊各占一半。面积在 0.5 km^2 以上的湖泊 189 个。河道总长度 12 万 km，平原地区河道密度达 3.2 km/km^2，纵横交错，湖泊星罗棋布，为典型“江南水网”。主要分为三个独立水系（见图 9-3）。

(1)太湖流域西部山丘区各独立水系。其特点是发源于山区，分别独立汇入太湖或平原，流向为终年单向流。代表性独立水系有湖西区南溪水系、洮滆水系、浙西区的合溪水系和苕溪水系。

(2)太湖和低平原的黄浦江水系。以太湖为源头，以平原河网为主体，有时发生往复流。黄浦江水系主要河道有吴淞江、太浦河、斜塘、红旗塘（园泄泾）、大泖港等。

(3)沿江沿海水系。该水系为平行的一系列独立入江或入海河道。在开闸时，水流入江入海；在关闸时参入平原河网的黄浦江水系。沿江水系河道全部为南北向，由西向东排列，西起丹阳的九曲河，依次主要有新孟河、德胜河、藻港、新沟河、夏港、锡澄运河、白屈港、十一圩港、张家港、望虞河、常浒河、杨林塘、戚浦塘、白茆塘、浏河等河道，沿江水系北接长江，南抵江南运河。

流域内农业用水与水资源：太湖流域较强的农业基础是流域经济发展的重要保障。2008 年农业总产值 1 066.44 亿元，其中苏南占 49%，上海市、杭嘉湖地区分别占 23%与 28%。流域农业人口人均占有耕地 1.18 亩，人多地少，长期精耕细作，科学种田水平及单位面积产量居全国前列。畜禽饲养是太湖流域农村经济中较活跃的产业，畜禽品种的改

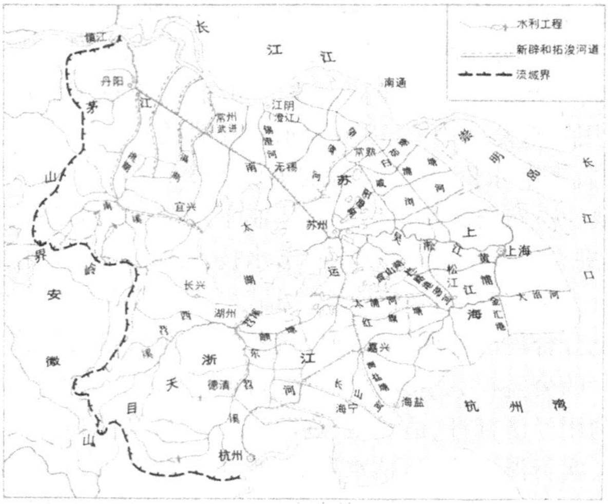

图 9-3　太湖流域图

良、社会化服务体系的建立，推动了畜牧业的发展和技术进步。

在太湖的外部污染物总量中，工业污染仅占一小部分，为 10%～16%，农业面源污染所占的比例目前已达 59%，其中来自农业面源的氮量占入湖总氮量的 77%，磷占 33.4%。

农业面源污染产生的主要原因：农业面源污染产生的原因很多，包括农田过度施用化肥、农药导致大量氮、磷随径流进入水体；农村生活污水的直接排放；畜禽排泄物的任意排放；农村生活垃圾的随意堆放造成的径流污染；污染水域底泥的污染物缓慢释放等。其中，农田化肥、农药的过度使用和集约化畜禽养殖的排泄物是最主要的原因。在太湖流域，来源于农田面源和畜禽养殖业的总氮分别为 30%和 23%，总磷分别为 20%和 32%，贡献率超过来自工业和城市生活的点源污染。

畜禽排泄物：除化肥的过度使用外，集约化的畜禽养殖对水体富营养化也起着重要的作用。我国每年畜禽养殖场排放的粪便及粪水超过 17 亿 t。根据中国农业科学院土壤肥料研究所的初步测算，即使只有 10%畜禽粪便由于堆放或溢满随地表径流进入水体，氮对流域水体富营养化的贡献率就可达 10%，磷可达 10%～20%。可见，流失的畜禽排泄物已成为水体富营养化的重要原因。

我国的面源污染研究起步较晚，始于 20 世纪 80 年代初，经过 20 多年的发展也有了较快的进步。但在政策方面，我国只是做了部分探讨对湖泊农业面源污染的治理，目前也主要按照点源污染的治理模式，而没有按照对农业面源污染控制的基本规则，对整个流域各类型水源涵养地统一布局，从源头上进行氮、磷输入的总量控制。有机农业是一种持续稳定的环境友好型农业生产体系，有机产品国家标准 GB/T 19630—2005 中将有机农业的定义为：有机农业是遵照一定的有机农业生产标准，在生产中不采用基因工程获得的生物及其产物，不使用化学合成的农药、化肥、生长调节剂等物质，遵循自然规律和生态学原理，协调种植业和养殖业平衡，采用一系列可持续发展的农业技术以维持持续稳定的农业生产体系的一种农业生产方式。只有将农业作为一个整体的生态系统，实现生态系统内部物质的良性循环才有可能大幅度减少氮、磷等营养物质的排放，发展有机农业就是实现此目标的最佳选择。

流域内工业与水资源:太湖流域工业门类多、规模大。工业产值居前六位的行业依次为电子工业、机械工业、纺织工业、化学工业、冶金工业和食品工业。近年来新建立的各大经济技术开发区成为高新技术产业开发基地。微电子、网络技术、精细化工、新材料、生物工程等已有一定基础。太湖流域是乡镇企业的主要发祥地,乡村工业已成为太湖流域农村经济的主体力量。在流域工业总产值中,农村工业占 43%。上海市农村地区工业总产值中农村工业占 60%。乡村企业生产结构调整取得了初步成效,企业规模调大,产品质量调优,科技含量调高。乡村企业在壮大农村集体经济、增加农民收入和支持农业增长方面都发挥着不可替代的作用。

9.1.3.1　太湖水环境面临的问题

1978 年以来,特别是近 30 年来,随着流域人口的增加、工业的不断发展壮大及环境治理相对滞后,太湖水环境问题日益突出,蓝藻暴发逐渐频繁;在 2007 年 5 月底太湖蓝藻在贡湖湾大量堆积死亡、腐烂发酵后导致大面积黑水团,引发了震惊中外的无锡供水危机。主要水环境问题有:

(1)入湖污染物总量远超湖体的纳污能力。由于流域巨大的人口基数和发达的工农业基础,排污总量仍很大,根据太湖流域管理局数据,太湖流域污水与流域自然径流的比例达到 1:2.2;2012 年实现入湖污染负荷中,TP 为 0.2 万 t、TN 为 4.8 万 t,仍分别超过了湖体允许环境容量的 3.0 倍和 2.7 倍。持续不断的超额外源污染物进入湖体,是湖体水环境改善的最大威胁。

(2)蓝藻生物量仍居高不下。与 2007 年相比,虽然近期太湖湖体 N、P 等营养盐浓度有所下降,但仍处于适宜蓝藻生长、暴发所需的最佳浓度范围,湖体业已形成的"藻型生境"导致湖体蓝藻生物量始终处于较高的水平,一遇到适宜的气象等外部条件,蓝藻就会大规模暴发。2013 年就是一个明显的实例,由于气温高、降水少,持续干旱少雨晴热,导致蓝藻生长暴发达到了 2008 年以来的较高水平;居高不下的蓝藻生物量始终是太湖安全度夏和供水安全的巨大威胁。

(3)沿湖产业结构升级难度大。太湖流域工业发达,化工、制造业比例大,产业偏重,2007 年前三产业之比为 3.7:61.3:35.0,上游地区第二产业比例超过 70%。经过几年来的调整,虽然第二产业比重有所下降,但占比仍高达 55%以上。产业结构调整、转型升级是一个长期的过程,既需要外部条件的配合,更需要内部的强力推动。在现有的评价考核体系下,保持经济持续跨速增长仍是各级地方政府的第一要务,因此产业结构转型升级亦是一个痛苦的转换过程。如果转变发展方式的步伐不够快,势必带来排污总量的持续增加,入湖污染负荷将进一步加大,对流域经济社会发展造成严重影响。如何在维持经济增长的同时,实现产业结构的转型升级,既是各级政府面临的最大挑战,也是实现太湖长治久安的重大考验。

9.1.3.2　太湖可持续发展对策

太湖治理已经取得了阶段性的成效,随着治理的深入,治理难度越来越大,水环境改善的难度也越来越大。太湖流域是我国人口密度最大的地方,经济社会高度发达,人口密度大带来的是资源消耗大;要实现太湖水质的持续改善,任务十分艰巨。要在太湖治理上取得显著的效果,首先要围绕着改变太湖水质上加大人力、物力、财力的投入;其次要逐步调整太湖流域的经济结构,才能从根本上减少入湖污染负荷,早日让太湖重现碧波美景。

(1)坚持生态文明建设理念。要让沿湖的地方各级政府和社会各界清醒地认识到:环境就是资源,环境就是生产力,生态就是资本,相比于金山、银山,绿水、青山更加值得珍惜。必须始终坚持环境保优先,把生态文明的理念贯穿到国民经济发展的各个方面、整个过程,把太湖治理作为生态文明建设的重中之重,切实落到实处。将水生态环境指标列入基本实现现代化指标体系,并作为约束性控制指标,着力建设资源节约型、环境友好型社会,统筹推进太湖治理与经济社会协调发展。

(2)转变产业结构。根据测算,如果太湖流域仍维持2010年前后的产业格局,即使所排放的废污水全部得到妥善处理,尾水达到目前国家最严格的排放标准《城镇污水处理厂污染物排放标准》(GB 18918—2002)一级A类,进入水体的污染物排放总量就已超过流域河湖的纳污能力。这其中还没有考虑面积广、产量大的农业面源污染和未接入管网处理的大量农村生活污水排放。由此可见,就现有的经济发展模式和用水条件,太湖流域的河湖根本无法承受如此巨大的人口和经济发展对环境造成的压力。要修复太湖生态平衡,实现太湖水资源环境可持续利用,在全流域加快转变经济发展方式,大力发展低碳经济、循环经济、绿色经济、建设资源节约型、环境友好型社会,是必由之路。

(3)坚持铁腕治污、综合政策。长期以来,由于人们环境保护意识淡薄,在社会生活的各个方面任意损害环境的行为,例如工厂企业偷排污水、向河湖排泄废弃物等,屡禁不止。为了强化环境保护,提高治污水平,必须严格按照江苏省人民政府颁发的《太湖流域城镇生活污水处理厂排放标准》和《江苏省太湖水污染防治条例》等法律、法规的要求,加大对包括偷排污水在内的损害环境行为的处罚力度,实施铁腕治污;同时,各级政府要加大责任考核,明确沿湖市、县(区)各级相关部门的治理太湖责任,实施层层考核,对年底考核未达到目标的,实行一票否决。通过实施铁腕治污,标本兼治,使太湖治理得以全面、系统、有序展开。

(4)坚持创新驱动、科学治理。不断创新太湖水环境治理的体制和机制,通过体制和机制创新,发挥制度优势对太湖的贡献,最大程度调动各方面的积极性和主观能动性。利用价格杠杆推动治污,通过完善差别价格政策,进一步提高重污染行业污水处理和处置成本,增强企业转型升级和减少污染排放的内在动力。创新治污减排机制,推动建立环境资源市场,形成"排污者付费、治污者受益"的新格局。加强太湖治理的科学研究,特别是蓝藻资源化利用、水田氮、磷减排等方面的技术攻关,进一步发挥科学技术在太湖治理中的作用。

9.1.4　密西西比河流域

密西西比河全长6 260 km(见图9-4),流域面积322 km^2,涉及31州,平均流量约为19 000 m^3/s,主要支流有伊利诺斯河、密苏里河、俄亥俄河、田纳西河(二级支流)、阿肯色河等。

密西西比河开发已有近两百年历史。早期以局部治理为主,主要是修筑堤坝、对干流下游及支流俄亥俄河进行小规模航道疏通。此后,因频繁水灾的损失越来越大,特别是

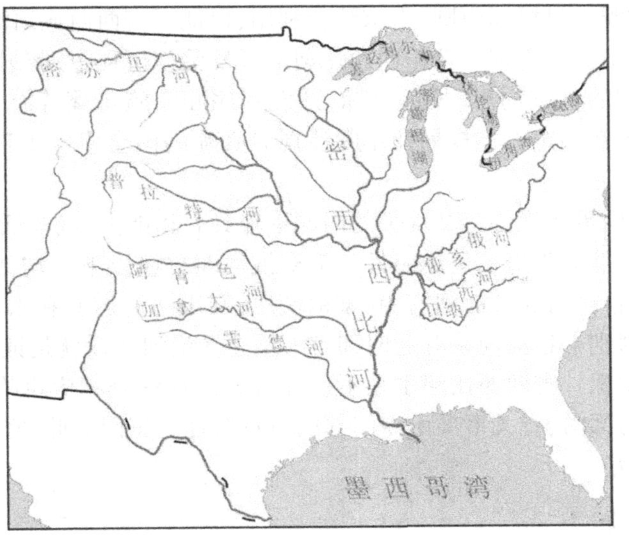

图 9-4　密西西比河流域

1927 年特大洪水损失惨重,美国国会认识到全面综合治理密西西比河水系的重要性,于 1928 年通过新的防洪法令,治理工作由总统挂帅,交陆军工程兵团负责;自此,密西西比河治理进入全面系统开发阶段。

密西西比河治理工作大致经历了两个时期:1928~1936 年,主要根据 1927 年防洪法要求,在密西西比河中下游两岸筑堤挡水,疏浚及稳定河槽,但由于对全面治理支流重要性认识不够,出现了重干轻支的失误。1936 年后,国会通过立法批准了一系列支流治理规划,从而保证了水系开发“干支并举、全面系统”。密西西比河水系统治理开发目标是以防洪为主,充分注意便利航运,兼顾发电、灌溉等,尽量发挥河流水资源的综合效益。主要做法大致为:总体规划、综合开发、干支并重、分期实施。

从 20 世纪 20 年代开始,有计划地进行干流中下游及河口整治,实现干流上游、主要支流俄亥俄河、田纳西河、阿肯色河的渠化及改造工程,并通过伊利诺斯河渠化及运河建设沟通五大湖,开挖田纳西—汤姆别卡运河与通比格比河相连,沟通墨西哥湾,按照规划建立统一的标准水深航道网,基本实现了治理开发目标。

密西西比河开发效益十分显著,多年来,用于水系开发的投资约 300 亿美元,仅减免洪灾损失一项效益累积已达 2 440 亿美元,并形成了四通八达的深水内河航道网。此外,喷灌面积达 3 170 万亩,水电装机容量 1 950 万 kW。目前,美国人口超过 10 万的 150 个城市中有 131 个位于河边,其中大部分分布在密西西比河水系。

综观美国密西西比河的发展与治理,始终贯彻一个理念——可持续健全的法律、法令。1820 年美国国会第一次通过发展内河航运的法令后,先后又通过了 40 余项有关防洪和航运的法令或法律,使得密西西比河水系河流开发计划的制定及工程项目的实施都有相应的法律、法令规范,这对水系的开发起到了十分关键的作用。

“一龙治水”“综合利用”。陆军工程兵团统一负责美国主要河流的防洪、航道治理、水力发电、城市和工业用水、农田灌溉和环境保护等事项,便于综合平衡各方关系,在河流开发实施时，能按既定目标和原则，力求综合利用，保证了密西西比河的高效、合理开发。

科学规划、严格监督管理。在密西西比河的开发治理历程中，美国国会通过的关于密西西比河水系治理的总体构想、长远目标、开发程序和实施步骤等有关法案起着重要作用。陆军工程兵团在制定五年规划及年度计划时必须向国会报告工程进展情况，并接受国会的检查。

沿河布厂，利用水运优势。高水平的内河运输具有运能大、成本低、能耗小等优点，密西西比河的开发为航运创造了优越条件。俄亥俄河匹兹堡以下平均 2.5 km 即有一个工厂，其支流孟农加希拉河 32 km 内有 10 家钢铁厂，利用河流运能和水源优势布厂成为共识。田纳西—汤姆别卡运河尚未开通时即有大量企业沿河建设就是证明。

强烈的环保意识。密西西比河水系不仅驻有联邦环保署相应机构，陆军工程兵团也有专门负责环保的部门，有关事项由专门部门负责管理。正因如此，密西西比河至今依然环境优美，生态完好。

9.1.5 尼罗河流域

尼罗河位于埃塞俄比亚、苏丹和埃及境内（见图 9-5），由发源于东部高原的青尼罗河（阿拜河）、阿特巴拉河（特克泽河）和索巴特河（巴罗河—阿卡博河）组成。这三条支流在苏丹境内的白尼罗汇合为尼罗河，在埃及入地中海。尼罗河流域退化原因主要有风和水的侵蚀、人类活动。

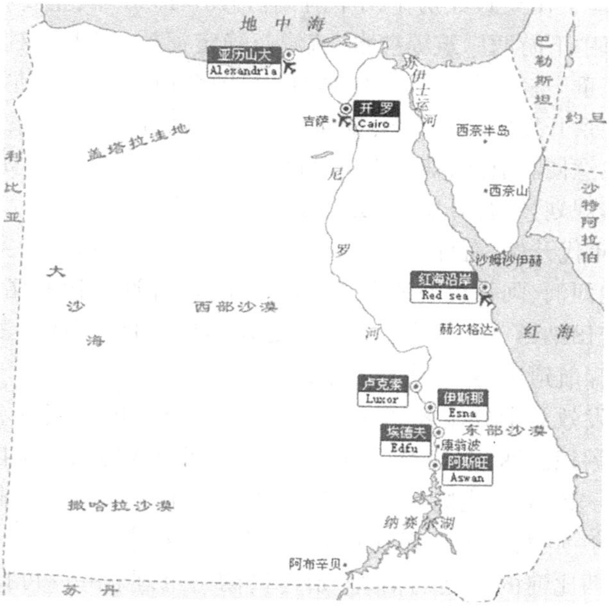

图 9-5 尼罗河流域

风和水的侵蚀是造成土地沙化和基础设施沙化的主要原因。河岸侵蚀增加了下游的泥沙问题，因为流域退化总与泥沙的淤积有关。洪水期，青尼罗河和阿特巴拉河分别输送将近 2.6% 和 3.5% 的沙量。青尼罗河含沙量从 20 世纪 40 年代早期的 7‰增加到 2003 年的 6‰，结果造成罗塞（Roseires）水库和塞纳（Sennar）水库泥沙淤积加重。苏丹和埃塞俄比亚交界处的罗塞水库的年均淤积量从 1967 年以来一直在增加，表明高含沙与流域退化的关系密切。阿斯旺高坝的年输沙量增加到 1.4 亿 t。调查发现，罗塞、塞纳和瓜布水库(Girba)库容分别减少了 30%、40%和 60%。此外，灌溉渠道淤积也很严重。例如，年输沙量的 60%进入吉热(Gezira scheme)—苏丹(880 000 hm^2)，并沉积于支流和滩地。另外淤积带来的问题是，淤积的河槽易生水草，减少了河道排洪能力，增大了水量的蒸发损失。在很多流域退化和沙化的防治手段中，最有效的水库减淤手段是通过水库调度使水库在洪水期处于低水位；河槽减淤的手段是通过挖沙来清淤。

尼罗河流域退化也与人类活动有关，尤其是兴建水库、沿河岸安装水泵抽水等。尽管尼罗河流域自然和水力资源丰富，但长期以来未能得到合理利用，水旱等自然灾害一直困扰着大多数尼罗河流域特别是上游流域国家，造成严重的经济社会问题。据世界银行公布的数据，全球最贫穷的 10 个国家中，有 4 个国家分布在尼罗河流域，这些国家水力发电的利用率只有 3%，只有不到 10%的人口能够使用电力。随着流域内各国人口增长和工农业发展，对尼罗河水的需求也与日俱增，供需矛盾凸显。因此，加强区域合作，兼顾各国利益，合理开发利用尼罗河水资源，对于尼罗河流域国家摆脱贫困，加快经济发展，具有十分重要的意义。

为此，尼罗河流域各国于 1999 年建立了政府间合作机构尼罗河流域组织，其宗旨是在公正和可持续发展的前提下，充分利用尼罗河水资源，保证该流域地区各国的水资源安全和经济发展。尼罗河流域组织的决策机构为水利部长会议，秘书处设在乌干达。此外，设在埃塞俄比亚、卢旺达的办事机构分别负责东尼罗河流域及尼罗河近赤道区域的合作投资项目。随着尼罗河流域组织的建立，相关国家的合作项目也在逐步实施中。在东尼罗河流域即下游区域，主要国家埃及、埃塞俄比亚和苏丹已就合作开发尼罗河水资源达成共识，一方面通过合作开发水电项目、水利工程、防洪工程、河流生态系统改造工程，提高下游国家发电能力，升级农业灌溉系统，增强防汛抗旱减灾能力，加强生态环境保护力度；另一方面利用经济技术等优势，帮助上游国家开展水资源保护和开发计划，为其提供资金和技术支持，培训技术人员和管理人才。在尼罗河近赤道流域即上游区域，相关各国通过与下游流域国家的合作，把开发利用水资源和解决本国贫困问题结合起来，加大发电供电设施和水利灌溉设施的建设，以缓解本国电力供应紧张、农业发展落后的局面。同时，利用上游水资源保护计划，改善生态环境，发展渔业和旅游业，实现摆脱贫困、发展经济的目标。

各国还不定期地召开会议，就合作开发尼罗河水资源的具体计划和工程项目进行密切沟通和协商，迄今为止，仅部长级会议就召开 17 次。在亚历山大召开的第 17 次水利部长会议中，通过了 14 亿美元合作计划及所涉的 24 个项目，包括在尼罗河三角洲西部地区对农业灌溉系统进行技术改造和升级，提高灌溉效率；苏丹和埃塞俄比亚两国合作开发水电项目；乌干达、肯尼亚、坦桑尼亚、刚果(金)、卢旺达和布隆迪等国合作开展水资源保护计划等。会议还提议，将尼罗河流域国家合作范围从水资源的开发利用，拓展到农业、畜牧业、人力资源发展及贸易、就业、投资和基础建设等各方面，以实现流域内国家的全面发展。对于事关各国切身利益的尼罗河水资源分配问题，各国水利部长同意在搁置争议、着眼合作的基础上，努力化解分歧。

尼罗河流域国家在加强区域合作的同时，还积极开展国际合作，为水资源的开发利用寻求更多的资金和技术支持。早在2001年，尼罗河流域组织就在日内瓦举行会议，展示其战略行动计划，并最终得到了1.3亿美元的国际援助。世界银行还建立了总额达1亿美元的尼罗河流域信托基金，用于支持尼罗河流域国家水资源开发和利用项目。目前，尼罗河流域组织同世界银行、非洲发展银行、联合国发展规划署、欧盟及英国、法国、德国、意大利等多个国际组织和国家建立了合作关系，以加快开发利用尼罗河水资源，促进相关国家经济发展。

9.2 北江流域可持续发展的资源环境要素

北江流域地势是北高南低，境内多属丘陵和中低山区，故雨量充沛，气候适宜。水力资源、矿产资源、动植物资源和旅游资源均十分丰富。

9.2.1 水力资源要素

北江流域水力资源，是广东最丰富的地区之一。北江流域年平均流量为4 200亿 m^3，几乎与黄河(4 657亿 m^3)相近。人均占有水量7 108 m^3，为全国和全省人均占有水量的2倍。北江支流众多，集雨面积广，河流落差大，因而水力资源丰富。据地质勘查资料，水力资源蕴藏量约205万 kW，其中可供开发量约168万 kW。目前仅开发约1/5，潜力很大。

韶关市区往下10 km余的孟洲坝水电站堪称为“北江第一坝”，是集发电、航运和改善生态环境效益的工程。1992年12月动工到1998年全部建成，总投资4.93亿元，安装4台机组，总装机容量4.8万 kW，年发电量开大1.7亿 kW·h。国务院1992年10月批准兴建的“北江飞来峡枢纽工程”，1994年10月正式动工，1997年7月基本建成，这项投资30多亿的工程，是广东整治北江实现上蓄、中防、下泄的综合治理和开发利用关键性工程，可控制70%北江流域，可以极大地起到防洪作用。根据设计标准，飞来峡水库容量为19.04亿 m^3，发电装机容量为14亿 kW。因此，它又是兼有航运、发电、养殖、供水、旅游和改善生态环境等多种效益的大型综合性水利工程。

9.2.2 矿产资源要素

北江流域属于华南加里东褶皱系的中段，震旦纪古生代，沉积了巨厚海相碎岩和丰富的碳酸盐岩和夹层煤层。经历了加里东、海西、印支、燕山构造运动褶皱隆起，尤以侏罗白垩纪的燕山运动，是规模大而强烈的变革运动，有大规模的岩浆侵入和喷发，形成广东省重要的矿产资源，以多种矿产共生，品种齐全、分布面广、矿产多为特点。拥有大大小小的黑色金属、稀有金属、贵金属和非金属矿藏1 000多处，据初步地质调查，北江流域有金属和非金属矿产70多种，其中已开发的有20多种。有色金属如钨、铜、铝、铅、锌、锑、锡、黄金和许多稀有金属的矿产储量均居广东省首位。位于曲江、英德、翁源三县市交界的大宝山，是一座铁、铜、铅锌的大型多金属矿山，开采画史愈千年。仁化县境内的凡口铅锌矿，是我国第二大矿山。煤铁和硫丰富，如莹石、绿柱石、滑石、冰洲石、硅石、白云石、高岭土、辉绿岩、花岗岩、大理石及各种放射性元素。连县被誉为“中外石材资源的一颗灿烂明珠的汉白玉矿床”，总储量达5亿m^3。

9.2.3　动植物资源要素

北江流域属季风型的中亚热带气候，冬季降雨偏少，在南下的西伯利亚极地大陆气团影响下，有短期的爆冷天和霜冻。春天多阴雨连绵。夏季多吹海洋至大陆的东南风和偏南风，带来丰沛的雨水，形成高温多雨的气候，夏季受台风影响，易发生大雨。全年无霜期为310 d左右，平均气温为18.8~21.6 ℃，平均年降水量为1 480~2 200 mm，是全国大陆地区降水量多的地区之一。

北江流域以自然结构复杂，生物种属繁多，物质能量交换频繁为特点，主要粮食作物有水稻、玉米、番薯等。主要经济作物有甘蔗、花生、大豆、蚕桑、黄烟、黄麻、红瓜子、苎麻等。北江流域是广东重要的用材林、天然林基地及重点毛竹林基地，森林覆盖率达50%以上。木材蓄积量达5 140万m^3，可伐量达2 500万m^3，用材林主要有杉、松、毛竹；此外还有樟、泡桐、楠木、酸枣、紫杉、红豆杉、水杉、银杏、水松等珍贵树木。经济林有茶叶、果树、油桐、油茶。英德红茶，乐昌、仁化的白毛茶，乳源的“双峰迭翠”等均为传统的名牌茶产品。水果有李、猕猴桃、沙田柚、芒果、火龙果、番石榴等。

北江流域动物资源也十分丰富，区内有众多的水库、鱼塘、淡水养殖，以鲩、鲢、鲮、鲫、鲤、越南鱼、武昌鱼类为主。家养的禽畜有猪、牛、羊、兔、鸡、鸽、鸭、鹅等。

北江流域野生动物资源居全省之首，为南北属种动物汇集之地。列为一类保护动物的有华南虎、梅花鹿、黄腹角雉；二类保护动物有猴类、穿山甲、金猫、水陆鼋、大鲵等；三类保护动物有大灵猫、小灵猫、獐、苏门羚、白鹇、蛤蚧、蟒蛇、虎纹蛙等。

9.2.4　自然旅游资源要素

北江是广东省珠江水系的一大支流，它汇集了南岭中段、五岭南侧山地诸水而南流，再汇西江与东江而入海。其中，上游流经地域包括广东省北部韶关、清远两市所辖的（韶关、曲江、南雄、始兴、仁化、乐昌、乳源及连州、连南、连山、阳山、英德）12个市（县）。

北江流域的自然景观旅游资源非常丰富。有中外闻名的典型丹霞地貌——丹霞山、金鸡岭和韶石山这三大名山；有“江河第一漂”“九泷十八滩”；有北江三峡、湟川三峡和埕头三峡等。岩溶地貌：连江流域有岩溶峡谷、峰丛地貌；岩洞散布各地：有古人类“马坝人”头骨化石发现地狮子岩，有宝晶穹、碧落洞、古佛岩、飞霞洞等；乳源黑油直径和深度均达百米的岩溶漏斗及通天箩等景观。南粤第一高峰石坑崆，海拔1 902 m。

飞来峡水利枢纽位于北江干流英德市境内，是广东省最大的水利枢纽工程，也是广东省水利建设史上的一座丰碑。枢纽兼有防洪、航运、发电、供水和改善生态环境等综合效益，枢纽还是国家著名的AAAA级水利风景区，长1 826 m、高程28.8 m的大坝及大坝区，科技含量高，文化韵味足，具有较高的水利科技研究、科普教育和观赏价值，是飞来峡独特人文历史与现代水利科学技术完美结合的经典。

沿江的旅游资源还有连江小三峡。连江河流经青莲古镇辖区长达15 km，两岸植被覆盖良好，两岸植被覆盖良好，山清水秀，风景如画，地势险峻，流急滩险，峡岸岩石高耸，风光奇美，被誉为连江“小三峡”。湟川三峡市小北江风景画廊精华所在，兼有长江峡谷之奇趣和漓江山水之仙境，峡长 2 km，峡宽 50 m，唐代诗人韩愈曾赞叹“吾州之山水名天下”。唐代诗人刘禹锡贬任连州刺史，游湟川三峡之后，留下“剡溪若问连州事，唯有青山画不如”的诗句。湟川三峡被水利部评定为 AAAA 级水利景区。

9.3　北江流域可持续发展面临的问题

9.3.1　自然地理方面

流域地形对暴雨的形成非常有利。流域北部的南岭山脉一般海拔高程在 100 m 左右，下游地区峡谷交错，且呈东北—西南走向，有利于南海的暖湿气流畅通无阻地从珠江三角洲平原长驱直入“大喇叭口”，形成暴雨。另外，山脉走向多呈西北-东南走向，与西南季风交角大，多呈迎风坡，有利于暴雨的产生，如“82 · 5”暴雨，清远县境内笔架山林场和笔架山前的清远气象站的降水量异常大。暴雨天气系统出现的概率各不相同，但季节的规律性却是较明显的。前汛期(4~6 月) 出现的天气系统多而集中，主要是锋面、切变线、南支槽、低空急流及低涡等，造成这个时期的天气变化多端，暴雨频繁。后汛期(7~10月) 情况完全相反，台风等热带系统占了优势，由于本流域受台风的影响较少，降水量相对较前汛期少，因此流域的降水量年内分配不均匀，主要集中在春、夏季。

水资源调蓄能力不足。北江流域地处南亚热带到亚热带的过渡地带，虽然雨量充沛，水资源较为丰富，但水资源时空分布极不均匀。径流量的年际、年内变化和流域内降雨基本同步，北江流流量的日际变化大，最大流量可达 14 900 m^3/s，最小流量仅为 130 m^3/s。北江流域 4~9 月降水量占全年雨量的 70%以上，由于蓄水工程严重不足，80%的降水以地面径流的形式流入北江，不但加重了沿江的防洪负担，而且大量的水通过珠江白白地流入大海。而冬春枯水期水量很小，又没有容量充足的水库群补水，同时因流量小，江水自净能力降低，导致水质下降和水量不足的双重危机。

9.3.2　人类活动方面

北江流域上游具有丰富的矿产资源，矿产资源的开发利用给当地经济社会带来了巨大的物质财富，也严重污染了当地的水环境。近年来曾多次出现各种水污染事件。此外，流域内没有污染治理设施的小煤窑、小选矿、小冶炼等不同程度地污染了北江水系。此外，农业生产也对北江水质造成了一定的污染，导致流域水质污染的进一步加重。

北江流域除了有防洪、供水、旅游、发电、航运、灌溉、渔业和纳污等主要功能，还是珠江三角洲北片最重要的水源，担负着广州、佛山等城市的主要水资源供给任务。近年来，随着流域尤其是下游地区经济的繁荣、人口的增加和工业的发展对北江水资源的需求量迅速增加，局部地区特别是枯水期的水资源相对匮乏，水资源供需矛盾突出。随着工业和生活污水排放量不断增加，水环境质量日益恶化，水质性缺水严重，加剧了水资源的供需矛盾。

由于北江流域属于山多地少、人地矛盾较为突出的地区，虽然区域内大于 25 度的坡耕地基本实现了退耕还林，但仍有不少坡地用于种植旱作物。流域内种植旱作物的坡耕地面积占总耕地面积的52%左右,由于坡耕比例较大,因此造成一定程度的水土流失。

北江上一系列水利、航运工程的建设,使河道干流和支流内的水量、流速、水深、水温和水质等指标发生了改变,这些改变对水生物究竟产生了哪些影响,影响的深度和广度如何,到目前为止尚未看到有关研究成果和应对措施。以大坝建设对鱼类的影响而言,目前北江干流上水利枢纽均未设置鱼道,大坝的存在使部分鱼类集中在大坝下游活动而无法通过,加上当地渔民的无序捕捞和非法电、炸鱼,使一些洄游类的鱼类生存受到威胁。

9.4 北江流域可持续发展对策建议

9.4.1 技术支持方面

9.4.1.1 加快防汛指挥调度系统建设

根据国务院批复的《珠江流域防洪规划》,珠江防汛指挥调度系统由信息采集系统、通信系统、计算机网络系统和决策支持系统4部分组成。重点是建立西江中下游、北江、东江、珠江三角洲等重点河流和河段的防汛指挥调度系统。针对北江流域实际和信息化建设现状,需要整合流域防洪与水资源信息化资源,完善北江流域信息化专项规划,分阶段、分层次建设"数字北江"。建设主要项目包括:流域主要水利工程视频监控系统,流域防汛信息网络平台,流域水利数据中心,流域综合信息管理平台。在整合流域防洪与水资源信息化资源的基础上,开发业务应用软件,建立洪水风险分析系统,实现信息采集传输网络化、三防指挥决策智能化、水资源保护配置科学化、工程运行调度自动化、远程监控管理可视化、政务业务办公电子化,实现信息化条件下的水利现代化。重点开发建设内容:一是北江流域防洪联合调度系统,包括水情遥测系统、通信与计算机网络系统、地理信息系统、洪水预报系统、水库联合调度系统等;二是北江流域水资源联合调度管理系统,包括水量分配管理系统、水质监测管理系统、水土保持管理系统、排污口信息管理系统、河道采砂信息管理系统等;三是建立洪水风险分析系统,通过该系统演算流域各类洪水的淹水区域分布,以及洪水灾害可能造成的各类损失,有助于防范洪水灾害,为防洪调度决策提供技术支持。

9.4.1.2 完善洪水防御预案

1. 修订北江大堤抗洪抢险预案

广东省政府2001年颁布的《北江大堤——飞来峡水利枢纽抗洪抢险预案》附件2:关于破堤行洪、滞洪、保北江大堤安全度汛的一些规定,仍沿用了省政府1987年176号文决定,如北江大堤出现重大险情,将采取破大塘围、大旺围、清西围、清东围行洪、滞洪的非常措施,以降低水位,保证大堤安全。但时隔20多年后的今天,情况已发生了很大改变,清东围保护区已发展成为清远市的中心城区,肇庆大旺区已提升为国家级经济开发区,这些原本作为行洪、滞洪的区域很难再承担原来的任务,新的又未建立起来,近年极端灾害天气频发,一旦发生超标准洪水,后果将不堪设想。应根据客观情况的变化,及时修订《北江大堤——飞来峡水利枢纽抗洪抢险预案》,确保北江大堤的防洪安全。

2. 编制北江蓄滞洪区运用预案

根据国务院2009年11月批复的《全国蓄滞洪区建设与管理规划》，湾江蓄滞洪区列入全国蓄滞洪区新名录，是广东省乃至珠江流域唯一一个国家级蓄滞洪区。根据国家防办2011年汛前统计结果，在全国98处国家蓄滞洪区中，有79处完成了运用预案的编制审批工作，仍有16处蓄滞洪区运用预案正在审批之中，仅有3处尚未完成编制工作，这其中之一就包含了潜江蓄滞洪区。要按照《蓄滞区运用预案编制导则》(SIA 88—2010)要求，加大工作力度，编制潜江蓄滞洪区运用预案，确保在紧急情况下能够正常启用，同时能保障蓄滞洪区内人民群众的生命安全，尽最大可能减少蓄滞洪造成的损失。

3. 研究制订流域防洪骨干水库群洪水联合调度预案

北江流域防洪体系内各个防洪工程之间相互关联的调度运用方案至今尚未形成，要充分利用已有防洪工程独立运行调度方案，以及洪水风险分析的成果，研究制订流域防洪骨干水库群洪水联合调度预案，使防洪工程体系能形成一个由水库、蓄滞洪区、堤防、分洪河道等相互协调的整体，实施“调洪、蓄洪、滞洪、泄洪、分洪”的有序调度，最大限度发挥已建水利工程的整体综合效益。另外，开展不同量级洪水的水库调度方案研究，建立防洪工程独立运行及与其他工程联合调度的优化模型，实现优化调度，同时制定《北江流域防洪骨干水库运行调度管理办法》，在保证防洪安全的同时，较好地兼顾水资源的综合利用和生态环境保护，实现防洪调度科学化。

4. 研究修定飞来峡水库蓄滞洪区安全撤离预案

启用飞来峡水库防洪库容是有条件和有代价的，因此应进一步开展深入的研究论证。目前的安全撤离预案缺乏可操作性，要通过开展水库防洪库容(临时淹没区)的社会经济调查，详细查明库区村庄、人口的数量、人口分布的地点和高程、道路、基础设施等情况，开展群众安全转移的组织方式、转移路线、临时安置地点、后勤保障措施和蓄滞洪区运用补偿办法等社会管理问题的研究之后，补充修改完善飞来峡水库蓄滞洪区安全撤离预案。

9.4.2 政策支持方面

9.4.2.1 夯实防洪工作基础，提高防洪社会化管理水平

针对目前北江流域防洪工作中在管理体制、联合调度、河道监管、蓄滞洪区管理等方面存在的薄弱环节和问题，今后应重点研究制定北江流域水库分级管理办法、潜江蓄滞洪区管理办法、临时滞洪区管理办法、广东省乐昌峡水利枢纽管理办法，补充修订北江流域主要河段采砂管理办法、广东省飞来峡水利枢纽管理办法、广东省北江大堤管理办法，逐步形成较完善的政策法规体系，明确各方管理权限和责任，确保水库堤防管理、河道监管、蓄滞洪区管理运用等方面有法可依、有章可循，为全面加强流域防洪水资源综合协调管理，履行北江流域局水事指导、协调、服务和监督职责奠定基础。

此外，须加大水法规宣传力度。利用每年“世界水日”“中国水周”“12·4”法制宣传日等纪念日活动，集中时间、集中力量，开展大规模的水法规宣传教育活动，提高广大人民群众特别是流域沿线群众的水法律意识，做到知法、懂法、守法，避免水事违法案件的发生，减少不必要的水事纠纷，营造良好的法制宣传氛围，改善执法环境。

9.4.2.2　理顺管理体制机制

(1)各类工程在汛期必须服从流域防洪调度。国务院《关于珠江流域防洪规划的批复》(国函〔2007〕40 号),明确“珠江流域管理机构要切实履行规划、管理、监督、协调、指导的职责,加强流域防汛抗旱的统一管理和调度,加快流域防汛指挥调度系统建设,全面落实防洪法的配套法规和防洪管理措施,抓紧研究制订水库防洪的调度运用方案,各类工程在汛期必须服从流域防洪调度。”

(2)明晰调度权限。研究确定北江干流上的防洪工程在防洪与水资源联合调度及审批权限,理清省水利厅及流域局、地方政府、水利(务)局、水库管理单位的权和责,使各单位各司其职、各负其责,在保证流域防洪安全的同时,较好地兼顾流域水资源的综合利用和生态环境的保护,也能够满足水库管理单位发电效益的需要。

(3)建立协调机制。在确保防洪安全、遵循流域水资源综合规划及公平公正的前提下,尽可能通过协商对话的方式处理流域行政区域之间、取用水户之间、防洪安全与发电效益之间的水事关系,加强防洪与水资源调度的统一协调,实现团结治水,提高水资源综合利用效率。目前阶段需要建立北江流域管理联席会议制度,以此作为协商对话的平台,发挥其议事协调作用,为政府科学决策提供支撑。

9.4.2.3　加强行洪河道监管

国务院批准《珠江流域防洪规划》制定的“上蓄、中防、下泄”珠江流域防洪规划方针,除北江干流需要强化管理外,还要对东平水道以下,直至北江出海口门加强管理,河道上特别是珠江三角洲网河区及河口处的建设项目,必须实行洪水影响评价制度,任何工程建设均不得超越规划治导线,确保行洪畅通。珠江三角洲河网与河口区历史上遗留下来的河障较多,占用分洪道的现象比较普遍,导致洪水排泄不畅。要按照谁设障、谁清障的原则限期拆除。同时要采取有效措施,规范水事行为,加强监督执法,杜绝出现新的河障,维持北江良好的水事秩序。

(1)加强对行洪河道和洪泛区的管理。严禁从事妨碍行(蓄)洪的活动,严格限制在河道和洪泛区内进行经济开发,建立符合洪水特点和风险管理要求的土地利用方式。确需在河道和洪泛区建设非防洪项目,必须严格执行洪水影响评价制度,取得《河道管理范围内建设项目审查同意书》。

(2)建立年度清障督察制度。每年汛前由河道管理部门对清障实施情况进行监督检查,已存在的阻水建筑物,应严格按照《中华人民共和国防洪法》和《中华人民共和国河道管理条例》的要求和规定,由河道管理部门责令限期清除或改建。

(3)加强对河道采砂的监督与管理。编制河道采砂规划,每年划定允许采砂和禁止采砂的区域范围;同时要采取有效措施,加强河道采砂过程中的监督执法力度,确保两岸堤防安全,维护河势稳定。

(4)加快河道监测系统建设。进一步完善河道监测制度,规范河道监测内容,为河道管理提供技术依据。

9.4.2.4　规范蓄滞洪区管理

蓄滞洪区是一个特殊的社会区域,既要承担蓄滞超额洪水的防洪任务,又是区内居民赖以生存和发展的基地。国务院 2009 年 11 月批复的《全同蓄滞洪区建设与管理规划》,

将湾江蓄滞洪区列入全国蓄滞洪区新名录，提升为国家级蓄滞洪区。因此，进一步加强和规范湾江蓄滞洪的社会管理，一方面为潜江蓄滞洪项目建设创造有利条件，同时为湾江蓄滞洪区的长治久安奠定基础。

1. 加强蓄滞洪区管理

抓紧研究制定滃江蓄滞洪区管理办法和扶贫开发等方面的优惠政策，规范区内经济活动，促进社会和谐稳定。根据流域防洪需要，尽快编制滃江蓄滞洪区洪水风险图，并将蓄滞洪区风险程度向社会公布，为规范管理、安全运用蓄滞洪区，指导经济结构和生产布局调整，建立和完善补偿救助等保障体系提供支持。在滃江蓄滞洪区内或跨蓄滞洪区建设非防洪项目，必须编制洪水影响评价报告，提出防御措施，报有管辖权的水行政主管部门或流域管理机构审批。研究制定滃江蓄滞洪区维护管理经费政策，明确蓄滞洪区维护管理经费渠道。

2. 规范蓄滞洪区经济社会活动

要从流域、区域经济社会协调发展的高度，研究潜江蓄滞洪区管理与经济发展模式，调整区内经济结构和产业结构，积极发展农牧业、林业、水产业等，因地制宜发展第二、三产业，鼓励当地群众外出务工，限制潜江蓄滞洪区内高风险区的经济开发活动，鼓励企业向低风险区转移或向外搬迁，加强蓄滞洪区土地管理，土地利用、开发和各项建设必须符合防洪的要求，保证蓄滞洪容积，实现土地的合理利用，减少洪灾损失。蓄滞洪区所在地人民政府要制订人口规划，加强区内人口管理，实行严格的人口政策，严禁区外人口迁入，鼓励区内常住人口外迁，控制区内人口增长。

3. 完善蓄滞洪区运用补偿等保障措施

总结国内近年来蓄滞洪区运用补偿工作的经验，进一步研究补偿机制，包括补偿对象、范围、标准及财产登记和补偿程序等，抓紧研究制订蓄滞洪区运用补偿办法。积极开展洪水灾害损失保险研究，建立有效的洪水灾害损失保险体系，化解蓄滞洪区洪水灾害损失风险，实现利益共享、风险共担，提高社会和群众对灾害的承受能力。

9.4.2.5 完善水环境管理

北江中上游地区经济欠发达，当地政府迫切希望大力发展经济，不太重视环境污染问题，有些地方甚至是以牺牲环境为代价来发展经济，许多污染严重的企业不断建成，从表面上来看，其税收和排污费是多了。进一步分析，其区域整体经济并没有得到更快、更大的发展，因为一个污染严重的企业会给当地的农业生产、旅游业、水资源开发利用等行业带来很大破坏，由水污染而产生的经济损失也是巨大的。以牺牲环境为代价来发展经济是不能持久的，区域整体经济不能协调发展，也不能持续发展。当地政府在思想上应认识到在发展经济时要注重保护环境，正确处理好发展经济与保护环境的关系，维持区域经济协调、健康、持续发展是当务之急。粤北地区山清水秀，有丰富的旅游资源，当地政府应大力发展旅游业和其他对环境破坏较小的行业，拒绝污染严重而又无能力治理的企业前来投产。

1. 充分发挥水环境监测机构的作用

由于目前地方一级的环保部门是由地方政府来管理，他们在开展环境保护工作时就必然要受到地方政府的影响，如果当地政府片面强调经济发展，忽视环境污染问题，环保部门就很难真正做好环境保护工作，易造成报喜不报忧，使环境污染越来越严重。目前，广东省水利部门建立了水环境监测机构，在地方建立了其相关的派出机构，在开展水环境保护工作时受到当地政府机构的影响要小，他们敢于如实反映水环境污染情况，为水资源保护和可持续开发利用提供科学依据，但在处理水污染情况时无执法权，不能更好阻止水污染进一步加剧。因此，如何充分发挥水利部门在水环境保护中的作用，是保护水资源、防止水污染发生的关键。然而，由于在现行与水环境保护有关的《环境保护法》《水污染防治法》等法律中，规定水利部门只有协同环保部门做好水污染防治工作的权力，没有执法权，因此水利部门的水环境监测机构还很难阻止排污企业直接向江河排放污染物的违法行为。北江是粤北地区主要的供水来源，又是广州等珠江三角洲城市重要的后备供水水源地，随着广东水质性缺水情况的日益加剧，保护北江水资源、防止其水质受到污染就显得非常重要。为此，广东省人大有必要为北江水质保护制定法规或条例，在制定时应充分考虑水利部门在保护北江水质所起的重要作用，明确水利部门水环境监测机构在保护北江水质工作中的地位，给以相应的执法权，以更好地发挥水利部门的作用。

2. 完善现行水环境保护法律、法规

国家制定的与水环境保护有关的法律主要有《环境保护法》《水污染防治法》《中华人民共和国水法》，这些法律的实施为水污染防治工作奠定了坚实的基础，但在多年的实施过程中，也暴露其存在的缺点和不足，在《环境保护法》《水污染防治法》中，规定环保部门为对水污染防治实施统一监督管理的机关，只注重环保部门的监督管理权宜，没有明确规定有何机关对环保部门在水污染防治工作中的监督管理执行情况和向排污企业收取的排污费的使用情况进行监督，这易造成环保部门在受到地方政府的影响或能得到某种利益的情况下做出大事化小、报喜不报忧等玩忽职守的事情，因此有必要对这两部法律进行修改，在修改时，应重点制定如何防止相关执法机关玩忽职守、徇私舞弊和如何充分发挥水利部门在水环境保护中的作用的措施；在《中华人民共和国水法》中，制定与水资源量有关的条文较多，而与如何保护水质有关的条文很少，这造成《水法》在防治水环境污染中所起的作用不大，因此有必要对其进行修改，在修改时，应制定如何更好地保护水资源、防治水环境污染的措施，也应考虑水利部门在水环境保护中的重要作用。

3. 达标排放，总量控制

达标排放是控制工业污染源的基本方法，但并不是零排放，仍然有不少污染物排入江河中，如果遇到河水断流或流量极小，也易发生水污染事故。由于在北江中上游建成了不少水利枢纽工程，北江干流及其主要支流存在的天然河段不多，因此当地水利部门应对已制定的北江水功能区划进行修改，如有必要应进行重新制定，水利部门和环保部门应根据制定的水功能区划制订污染物总量控制计划，计算出各功能的环境容量，根据环境容量，制订相关企业的限排方案，严格控制排入各功能区的污染物总量。

4. 当地政府要做好排污企业与相关企业的协调工作

当地政府应做好排污企业之间的协调工作，避免排污企业集中大量向江河排放污染物。同时，要做好水电企业与排污企业之间的协调工作，当电站下闸蓄水时，应令排污企业减少向江河排污，也令水电企业维持下游合理流量，避免河水断流。

5. 关停污染严重的企业

对那些污染严重又无能力治理的小型企业应坚决关停，以警示其他排污企业。关停那些对水源有污染的制造厂；采用节水、限排等措施控制废污水排放量。

水一旦被污染，要治理是很困难的，不但费用高，而且易产生二次污染，因此控制用水量是防止废污水对水环境造成危害的一种经济、有效的方法，在北江中上游地区，应推行用水定额制，根据水利部门制定的用水定额，对个人和单位用水量进行限制，对超过额定量的应加收费用。

6. 保护水源地等重要水域的水质

北江有不少河段是重要的饮用水源保护区和自然保护区，当地政府要制定措施，严格限制在水源地附近和上游一定范围内建厂矿，避免工业废水对水源地等重要水域的污染；制订水源地水污染应急预案，在水源地发生水污染事故时，有紧急应对措施。

绿水青山就是金山银山，2018 年 3 月习近平总书记对广东工作提出“四个走在全国前列”的要求，并提出建设 21 世纪海上丝绸之路，加快粤港澳大湾区建设。“共建平安北江”是贯彻落实习近平总书记对广东工作“四个走在全国前列”重要讲话精神。要推动珠三角核心区优化发展和沿海经济带建设，建设粤北生态发展区，以生态优先和绿色发展为引领，实现高质量发展。我们不能只是为了发展经济，还要注意环保，无论是码头、船舶还是造船厂都要提高环保意识。将坚持以生态优先和绿色发展为引领，切实推动水上安全由一元管理向多元治理转变，做到安全发展共商、安全生态共创、安全风险共治、安全成果共享，促进北江流域绿色交通建设，实现北江流域高质量发展。借助“平安北江”建设，构建北江水上安全命运共同体，建设打造北江流域公共服务平台，形成特色北江文化品牌。建设“平安北江”要坚持“规划先行，统筹兼顾、科技引领，智慧发展、优化配置，协调管理、生态优先，绿色共享、挖掘内涵，文化先导”的原则。

北江流域未来将建成北江水上高速公路，提升水运效能，实现船畅其行，货畅其流，促进沿江经济发展，全面提升北江水上交通安全监管信息化水平；北江流域未来将建成和健全促进北江绿色发展的保障机制，预警、监控与应急体系，推进绿色北江发展；北江流域未来将建成健全全方位沟通协调机制，实现北江流域数据、建设、服务共享，构建高质量的共建共治共享的治理体系；北江流域未来将推文化建设将获得成果，促进人水和谐，助推北江沿江经济带文明建设和旅游发展，各共建单位和部门届时还将打造安全监管命运共同体，实现北江治理能力和治理体系现代化。这是北江流域沿江百姓的呼声，也是“共建平安北江水上安全命运共同体”的内在要求，必将在广袤时空中汇聚起共建共治共享的社会治理新格局的磅礴力量，成为北江激荡世界的时代强音！

参考文献

[1] 李敏，张旭，郑冬燕. 珠江流域综合治理开发与保护思路[J]. 人民珠江，2013，34(A1)：13-15.

[2] 范锦春. 关于北江流域治理开发的主要规划方案[J]. 人民珠江，1983(4)：29-44.

[3] 张杨勋. 广东粤北山区经济发展分析[J]. 内蒙古科技与经济，2013(15)：8-9.

[4] 李光明. 新形势下山区经济发展的战略思考[J]. 嘉应学院学报，2003，21(1)：31-34.

[5] 温焜. 广东对外贸易结构调整与产业结构升级的相关性研究[J]. 岭南学刊，2016(3)：101-109.

[6] 夏丽丽 . 需求导向下韶关市与珠三角融合发展的农产品供应链研究[J]. 太原城市职业技术学院学报，2017.

[7] 袁道先，戴爱德. 中国南方裸露型峰丛山区喀斯特水系统及其数学模型的研究[M]. 南宁：广西师范大学出版社，1996.

[8] 夏日园，陈宏峰，邹胜章. 表层喀斯特带研究方法及其意义[M]. 南宁：广西科学技术出版社，2003.

[9] 蓝涛. 清远市农业现代化进展及发展对策[D]. 广州:华南农业大学，2016.

[10] 廖建波. 流域复合环境系统中重金属的归趋与综合风险评价[D]. 广州:华南理工大学，2016.

[11] 梁宗盛. 同饮北江水，共建母亲河[J]. 珠江水运，2018,462(14)：18-19.

[12] 中国水利学会泥抄专业委员会. 泥沙手册[M]. 北京:中国环境科学出版社,1992.

[13] 梁显强. 完善北江流域防洪体系建设的思考[J]. 广东水利水电,2012(3)：31-34,44.

[14] 谢淑琴. 中华人民共和国水力资源复查成果（2003 年）（分流域）. 第 3 卷. 珠江流域[M]. 北京：中国电力出版社，2004.

[15] 杨大勇，林奎. 珠江流域生态环境十年变化评估[M]. 北京:科学出版社，2017.

[16] 符瑞军. 北江航道现状和建设设想[J]. 珠江水运，2004(9)：22-24.

[17] 张建林. 进击的北江[J]. 珠江水运，2018(22)：1.

[18] 钟悠云. 清远北江水运发展提速[J]. 珠江水运，2012(13)：44-45.

[19] 张建林. 打造绿色北江—清远海事在行动[J]. 珠江水运，2017(21)：42-47.

[20] 纪龙，吴喜德. 北江高等级航道整治对韶关港发展影响分析[J]. 珠江水运，2014(2)：86-87.

[21] 余丹亚. 北江航道等级提升助力"振兴粤北经济"发展分析[J]. 珠江水运，2018(13)：76-78.

[22] 顾晓丽. 浅谈北江千吨级航道建设的必要性[J]. 珠江水运，2015(7)：90-91.

[23] 赖冠文，黄本胜，邱静，等. 北江下游北江大堤河段河道演变趋势分析[J]. 应用基础与工程科学学报,2020(12):405-411.

[24] 陈惠陆，李建梁. 韶关:打响北江治水攻坚战[J]. 环境，2016(9)：42-45.

[25] 张建林，周明耀，贤勇华. 构建北江水上安全命运共同体[J]. 珠江水运，2018(14)：18-19.

[26] 范锦春. 北江飞来峡水利枢纽建管创新，为流域绿色发展作出新贡献[J]. 珠江现代建设，2018(1)：1,6.

[27] 岳中明. 全面实施流域综合规划有效推进绿色珠江建设——《珠江流域综合规划》解读[J]. 中国水利，2013(13)：55-57.

[28] 廖志伟. 绿色珠江建设战略规划系列解读(一)[J]. 人民珠江，2014，35(1)：2-3.

[29] 廖志伟. 绿色珠江建设战略规划系列解读(二)[J]. 人民珠江，2014，35(2)：2-3.

[30] 廖志伟. 绿色珠江建设战略规划系列解读(三)[J]. 人民珠江，2014，35(3)：2-3.

[31] 廖志伟. 绿色珠江建设战略规划系列解读(四)[J]. 人民珠江, 2014, 35(4): 2-3.
[32] 交通运输部水运科学研究院[R]. 韶关港总体规划. 2013, 10.
[33] 广东省航道局. 北江(乌石至三水河口)航道整治工程可行性研究报告[R]. 2012, 7.
[34] 徐杏. 我国沿海港口功能拓展的相关问题研究[J]. 中国港口, 2013(9): 10-12.
[35] 广东省航道勘测设计科研所. 北江(清远至河口)航道整治工程工程可行性研究报告[R],1992,8.
[36] 梁汝森. 北江航运一瞥. [J]水运工程,1982(5).
[37] 翁义孟. 珠江水运现状及展望[J]. 水利规划,1996(2).
[38] 张贤才. 枯水塞船的反思[J]. 珠江水运. 1999(4).
[39] 梁培. 塞船原因和解决办法的探讨[J]. 珠江水运,1997(6).
[40] 珠江流域航道规划报告(广东段)(初稿)[R]. 广东省交通厅,1990.
[41] 温伟冲. 解决北江航道塞船的对策[J]. 广东交通职业技术学院学报,2004(12).
[42] 张建林. 走进北江航道扩能项目[J]. 珠江水运,2019(11).
[43] 彭钜新. 北江芦苞浅段航道整治工程河床变形分析[J]. 水运工程,2002(2).
[44] 谢凌峰. 北江航道整治工程及效果分析[J]. 水运工程,2002(2).
[45] 吴丙贵. 北江乌石至三水河口段千吨级航道尺度研究[J]. 珠江水运,2013(2).
[46] 纪龙. 北江高等级航道整治对韶关港发展影响分析[J]. 珠江水运,2014(2).
[47] 张辉. 北江(韶关至乌石)航道整治工程千吨级航道起点探讨[J]. 学术,2014(11).
[48] 高磊. 白石窑枢纽坝下河段航道整治技术分析[J]. 中国水运,2017(4).
[49] 王兴华. 北江河口至西沙洲尾段航道维护情况分析. 珠江水运,2020(7).
[50] 徐治中. 北江中游航道整治效果和经验分析[J]. 珠江水运,2014(12).
[51] 杨琳文. 北江下游受采沙影响的分析和思考[J]. 广东水利水电,2009(1).
[52] 覃益官. 北江乌石至三水河口段提升至三级航道整治难点分析及整治措施探讨[J]. 人民珠江, 2010(3).
[53] 郑健良. 浅论广东省北江乌石至三水河口千吨级航道建设必要性[J]. 珠江水运,2012(12).
[54] 广东省航道事务中心. 广东省内河航道中长期发展规划研究[R]. 广东省交通运输规划研究中心, 2016,8.
[55] 北江航道扩能升级上延工程预可研报告[R]. 中铁建港航局集团勘察设计院有限公司,2016. 8.
[56] 章亚麟. 环境水质监测质量保证手册[M]. 2 版. 北京: 化学工业出版社, 1994.
[57] 杨卓, 李贵宝, 王殿武, 等. 白洋淀底泥重金属的污染及其潜在生态危害评价[J]. 农业环境科学学报, 2005, 24(5): 115-121.
[58] 邓秋静, 吴丰昌, 谢锋. 工业污染对农业土壤重金属富集的初步研究[J]. 贵州农业科学, 2009, 37(9): 240-244.
[59] 张丽萍, 袁文权, 张锡辉. 底泥污染物释放动力学研究[J]. 环境污染治理技术与设备, 2003, 4(2): 22-26.
[60] 李文红, 陈英旭, 孙建平. 不同溶解氧水平对控制底泥向上覆水体释放污染物的影响研究[J]. 农业环境科学学报, 2003, 22(2): 170-173.
[61] 魏俊峰, 吴大清, 彭金莲, 等. 污染沉积物中重金属的释放及其动力学[J]. 生态环境, 2003, 12(2): 127-130.
[62] 王沛芳,胡燕,王超,等. 动水条件下重金属在沉积物水之间的迁移规律[J]. 土木建筑与环境工程, 2012,34(3):151-158.
[63] 黄岁樑,万兆惠. 河流重金属迁移转化数学模型研究综述[J]. 泥沙研究,1995(4):42-49.
[64] 何用,李义天. 重金属迁移转化模型研究[J]. 水科学进展,2004(5):576-583.

[65] 黄岁梁,万兆惠,张朝阳. 冲积河流重金属污染物迁移转化数学模型研究[J]. 水利学报,1995(1):47-56.

[66] 黄本生,李西萍,范舟,等. 河流重金属随水-悬浮物-底泥迁移转化模型[J]. 中国安全科学学报,2008, 18(12):23-28.

[67] 袁德奎,郑康,聂红涛. 水沙环境中重金属迁移转化模型的两个解析解[J]. 海洋技术,2008(3):61-65.

[68] 李莹,王志忠,肖国光. 土壤重金属复合污染整体模型研究[J]. 经济数学,2014,31(3):94-98.

[69] 张书农. 环境水力学[M]. 南京:河海大学出版社,1988.

[70] 张书农,等. 水环境污染规律研究[J]. 南京:河海大学科技情报,1990.

[71] 金相灿. 湘江重金属迁移转化模型研究[J]. 中国环境科学,1987(6):12-17.

[72] 周财敬,金相灿. 河流中重金属迁移的数学模型[J]. 中国环境科学,1985(1):12-17.

[73] 幸娅. 重金属迁移转化模型及应用[C]//中国水利水电出版社会议论文集,2010:207-211.

[74] 姚保垒,窦明,梁永会,等. 河流重金属迁移转化分相模型研究[J]. 人民黄河,2011,33(4):75-78.

[75] 陈俊合,陈小红. 水库三维 Fe、Mn 迁移模型——阿哈水库实例研究[J]. 水科学进展,1999(1):15-20.

[76] Chao WANG, Chao SHEN, Pei-fang WANG, et al, Modeling of sedi ment and heavy metal transport in Taihu Lake, China[J]. Journal of Hydrodynamics, Ser. B,2013,25(3).

[77] Z G Ji, MR Morton, JM Hamrick 2001 Wetting and Drying Simula tion of Estuarine Processes[J] Estuarine, Coastal and Shelf Science 53(5):683-700.

[78] 武万国. 基于 EFDC 模型的湘江下游河道水质数值模拟研究[D]. 长沙:长沙理工大学,2018.

[79] 武万国. 湘江长株潭河段突发重金属水污染事故模拟研究[J]. 中国水运(下半月),2018,18(10):63-65,67.

[80] 唐大元. WASP 水质模型国内外应用研究进展[J]. 安徽农业科学,2011,39(34):21265-21267.

[81] 胡冬舒. 基于 WASP 的湘江长株潭段重金属水质模型研究[D]. 湘潭:湘潭大学,2017.

[82] 孙豪文. 基于 WASP 模型的湘江中下游水质模拟研究[D]. 长沙:长沙理工大学,2013.

[83] 刘宏. 电动力学修复污染底泥及其重金属回收的研究[D]. 天津:天津科技大学,2017.

[84] 汪理科,曾光明,杨朝晖,等. 电絮凝法处理重金属底泥清淤尾水[J]. 环境工程学报,2016,10(9):4628-4634.

[85] 胡正勋. 稳定型纳米零价铁对重金属污染河道底泥的修复及其迁移性研究[D]. 长沙:湖南大学,2018.

[86] 程德玺,李祝,周浩东,等. 河湖底泥沉降及重金属去除效果研究[J]. 湖北工业大学学报,2017,32(5):45-48.

[87] 乔云蕾,李铭红,谢佩君,等. 沉水植物对受重金属镉、锌污染的水体底泥的修复效果[J]. 浙江大学学报,2016,43(5):601-609.

[88] 周润娟, 张明, 孙俊伟. 城市河流底泥中重金属污染的植物修复技术研究[J]. 西安文理学院学报, 2016, 19(4):72-76.

[89] 裴东辉, 黄雷, 李红艳,等. 水体底泥重金属污染生态修复综合技术示范[J]. 现代农业科技, 2017, 13:189-190.

[90] 张静霞, 韩涛, 朱建裕. 生物淋滤技术修复重金属污染河流底泥研究进展[J]. 环境工程, 2015, 33(5):157-159,165.

[91] 臧晓梅, 缪爱军, 郑浩等. 3 种修复剂对底泥中不同形态重金属去除效果评估[J]. 环境工程学报, 2017,11(8):4585-4593.

[92] 王乐乐. 微波协助双氧水对底泥重金属影响及底泥修复可行性分析[D]. 长沙:湖南大学,2015.
[93] 陈传培. 北江及其三角洲沉积物重金属污染风险评价[D]. 南京:河海大学,2019.
[94] 徐红波. 电感耦合等离子体原子发射光谱法同时测定废水中锌、铬、铅、镉、铜和砷[J]. 冶金分析, 2008, 28(11): 43-45.
[95] 徐小艳, 孙远明, 苏文焯,等. 微波消解——石墨炉原子吸收光谱法连续测定水果和蔬菜中铅铬镉[J]. 食品科学, 2009, 30(10): 206-208.
[96] 莫曦明, 彭赛玉, 徐淑暖,等. 电感耦合等离子体质谱法(ICP-MS)测定饮用水中6价铬[J]. 中国卫生检验杂志, 2009, 16(8): 1784-1785.
[97] 姜巍, 刘蕾, 王玉. 全量消解——石墨炉原子吸收光谱法测定土壤样品中镉[J]. 吉林地质, 2016, 35(4): 100-102.